合格る計算
数学 Ⅲ

広瀬 和之 著

文英堂

こんなにある!! 計算力向上のメリット

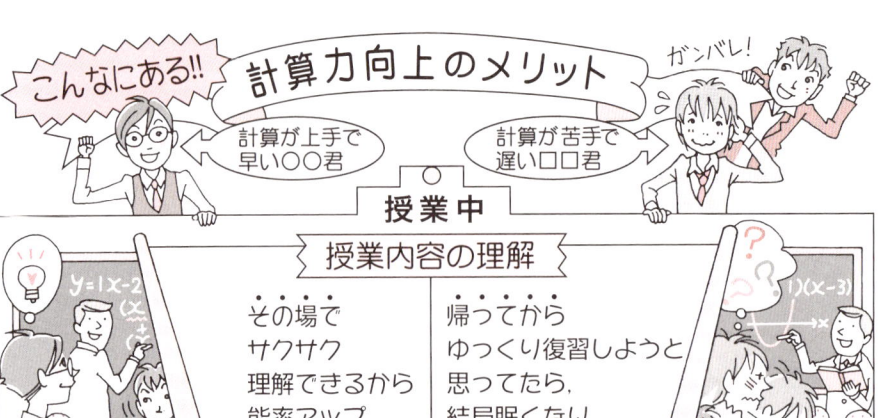

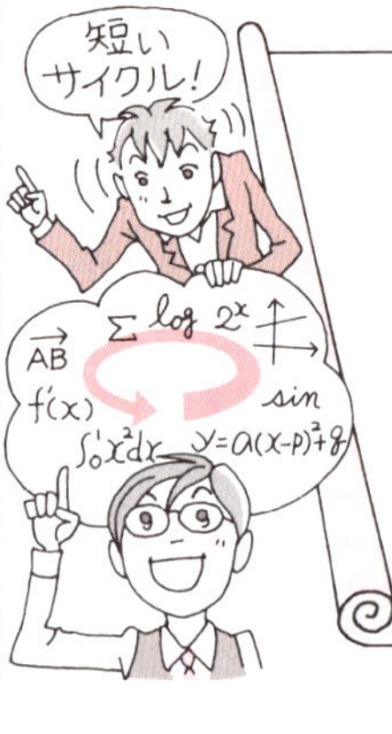

計算が上手で早い○○君 / 計算が苦手で遅い□□君 / ガンバレ!

授業中

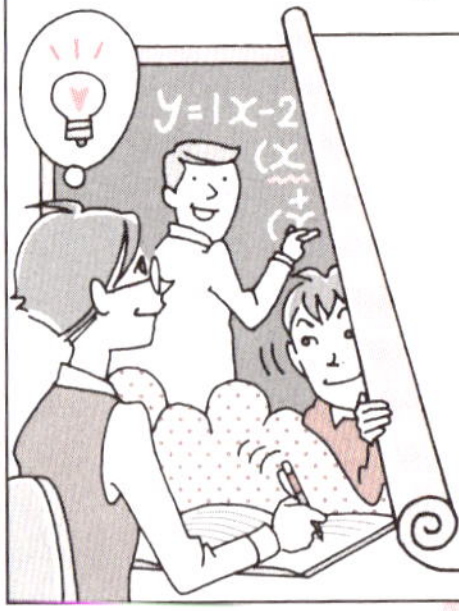

授業内容の理解

- その場でサクサク理解できるから能率アップ.
- 帰ってからゆっくり復習しようと思ってたら,結局眠くなり何もできず.

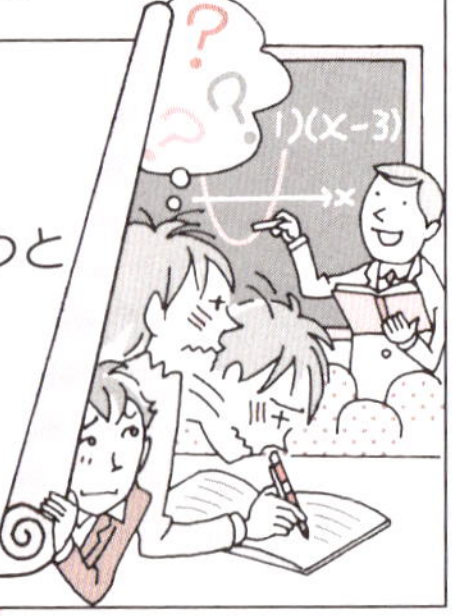

自宅学習で

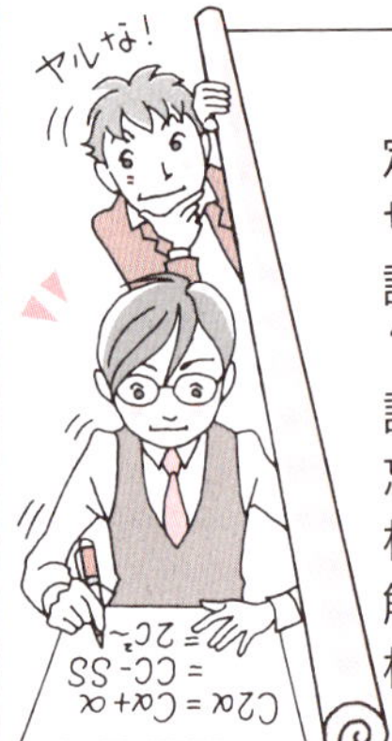

定理・公式の扱い

- 定理なんて秒単位でササッと導く.証明過程の"流れ"とともに記憶されるから忘れないし,根本原理・定義に触れる機会が格段に増す.
- 証明に何分もかかるから億劫.プロセスなんか無視して丸暗記.忘れたら公式集カンニング.いつまでたっても知識がバラバラな"点"でしかない.

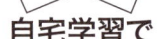

各分野に出会う頻度

- 単純計算問題を頻繁にサクッと繰り返せる.どの分野からも長期間遠ざかることがなくなり,記憶に定着する.
- ほんのチョットの計算練習ですら億劫なので,いくつかの分野とはつい疎遠に.

短いサイクル! / あなた誰でしたっけ?!

: 素数

長大な解答の復習

計算を含めた全工程を自分の手で書き切ることができる．これによって頭の中に数学思考回路が形成されていく．

計算までやってたら時間がかかって大変なので，方針だけ理解したらあとは解説読んでわかったつもり．すべてが"つもり"で終わる．

試験場で

問題解法の選択

ちょっと先まで暗算で見通せるので，正しい方針・次の一手が"見える"．

とにかく闇雲にやってみてから方針違いに気付き，直し直して消しカスだらけ．

解答時間の見積もり

方針が立った問題は，どの位の時間でどの程度のところまで解けるか目途が立つ．

方針は立ったんだけど，もたもた解いてるうちに時間切れ！

ゴール

実り豊かな美しい数学の世界へようこそ！

付け焼刃で点取るだけの苦痛で無味乾燥な受験勉強

計算法向上のメリット	…………………………………………………	2
はじめに	……………………………………………………………	4
構成と記号	…………………………………………………………	5
Q&A	…………………………………………………………………	7
もくじ	………………………………………………………………	14

はじめに

　この本は，理科系**受験**生が，受験＆大学以降に向けて数学Ⅲ分野の計算力・基礎力を**身に付ける**ための問題集です．毎日 20 分，本書で計算練習を積み重ねれば，日々学校・予備校で学ぶ内容に関する習得の速さ，深さが格段に変わります．

　理科系入試で最頻出である数学Ⅲの微分・積分法は，「計算」が占める割合が高く，数学的センスに関係なく演習量に比例して成績が上がりやすい努力分野であるといわれます．にもかかわらず，実際には努力しているのに数学Ⅲで伸び悩む人が数多く存在します．その理由として，次の3つが挙げられます．

○　その「計算」がへた・遅い．

　　「じゃあ計算練習は各自やっといてね」と見放され，誤った我流の計算法のまま入試問題と悪戦苦闘…．時間の無駄です．

　　本書では，入試**実戦**で通用する正しい計算法を詳しく解説しました．

○　基本事項の理解の欠如．

　　「数Ⅲは計算力が重要」を「数Ⅲは基本なんてどーでもいー」と曲解し，意味もわからないままひたすら計算練習・パターン演習に明け暮れる．**基本体系**の枠組みを持っていないので，演習で出会う内容を整理できず，頭に残らない．

　　本書は，定理・公式の証明過程なども積極的に計算練習の素材として取り入れ，手を動かして計算練習しているうちに自然と基本体系も身に付くよう配慮しました．

○　数学Ⅰ・A・Ⅱ・B分野の基礎・計算力の欠如．

　　そこで流れがプチッと途切れ，問題の全体像が見えなくなる．

　　本格的に数学Ⅲを学ぶ前に，「合格る計算　数学Ⅰ・A・Ⅱ・B」で，各種基本関数が自在に操れるよう準備しましょう．

　入試問題の解答において，「1つの計算」をうまくやるかへたにやるかによる違いはほんのちっぽけなことでしょう．しかし，その「ほんのちっぽけな違い」の積み重ねが，大

きな得点力の違いになって現れたり，あるいはたった1つの「ちっぽけなこと」で，入試問題1問丸ごとの成否が決まったりしているというのが，長年受験生相手に数学を教え，何万枚という模試の答案を見てきた体験を通しての実感です．「計算すらままならない」生徒から，それこそ「医学部目指してバリバリ」の人まで，実に多くの学生が**へたな計算法のために取れるはずの点を取り損ねています**．そうした人を救済するために，この本はあります．

　また，単なる計算練習だからと，何でもとにかく数をこなせばよいというものではありません．数学Ⅲにおける計算力の重要性は広く知れ渡っているので，巷にもいくつか計算問題集が出回っているようです．しかしその多くでは，「計算練習」が数学で一番大切な「基本原理」と乖離(かいり)した形でただ機械的に行われるだけ．これでは，「計算(だけ)の問題」でしか役立たない貧弱な「計算力」しか手にすることはできません．

　　　そこで私は，理科系受験生が，数学Ⅲ分野の計算力を磨きながら，

　　　　　　同時進行で基本体系を学べる，そんな問題集を書こうと思ったのです．

　計算力を味方に付けるか否かでどんな違いがあるかは，p.2～3にわかりやすくまとめてあります．あなたも，計算力を向上させ，実り豊かな数学の世界に足を踏み入れてみませんか．

構成と記号

■**本書全体の構成**
高校指導要領の枠には縛られず，数学Ⅲ全体を7章に再構築し，さらに58個の小項目 ITEM に分けて編集しました．

■**各 ITEM の構成**

ここがツボ！	上手に計算するためのポイントの要約．（その ITEM をやり終えたときに「そういうことか」と意味がわかるはず）
基本確認	簡単な基本事項・定理等のおさらい．定理の証明もできる限り付けましたが，一部は教科書に委ねてあるので，なるべく確認しておいてね．
例題	重要ポイントが際立つ問題を厳選．
解説	上手な計算法のポイントを詳しく解説．
類題	例題 の内容を定着させるための類題．易しいものを，たくさんこなして身に付けるのが本書の基本方針．（別冊解答で，正しく計算できているかを確認．）
よくわかった度チェック！	学習内容定着度の記録に．日付けと○△×を書こう．

■記号類

やや重 重 ゲキ重	ボリュームがあり，時間がかかる ITEM を明示．類題 を2回に分けてやるとか，今回は偶数番だけやって次 ITEM に進むとかやりくり．
★	時間がないときやその ITEM の内容をサッと概観したい場合，例題 とともに優先してやって欲しい類題．
↑	ハイレベルな内容・問題．余力のある人向け（無理しないでね）．
数学記号	「∴」：ゆえに　「∵」：なぜならば　「i.e.」：すなわち　「□」：証明終り

■各種番号

❶	基本確認 における公式番号	(1)	例題 の番号
①	🖋 解説 で用いる式の番号	[1]	類題 の番号

■解法の優劣（おすすめな順に，次の4段階があります）

😉 正しい方法 → 😐 いまいちな方法 → 😖 へたな方法 → 💥 これは間違い！

特に明示されていないものは，もちろん 😉 正しい方法．

■「暗算」のススメ（すすめる理由は Q&A 参照）

薄い文字	紙に書かずに暗算で済ませたい式．
🧽	可能なら暗算で済ませたい式．計算の「途中の式」を省く指示．「見出し」や「結果」はもちろん省いたりしないよ．

見出し
↓
$x^3 - 8y^3 = x^3 - (2y)^3$ 🧽　　できれば暗算で！

　　　　　　$= (x - 2y)\{x^2 + x \cdot 2y + (2y)^2\}$　　紙に書かずに暗算で！

　　　　　　$= (x - 2y)(x^2 + 2xy + 4y^2)$　←結果

■ページNo.

各ページ数の横に，その数の素因数分解およびその過程が記されている．疲れたときなど，ボケ〜っと眺めておくとよい．

■数学Ⅲ公式集

後見返しに数学Ⅲでよく使われる公式をまとめている．

 **本書の紹介編**

本書の概要 ▶▶▶▶

 一言で言うと，どんな本ですか．

 数学Ⅲのうち学校などで一度は学んだ分野について，計算力を鍛えながら基本事項を整理して行くための問題集です．

 対象学年は？

 理科系受験生，および数学Ⅲを学び始めた中高一貫校の高2生です．

 対象レベルは？

 教科書の基本事項が6割くらいはわかっていることを想定しています．まるでチンプンカンプンという人向けの本ではありません．レベルの上限はありません．

 どの辺までが既習であればこの本が使えますか．

 数学Ⅰ・A・Ⅱ・Bを一通り既習であることが前提です．あとは，各章毎に数学Ⅲの当該分野を学んでいれば概ね大丈夫です．

 ただの計算練習なら，どんな問題集でやってもいっしょですよね．

 本書は，次の4つのことを考えて問題を厳選してあります．「計算の仕方の良し悪しがわかりやすいもの」「ミスを犯す原因をはらんでいるもの」「その計算過程が実際の入試問題でよく用いられるもの」そして「計算の仕方を通して数学の基本を伝えられるもの」です．

7 ：素数

実戦問題と計算練習 ▶▶▶

東大を目指して難問にチャレンジしている僕に，計算練習なんて意味ないですよね．

まったく逆です．レベルの高い問題になればなるほど，解答過程は複雑化・重層化します．このような長大な解答を，その全体像を把握して仕上げるためには，個々のプロセスにおける基本計算をスマートに行えることが必須です！

すでに入試問題がけっこう解けます．計算練習だけのこの本は不要でしょ．

それが間違い．「はじめに」に書いた通り，かなりハイレベルな勉強をしているのに計算がへたな人がたくさんいます．そんな人なら，本書は軽～くこなせるはず．それだけで更なる得点アップが期待できます．

地味な計算練習より，入試頻出解法パターンを暗記する方が効率的では？

「入試頻出問題の解き方」がたくさん載っている本を読むと，自分でも解けそうな気がするものですが，実際に自分の手で解こうとしてみると，必ず「計算力」という壁が立ちはだかります．

この本だけで入試問題が解けるようになりますか？

いいえ．入試問題は，計算だけで解けるわけではなく，もっと複雑で重層構造になっていることが多いですから，本書だけで試験に受かるわけではありません．でも，数学Ⅲの微積分は計算が占めるウェイトが高いので，他分野に比べると得点力アップに直結しやすいといえます．

「計算」は，実戦的な問題の中で練習すればよいのでは？

最終目標は実戦問題の中でしっかり計算できることですが，複雑な問題を解く中では計算法にまで気を回す余裕などないのが現実．単純問題の中で正しい計算法を身に付けましょう．

この本で練習すれば，すぐに模試の偏差値が上がりますか？

いいえ．本書のような"基礎練習"は，それが身に付いて初めて効果が現れるので，どうしてもそれまで時間がかかります．でも，本書で勉強した分野の授業が，以前よりスラスラ頭に入ってくる…程度の効果なら，すぐに現れるかも．

計算力向上の方針 ▶▶▶

単純計算を意味もわからず機械的に練習してもダメだと言われましたが？

そのとおり！でも，一見機械的に感じる計算も，それを正しく行う方法は，多くの場合数学で一番大切な基本原理と深く関わっています．本書は，そこをうまく取り込み，計算練習を通して自然と基本も身に付くよう体系的にまとめました．

これまで使ってきた計算法をワザワザ変えるのは損な気がしますが…．

すべてを 180°根本的に変えるとは言いません．別に計算（だけ）のエキスパートを目指すわけじゃないですから．でも，ほんのチョット背伸びをして，上を目指してみませんか？

くどいようですが，多少へたでも時間を掛けてやればよいのでは？

入試で安定して点をとるには，時間的余裕を作るための計算スピードが不可欠です．また，洗練された計算法をしている人は，問題の全体像が見通しやすく，的確な方針を選べるものです．

他の人が知らないウラワザ計算法は載っていますか？

いいえ．ウラワザには，その場だけはトクをしても，かえって数学全体に関する理解を妨げるという副作用があります．本書ではそのような有害なものは扱いません．

じゃあこの本にはいったい何が書いてあるのですか？

数学の学理・基本に忠実に，フツウのことを，詳しく丁寧に解説しました．実は，このフツウのことがしっかりと身に付けば，あなたがイメージする"ウラワザ"をも凌ぐ威力を発揮するのです．

"フツウのこと"なら簡単に習得できますよね．

そうは行きません．数学を正しく身に付けるには反復練習が欠かせません．その努力を継続できるかどうかの勝負です．

本書の周辺 ▶▶▶

 ホントに「計算」しか扱わないのですか．

 「計算」以外にも，「グラフを描く」など，入試問題を解く上で欠かせない基本的な"ピース"となるものを一通り扱っています．

 計算力向上以外にどんな効果が？

 日々の軽〜い反復練習によって，どの分野からも長期間遠ざかることがなくなり，忘却を防ぐことができます．

 この本は「合格る計算 数学Ⅰ・A・Ⅱ・B」を「完璧」にしてから？

 そんなに厳格に考えちゃダメ．この本をやってみて，苦手だと感じた内容を，『合格る計算 数学Ⅰ・A・Ⅱ・B』に戻って再確認するってのもアリ．

 ## 本書の使い方編

本書の進め方 ▶▶▶

「ITEM 1 から必ず順番どおりに進めていくんですよね.」

「そんなに厳格に考えると,第1章の「関数の基本」で燃え尽きるのがオチ.日々の学習で気になった ITEM から手を付けてみるのも一手.」

「じゃあ完全にランダムな順序でやろうっと.」

「各章の中では,系統立てて学習できるように ITEM を並べてあるので,なるべく順番どおりやる.なお,他の章に含まれる ITEM の内容を前提とする場合,タイトル部分にその旨明示してあります(でも気にし過ぎないでね).」

「全 ITEM をキッカリ同じ頻度でやるわ.」

「この ITEM はもうバッチリだから流し読みでいいなとか,ここは重点的に繰り返そうとか,各自でメリハリ考えて.」

「毎日キッカリ 1 ITEM ずつ進めて行きます!」

「ある ITEM を 1 つしっかりやり,食後の息抜きに別の ITEM 2 つ分の[例題]&★付き問題をチョコッと流し読み…なんてのがおすすめ.この流し読みで,各分野の基本事項の忘却が防げる.今日は特別疲れたから流し読みだけで済ますとかもあり.逆に,時には短期集中大量特訓するのもよい.」

問題への取り組み ▶▶▶

全問答案をキチンと清書するのね？

自分だけがなんとか解読可能な字で殴り書きすればOK．紙に手で書くのは手段．目的は頭を動かすこと．

問題を解いたノートはちゃんと保管しておくんだ．

昨日自分が書いた計算など，今日になればすでに他人様が書いたもの同然．書いた紙はすぐに捨てる（資源ゴミに出す）．

計算過程は，1行も省かずすべてをしっかり紙に書く．

解説では計算の途中過程も詳しく書いてますが，「薄字」や◎の所は，（しっかりとは）紙に書かず，できれば暗算して欲しいもの．「暗算」できると，実戦の場で先が読めるようになり，問題解法の方針が立てやすくなります．

「薄字」や◎の所は，石にかじりついても暗算する．

暗算力には個人差があるので無理はし過ぎないで．あくまで目安です．でも，チョットだけ背伸びして暗算してみる気持ちを忘れずに．「省けないのかその1行」と自問自答する習慣を．

気合の入れ方 ▶▶▶

「類題」は，自分でやってみて答えが合ってればOKさ．

解説にサッと目を通し，〔へたな方法〕や〔いまいちな方法〕でやってないかチェック．

解説を読んだらポイントはつかめたし，2，3題解いてみたら一応解けたからこのITEMはもう卒業ですよね．

頭で「ああそうか」とわかることと，そのことが本当に身に付いて試験場で役立つこととは大違い．あまり性急に"卒業"しないで．易しいなら易しいなりに，たとえば暗算で片付けるとか，実力に応じた使い方を．とにかく何度も繰り返し．

→ 4·3 → 2^2·3

どんなに疲れていても毎日必ず1ITEMは全問題解き切るまで寝ない．

疲れ果てたなら，寝る．[類題]が半分くらい残ってもえーやん．余裕があれば翌日やるし，なければそのままほっぽらかしでもいい．どうせ次回またやるんだから．反省を引きずるより，切り替え．あるいは，このITEMショボイから偶数番だけでいいや…なんてのも許す！とにかく継続・反復．

自分で解けるまで粘って考え抜かないと…．

考え抜くことは数学の勉強においてたいへん重要なことですが，本書は軽～く計算練習するための本．考え込まずに答えを見て，マネして書いて，覚える．英語の勉強で言うと，「精読」と「多読」のうち本書は「多読」の方．エーカゲンでもいいから，毎日継続．

各ITEMを一度ですべて完璧に習得するんだ．

その生真面目さが数学との付き合いを難しくします．少々うまく行かなくても，そのままほっぽらかしておけるノーテンキが欲しい．次回そのITEMをやる時には，他のITEMで得た進歩によって，スッとわかっちゃったりするんですわ．

タイマーセットして時間内に解き切るぞ！

[正しい方法]を味わうゆとりを持って．もちろん，のんべんだらりんはダメだけど．

まとめとして…．
　堅苦しく，生真面目に考えず，おおらかに．リラックスして．多少エーカゲンに．さて…希望の大学に受かりたいという強い意思はありますか？毎日20分，なんとか時間が作れますか？答えが「YES」なら，今日からさっそく始めましょう．他の数学の勉強と並行して，毎日20分の計算練習を続けるのです．英語の単語集・基本例文集のように．この地味だけど着実な学習の積み重ねを通して，1人でも多くの受験生が正しい計算法をマスターし，数学を自在に操れるようになることを願って止みません．

もくじ

1章 関数の基本

- ITEM 1 （1次）分数関数 …………… 16
- ITEM 2 無理関数 ……………………… 18
- ITEM 3 基本関数のグラフと変形・移動 ……………………………… 20
- ITEM 4 合成関数 ……………………… 24
- ITEM 5 逆関数 ………………………… 26

2章 数列の極限

- ITEM 6 基本数列の極限 …………… 28
- ITEM 7 不定形 ………………………… 30
- ITEM 8 $\sqrt{\ }$ を含んだ不定形 ………… 32
- ITEM 9 不等式の利用 ……………… 34
- ITEM 10 各種数列の発散の速さ …… 36
- ITEM 11 無限級数 …………………… 38

3章 関数の極限

- ITEM 12 関数の極限 ………………… 40
- ITEM 13 無理関数の極限 …………… 42
- ITEM 14 三角関数の極限 …………… 44
- ITEM 15 指数・対数関数の極限 …… 46
- ITEM 16 各種関数の発散の速さ …… 48
- ITEM 17 極限総合⬆ ………………… 51

4章 微分法

- ITEM 18 微分係数の定義 …………… 52
- ITEM 19 合成関数の微分法 ………… 54
- ITEM 20 積・商の微分法 …………… 56
- ITEM 21 やや複雑な微分計算 ……… 58
- ITEM 22 その他の微分法 …………… 60
- ITEM 23 接線・法線 ………………… 62
- ITEM 24 増減を調べる ……………… 64
- ITEM 25 $f'(x)$ を用いたグラフ⑴ … 66
- ITEM 26 $f'(x)$ を用いたグラフ⑵ … 68
- ITEM 27 $f''(x)$ まで用いたグラフ … 70
- ITEM 28 パラメタ曲線⬆ …………… 72
- ITEM 29 最大・最小 ………………… 74

5章　積分法

- ITEM 30　基本関数の積分 ①　………　76
- ITEM 31　1次式を"カタマリ"とみる ②　………　78
- ITEM 32　積を和に変える ③　………　80
- ITEM 33　置換積分法 $t=g(x)$ 型（不定積分） ④　………　82
- ITEM 34　置換積分法 $t=g(x)$ 型（定積分） ④　………　84
- ITEM 35　置換積分法 $x=g(t)$ 型 ⑤　…　86
- ITEM 36　部分積分法（不定積分） ⑥　……　88
- ITEM 37　部分積分法（定積分） ⑥　……　90
- ITEM 38　手法の選択　………………　92
- ITEM 39　やや高度な積分 ⬆　………　94
- ITEM 40　区分求積法　………………　96
- ITEM 41　面　積　………………　98
- ITEM 42　回転体の体積　………………　100
- ITEM 43　速度・道のり　………………　102

ITEM 30 ～ ITEM 37 の ①～⑥ は ITEM 30 にある積分の手法番号を表しています。

6章　複素平面

- ITEM 44　直交形式による和・差・実数倍　………………　104
- ITEM 45　直交形式による積・商　……　107
- ITEM 46　共役複素数・絶対値　………　108
- ITEM 47　極形式による積・商　………　110
- ITEM 48　ド・モアブルの定理　………　112
- ITEM 49　n 乗根　………………　114
- ITEM 50　回転・伸縮　………………　116
- ITEM 51　複素平面での軌跡　………　118

7章　2次曲線・他

- ITEM 52　楕円と方程式　………………　120
- ITEM 53　楕円の焦点　………………　122
- ITEM 54　双曲線と方程式　………………　124
- ITEM 55　双曲線の焦点　………………　126
- ITEM 56　放物線と焦点・準線　………　128
- ITEM 57　接線公式　………………　130
- ITEM 58　極座標　………………　132

● 付録　数学Ⅲ公式集　………………　134

● 積分練習カード　………………　巻末

ITEM 1 （1次）分数関数

まずITEM 1〜3では，今後頻繁に出会うことになる基本的な関数のグラフを描く訓練を徹底的に行います．この作業がサラッとこなせるか否かで，**数学III全体の習得スピードに大きな差が生じます**．しっかり訓練しましょう．

本ITEMでは，分子，分母がともに1次以下である「分数関数」のグラフを描きます．確立した方法論が用意されていますから，それをしっかり練習しましょう．

ここがツボ！ 分子を低次化し，x を集約せよ．

[基本確認]

$y = \dfrac{a}{x}$ のグラフ（双曲線）

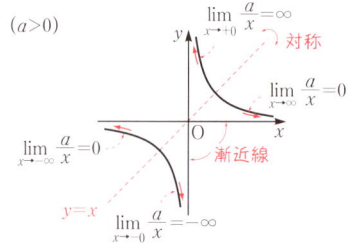
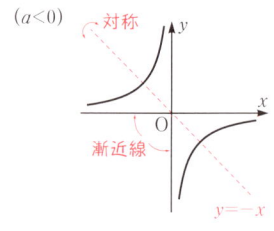

(注目) 上左のグラフから，図中に示した4つの極限が思い出せるようにしておいてください．

(参考) $y = \dfrac{a}{x}$ $(a>0)$ のグラフが直線 $y=x$ に関して対称である理由について，ITEM 5 類題5[3]で調べます．

例題 次の方程式で表される曲線を描け．

(1) $xy = -1$
(2) $y = \dfrac{2x+1}{x-1}$

解説・解き方のコツ

(1) $xy = -1$ のとき，$x \neq 0$ だから

$$y = \dfrac{-1}{x}. \quad \text{負の定数}$$

よって求める曲線は右図のようになる．

(補足) グラフ上にあるいくつかの点を右表のように求めて利用するとキレイに描けます．（必ずこうしなくてはならないわけではありませんが…）

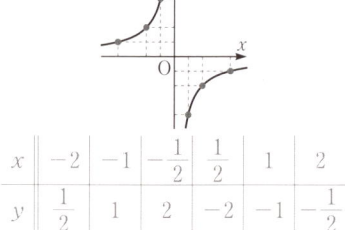

x	-2	-1	$-\dfrac{1}{2}$	$\dfrac{1}{2}$	1	2
y	$\dfrac{1}{2}$	1	2	-2	-1	$-\dfrac{1}{2}$

(2) まずは，分数式における1つの定番変形：「分子を分母より低次にする」（数学Ⅰ・A・Ⅱ・B ITEM 23）により，変数 x を**集約**します．

$$2x+1 = (x-1)\cdot 2 + 3 \quad \text{分母を分子で割った（整式の除法）}$$

$$\therefore\ y = \frac{2x+1}{x-1} \quad \cdots ① \qquad x\text{ は 2 か所}$$

$$= \frac{(x-1)\cdot 2 + 3}{x-1}$$

$$= 2 + \frac{3}{x-1} \quad \cdots ② \qquad x\text{ が 1 か所に集約！}$$

$$\text{i.e.}\ \boxed{y-2} = \frac{3}{\boxed{x-1}} \quad \cdots ③ \qquad \text{分子の定数 3 は正}$$

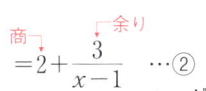

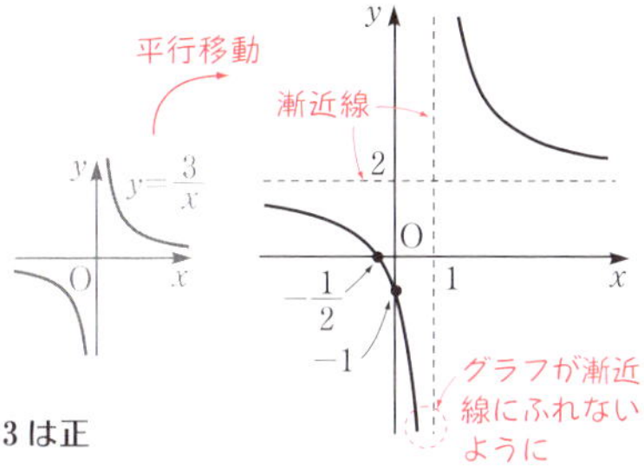

このグラフは，双曲線 $\boxed{y} = \dfrac{3}{\boxed{x}}$ をベクトル $\begin{pmatrix} 1 \\ 2 \end{pmatrix}$ だけ平行移動（→ITEM 3）したものだから，図のようになる．

補足
○ 考え方が理解できたら，実際グラフを書くときは③など書かず，②のままで
  ● 漸近線は 2 直線 $x=1$, $y=2$
  ● 分子の定数 3 が正だから，グラフは上記 2 本の漸近線で分けられた領域のうち右上と左下であることを見抜いてグラフを書いてしまいます．

○ ②を作るとき，実際には次のようにしてしまいましょう．
  まず，分子を分母で割ったときの商は暗算で「2」とわかるので，とりあえず
  $$y = 2 + \frac{???}{x-1}$$
  と書いておく．そして，通分して「2」を $x-1$ の分子に乗っけると，$2x-2$ となり，もとの分子 $2x+1$ より 3 だけ小さい．よって上記の分子（???）には 3 を入れてデキアガリ．

○ 座標軸との交点の座標は，もとの①式を用いて，次のように求めます．
  x 軸との交点……分子：$2x+1=0$ を解いて，$x=-\dfrac{1}{2}$．

  y 軸との交点……x に 0 を代入して，$y=\dfrac{1}{-1}=-1$．

類題 1 次の方程式で表される曲線を描け．

[1] $y = \dfrac{3}{x}$ 　　[2] $y = \dfrac{1}{1-x}$ 　　[3] $y = \dfrac{x+1}{2x}$ 　　[4] $y = \dfrac{x+3}{x+2}$

[5] $y = \dfrac{-2x+5}{x-3}$ 　　[6] $y = \dfrac{3x}{x+1}$ 　　[7] $y = \dfrac{4x+3}{2x+1}$ 　　[8] $y = \dfrac{x-2}{2x-3}$

[9] $xy - 2x + y - 3 = 0$ 　　[10] $(x-1)(y-1) = 1$ 　　[11] $\dfrac{1}{x} + \dfrac{1}{y} = 1$

(解答▶解答編 p.1)

ITEM	本ITEMには，楕円(ITEM 52)が現れますが，未習でも大丈夫です．	よくわかった度チェック！
2	無理関数	① ② ③

$\sqrt{\ }$ を含んだ「無理関数」のうち，代表的なもののグラフがサッと描けるようにします．案外盲点になっている受験生が多いところです．

ここがツボ！ $\sqrt{1\text{次式}}$ のグラフは，x と y の変域さえわかれば描ける．

基本確認

$\sqrt{\ }$ の消し方

$$A = \sqrt{B} \iff \begin{cases} A^2 = B \\ A \geq 0 \end{cases} \quad \substack{B \geq 0}$$

コレだけだと，
「$A = \sqrt{B}$ or $A = -\sqrt{B}$」と同値

$\sqrt{\ }$ は 0 以上

例題 次の問いに答えよ．

(1) 関数 $y = \sqrt{2-x} + 1$ のグラフを描け．
(2) 不等式 $\sqrt{2x+1} - x + 1 > 0$ を解け．
(3) 関数 $y = \sqrt{4-x^2}$ のグラフを描け．

解説・解き方のコツ

(1) もし，何の予備知識もなく，生まれて初めてこの関数のグラフを描くなら，とりあえず $\sqrt{\ }$ を消去してみるのが第 1 手です．与式を同値変形すると

$y = \sqrt{2-x} + 1$.
$y - 1 = \sqrt{2-x}$.
$\begin{cases} (y-1)^2 = 2-x \\ y-1 \geq 0 \end{cases}$　x が y の2次関数
$x = -(y-1)^2 + 2 \quad (y \geq 1)$.

これは，直線 $y=1$ を軸とする放物線の上半分であり，右図のようになる．

$y = 1, 2, 3$ あたりに対応する点をとってみよう．

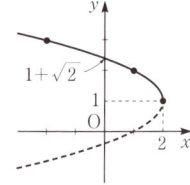

正しい方法

$y = \sqrt{-x}$ のグラフを暗記しておき，それを平行移動して描く方法もありますが，「$y = \sqrt{x\text{の}1\text{次式}} + \text{定数}$」で表される曲線が，"横に倒れた放物線"の上半分であることがわかってしまえば，実戦的には次のように描いちゃいます．

一般に $\sqrt{\boxed{}} \geq 0$, $\boxed{} \geq 0$ だから，$y = \sqrt{2-x} + 1$ のとき
$2-x \geq 0$　i.e.　$x \leq 2, y \geq 1$.

よってグラフは右図の赤色の領域内にある．
あとは，その領域の"角"に頂点を持つ放物線の上半分を描いて完成．

(注意) このように暗記してしまえば，「$y=\sqrt{x\text{の1次式}+\text{定数}}$」型のグラフ($-\sqrt{}$でも同様)に関しては万全です．しかし，初めにお見せした
「とりあえず $\sqrt{}$ を消去してみる」
は，これ以外の $\sqrt{}$ を含んだ関数においても広く有効な手法ですから，ちゃんと理解はしておいてくださいね．

(2) グラフを利用します．与式を変形すると
$\sqrt{2x+1} > x-1$ …①

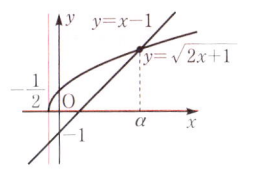

$y=\sqrt{2x+1}$ のグラフは，$\underbrace{x \geqq -\dfrac{1}{2}}_{\geqq 0}$，$\underbrace{y \geqq 0}_{\sqrt{}\geqq 0}$
より右図のようになる．
そこで，図の α を求める．方程式 $\sqrt{2x+1} = x-1$ を解くと
$2x+1 = (x-1)^2 \quad (x-1 \geqq 0)$．
$x(x-4) = 0 \quad (x \geqq 1)$．∴ $\alpha = 4$．
よって不等式①の解は
$-\dfrac{1}{2} \leqq x < 4$．

(参考) 数学Ⅰ・A・Ⅱ・B類題41[5]も，ほぼ同じ問題でした．

(3) $y = \sqrt{4-x^2}$ …①
を同値変形すると
$\begin{cases} y^2 = 4-x^2, \\ y \geqq 0. \end{cases}$ $\underbrace{\sqrt{} \geqq 0 \text{ より}}$

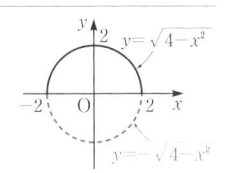

$x^2 + y^2 = 4 \ (y \geqq 0)$． 円の上半分
これは，原点中心半径2の円の上半分であり，上図のようになる．

(補足) いずれは，①を見た瞬間「円の半分」だと見抜けるようにしましょう．

類題 2A 次の関数のグラフを描け．([9]~[11]は，「2次曲線」が未習ならとばす)

[1] $y = \sqrt{x}$　　　　[2] $y = -\sqrt{2x}$　　　　[3] $y = \sqrt{-x}$

[4] $y = 2-\sqrt{-x}$　　[5] $y = \sqrt{x+1}$　　　　[6] $y = \sqrt{-2x+1}$

[7] $y = 3-\sqrt{x-3}$　[8] $y = \sqrt{3-x^2}$　　　[9] $y = \sqrt{1-\dfrac{x^2}{4}}$

[10] $y = \sqrt{x^2-1}$　[11] $y = \sqrt{x^2+3}$　　[12] $y = \sqrt{-x^2+2x+3}$

類題 2B 次の不等式を解け．

[1] $2\sqrt{3-x}+x-3 \leqq 0$　　[2] $x+1-\sqrt{1-x^2} < 0$

(解答▶解答編 p.2, 3)

ITEM 3 やや重 本ITEMには，双曲線(ITEM 54)が現れますが未習でも大丈夫です.

基本関数のグラフと変形・移動

よくわかった度チェック!

①	②	③

「グラフを描く」=「微分する」と思い込んでいる人が多いですが，数学Ⅰ・A・Ⅱ・BのITEM 28でやった「放物線(曲線)の移動」などと組み合わせると，実はけっこういろんな関数のグラフが微分法なしでそこそこ描けてしまうものです.

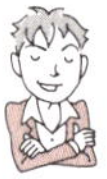

そこで本ITEMでは，ITEM 1，2で扱った関数も含め，微分法を用いるまでもなく簡単に描ける，というか描けなくてはならない関数を一通り確認してもらいます.

ここがツボ! 基本関数を頭に入れれば，けっこういろいろなグラフが描ける！

基本確認

グラフの対称性

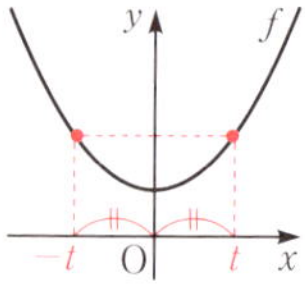

❶ 任意の t に対して $f(-t)=f(t)$ を満たす関数 $f(x)$ を**偶関数**という．このとき $y=f(x)$ のグラフは y 軸に関して対称である.

例：$y=1$，$y=x^2$，$y=x^4$，$y=\cos x$

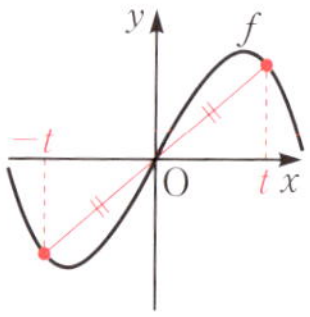

❷ 任意の t に対して $f(-t)=-f(t)$ を満たす関数 $f(x)$ を**奇関数**という．このとき $y=f(x)$ のグラフは原点に関して対称である.

例：$y=x$，$y=x^3$，$y=\dfrac{1}{x}$，$y=\sin x$，$y=\tan x$

周期　関数 $f(x)$ が任意の x に対して

$f(x+p)=f(x)$ (p は0でない定数)

を満たすとき，$f(x)$ を**周期関数**といい，p を $f(x)$ の**周期**という.

p が周期であれば，(当然) $\pm p$，$\pm 2p$，$\pm 3p$，…もすべて周期である．周期の中で正で最小のものを「基本周期」という．(基本周期のことを単に「周期」ということもある.)

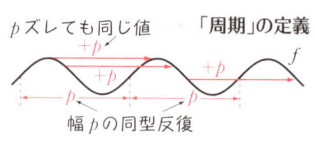

「周期」のイメージ

例：$y=\sin x$ (2π が周期)，$y=\cos x$ (2π が周期)，$y=\tan x$ (π が周期)

グラフの拡大

❸

(y 軸方向に k 倍)

❹

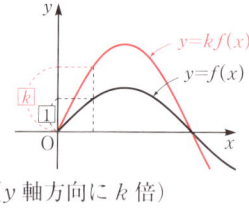

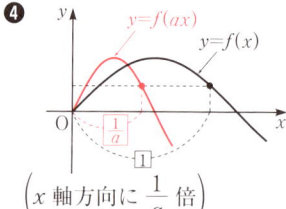

$\left(x \text{ 軸方向に } \dfrac{1}{a} \text{ 倍}\right)$

平行移動

❺ $y=f(x)$

↓ ベクトル $\begin{pmatrix} p \\ q \end{pmatrix}$ だけ平行移動

$y-q=f(x-p)$

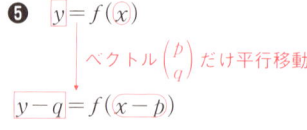

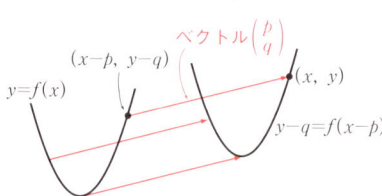

対称移動 ❻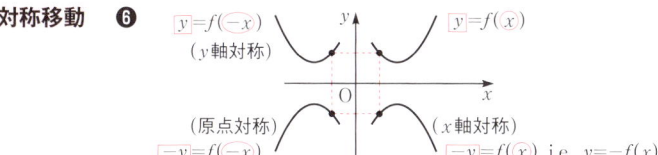

基本関数のグラフ 以下に挙げる関数のグラフは様々なことに活用できるので，記憶しておきたい．（x にいくつかの具体数を代入したり，対称性・周期性を考えるなどして，確かに下のようになることを確認）

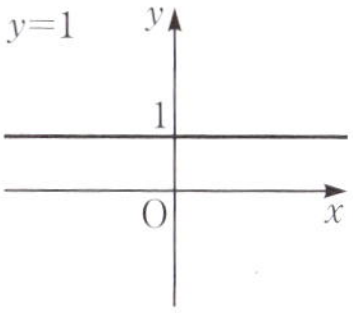

$y=1$ (偶関数)

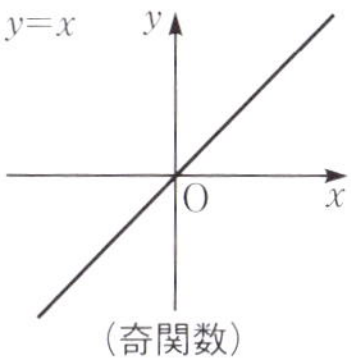

$y=x$ (奇関数)

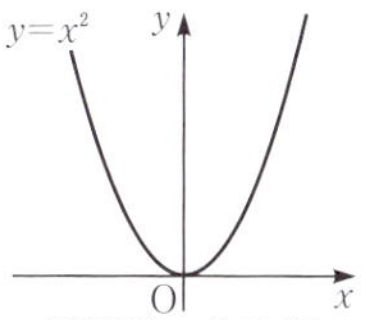

$y=x^2$ (偶関数，放物線)

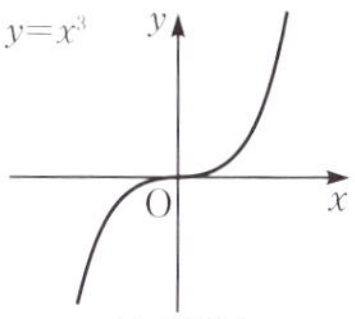

$y=x^3$ (奇関数)

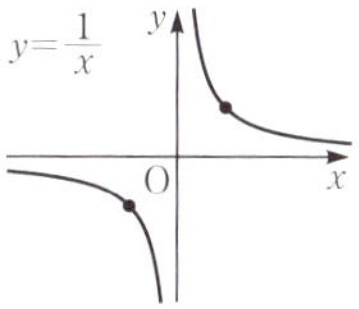

$y=\dfrac{1}{x}$ (奇関数，双曲線)

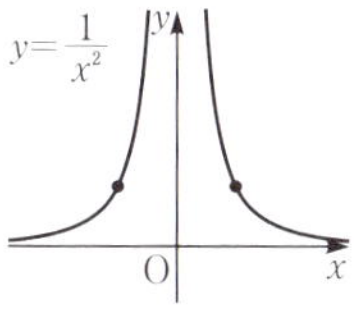

$y=\dfrac{1}{x^2}$ (偶関数)

$y=\sqrt{x}$ (放物線の上半分)

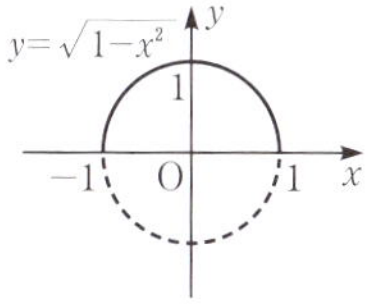

$y=\sqrt{1-x^2}$ (円の上半分)

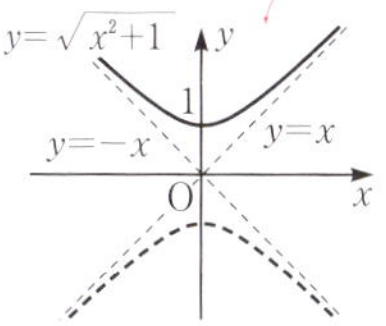

$y=\sqrt{x^2+1}$ (双曲線の上半分) 詳しくはITEM27, 54で

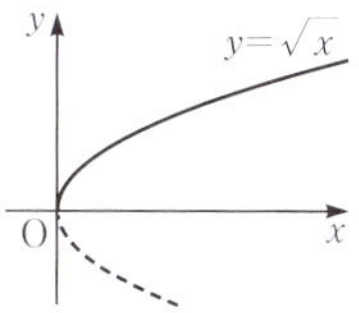

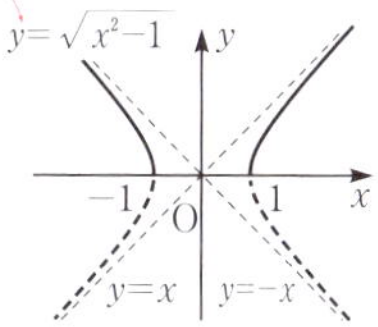

$y=\sqrt{x^2-1}$ (双曲線の上半分)

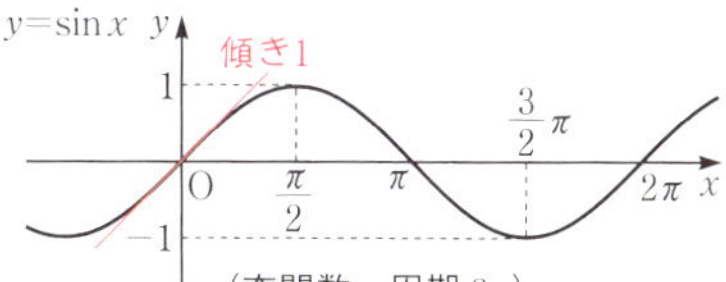

$y=\sin x$ 傾き1 (奇関数，周期 2π)

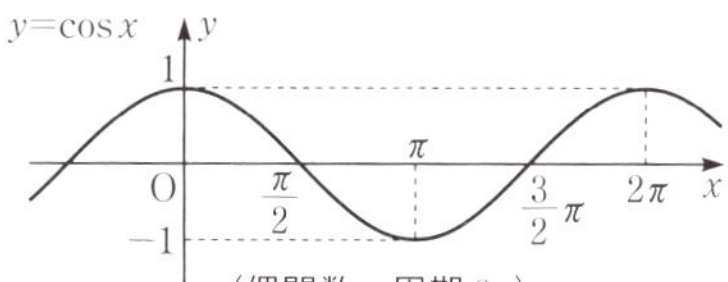

$y=\cos x$ (偶関数，周期 2π)

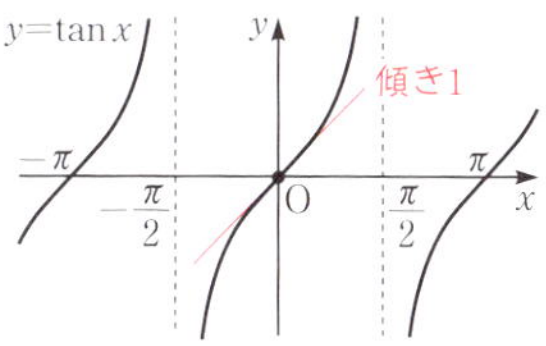

$y=\tan x$ 傾き1 (奇関数，周期 π)

本書は「数学Ⅲ」ですから，「e」は「自然対数の底」，「$\log x$」は e を底とする「自然対数」です．「e」が未習の人は，とりあえず 2.7 くらいの定数だと思っておいてください．

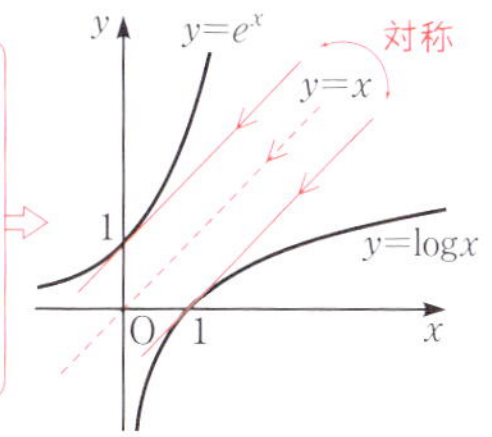

$y=e^x$, $y=x$, $y=\log x$ 対称

例 題 次の関数のグラフを描け.

(1) $y = e^{-x}$

(2) $y = \dfrac{1}{x^2}$

(3) $y = \cos 2x \ (0 \leq x \leq 2\pi)$

(4) $y = \sin^2 x \ (0 \leq x \leq 2\pi)$

解説・解き方のコツ

(1) $y = e^{x}$ …①の x が $-x$ で置き換わったので, ①と y 軸対称なグラフを描けばよい. よって右図のようになる.

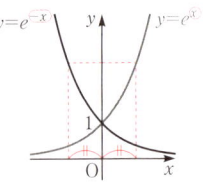

(2) これは"基本関数"と呼ぶべきもので, 瞬間でグラフが描けるようにしておきたいですが, ここではあえてその「描き方」を解説します.

$f(x) = \dfrac{1}{x^2} \ (x \neq 0)$ とおくと, $f(-t) = f(t)$ だから $f(x)$ は偶関数. そこで, $x > 0$ のみ考えると…

○ $f(x)$ はこの区間で単調減少.　　微分しなくてもわかる

○ $\lim\limits_{x \to \infty} f(x) = 0, \ \lim\limits_{x \to +0} f(x) = \infty$.

　　　└─ プラスの方から 0 に近づける

以上より, 右図のようになる.

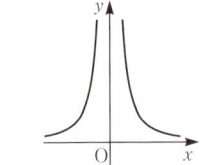

補足 ここでは曲線の凹凸までは調べていません.

(3) 曲線 $y = \cos 2x$ …①は,

曲線 $y = \cos x$ …②を x 軸方向に $\dfrac{1}{2}$ 倍に"圧縮"した (つまり, ②上の各点の x 座標を $\dfrac{1}{2}$ 倍した点からなる) 曲線です.

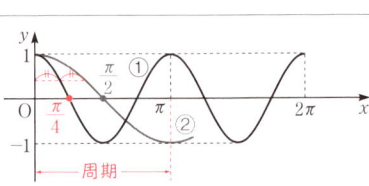

このことは②が点 $\left(\dfrac{\pi}{2}, 0\right)$ を, ①が点 $\left(\dfrac{\pi}{4}, 0\right)$ を通ることからもわかりますね. よって上図のようになります.

注意 ❹を完全に丸暗記して使うと, つい「x 軸方向に 2 倍に"拡大された"」と逆に覚えてしまう危険性大. かならず, 1つや2つは具体数を x に代入して確認すること！

(補足) $y=\cos x$ の周期は 2π でしたが，グラフからわかるように，$y=\cos 2x$ の周期は
$$\frac{2\pi}{2}=\pi$$
に変わっていますね．

(4) $y=\sin^2 x=\dfrac{1-\cos 2x}{2}$

だから，(3)の結果を用いると右図のようになる．

(補足) (3)の作業も含めて，手順をあえて詳しく書くと，次のとおりです．

$y=\cos x$（基本関数）

　　↓ ❹で $a=2$

$y=\cos 2x$（上図黒）

　　↓ ❻（x 軸対称）

$y=-\cos 2x$（上図赤）

　　↓ ❺で $p=0$, $q=1$

$y=1-\cos 2x$（下図赤）

　　↓ ❸で $k=\dfrac{1}{2}$

$y=\dfrac{1-\cos 2x}{2}$（下図黒）

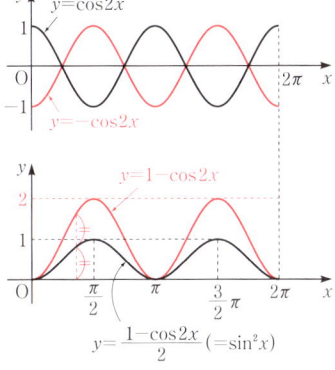

もちろん，いつでもこんなふうに公式とにらめっこしながらやるわけじゃありませんよ…

類題 3 次の関数のグラフを描け．　凹凸は調べなくてかまいません．

[1] $y=|x|$
[2] $y=x^4$
[3] $y=(x-1)^3$

[4] $y=\dfrac{1}{x^2+1}$
[5] $y=\dfrac{1}{(x-1)^2}$
[6] $y=\sqrt{x-2}$

[7] $y=-\sqrt{3-x^2}$
[8] $y=\cos \pi x$ $(0\leqq x\leqq 2)$

[9] $y=\sin x \cos x$ $(0\leqq x\leqq 2\pi)$
[10] $y=\sin x+\cos x$ $(0\leqq x\leqq \pi)$

[11]★ $y=|\sin x|$ $(-\pi\leqq x\leqq \pi)$
[12] $y=e^x-1$

[13] $y=(e^x)^2$
[14]★ $y=\log(x+1)$

[15] $y=\log(2x)$
[16] $y=\dfrac{e^x-e^{-x}}{2}$

（解答▶解答編 p.3）

ITEM 4

合成関数

よくわかった度チェック!

． ．	． ．	． ．
①	②	③

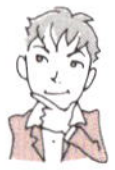

入試で出会う関数のほとんどは，前 ITEM で扱った“基本関数”どうしの，和，差，積，商，および合成などによって作られたものです．本 ITEM の目標は，そのうち一番難しい(？)**合成関数**に慣れることです．

ここがツボ！ “順序”に注意！

基本確認

合成関数　関数 f，g があり

$$x \xrightarrow{f} t \xrightarrow{g} y$$

$t=f(x)$　　$y=g(t)$

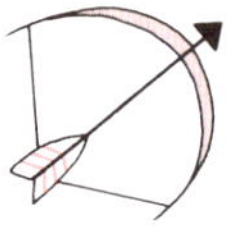

のとき，$y=g(f(x))$．これを

$$y=(g\circ f)(x)$$

後↑　↑先

とも表し，関数 $g\circ f$ を「f と g の**合成関数**」という．

先↑　↑後

書く順序

注意「$g\circ f$」と紙に書く順序と，変換を行う時間的前後関係が**逆になる**ので要注意！

変換の順序

例題　やってみよう！　次の問いに答えよ．

(1) $f(x)=|x|$，$g(x)=\log x$ のとき，これらの合成関数 $y=(f\circ g)(x)$ および $y=(g\circ f)(x)$ を求め，それぞれのグラフを描け．

(2) $(g\circ f)(x)=\sqrt{x^2+1}$ を満たす 2 つの関数 $f(x)$，$g(x)$ を 1 組求めよ．ただし，$f(x)\neq x$，$g(x)\neq x$ とする．

(3) 関数 $y=\dfrac{x-1}{x-2}$ を，$f(x)=x+1$，$g(x)=x-2$，$h(x)=\dfrac{1}{x}$ を用いた合成関数として表せ．

解説・解き方のコツ

(1)
$$\begin{aligned}(f\circ g)(x)&=f(\boxed{g(x)})\\&=f(\boxed{\log x})\\&=|\boxed{\log x}|.\end{aligned}$$

(＊)　　$f(\square)=|\square|$

定義域は 真数>0 より $x>0$ で，
グラフは右図のとおり．

補足　◦要するに，(＊)の表記において，「x」のすぐ左隣りにある g の方から先に変換すればよいのです．

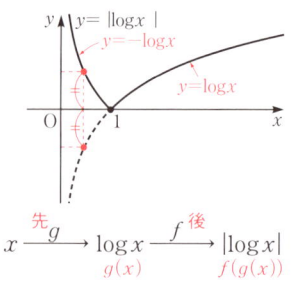

$$x \xrightarrow{g} \log x \xrightarrow{f} |\log x|$$

先　　後

$g(x)$　　$f(g(x))$

次に，$g \circ f(x) = g(f(x))$
$\qquad\qquad\quad = g(\boxed{x})$
$\qquad\qquad\quad = \log \boxed{x}$. 　$g(\bigcirc) = \log \bigcirc$

定義域は，真数：$|x| > 0$ より $x \neq 0$ で，偶関数だから，グラフは右図のとおり．

$\log|-t| = \log|t|$ より

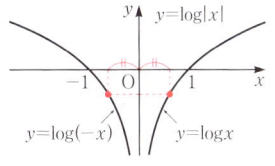

(参考) 本問の結果からわかるように，$f \circ g$ と $g \circ f$ は一般には一致しません．

(2) $\sqrt{x^2+1}$ は，x を次のように変換したものだと考えられる．

$$x \longrightarrow x^2+1 \longrightarrow \sqrt{x^2+1}$$

よって，$(g \circ f)(x) = \sqrt{x^2+1}$ を満たす f, g の 1 組として
　　　　後　先

$$f(x) = x^2+1, \quad g(x) = \sqrt{\boxed{x}}.$$

(補足) ○ このとき，たしかに
$$g \circ f(x) = g(f(x)) = g(\boxed{x^2+1}) = \sqrt{x^2+1}$$
となり，条件を満たしています．

○ 上記以外に，たとえば $f(x) = x^2$, $g(x) = \sqrt{\boxed{x}+1}$ としても，
$$g \circ f(x) = g(f(x)) = g(\boxed{x^2}) = \sqrt{x^2+1}$$
となりますから，これも正解です．

(3) $y = \dfrac{x-1}{x-2} = 1 + \dfrac{1}{x-2}$ 　　x を集約（→ITEM 1）

$\qquad\qquad = 1 + \dfrac{1}{g(x)}$ 　　$\dfrac{1}{\bigcirc} = h(\bigcirc)$

$\qquad\qquad = 1 + h(g(x))$

$\qquad\qquad = f(h(g(x)))$. 　　$1 + \bigcirc = f(\bigcirc)$

$\therefore\ y = (f \circ h \circ g)(x).$

類題 4 次の問いに答えよ．

[1] $f(x) = x^2$, $g(x) = e^x$ のとき，合成関数 $(f \circ g)(x)$ および $(g \circ f)(x)$ を求めよ．

[2] $(g \circ f)(x) = \dfrac{1}{\sin x}$ を満たす 2 つの関数 $f(x)$, $g(x)$ を 1 組求めよ．ただし，$f(x) \neq x$, $g(x) \neq x$ とする．

[3] 関数 $y = \dfrac{1-\cos x}{\sin^2 x}$ を，$f(x) = x+1$, $g(x) = \dfrac{1}{x}$, $h(x) = \cos x$ を用いた合成関数として表せ．

(解答▶解答編 p.4)

ITEM 5 逆関数

ある関数 f の逆関数 f^{-1} とは，文字通り逆向きの関数です．

「エフインバース」と読む

これだけならとくに難しい内容ではないのですが…ある"悪しき習慣"によって頭が混乱させられますから気をつけてください．

> **ここがツボ！** x と y の入れ替えは，できるだけ後回し．

基本確認

関数とは

関数とは，一意的な対応（ただ1通りの）のことである．

例：たとえば「$y=x^2$」のとき，x の各値に対して，y の値が1つに定まる．
　　よって，y は x の関数である．

逆関数とは

このような y から x への一意対応 f^{-1} を，f の**逆関数**という．

（注意）上記の関係をそのまま表すと
$$y=f(x) \quad \text{i.e.} \quad x=f^{-1}(y) \quad \cdots ①$$
となりますが，「逆関数 $f^{-1}(x)$ を求めよ」と言われたら，①において x と y を入れ替えて ← コレが"悪しき習慣"
$$y=f^{-1}(x) \quad \cdots ②$$
と表さなくてはなりません．この入れ替えによって頭が混乱させられるわけです．

逆関数の性質

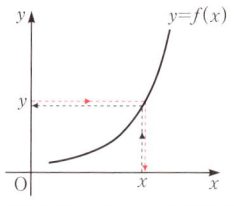

逆関数 f^{-1} は，f が単調（増加 or 減少）であるとき存在する．

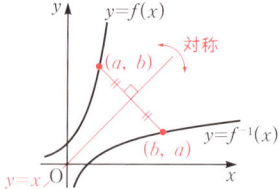

$y=f(x)$ のグラフと，その逆関数 $y=f^{-1}(x)$ のグラフは，直線 $y=x$ に関して対称である．

> **例題** 次の関数 $f(x)$ の逆関数 $f^{-1}(x)$ を求めよ．
> $$f(x)=x^2-2x+3 \quad (x \geq 1)$$

解説・解き方のコツ

$y=x^2-2x+3$ において，x と y を入れ替えると，
$x=y^2-2y+3$．これを y について解くと…
このように，初めに x と y の互換を行うクセをつけてしまうと，複雑な問題の場合，頭が大混乱に陥ります．

$y=f(x)=x^2-2x+3$ とおいて，y から x への一意対応を表す式を作ります．つまり，x を y で表すのです． ここでは，まだ x と y の入れ替えはしません

$y=(x-1)^2+2$ より $(x-1)^2=y-2$．

これと $x\geq 1$ i.e. $x-1\geq 0$ より $f^{-1}(y)=\sqrt{y-2}+1$．
すでに逆関数は求まった！

$x-1=+\sqrt{y-2}$ i.e. $x=\sqrt{y-2}+1$．

x と y を入れ替えて　　最後の最後で，しかたなく行う．

$y=\sqrt{x-2}+1$．i.e. $f^{-1}(x)=\sqrt{x-2}+1$．

(補足) ○ $f(x)$ の逆関数 $f^{-1}(x)$ を求める手順は次のとおりです．
1°　$y=f(x)$ とおく．
2°　x を y で表す．　ここで $f^{-1}(y)$ は求まっている！
3°　x と y を入れ替える．
とにかく，頭を混乱させる原因である 3° の操作は，一番最後に行って下さい．

(参考) ○ 2 つの関数 $y=f(x)$，$y=f^{-1}(x)$ のグラフは右図のようになります．　　　ITEM 2 参照
これらがたしかに直線 $y=x$ に関して対称であることを確認しておいて下さい．
○ $f(x)$ は $x\geq 1$ の範囲に限定すれば単調増加なので，逆関数をもつわけです．
○ $y=f(x)$ と $y=f^{-1}(x)$ においては，右表のように定義域と値域が入れ替わります．
（x と y を入れ替えたのですからアタリマエですね）

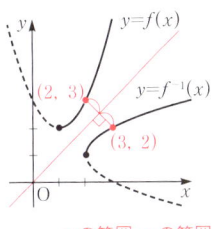

	定義域	値域
$y=f(x)$	$x\geq 1$	$y\geq 2$
$y=f^{-1}(x)$	$x\geq 2$	$y\geq 1$

類題　5　次の関数 $f(x)$ の逆関数 $f^{-1}(x)$ が存在すれば，それを求めよ．

[1] $f(x)=3x+1$　　　　　[2] $f(x)=\dfrac{-x+3}{x-1}$　　　　[3] $f(x)=\dfrac{1}{x}$

[4]★ $f(x)=4-x^2$　　　　[5] $f(x)=4-x^2 \ (x\geq 0)$　　[6]★ $f(x)=e^x$

[7] $f(x)=\log x+1$　　　[8] $f(x)=\dfrac{e^x-e^{-x}}{2}$

(解答▶解答編 p.5)

ITEM 6 基本数列の極限

高校の教科書では，数列を「$\{a_n\}$」と表しますが，本書では「(a_n)」と書きます．
　　　　　　　　　　　　　　　　　　　　　どちらで書いてもかまいません
「数列の極限」では，数列 (a_n) において，番号 n を限りなく大きくするとき (a_n) がどのように"振る舞う"かを考えます．まず最初に本 ITEM で，基本となる単純な数列について，その極限が"一瞬で"言えるようにしましょう．

なお，数列 (a_n) が定義されているとき，番号 n を決めれば，項の値 a_n が一意的に決まります．少し大雑把に言ってしまえば，次のようになります．

「数列とは，自然数を定義域とする**関数**である．」（$n \xrightarrow{\text{一意対応}} a_n$）

　　　　　　　　　　　　　等差数列　　　　　　　　等比数列

そこで本書では，たとえば $a_n = 2n + 3$ を「n の 1 次関数」，$b_n = 2^n$ を「n の指数関数」と呼んでしまいますし，場合によってはこれらのグラフを用いて考察します．

> **ここがツボ!** 数列は番号 n の関数．だから積極的にグラフをイメージして．

基本確認

収束とは　数列 (a_n) において，n を限りなく大きくする（$n \longrightarrow \infty$）のとき，a_n がある定数 α に限りなく近づくとき，「(a_n) は α に**収束**する」といい，次のように表す．
「$n \longrightarrow \infty$ のとき $a_n \longrightarrow \alpha$」，「$a_n \xrightarrow{n \to \infty} \alpha$」，「$\lim_{n \to \infty} a_n = \alpha$」

注目　「a_n が α に限りなく近づく」とは
　　　$|a_n - \alpha|$ がいくらでも 0 に近づくということ．
　　a_n と α の誤差

この距離が $|a_n - \alpha|$

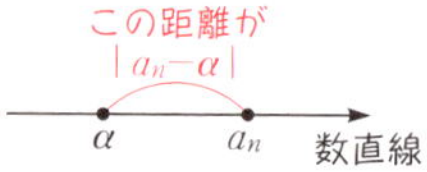

極限の分類
- 収束　…①：ある定数に限りなく近づく
- 発散
  - $+\infty$（正の無限大に発散する）…②：いくらでも大きくなる
  - $-\infty$（負の無限大に発散する）…③：いくらでも小さくなる
  - 振動（極限は存在しない）…④：上記 3 つのいずれでもない

注意　「発散」とは「収束しないこと」を指す．

例：

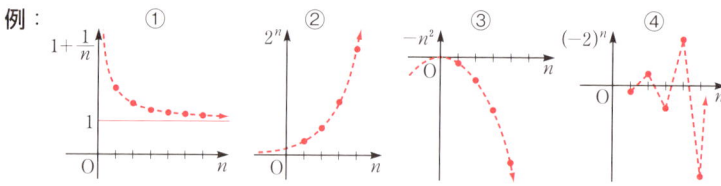

極限の四則演算

数列 (a_n)，(b_n) がそれぞれ α，β に収束するとき，次の公式を用いてよい．
$a_n + b_n \longrightarrow \alpha + \beta$，$a_n - b_n \longrightarrow \alpha - \beta$，
$a_n \cdot b_n \longrightarrow \alpha \cdot \beta$，$\dfrac{a_n}{b_n} \longrightarrow \dfrac{\alpha}{\beta}$（ただし $\beta \neq 0$）．

各部分の極限値どうしで計算すればよい．

やってみよう!

例題 次の数列の極限を求めよ.

(1) $\lim_{n\to\infty}\sqrt{n}$　(2) $\lim_{n\to\infty}n^{-1}$　(3) $\lim_{n\to\infty}\left(-\frac{1}{2}\right)^n$

解説・解き方のコツ

数列は，番号 n の関数ですから，グラフを用いて(イメージして)考えましょう.

(1) 右図をイメージして　紙には書かなくてOK

$\lim_{n\to\infty}\sqrt{n}=\infty$. **(正の無限大に発散する)**

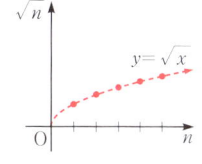

(2) $n^{-1}=\frac{1}{n}$ なので，右図をイメージして

$\lim_{n\to\infty}n^{-1}=0$. **(0 に収束する)**

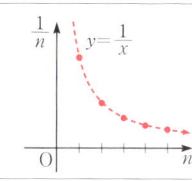

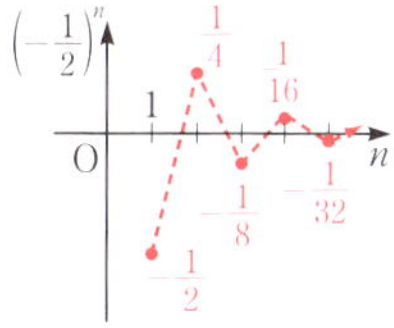

(3) 右図をイメージして

$\lim_{n\to\infty}\left(-\frac{1}{2}\right)^n=0$. **(0 に収束する)**

参考 (1)～(3)，および前頁の例②～④のように考えると，一般に，2つの基本数列(n の関数)

n^{α}(α は定数)，r^n(r は定数)

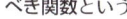

べき関数という　　指数関数(等比数列)

の極限は次のようになることがわかります.

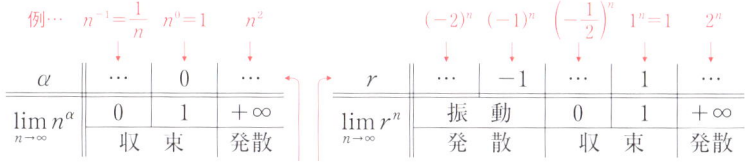

例… $n^{-1}=\frac{1}{n}$　$n^0=1$　n^2

α	…	0	…
$\lim_{n\to\infty}n^{\alpha}$	0	1	$+\infty$
	収	束	発散

$(-2)^n$　$(-1)^n$　$\left(-\frac{1}{2}\right)^n$　$1^n=1$　2^n

r	…	-1	…	1	…
$\lim_{n\to\infty}r^n$	振動		0	1	$+\infty$
	発散		収	束	発散

α も r も左ほど小さく，右ほど大きいとする(増減表と一緒)

ただし，この表の結果を暗記するわけじゃありません．いつでも[解説]のようにグラフをイメージしてサッと**思い出しましょう**.

類題 6 次の数列の極限を求めよ.

[1] $\lim_{n\to\infty}n^2$　[2] $\lim_{n\to\infty}\left(\frac{\pi}{3}\right)^n$　[3] $\lim_{n\to\infty}2^{2n}\left(-\frac{1}{3}\right)^n$

[4] $\lim_{n\to\infty}\cos n\pi$　[5] $\lim_{n\to\infty}\frac{1+2+3+\cdots+n}{n(n+1)}$　[6]★ $\lim_{n\to\infty}\left(-\frac{1}{2}\right)^n\left(1-\frac{1}{\sqrt{n}}\right)$

(解答▶解答編 p. 6)

ITEM 7 不定形

よくわかった度チェック！
① ② ③

ある数列（n の関数）をいくつかの部分に分けて各部の極限を求めてみたら，その数列全体の極限はわからないというとき，(俗に)**不定形**といい，形式的に「$\frac{\infty}{\infty}$ 型」,「$\infty - \infty$ 型」などと表します．本 ITEM では，不定形の極限を，極限が求まる形へ的確に変形する練習をします．

(注意) $\frac{\infty}{\infty}$ などは，あくまで便宜的表現であり，本当の数式ではありません．したがって，「$\frac{\infty}{\infty}$ を約分して1」なんてやっちゃダメですよ！

 **まず，どこが主要部か（どこが"ゴミ"か）を見極める．**

基本確認

不定形 各部の極限を別個に求めてみた結果を形式的に表したとき

$$\frac{\infty}{\infty}, \quad 0 \times \infty, \quad \frac{0}{0}, \quad \infty - \infty, \quad 1^{\infty}$$

ITEM 12～16 の「関数の極限」でも同様

などの形になるとき，「不定形」という．

例題 次の数列の極限を求めよ．

(1) $\displaystyle\lim_{n\to\infty}\frac{n^2+3n}{2n^2+5}$ 　　(2) $\displaystyle\lim_{n\to\infty}(3^n - 2^n)$

やってみよう！

解説・解き方のコツ

(1) まず，$n \longrightarrow \infty$ のときの関数の**振る舞いそのものを見る**と，$\frac{\infty}{\infty}$ 型の不定形．

n が大きいとき，分子，分母のそれぞれにおいて，「n^2」は「他の項」より**ずいぶん大きい**．そこで，分子，分母それぞれを，n^2 で**割って**収束する形に変えると

$$\frac{n^2+3n}{2n^2+5} \stackrel{(*)}{=} \frac{1+\dfrac{3}{n}}{2+\dfrac{5}{n^2}} \xrightarrow[n\to\infty]{} \frac{1}{2}.$$

(補足) ○ 上の結果を見るとわかるように，分子，分母それぞれにおいて，もっとも次数の高い「n^2」（□部）の係数だけで極限値が $\frac{1}{2}$ と決まります．「他の項」（□部）は答えに対して影響力をもちません．このようなとき，本書では今後

　　　　□…「**主要部**」　　　□…"ゴミ"

と言い表すことにします．

本問のような $\dfrac{\infty}{\infty}$ 型の不定形では，分子，分母それぞれを**主要部で割って収束する形にする**のが原則です．

○ **主要部**と**ゴミ**の区別が一目でわかるようになると，解答における（＊）の変形をしなくても「答えは $\dfrac{1}{2}$」と見抜けるようになります．

(2) まず，振る舞いそのものを見ると，
$\infty - \infty$ 型の不定形．
n が大きいとき，3^n は 2^n よりずいぶん大きい．

n	$\cdots$	5	6	7	$\cdots$
2^n	$\cdots$	32	64	128	$\cdots$
3^n	$\cdots$	243	729	2187	$\cdots$

　　　　　　主要部　　　　ゴミ
なので，答えはたぶん「∞」．それを示すため，ゴミ：2^n の影響力が無くなるよう，主要部：3^n を**くくり出す**．

$$3^n - 2^n = 3^n\left\{1 - \left(\dfrac{2}{3}\right)^n\right\} \xrightarrow[n\to\infty]{} \infty.$$

(補足) このような $\infty - \infty$ 型の不定形では，**主要部の方をくくり出す**のが原則です．

(参考) より厳密な解答を ITEM 9 例題(2)で与えます．

(注目) 正の無限大に発散する数列の "発散の速さ" に関して，(俗に)次のような言い回しが使われます．

「$\displaystyle\lim_{n\to\infty}\dfrac{n}{n^2}=0$ だから，n^2 は n より発散が速い．」（n は n^2 より発散が遅い）

「$\displaystyle\lim_{n\to\infty}\dfrac{2^n}{3^n}=0$ だから，3^n は 2^n より発散が速い．」（2^n は 3^n より発散が遅い）

上の例からもわかるように
べき関数 $n^\alpha\,(\alpha>0)$ の発散の速さは次数 α で決まり
指数関数 $r^n\,(r>1)$ の発散の速さは底 r で決まります．
（本書でも今後，必要に応じて「発散が速い」などの表現を使います．）

類題 7　次の数列の極限を求めよ．

[1] $\displaystyle\lim_{n\to\infty}\dfrac{2n-5}{n+3}$　　[2] $\displaystyle\lim_{n\to\infty}\dfrac{2n-5}{n^2+3}$　　[3]★ $\displaystyle\lim_{n\to\infty}\dfrac{2n^2-5}{n+3}$　　[4] $\displaystyle\lim_{n\to\infty}\dfrac{(n-1)(2n+3)}{(3n+1)(n+2)}$

[5] $\displaystyle\lim_{n\to\infty}\left(\dfrac{n^2+1}{n+2}-n\right)$　　[6] $\displaystyle\lim_{n\to\infty}\dfrac{3^{n+1}}{3^n-2^n}$　　[7] $\displaystyle\lim_{n\to\infty}\dfrac{\left(\dfrac{1}{3}\right)^n+\left(\dfrac{1}{2}\right)^n}{\left(\dfrac{1}{5}\right)^n-\left(\dfrac{1}{2}\right)^{n-1}}$

[8] $\displaystyle\lim_{n\to\infty}(2^n-3^n+5^n)$　　[9] $\displaystyle\lim_{n\to\infty}(2^{3n}-3^{2n})$　　[10] $\displaystyle\lim_{n\to\infty}(n^5-3n^4)$

[11] $\displaystyle\lim_{n\to\infty}\sin\left(\dfrac{n+2}{3n+1}\pi\right)$　　[12] $\displaystyle\lim_{n\to\infty}\{\log n-2\log(n+1)+\log(n+2)\}$

（解答 ▶ 解答編 p.6）

ITEM 8 √ を含んだ不定形

√を含む数列における不定形の処理です．ここではかの有名な，「有理化」という変形が決め手となることが多いですが，すべてがそうとは限りません．前 ITEM と同様，振る舞いそのものをよく見た上で，どう攻めて行くかを考えるべきです．

ここがツボ！ √ を含んだ $\infty - \infty$ 型不定形は，有理化が原則．

基本確認

有理化 $\sqrt{A} - \sqrt{B} = \dfrac{(\sqrt{A}-\sqrt{B})(\sqrt{A}+\sqrt{B})}{\sqrt{A}+\sqrt{B}} = \dfrac{A-B}{\sqrt{A}+\sqrt{B}}$.

例題 次の数列の極限を求めよ．

(1) $\displaystyle\lim_{n\to\infty} \dfrac{\sqrt{n^2+n}+3n}{2n-1}$ (2) $\displaystyle\lim_{n\to\infty}(\sqrt{n^2+1}-n)$

(3) $\displaystyle\lim_{n\to\infty}(\sqrt{n^2+n}-\sqrt{n^2-n})$

解説・解き方のコツ

(1) 【ヘたな方法】「√があるときゃ有理化だァ」なんてパターン丸暗記でやってしまうと，分母に「$\sqrt{n^2+n}-3n$」という $\infty-\infty$ 型不定形が現れ，むしろ解決から遠ざかってしまいますよ．

【正しい方法】まず，$n\to\infty$ のときの振る舞いそのものを見ると，$\dfrac{\infty}{\infty}$ 型不定形．√ 内において，n^2 は n よりずいぶん大きい．そこで $\sqrt{n^2+n}$ を $\sqrt{n^2}=n$ の 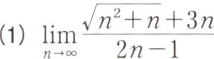 ようなものだとみなすと，分子，分母における主要部は「n」だから，それぞれ n で割って

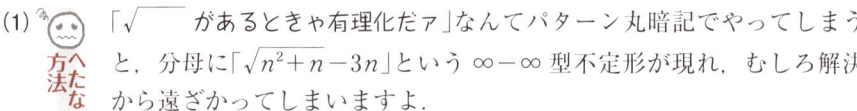

（0 以外の定数）

補足 「$\dfrac{\sqrt{n^2+n}}{n} \xrightarrow[n\to\infty]{} 1$ だから，$\sqrt{n^2+n}$ と n は発散の速さが等しい」と言い表します．一般に，「$\sqrt{\ }$ の 2 次式」は，「n」と同じ速さで発散します．

(2) $\infty-\infty$ 型の不定形です．前 ITEM 例題(2)のように何かをくくり出してもうまく行きません．ここは「有理化」で行きましょう．

$$\sqrt{n^2+1}-n = \frac{(\sqrt{n^2+1}-n)(\sqrt{n^2+1}+n)}{\sqrt{n^2+1}+n}$$

分子は $(n^2+1)-n^2$ 消える！

$$= \frac{1}{\sqrt{n^2+1}+n} \quad \cdots ①$$

$$\xrightarrow[n\to\infty]{} 0.$$

補足 ○このような $\sqrt{}$ を含んだ $\infty-\infty$ 型不定形では，**有理化**を行うと高次の項（ここでは n^2）が消えてうまく行くことが多いです．

○①を見るとわかるように，$n\to\infty$ のとき，$\sqrt{n^2+1}-n$ は $\dfrac{1}{n}$ と同じようなものだと考えられます．

(3) $\infty-\infty$ 型不定形で $\sqrt{}$ を含んでいるので，有理化します．

$$\sqrt{n^2+n}-\sqrt{n^2-n} = \frac{(\sqrt{n^2+n}-\sqrt{n^2-n})(\sqrt{n^2+n}+\sqrt{n^2-n})}{\sqrt{n^2+n}+\sqrt{n^2-n}}$$

分子は $(n^2+n)-(n^2-n)$ 消える

$$= \frac{2n}{\sqrt{n^2+n}+\sqrt{n^2-n}} \cdots \dfrac{\infty}{\infty}\text{型}\begin{pmatrix}\text{分子：1次}\\ \text{分母：1次のようなもの}\end{pmatrix}$$

$$= \frac{2}{\sqrt{1+\dfrac{1}{n}}+\sqrt{1-\dfrac{1}{n}}} \quad \cdots ① \quad \text{分子，分母を主要部の } n \text{ で割った}$$

$$\xrightarrow[n\to\infty]{} \frac{2}{1+1} = 1.$$

補足 ①より，$\sqrt{n^2+n}-\sqrt{n^2-n}$ は $n\longrightarrow\infty$ のとき定数のようなものとして振る舞います．

類題 8 次の数列の極限を求めよ．

[1] $\displaystyle\lim_{n\to\infty}(\sqrt{n+2}-\sqrt{n})$

[2]★ $\displaystyle\lim_{n\to\infty}(\sqrt{2n+1}-\sqrt{n+3})$

[3] $\displaystyle\lim_{n\to\infty}(\sqrt{n^2+1}-\sqrt{n^2-1})$

[4] $\displaystyle\lim_{n\to\infty} n(\sqrt{n^2+1}-\sqrt{n^2-1})$

[5] $\displaystyle\lim_{n\to\infty}(\sqrt{n^2+2n}-n)$

[6] $\displaystyle\lim_{n\to\infty}(\sqrt{2n^2+3n+1}-\sqrt{2n^2+n-1})$

[7] $\displaystyle\lim_{n\to\infty}\frac{n+1}{\sqrt{n^2+2n}-\sqrt{n^2+n}}$

[8] $\displaystyle\lim_{n\to\infty}\frac{2n+1}{\sqrt{n^2+1}-\sqrt{n}}$

[9] $\displaystyle\lim_{n\to\infty}\frac{(n+1)^3-2n^2\sqrt{n^2+3}}{n(n-1)\sqrt{n^2+1}}$

ITEM 9 不等式の利用

よくわかった度チェック！

ある数列 (a_n) の極限が直接には求めづらいとき，極限が求めやすい他の数列 (b_n) と (a_n) の間に成り立つ不等式を作り，(b_n) の極限を用いて間接的に (a_n) の極限を求める手法がしばしば用いられます．代表的なのが，例の"はさみうち"です．

（なお，上記のように，「目標とする (a_n)」と，「扱いやすい (b_n)」との間に成り立つ不等式を作ることを，俗に「(a_n) を (b_n) で**評価する**」と言い表します．）

> **ここがツボ！**
> タテマエ：評価によって答え（極限）がわかる．
> ホンネ：先に答えの見当がつき，それに応じてどう評価するべきかが見える．

基本確認

"はさみうち"の手法

$$\begin{cases} p_n \leqq a_n \leqq q_n \\ \downarrow \qquad \qquad \downarrow \\ \alpha \underbrace{\quad}_{一致} \alpha \end{cases} \quad ならば \quad a_n \longrightarrow \alpha.$$

"追い出し"の手法

$$\begin{cases} a_n \geqq p_n \\ \qquad \downarrow \\ \qquad \infty \end{cases} \quad ならば \quad a_n \longrightarrow \infty.$$

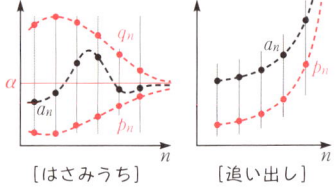

［はさみうち］　［追い出し］

(補足) 上記の2つにおいて，不等式は<u>じゅうぶん大きな n についてさえ</u>成り立てばよい．　限りなく大きな n について考えるのだから

> **例 題** 次の数列の極限を求めよ．
> (1) $\displaystyle\lim_{n\to\infty} \frac{1}{n}\sin\frac{2n}{3}\pi$ 　　　(2) $\displaystyle\lim_{n\to\infty}(3^n - 2^n)$

やってみよう！

解説・解き方のコツ

(1) これは間違い！

$n \longrightarrow \infty$ のとき…

① $\sin\dfrac{2n}{3}\pi$ は，-1〜1 の範囲以外の値はとらない．

② $\dfrac{1}{n}$ は 0 に収束する．

①，②より，$\displaystyle\lim_{n\to\infty}\frac{1}{n}\sin\frac{2n}{3}\pi = 0.$

 正しい方法

上記は解答としては直感的すぎます．でもこの数列の振る舞いそのものの見方としては大正解！①の現象を不等式で表しましょう．

$$-1 \leqq \sin\frac{2n}{3}\pi \leqq 1. \quad \cdots ③ \qquad \sin\frac{2n}{3}\pi を定数 \pm 1 で"評価"$$

∴ $-\dfrac{1}{n} \leqq \dfrac{1}{n}\sin\dfrac{2n}{3}\pi \leqq \dfrac{1}{n}$. (∵ $n>0$) …④

$n \longrightarrow \infty$ のとき,$-\dfrac{1}{n} \longrightarrow 0$,$\dfrac{1}{n} \longrightarrow 0$ だから,"はさみうち"より

極限値が一致

$$\lim_{n\to\infty}\dfrac{1}{n}\sin\dfrac{2n}{3}\pi = 0.$$

(補足) $\sin\dfrac{2n}{3}\pi$ が実際にとる値は,$-\dfrac{\sqrt{3}}{2}$,0,$\dfrac{\sqrt{3}}{2}$ のみですから,不等式③は「$-\dfrac{\sqrt{3}}{2} \leqq \sin\dfrac{2n}{3}\pi \leqq \dfrac{\sqrt{3}}{2}$」としたくなるかもしれません.

しかし,最終目標は"はさみうち"を用いて「$\lim_{n\to\infty}\dfrac{1}{n}\sin\dfrac{2n}{3}\pi = 0$」を示すことですから,③の各辺を n で割った④において最左辺,最右辺がともに 0 に収束しさえすればよいのです.ということは,「定数 $\leqq \sin\dfrac{2n}{3}\pi \leqq$ 定数」という形の不等式が用意できれば文句なし!というわけで,$\sin\fbox{}$ の $\fbox{}$ を考えるまでもなく得られる不等式③でよしとしたのです.

要するに,③で用意する不等式は,大小関係として正しく,しかも"はさみうち"が成功するものなら,何でもいいです.

(2) ITEM 7 例題(2)の厳密な解答です.

$3^n - 2^n = 3^n\left\{1 - \left(\dfrac{2}{3}\right)^n\right\}$　　極限の状態を便宜的に表すと $\infty \times 1$　　…①

$\geqq 3^n\left(1 - \dfrac{2}{3}\right)(n \geqq 1)$　　$\left(\dfrac{2}{3}\right)^n \leqq \left(\dfrac{2}{3}\right)^1$ より　　…②

$= 3^n \cdot \dfrac{1}{3} \xrightarrow[n\to\infty]{} \infty$.　　小さい方ですら ∞

よって,"追い出し"の手法により

$$\lim_{n\to\infty}(3^n - 2^n) = \infty.$$

(補足) ○ 厳密な解答は以上の通りですが,①式のまま,ITEM 7 例題(2)のごとく直感的に解答してもふつう満点でしょう.ところが(1)では直感的に解答すると減点されることが多い…これは単なるギョウカイのシキタリです…

類題 9 次の数列の極限を求めよ.

[1]★ $\displaystyle\lim_{n\to\infty}\left(\dfrac{1}{2}\right)^n \cos\dfrac{n}{6}\pi$　　　　　　[2] $\displaystyle\lim_{n\to\infty}\dfrac{(-1)^n}{n}$

[3] $\displaystyle\lim_{n\to\infty}\dfrac{n^2 + (-1)^n}{n^2}$　　　　　　[4] $\displaystyle\lim_{n\to\infty}(n^5 - 3n^4)$

(解答▶解答編 p.9)

ITEM 10 各種数列の発散の速さ

数学Ⅲでは，1つの問題の中で様々な種類の関数が混在します．そこが数学Ⅱまでとの大きな相違点です．本 ITEM では，正の無限大に発散する「3種類の数列(関数)」について，それらの発散の速さを比べてみたいと思います．

> **ここがツボ！** 数列の種類によって発散の速さが変わる．

基本確認

準公式 ❶ $\displaystyle\lim_{n\to\infty}\frac{n^{\alpha}}{a^n}=0.$ （$\alpha>0$，$a>1$）

べき関数：遅い ∞
指数関数：速い ∞

(補足) ❶の左辺は $\dfrac{\infty}{\infty}$ 型の不定形ですが，たとえば右表からもわかるように，分母の指数関数は，分子のべき関数より，正の無限大へと発散するスピードが**相対的に速い**ので，比をとると 0 に収束する…これがこの準公式を使うときの感覚です．

n	$\cdots$	9	10	11	$\cdots$
n^2	$\cdots$	81	100	121	$\cdots$
2^n	$\cdots$	512	1024	2048	$\cdots$

(注意) 上記の結果は，複雑な入試問題を解く際には「定理」として使用して大丈夫でしょうが，本 ITEM では，それを証明する練習もします．もちろん，この証明自体が要求されることもありますよ．（例題(1)で扱います）

> **例題** 次の問いに答えよ．ただし，n は自然数とする．
> (1) $\displaystyle\lim_{n\to\infty}\frac{n}{3^n}=0$ を示せ．
> (2) $\displaystyle\lim_{n\to\infty}\frac{2n\cdot 3^{n+1}-n^2}{3^{n+2}+(n+1)3^n}$ を求めよ．

解説・解き方のコツ

(1) (注意) このように，「準公式❶の結果を使えばオシマイ」という問では，「結果を使わず理由を示せ」と要求されていると考えるべきです．

$\dfrac{\infty}{\infty}$ 型の不定形です．分子(べき関数)と分母(指数関数)は関数の種類が異なるため，式変形によって極限を求めるのはムリそう．そこで，次のように不等式を利用します．

$3^n = (1+2)^n$
$\quad = 1 + n\cdot 2 + {}_nC_2\cdot 2^2 + {}_nC_3\cdot 2^3 + \cdots 2^n$ ← 二項定理
$\quad \geq {}_nC_2\cdot 2^2 = 2n(n-1)$ （$n\geq 2$）．

$n\longrightarrow\infty$ とするのだから，$n=1$ のときなんてカンケーなし！

$\therefore\ 0\leq\dfrac{n}{3^n}\leq\dfrac{n}{2n(n-1)}=\dfrac{1}{2(n-1)}\xrightarrow[n\to\infty]{} 0.$

よって"はさみうち"の手法により，$\displaystyle\lim_{n\to\infty}\frac{n}{3^n}=0.$ □

補足 ○ つまり，分母：3^n を，分子：n（1次関数）と同種の関数でしかも発散スピー
  ドが n より速い $2n(n-1)$（2次関数）で**評価**することにより，はさみうち
  の手法が成功したというわけです．
  （どちらもべき関数）

  この二項展開式を利用した評価は，やったことがないとまず思いつきま
  せん．しっかり覚えておいて下さい．

○ 「3^n は n より発散が速い」ことがわかったわけですね．
  あるいは，この結果を $\lim\limits_{n\to\infty} n\left(\dfrac{1}{3}\right)^n = 0$ という形で書いて，
  （$\infty \times 0$ 型不定形）

  「$\left(\dfrac{1}{3}\right)^n$ が 0 に収束する速さは，n が発散する速さを上回る」

  と言い表すこともできます．

参考 二項展開式の ${}_nC_3 \cdot 2^3$ の項を使えば，$3^n \geqq \dfrac{4}{3}n(n-1)(n-2)$ より $\dfrac{n^2}{3^n} \xrightarrow[n\to\infty]{} 0$
  （3次関数で評価）

  も示せます．（→類題10B[1]）同様にして，一般に
  $$\lim_{n\to\infty} \frac{n^p}{a^n} = 0 \quad (a>1,\ p\text{ は自然数})$$
  が示され，❶も導かれます．

(2) 今度は，(1)の結果（つまり❶）を用いて極限を求めます．
  分子，分母において，$3^{n+1} = 3 \cdot 3^n$，$3^{n+2} = 9 \cdot 3^n$ は 3^n と**同じようなもの**であり，
  3^n は n より発散が速い．よって主要部は「$n \cdot 3^n$」ですから，これで分子，分母
  を割ります．

  $$\dfrac{2n \cdot 3^{n+1} - n^2}{3^{n+2} + (n+1)3^n} = \dfrac{\dfrac{2n \cdot 3^{n+1}}{n \cdot 3^n} - \dfrac{n^2}{n \cdot 3^n}}{\dfrac{3^{n+2}}{n \cdot 3^n} + \dfrac{(n+1)3^n}{n \cdot 3^n}}$$
  （□：主要部，□：ゴミ）

  $$= \dfrac{6 - \dfrac{n}{3^n}}{\dfrac{9}{n} + \left(1 + \dfrac{1}{n}\right)} \xrightarrow[n\to\infty]{} 6. \quad \left(\because \dfrac{n}{3^n} \to 0\right)$$

類題 10A 次の数列の極限を求めよ．ただし，❶を用いてよいとする．

[1] $\lim\limits_{n\to\infty} \dfrac{n^2 + 2n + 3}{e^n} \quad (e = 2.71\cdots)$ [2] $\lim\limits_{n\to\infty} \dfrac{3^n + 1}{(n^2+1)2^n}$ [3] $\lim\limits_{n\to\infty} \dfrac{n^2 2^n - 4^{n-1}}{4^n + n 2^{n+1}}$

類題 10B

[1] $\lim\limits_{n\to\infty} \dfrac{n^2}{3^n} = 0$ を示せ． ⬆[2] $\lim\limits_{n\to\infty} \dfrac{3^n}{n!} = 0$ を示せ．

| ITEM 11 | 無限級数 |

本 ITEM は，数学Ⅰ・A・Ⅱ・B ITEM 87 の内容を前提としています．

「級数」とは数列の和のことですから，「無限級数」とは"直訳"すれば「無限個の項の和」となりますが，その名前や表記に惑わされてはいけません．

ここがツボ！
1° 有限個の和を考える
2° その極限を調べる
上記 2 つの作業を完全に分離せよ！

基本確認

無限級数の収束・発散

無限級数
$$\sum_{k=1}^{\infty} a_k = a_1 + a_2 + a_3 + \cdots + a_n + \cdots \qquad \cdots(*)$$
が「収束する」とは，その**部分和**
$$S_n = \sum_{k=1}^{n} a_k \qquad \text{有限個の和}$$
が作る数列 $S_1, S_2, \cdots, S_n, \cdots$ が収束することをいう．また，この極限値 $\lim_{n\to\infty} S_n$ を，無限級数 ($*$) の**和**という．

無限級数の「発散」についても，同様に定める．

例題 次の無限級数の収束・発散を調べ，収束するときはその和を求めよ．

(1) $\displaystyle\sum_{n=1}^{\infty} \frac{1}{n(n+1)}$ (2) $\displaystyle\sum_{k=1}^{\infty} \frac{1}{\sqrt{k}+\sqrt{k+1}}$ (3) $\displaystyle\sum_{k=1}^{\infty} \left(\frac{2}{3}\right)^k$

解説・解き方のコツ

(1) 1° まず，部分和を求める．　　階差の形に分解（→数学Ⅰ・A・Ⅱ・B ITEM 87）

「n」以外の文字 $\displaystyle\sum_{n=1}^{N} \frac{1}{n(n+1)} = \sum_{n=1}^{N} \left(\frac{1}{n} - \frac{1}{n+1}\right)$

$$= \left(1 - \frac{1}{2}\right) + \left(\frac{1}{2} - \frac{1}{3}\right) + \cdots + \left(\frac{1}{N} - \frac{1}{N+1}\right)$$

$$= 1 - \frac{1}{N+1}.$$

2° 上記において，$N \longrightarrow \infty$ とする．

$$\lim_{N\to\infty} \sum_{n=1}^{N} \frac{1}{n(n+1)} = \lim_{N\to\infty} \left(1 - \frac{1}{N+1}\right) = 1.$$

すなわち，$\displaystyle\sum_{n=1}^{\infty} \frac{1}{n(n+1)} = 1.$

補足 ○ このように，結局無限級数の問題とは，半分（以上）は「数列の和」（数学B）の問題です．

○ 部分和：$1 - \dfrac{1}{N+1}$ を通分して $\dfrac{N}{N+1}$ $\left(\dfrac{\infty}{\infty}\text{型}\right)$ にしてしまうと，2°で極限を求める上では遠回りです．

(2)
$$\sum_{k=1}^{n}\dfrac{1}{\sqrt{k}+\sqrt{k+1}} = \sum_{k=1}^{n}\dfrac{1}{\sqrt{k}+\sqrt{k+1}}\cdot\dfrac{\sqrt{k+1}-\sqrt{k}}{\sqrt{k+1}-\sqrt{k}}$$
$$= \sum_{k=1}^{n}\left(\sqrt{k+1}-\sqrt{k}\right) \quad \text{またまた階差の形に分解}$$
$$= (\sqrt{2}-1)+(\sqrt{3}-\sqrt{2})+\cdots+(\sqrt{n+1}-\sqrt{n})$$
$$= \sqrt{n+1}-1 \quad \text{1° 有限個の和}$$
$$\xrightarrow[n\to\infty]{} \infty. \quad \text{2° その極限}$$

すなわち，与式は**正の無限大に発散する**．

(3)
$$\sum_{k=1}^{n}\left(\dfrac{2}{3}\right)^k = \dfrac{2}{3}\cdot\dfrac{1-\left(\dfrac{2}{3}\right)^n}{1-\dfrac{2}{3}} \quad \leftarrow\text{項数}$$

等比数列の和　　初め　　　公比

$$\xrightarrow[n\to\infty]{} \dfrac{2}{3}\cdot\dfrac{1}{1-\dfrac{2}{3}} \quad \left(\because \left(\dfrac{2}{3}\right)^n \longrightarrow 0\right)$$
$$= 2.$$

すなわち，$\displaystyle\sum_{k=1}^{\infty}\left(\dfrac{2}{3}\right)^k = \mathbf{2}$．

補足 このような等比数列による無限級数を**無限等比級数**といい，公式
$$\sum_{n=1}^{\infty} ar^{n-1} = \dfrac{a}{1-r} \quad (-1 < r < 1)$$
がよく知られていますが…上の解答を見てわかるとおり，この公式を使わなくてもどうということはありません．

類題 11 次の無限級数の収束・発散を調べ，収束するときはその和を求めよ．

[1] $\displaystyle\sum_{n=1}^{\infty}\dfrac{1}{n(n+2)}$ 　　[2] $\displaystyle\sum_{k=1}^{\infty}\dfrac{1}{\sqrt{2k+1}+\sqrt{2k-1}}$ 　　[3] $\displaystyle\sum_{n=1}^{\infty}\log\left(1+\dfrac{1}{n}\right)$

[4] $\displaystyle\sum_{k=0}^{\infty}\dfrac{k}{(k+1)!}$ 　　[5] $\displaystyle\sum_{n=0}^{\infty}\left(\dfrac{1}{2}\right)^n$ 　　[6]★ $\displaystyle\sum_{n=1}^{\infty}(-1)^n$

[7] $\displaystyle\sum_{n=1}^{\infty}\dfrac{\cos n\pi}{3^n}$ 　　[8] $\displaystyle\sum_{n=1}^{\infty}\left\{\left(\dfrac{3}{4}\right)^n - \dfrac{3^{n-1}}{2^n}\right\}$ 　　[9] $\displaystyle\sum_{n=1}^{\infty}\dfrac{2^n(2^n-1)}{5^n}$

（解答▶解答編 p.11）

ITEM	本 ITEM では，ITEM 3「基本関数のグラフ」が頭に入っていることを前提とします．	よくわかった度チェック！
12	# 関数の極限	① ② ③

関数の極限においても，数列の極限で学んだこと（極限の種類・四則演算・不定形など）はそのまま適用できます．数列も一種の関数でしたから当然ですね．違いとしてあるのは，数列の極限では，変数 n が自然数の値のみをとり，必ず $n \longrightarrow \infty$ とするのに対し，関数の極限では，変数 x が連続的に変化する実数となり，$x \longrightarrow \infty$ 以外に $x \longrightarrow -\infty$，$x \longrightarrow 3$ などの場合も考える点です．

ここがツボ！ まず，関数の振る舞いそのものを見極める．

基本確認

収束 x が a と異なる値をとりながら限りなく a に近づくとき，$f(x)$ の値が α にいくらでも近づくならば

$x \longrightarrow a$ のとき $f(x)$ は α に **収束** する

といい，次のように表す．

「$x \longrightarrow a$ のとき $f(x) \longrightarrow \alpha$」，「$f(x) \underset{x \to a}{\longrightarrow} \alpha$」，「$\lim_{x \to a} f(x) = \alpha$」

注目 数列の極限と同様に　　$f(x)$ と α の誤差

$f(x) \underset{x \to a}{\longrightarrow} \alpha \iff |f(x) - \alpha| \underset{x \to a}{\longrightarrow} 0$．

例題 次の関数の極限を求めよ．

(1) $\lim_{x \to 2} \dfrac{x^2 - 4}{x - 2}$

(2) $\lim_{x \to 0} e^{\frac{1}{x}}$　$(e = 2.71\cdots)$

解説・解き方のコツ

(1) $f(x) = \dfrac{x^2 - 4}{x - 2}$ とおく．

まず，x を 2 と異なる値をとりながら限りなく 2 に近づけるときの $f(x)$ の振る舞いを調べると，$\dfrac{0}{0}$ 型不定形．そこで，不定形でなくなるように工夫する．

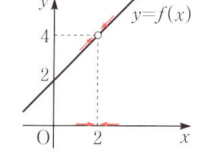

$x \neq 2$ のもとでは

$f(x) = \dfrac{(x+2)(x-2)}{x-2} = x + 2$．　　**$x - 2$ が約分で消えた**

∴ $\lim_{x \to 2} f(x) = \lim_{x \to 2} (x + 2) = 4$．

注意　「$\lim_{x \to 2} f(x) = 4$」の＿＿線部だけを見て，「$f(x) = 4$ になる」とカンチガイしないように．この等式の正しい意味は次のとおり．

「$x \longrightarrow 2$ のとき，$f(x)$ が目指して進んでいく **目的値**」＝「4」．

補足
- 「$x \longrightarrow 2$」のときの極限を考える上では，「$x=2$」のときのことは**いっさい関係ありません**．
- $f(x)$ を約して得られた関数 $x+2\,(=g(x)$ とおく) について，

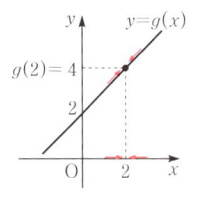

$x\to 2$ のときの目的値 $\displaystyle\lim_{x\to 2}g(x)=g(2)$ ちょうど $x=2$ のときの値

が成り立ちます．このとき，「$g(x)=x+2$ は，$x=2$ において**連続である**」といいます．

高校数学でふつうに使っている関数は，定義内のすべての点で連続であり，このような関数 $F(x)$ の極限 $\displaystyle\lim_{x\to a}F(x)$ を求めるには，x に a を代入して $F(a)$ の値を計算すればよいわけです．

でも「極限」のホントの意味を忘れないでね…

(2) $t=\dfrac{1}{x}$ と $y=e^t$ と合成関数なので，2段階に分けて考えます．

左のグラフから，$x\to 0$ とするとき，

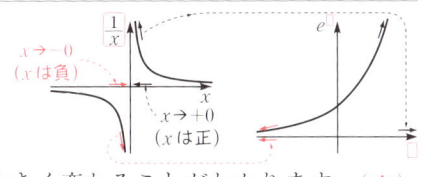

x の符号によって $\dfrac{1}{x}$ の振る舞いが大きく変わることがわかります…(＊)．

そこで，**右極限**，**左極限**に分けて考えます．

黒矢印 　**右極限**：$x\to+0$ のとき，$\dfrac{1}{x}\to\infty$ ∴ $e^{\frac{1}{x}}\to\infty$．

赤矢印 　**左極限**：$x\to-0$ のとき，$\dfrac{1}{x}\to-\infty$ ∴ $e^{\frac{1}{x}}\to 0$．

「$x\to 0$」の極限があるのは，両者が一致したときのみ．

両者が一致しないので，$\displaystyle\lim_{x\to 0}e^{\frac{1}{x}}$ は**存在しない**．

補足 「右極限」，「左極限」という言葉を忘れかけている人は，教科書等で調べておいてください．

注意 左，右に分けて極限を考えるのは，(＊)のようなときだけです．

類題 12 次の関数の極限を調べよ．

[1] $\displaystyle\lim_{x\to\infty}e^{-x}$ 　　[2] $\displaystyle\lim_{x\to-\infty}e^{\frac{1}{x}}$ 　　[3]★ $\displaystyle\lim_{x\to-\infty}(x^3+3x^2)$

[4] $\displaystyle\lim_{x\to-\infty}\dfrac{x^2+1}{3x^2+x}$ 　　[5]★ $\displaystyle\lim_{x\to 1}\dfrac{1}{x-1}$ 　　[6] $\displaystyle\lim_{x\to 0}\dfrac{1}{x^2}$

[7] $\displaystyle\lim_{x\to 0}\dfrac{|x|}{x}$ 　　[8] $\displaystyle\lim_{x\to+0}\log x$ 　　[9] $\displaystyle\lim_{x\to 1}\dfrac{x^2-1}{x-1}$

[10] $\displaystyle\lim_{x\to 2}\dfrac{x^2-5x+6}{x^2-4}$ 　　[11] $\displaystyle\lim_{x\to 2}\dfrac{x^2-5x+6}{x^2-1}$ 　　[12] $\displaystyle\lim_{x\to 2}\dfrac{x^2-4}{x^3-3x^2+4}$

(解答 ▶ 解答編 p.12)

| ITEM 13 | 🏋 やや重 | 無理関数の極限 |

よくわかった度チェック!
① ② ③

$\sqrt{}$ を含む関数の極限です．たしかに有理化を行うことが多いですが，ITEM 8：「(数列の) $\sqrt{}$ を含んだ不定形」と同様，まず振る舞いを見ることは忘れずに．

> **ここがツボ!** 不定形の型を見きわめた上で，必要に応じて有理化．

3章 関数の極限

基本確認

平方根の性質

$$\sqrt{x^2}=|x|=\begin{cases} x & (x\geq 0) \\ -x & (x<0) \end{cases} \quad \therefore \quad ❶ \begin{cases} x=\sqrt{x^2} & (x\geq 0) \\ x=-\sqrt{x^2} & (x<0) \end{cases}$$

$-3=-\sqrt{(-3)^2}$ ←（例）

例題 次の関数の極限を求めよ．

(1) $\displaystyle\lim_{x\to -\infty}\dfrac{3x+5}{\sqrt{x^2+2}-x}$ 　　(2) $\displaystyle\lim_{x\to 0}\dfrac{\sqrt{1+x}-\sqrt{1-x}}{x}$

🖊 解説・解き方のコツ

(1) まず，$x \longrightarrow -\infty$ のときの振る舞いそのものを見る．分子 $\longrightarrow -\infty$，分母は $\infty-\infty$ 型不定形ではないので有理化の必要はなく，分母 $\longrightarrow \infty$．よって $\dfrac{-\infty}{\infty}$ 型不定形なので，主要部 x で分子，分母を割ると

$$\lim_{x\to -\infty}\dfrac{3x+5}{\sqrt{x^2+2}-x}=\lim_{x\to -\infty}\dfrac{3+\dfrac{5}{x}}{\dfrac{\sqrt{x^2+2}}{x}-1}$$

$$=\lim_{x\to -\infty}\dfrac{3+\dfrac{5}{x}}{-\sqrt{1+\dfrac{2}{x^2}}-1}=-\dfrac{3}{2}.$$

注意!!

補足 「$-$」が付くのが不思議に感じるかもしれませんね．
いま，$x \longrightarrow -\infty$ とするので $x<0$ のもとで考えるので，❶ より

$x=-\sqrt{x^2}$. $\therefore$ $\dfrac{\sqrt{x^2+2}}{x}=\dfrac{\sqrt{x^2+2}}{-\sqrt{x^2}}=-\sqrt{\dfrac{x^2+2}{x^2}}=-\sqrt{1+\dfrac{2}{x^2}}$

となります．

別解 このようなわずらわしさを感じたくないなら，次のようにします．

　　　　　　　　　　　　　　x が負のままでもできるようにしたいが…

$t=-x$ とおくと，$x \longrightarrow -\infty$ のとき $t \longrightarrow \infty$ だから，$t>0$ としてよく

$$\lim_{x\to-\infty}\frac{3x+5}{\sqrt{x^2+2}-x}=\lim_{t\to\infty}\frac{-3t+5}{\sqrt{t^2+2}+t}$$
$$=\lim_{t\to\infty}\frac{-3+\dfrac{5}{t}}{\sqrt{1+\dfrac{2}{t^2}}+1}=-\frac{3}{2}.$$

(2) これは $\dfrac{0}{0}$ 型不定形なので，前 ITEM 例題(1)と同じように何かある因数を約分で消したいのですが，分子の $\sqrt{}$ がジャマをしてそれができません．そこで…**有理化**の出番です．

$$\lim_{x\to 0}\frac{\sqrt{1+x}-\sqrt{1-x}}{x}$$
$$=\lim_{x\to 0}\frac{(\sqrt{1+x}-\sqrt{1-x})(\sqrt{1+x}+\sqrt{1-x})}{x(\sqrt{1+x}+\sqrt{1-x})} \quad\text{分子は }(1+x)-(1-x)\ \text{消える}$$
$$=\lim_{x\to 0}\frac{2x}{x(\sqrt{1+x}+\sqrt{1-x})} \quad\text{これが }\dfrac{0}{0}\text{ 型不定形の原因だった！}$$
$$=\lim_{x\to 0}\frac{2}{\sqrt{1+x}+\sqrt{1-x}}=\frac{2}{1+1}=1.$$

補足 一般に有理化という手法は $\infty-\infty$ 型や $\dfrac{0}{0}$ 型の不定形において有効である
ITEM 8 例題(2), (3)　　本問

ことが多いです．そして，これらの使用例を見ると，有理化がもたらす効果とは，$\sqrt{}$ の中の主要な項（本問では 1）が消えることだとわかります．

類題 13 次の関数の極限を求めよ．

[1] $\displaystyle\lim_{x\to-\infty}\frac{2x-\sqrt{4x^2+x}}{\sqrt{x^2-1}-x}$　　[2] $\displaystyle\lim_{x\to-\infty}(\sqrt{x^2+3}-x)$　　[3] $\displaystyle\lim_{x\to\infty}(\sqrt{x^2+3}+x)$

[4] $\displaystyle\lim_{x\to-\infty}(\sqrt{x^2+3x}+x)$　　[5] $\displaystyle\lim_{h\to 0}\frac{\sqrt{2+h}-\sqrt{2}}{h}$　　[6] $\displaystyle\lim_{x\to 2}\frac{\sqrt{x}-\sqrt{2}}{x-2}$

[7] $\displaystyle\lim_{x\to 2}\frac{x^2-4}{\sqrt{x+7}-3}$　　[8] $\displaystyle\lim_{x\to 1}\frac{\sqrt{x+3}-2}{x^2-4}$　　[9] $\displaystyle\lim_{x\to 0}\frac{\sqrt{x^2+3x+9}-3}{x}$

[10] $\displaystyle\lim_{a\to 0}\frac{a^2+2-2\sqrt{1+a^2}}{a^3}$　　[11] $\displaystyle\lim_{p\to 0}\frac{(4p^2+\sqrt{1+4p^2}+2)(\sqrt{1+p^2}+1)}{(\sqrt{1+4p^2}+1)(p^2+\sqrt{1+p^2}+2)}$

[12] $\displaystyle\lim_{x\to-\infty}\log(x+\sqrt{x^2+1})$

ITEM 14 三角関数の極限

やや重

よくわかった度チェック！
① ② ③

三角関数に関する極限は，たった1つの公式：$\lim_{\theta \to 0}\dfrac{\sin\theta}{\theta}=1$ が出発点となりますが，次に挙げる2つの"準公式"が頭に入っているか否かで，解法が見える速さがまるで変わってきます．

それから，前ITEMと同じように，「まずは関数の振る舞いそのものを調べる．そして不定形であればそれに応じて策を考える．」という手順は必ず守ってください．

> **ここがツボ！** $\dfrac{0}{0}$ 型不定形で「$1-\cos\theta$」に出会ったら，あの準公式！

【基本確認】

三角関数の極限公式

❶ $\lim_{\theta\to 0}\dfrac{\sin\theta}{\theta}=1.$ これは公式！ ❷ $\lim_{\theta\to 0}\dfrac{\tan\theta}{\theta}=1.$

❸ $\lim_{\theta\to 0}\dfrac{1-\cos\theta}{\theta^2}=\dfrac{1}{2}.$ 準公式．場合によっては証明を要するかも

(証明) ❶は教科書参照．❷，❸は，❶をもとにして次のように導く．

$$\dfrac{\tan\theta}{\theta}=\dfrac{1}{\cos\theta}\cdot\dfrac{\sin\theta}{\theta}\xrightarrow[\theta\to 0]{}1\cdot 1=1.$$

$$\dfrac{1-\cos\theta}{\theta^2}=\dfrac{1-\cos\theta}{\theta^2}\cdot\dfrac{1+\cos\theta}{1+\cos\theta}=\left(\dfrac{\sin\theta}{\theta}\right)^2\cdot\dfrac{1}{1+\cos\theta}\xrightarrow[\theta\to 0]{}1^2\cdot\dfrac{1}{2}=\dfrac{1}{2}.$$

(補足) ❶，❷，❸は，いずれも $\dfrac{0}{0}$ も型の不定形です．逆に言うと，これらの公式はこの形の不定形のとき用いるべき公式だということです．

> **例題** 次の極限を求めよ．
> (1) $\lim_{x\to 0}\dfrac{x}{\sin 3x}$　　(2) $\lim_{\theta\to 0}\dfrac{1-\cos\theta}{\theta}$

解説・解き方のコツ

(1) まず，$\dfrac{0}{0}$ 型の不定形であることを確認．その上で，「sin」が含まれることから公式❶が使えそうなので，分子の x を分母の $3x$ にそろえます．

$$\lim_{x\to 0}\dfrac{x}{\sin 3x}=\lim_{x\to 0}\dfrac{3x}{\sin 3x}\cdot\dfrac{1}{3}\quad x\to 0\text{ のとき, }3x\to 0\text{ でもある}$$

$$=1\cdot\dfrac{1}{3}=\dfrac{1}{3}.$$

(補足) 公式❶は，3か所の「◯」がそろっていれば，その中身はなんでもかまいま

せん．ただし本問の場合，$x \to 0$ のとき $3x \to 0$ となるのはアタリマエですから，ワザワザ「$\lim_{3x \to 0}$」と書いたりはしません．あと，公式❶とは分子と分母が逆さですが，$\frac{1}{1}=1$ ですから，気にしないこと．

---

(2) $\frac{0}{0}$ 型不定形で，「$1-\cos\theta$」が含まれていたら，スパッと「準公式❸の出番だ！」と言えるように．

$$\frac{1-\cos\theta}{\theta} = \frac{1-\cos\theta}{\theta^2} \cdot \theta \xrightarrow{\theta \to 0} \frac{1}{2} \cdot 0 = 0.$$

本問は軽いので準公式❸の証明過程も書いておいた方がよいかも

参考 本問の分母を θ から θ^3 に変えると，$\frac{1-\cos\theta}{\theta^3} = \frac{1-\cos\theta}{\theta^2} \cdot \frac{1}{\theta}$ となり，今度は発散します．$\theta \to 0$ のときの 3 つの極限

$$\frac{1-\cos\theta}{\theta} \longrightarrow 0, \quad \frac{1-\cos\theta}{\theta^2} \longrightarrow \frac{1}{2}\,(0\text{ でない定数}), \quad \frac{1-\cos\theta}{\theta^3}:\text{発散}$$

を見比べて，（俗に）次のように言い表します．
$\theta \longrightarrow 0$ のとき，$1-\cos\theta$ が 0 に収束する速さは
θ より速い，θ^2 と同じ $\cdots$（＊），θ^3 より遅い．
❸の意味である上記（＊）がつかめていると，たとえば本問の答えが 0 であることは，直観的に見抜けます． **テストでこうしたら「0 点」！**
❶，❷も同様に「$\theta \longrightarrow 0$ のとき，$\sin\theta$，$\tan\theta$ はいずれも θ と同じ速さで 0 に収束する」という意味をもっています．

類題 14 次の極限を求めよ．（x, θ は実数，n は自然数とする）

[1] $\displaystyle\lim_{x \to 0} \frac{\sin 3x}{\sin 2x}$

[2] $\displaystyle\lim_{x \to 0} \frac{1-\cos 3x}{x^2}$

[3]★ $\displaystyle\lim_{\theta \to \frac{\pi}{2}} \frac{\cos\theta}{\frac{\pi}{2}-\theta}$

[4] $\displaystyle\lim_{\theta \to \frac{\pi}{2}} (2\theta-\pi)\tan\theta$

[5] $\displaystyle\lim_{\theta \to \frac{\pi}{2}} \frac{\sin\theta-1}{(\pi-2\theta)^2}$

[6] $\displaystyle\lim_{x \to 0} \frac{1}{\cos x}$

[7] $\displaystyle\lim_{\theta \to 0} \frac{\sin^2\theta}{\theta}$

[8] $\displaystyle\lim_{\theta \to 0} \frac{\sin\theta^2}{\theta}$

[9]★ $\displaystyle\lim_{\theta \to 0} \frac{\sin\theta}{\theta^2}$

[10] $\displaystyle\lim_{x \to 0} \frac{1-\cos x}{\sin x \tan x}$

[11] $\displaystyle\lim_{x \to 0} \frac{\tan x - \sin x}{x^3}$

[12] $\displaystyle\lim_{x \to 0} \left(\frac{1}{\sin x} - \frac{1}{\tan x}\right)$

[13] $\displaystyle\lim_{x \to \frac{\pi}{4}} \frac{\sin x - \cos x}{4x-\pi}$

[14] $\displaystyle\lim_{x \to 0} \frac{2x-x^2}{x+\sin x}$

[15] $\displaystyle\lim_{n \to \infty} (n^2+2n)\left(1-\cos\frac{\pi}{n}\right)$

[16] $\displaystyle\lim_{\theta \to 0} \frac{6\theta+3\sin 2\theta+\sin 4\theta}{\sin\theta}$

[17] $\displaystyle\lim_{\theta \to 0} \frac{3\sin\theta(3\theta-2\sin\theta)}{4\theta^2(2-\cos\theta)}$

（解答▶解答編 p. 15）

ITEM 15 指数・対数関数の極限

やや重

よくわかった度チェック！ ① ② ③

指数・対数関数に関する極限では、**自然対数の底「e」**を定義することから始まり、様々な公式を導いていきます。この証明過程そのものが、問題解法の絶好のトレーニングとなります。

ポイントは、他の関数と同様、不定形の型を見極めた上で使用する公式を選ぶことです。

> **ここがツボ！** 1^∞ 型不定形なら、「e」関連の極限公式.

基本確認

「e」の定義

❶ $e = \lim\limits_{h \to 0}(1+h)^{\frac{1}{h}}$. … $1^{\pm\infty}$ 型不定形

指数・対数の極限公式

❷ $\lim\limits_{x \to \infty}\left(1+\dfrac{1}{x}\right)^x = e$. … 1^∞ 型不定形

❸ $\lim\limits_{h \to 0}\dfrac{\log(1+h)}{h} = 1$. … $\dfrac{0}{0}$ 型不定形 $\log \triangle$ とは $\log_e \triangle$ のこと

❹ $\lim\limits_{t \to 0}\dfrac{e^t - 1}{t} = 1$. … $\dfrac{0}{0}$ 型不定形

(補足)
○ ❷←❶→❸→❹ の流れで導かれます.（例題，類題で扱います）
　　　スタート

○ ❷の x(実数)を n(自然数)に変えた等式

　❷′ $e = \lim\limits_{n \to \infty}\left(1+\dfrac{1}{n}\right)^n$ … 1^∞ 型不定形　　コレも公式

　によって自然対数の底 e を定義する立場もあります.

例題　次の問いに答えよ. 　やってみよう！

(1) 極限 $\lim\limits_{x \to \infty}\left(\dfrac{x-2}{x}\right)^x$ を求めよ.

(2) 上記❶から❸を導け.

(3) 極限 $\lim\limits_{x \to 1}\dfrac{\log x}{x-1}$ を求めよ.

解説・解き方のコツ

(1) $\dfrac{x-2}{x} = 1 - \dfrac{2}{x} \xrightarrow[x \to \infty]{} 1$ ですから，与式は 1^∞ 型不定形.

そこで，❶ or ❷ を使うことを考えます.（迷ったら❶の方を使いましょう.）

$$\lim_{x \to \infty}\left(\dfrac{x-2}{x}\right)^x = \lim_{x \to \infty}\left(1 + \dfrac{-2}{x}\right)^x.$$
　　　　　　　　　　　　　　　コレが❶の「h」っぽい

そこで $h=\dfrac{-2}{x}$ とおくと，$x\longrightarrow\infty$ のとき $h\longrightarrow 0$．また，$x=\dfrac{-2}{h}$ だから

$$\lim_{x\to\infty}\left(1+\dfrac{-2}{x}\right)^x=\lim_{h\to 0}(1+h)^{\frac{-2}{h}}$$
$$=\lim_{h\to 0}\left\{(1+h)^{\frac{1}{h}}\right\}^{-2}=e^{-2}.\quad (\because \mathbf{❶})$$

別解1 いちいち「h」とおくのがメンドウなら，次のようにやってしまいます．

$$\left(\dfrac{x-2}{x}\right)^x=\left\{\left(1+\dfrac{-2}{x}\right)^{\frac{x}{-2}}\right\}^{-2}\xrightarrow[x\to\infty]{}e^{-2}.\quad\left(\because\ \begin{matrix}x\longrightarrow\infty\text{ のとき}\\ \dfrac{-2}{x}\longrightarrow 0\end{matrix}\right)$$

(2) $\displaystyle\lim_{h\to 0}\dfrac{\log(1+h)}{h}=\lim_{h\to 0}\log(1+h)^{\frac{1}{h}}=\log e=1.\ \square\quad(\because \mathbf{❶})$

（補足） ○ 前 ITEM と同様．この公式 **❸** も次のような大雑把な感覚でとらえられるようにしておきましょう．

$h\longrightarrow 0$ のとき，$\log(1+h)$ は h と同じようなもの．

○ **❸** は，$\dfrac{0}{0}$ 型不定形のときに使うべき公式です．

(3) $\log x\xrightarrow[x\to 1]{}\log 1=0$ なので，与式は $\dfrac{0}{0}$ 型不定形．そして「log」があるので，公式 **❸** を使いたくなります．ただし，**❸** において変数 h は「$h\longrightarrow 0$」としますから…

$h=x-1$ とおくと，$x\longrightarrow 1$ のとき $h\longrightarrow 0$．

$$\therefore\ \lim_{x\to 1}\dfrac{\log x}{x-1}=\lim_{h\to 0}\dfrac{\log(1+h)}{h}=1.$$

類題 15A [1] **❶** から **❷** を導け． [2] **❸** から **❹** を導け．

類題 15B 次の極限を求めよ．（n は自然数，それ以外の文字は実数とする）

[1] $\displaystyle\lim_{x\to 0}(1+2x)^{\frac{1}{x}}$ [2] $\displaystyle\lim_{x\to\infty}\left(\dfrac{x+2}{x}\right)^x$ [3] $\displaystyle\lim_{x\to-\infty}\left(1+\dfrac{1}{x}\right)^x$

[4] $\displaystyle\lim_{x\to\infty}\left(\dfrac{x+2}{x+1}\right)^x$ [5] $\displaystyle\lim_{x\to\infty}\left(\dfrac{x-1}{x+1}\right)^x$ [6] $\displaystyle\lim_{t\to 0}\dfrac{\log(1+3t)}{t}$

[7] $\displaystyle\lim_{n\to\infty}n\{\log(n+1)-\log n\}$ [8] $\displaystyle\lim_{x\to 0}\dfrac{e^{3x}-1}{x}$ [9] $\displaystyle\lim_{x\to 0}\dfrac{(\sqrt{e})^x-1}{x}$

[10] $\displaystyle\lim_{x\to 0}\dfrac{x}{2^x-1}$ [11] $\displaystyle\lim_{n\to\infty}n\left(1-e^{\frac{1}{n}}\right)$ [12] $\displaystyle\lim_{x\to 0}\dfrac{e^x-e^{-x}}{x}$

[13] $\displaystyle\lim_{n\to\infty}\dfrac{(n+1)^{1-n}-n^{1-n}}{n^{1-n}-(n-1)^{1-n}}$ [14] $\displaystyle\lim_{x\to 0}\dfrac{\log(1+2x)}{1-\dfrac{1}{e^x}}$

（解答▶解答編 p.17，18）

ITEM 16 各種関数の発散の速さ

よくわかった度チェック！
① ② ③

「数学Ⅲ」では，1つの問題の中で異種の関数が混在することが頻繁に起こります．そこで本 ITEM では，3種類の基本関数：べき関数 x^α，指数関数 e^x，対数関数 $\log x$ の収束・発散の速さの比較をします．どんな種類の関数の組み合わせでも，極限の結果が瞬時に見えるようにしましょう．

> **ここがツボ！** 発散・収束の速さは，関数の種類ごとに決まっている！

基本確認

準公式

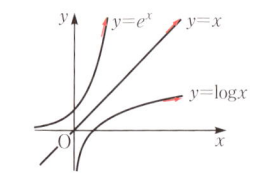

❶ $\displaystyle\lim_{x\to\infty}\frac{x}{e^x}=0$ 　　$\dfrac{\text{べき関数：遅い}\infty}{\text{指数関数：速い}\infty}$

❷ $\displaystyle\lim_{x\to\infty}\frac{\log x}{x}=0$ 　　$\dfrac{\text{対数関数：遅い}\infty}{\text{べき関数：速い}\infty}$

(補足) これらの証明は次々ページで行うとして，まずは次のように直感的に納得しておいてください．（答案中では，以下のような表現は使わないでくださいね！）

❶の左辺は，いわゆる $\dfrac{\infty}{\infty}$ 型の不定形ですが，グラフを見ると，分母の e^x の方が分子の x より増加のスピードが速いですね．（たとえば $x=100$ のとき，$e^x=e^{100}≒2.69\times10^{43}$ です！！）このことから，$x\longrightarrow\infty$ のとき，$\dfrac{x}{e^x}$ の値が限りなく 0 に近づくことがわかります．

つまり，上記補注における「速い ∞」とか「遅い ∞」とは，分子，分母の**相対的な発散の速さ**を表しています．（❷も同様）

(参考) ○ ❶は
$\displaystyle\lim_{x\to\infty}xe^{-x}=0$ 　　(べき関数：遅い ∞)×(指数関数：早く 0 へ収束)

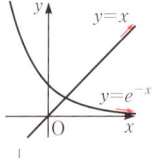

とも書けます．この結果は，次のように言い表すことができます．
「x が発散する速さより，e^{-x} が 0 に収束する速さの方が速い．」
また，❷から即座に得られる次の結果も同様に理解できますね．（次々ページで示します）

❸ $\displaystyle\lim_{x\to+0}x\log x=0$ 　　(べき関数：速く 0 へ収束)×(対数関数：遅い $-\infty$)

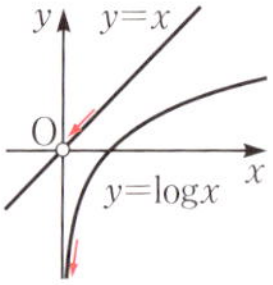

○ ここまで述べた内容は，x を x^α（α は任意の正の定数）に変えても同様に成り立ちます（次々ページにて示します）．つまり，次の❹のようになります．

一般法則

結局，各種関数の発散・収束の速さに関する次の関係を記憶しておきさえすれば（とりあえず）OK です．

❹(対数関数) ❷(べき関数) ❸(指数関数)

$\log x \qquad x^\alpha\,(\alpha>0) \qquad e^x$

遅い　　発散・収束の速さ　　速い

(注意) この事実は，通常証明抜きに使ってよいですが，時としてその証明そのものが問われることもあります．その場合はたいてい誘導が付きますので，それに従って示してください．（次ページに１つの典型的な証明法を載せておきました．）

例題 次の極限を求めよ．ただし，❶〜❹の結果を用いてよい．

(1) $\displaystyle\lim_{x\to-\infty} xe^x$ （結果のみでよい）

(2) $\displaystyle\lim_{x\to\infty} \dfrac{x\log x - \log x + 3x}{(\log x)^2 - 2x\log x}$

解説・解き方のコツ

(1) $x\to-\infty$ のとき

$\begin{cases} x \longrightarrow -\infty \\ e^x \longrightarrow 0 \end{cases}$ 　べき関数：遅い $-\infty$
　指数関数：速く 0 へ収束

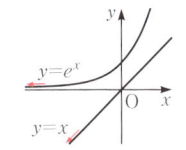

∴ $xe^x \longrightarrow 0$．

(参考) $t=-x$ とおけば，$x\longrightarrow-\infty$ のとき $t\longrightarrow\infty$ となるので

$$\lim_{x\to-\infty} xe^x = \lim_{t\to\infty}(-t)e^{-t} = \lim_{t\to\infty}\left(-\dfrac{t}{e^t}\right)=0$$

と，準公式❶がそのまま適用できます．でも，このような変形をしなくても，一般法則❹から答えがズバッと言えるように！

(2) いきなり式変形をしようとせず，ITEM 7 で述べたように，まずは「どこが主要部か？」を考えます．分子，分母にある５つの項において，$x\longrightarrow\infty$ のとき，$\log x$ より x の方が速く発散しますから，もっとも速く発散する項は「$x\log x$」です．この「主要部」で分子，分母を割って収束する項を作ると　　$(\log x)^2$ ではない！

$$\lim_{x\to\infty}\dfrac{x\log x - \log x + 3x}{(\log x)^2 - 2x\log x} = \lim_{x\to\infty}\dfrac{1-\dfrac{1}{x}+\dfrac{3}{\log x}}{\dfrac{\log x}{x}-2}=-\dfrac{1}{2}. \quad (\because ❷)$$

類題 16 ❶〜❹を用いて次の極限を求めよ．（[1]〜[6]は結果のみでよい）

[1] $\displaystyle\lim_{x\to\infty}\dfrac{e^x}{x}$ 　　　　[2]★ $\displaystyle\lim_{x\to\infty}\dfrac{\log x}{\sqrt{x}}$ 　　　　[3] $\displaystyle\lim_{x\to\infty}\dfrac{x^2}{e^x}$

[4] $\displaystyle\lim_{x\to-\infty}\dfrac{x^2}{e^x}$ 　　[5]★ $\displaystyle\lim_{x\to+0} x^2\log x$ 　　[6] $\displaystyle\lim_{x\to+0}\dfrac{\log x}{x^2}$

[7] $\displaystyle\lim_{x\to\infty}\dfrac{(e^x-1)(e^x+2x)}{x^2-e^{2x}}$ 　　　⬆[8] $\displaystyle\lim_{x\to+0}\dfrac{x\log x-\log x+3x}{(\log x)^2-2x\log x}$

（解答▶解答編 p.19）

🔺〔❶,❷,❸などの証明〕　いろいろある証明法の１例

(ここで行う証明は,やったことがないと無理です.試験では誘導が付くと思いますが,できれば覚えてしまいましょう.)

まず,❶を示すために,分母の e^x を,分子の x より高次の関数 $\dfrac{x^2}{2}$ で**評価**する.

つまり,不等式 $e^x > \dfrac{x^2}{2}$ $(x>0)$ を示す.

$f(x) = e^x - \dfrac{x^2}{2}$ とおくと,$x>0$ のとき

$\quad f'(x) = e^x - x,\ f''(x) = e^x - 1 > 0.$

$\quad \therefore\ f'(x) > f'(0) = 1 > 0.\quad \therefore\ f(x) > f(0) = 1 > 0.$

よって $e^x > \dfrac{x^2}{2}\ (x>0)$ だから

$$0 \leq \dfrac{x}{e^x} < \dfrac{x}{\dfrac{x^2}{2}} = \dfrac{2}{x} \xrightarrow[x\to\infty]{} 0.$$

はさみうちの手法により,$\displaystyle\lim_{x\to\infty} \dfrac{x}{e^x} = 0.$

❶を用いて❷を示す.$\displaystyle\lim_{x\to\infty} \dfrac{\log x}{x}$ において,$t = \log x$ i.e. $x = e^t$ とおくと,

$x \longrightarrow \infty$ のとき $t \longrightarrow \infty$ だから

$\quad \displaystyle\lim_{x\to\infty} \dfrac{\log x}{x} = \lim_{t\to\infty} \dfrac{t}{e^t} = 0.\ (\because ❶)$

❷を用いて❸を示す.$\displaystyle\lim_{x\to+0} x \log x$ において,$t = \dfrac{1}{x}$ とおくと,

$x \longrightarrow +0$ のとき $t \longrightarrow \infty$ だから

$\quad \displaystyle\lim_{x\to+0} x\log x = \lim_{t\to\infty} \dfrac{1}{t} \log \dfrac{1}{t} = \lim_{t\to\infty} \left(-\dfrac{\log t}{t}\right) = 0.\ (\because ❷)$

次に❶,❷,❸において,べき関数部分の「x」を「x^α(α は任意の正定数)」に変えても結果は同じであること(つまり❹)を示す.

$$\dfrac{x^\alpha}{e^x} = \left(\dfrac{x}{e^{\frac{x}{\alpha}}}\right)^\alpha = \left(\dfrac{\dfrac{x}{\alpha}}{e^{\frac{x}{\alpha}}} \cdot \alpha\right)^\alpha = \left(\dfrac{\dfrac{x}{\alpha}}{e^{\frac{x}{\alpha}}}\right)^\alpha \cdot \alpha^\alpha \xrightarrow[\frac{x}{\alpha}\to\infty]{x\to\infty} 0^\alpha \cdot \alpha^\alpha = 0.\ (\because ❶)$$

$$\dfrac{\log x}{x^\alpha} = \dfrac{1}{\alpha} \cdot \dfrac{\log x^\alpha}{x^\alpha} \xrightarrow[x^\alpha\to\infty]{x\to\infty} \dfrac{1}{\alpha} \cdot 0 = 0.\ (\because ❷)\qquad \alpha\text{ は正定数}$$

$$x^\alpha \log x = \dfrac{1}{\alpha} x^\alpha \log x^\alpha \xrightarrow[x^\alpha\to+0]{x\to+0} \dfrac{1}{\alpha} \cdot 0 = 0.\ (\because ❸)$$

参考 つまり,指数関数 e^x はべき関数 x^{100} より発散が速く,対数関数 $\log x$ は,べき関数 $x^{\frac{1}{100}} (= \sqrt[100]{x})$ より発散が遅い!!

ITEM 17 極限総合

ここまで数列・関数の極限を求める様々な手法を学んできましたが，入試では，「どの問題でどの手法を使えばよいか」を見抜くことも１つの難所です．そこで本 ITEM では，問題をあえてランダムに並べ，**手法を選ぶ練習**をしてもらいます．

眺めたらスッと手法が思い浮かぶようになるまで繰り返してください．

選び方のコツは，結局 ITEM 7 で述べたように…

> **ここがツボ！** イキナリ問題を解こうとしない．まず，関数の"振る舞い"そのものを見て．

例題 極限 $\displaystyle\lim_{x\to\pi}\frac{1+\cos x}{\sin^2 x}$ を求めよ．

解説・解き方のコツ

（いまいちな方法）$\dfrac{0}{0}$ 型不定形で「三角関数」ですから，公式 $\displaystyle\lim_{\theta\to 0}\frac{\sin\theta}{\theta}$ などを使うべく $\theta=\pi-x$ とおく…というのもマチガイではありませんが…

（正しい方法）$\dfrac{0}{0}$ 型不定形を解消するための"約分"を目指します．

$$\lim_{x\to\pi}\frac{1+\cos x}{\sin^2 x}=\lim_{x\to\pi}\frac{1+\cos x}{(1+\cos x)(1-\cos x)}=\lim_{x\to\pi}\frac{1}{1-\cos x}=\frac{1}{2}.$$

（補足）とまあこんなカンジで，いろいろあるってことですよ．いろいろ…

類題 17 次の極限を求めよ．ただし，x と θ は実数，n は自然数とする．

[1] $\displaystyle\lim_{x\to\frac{\pi}{3}}\frac{3-4\sin^2 x}{2\cos x-1}$

[2] $\displaystyle\lim_{x\to\infty} x\sin\frac{1}{x}$

[3] $\displaystyle\lim_{x\to 0} x\sin\frac{1}{x}$

[4] $\displaystyle\lim_{x\to\infty}(\sin\sqrt{x+1}-\sin\sqrt{x})$

[5] $\displaystyle\lim_{x\to\infty} e^{-x}\sin x$

[6] $\displaystyle\lim_{x\to 0}\frac{\log(\tan x+1)}{x}$

[7] $\displaystyle\lim_{x\to 0} x^2\log(1-\cos x)$

[8] $\displaystyle\lim_{x\to 0}\frac{\log(2-\cos x)}{x^2}$

[9] $\displaystyle\lim_{n\to\infty}\log\cos\frac{1}{n}$

[10] $\displaystyle\lim_{n\to\infty}\left(\cos\frac{1}{n}\right)^{n^3}$

[11] $\displaystyle\lim_{n\to\infty}\frac{\log(n+1)}{\log n}$

[12] $\displaystyle\lim_{n\to\infty}\frac{\log(2n-1)}{\log(n+1)}$

[13] $\displaystyle\lim_{n\to\infty}\sum_{k=1}^{n}\frac{e^{\frac{k}{n}}}{n}$

[14] $\displaystyle\lim_{\theta\to 0}\sum_{n=0}^{\infty}\sin^2\theta\cos^n\theta\quad\left(0<\theta<\frac{\pi}{2}\right)$

ITEM 18 微分係数の定義

本ITEMでは，ITEM 12～15の内容を前提としています．

様々な関数の導関数を，その定義にもとづいて求める練習です．数学Ⅲ範囲の入試では，案外これがよく出題されます．また，この作業を通して，微分法とは何かが理解され，さらには「関数の極限」における絶好のトレーニングにもなります．

このように**定義**を大切にする正統的な学習法の方が，「とりあえず導関数の公式を丸暗記して，あとはバンバン応用パターンを練習する」という一見"効率的"な方法より，トータルとしてはトクします．世の中万事，そーゆーふうにできてるんですね．

> **ここがツボ！** 「微分係数」とは"瞬間変化率"＝「平均変化率の極限」である．

基本確認

微分係数の定義

関数 $f(x)$ の $x=a$ における**微分係数**とは

$$f'(a) = \lim_{h \to 0} \frac{f(a+h)-f(a)}{h}.$$

もちろん，収束することが前提

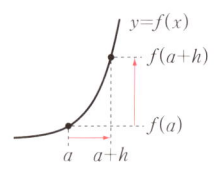

(補足) ○ ＿＿＿ を，x が a から $a+h$ まで変化するときの，$f(x)$ の**平均変化率**という．
○ つまり「微分係数」とは，いわば"**瞬間変化率**"である．
○ $f'(a)$ は，曲線 $y=f(x)$ の $x=a$ における**接線の傾き**である．

導関数とは

x の各値 a に $f'(a)$ を対応させる関数を $y=f(x)$ の**導関数**といい，$f'(x)$, y', $\dfrac{dy}{dx}$ などと表す．　「a」が「x」に変わっただけ

すなわち，$f'(x) = \lim_{h \to 0} \dfrac{f(x+h)-f(x)}{h}$．

右図の変化量 Δx, Δy を用いてより印象的に表せば

$$\frac{dy}{dx} = \lim_{\Delta x \to 0} \frac{\Delta y}{\Delta x}.$$

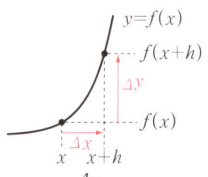

(補足) この「$\dfrac{dy}{dx}$」はホンモノの分数ではありませんが，正真正銘の分数 $\dfrac{\Delta y}{\Delta x}$ (平均変化率)の極限を表すものとして考案されたすばらしい表記法です．(ITEM 19, 22 でその恩恵に与かります．)

例題 次の関数の導関数を，導関数の定義にもとづいて求めよ．

(1) $y = \sin x$ 　　　　　(2) $y = \log x$

解説・解き方のコツ

(1) $y' = \lim_{h \to 0} \dfrac{\sin(x+h) - \sin x}{h}$ 　　$\dfrac{0}{0}$ 型不定形

$$= \lim_{h \to 0} \frac{\sin x \cos h + \cos x \sin h - \sin x}{h}$$ 　$\begin{cases} h \text{ を } 0 \text{ に近づける} \\ \lceil x \rfloor \text{ は定数！} \end{cases}$

(**h**) が変数，$\frac{0}{0}$ 型，三角関数…アノ公式ですね！)

　　　　　　　　　　　　　　　　ココはあの準公式が使えそう…

$$= \lim_{h \to 0} \left(\cos x \cdot \frac{\sin h}{h} - \sin x \cdot \frac{1 - \cos h}{h} \right)$$

$$= \lim_{h \to 0} \left(\cos x \cdot \frac{\sin h}{h} - \sin x \cdot \frac{1 - \cos h}{h^2} \cdot h \right)$$

$$= \cos x \times 1 - \sin x \times \frac{1}{2} \times 0 = \cos x.$$ 　　ITEM 14 ❶ ❸ を用いた．

(補足) 導関数を求めるときの極限は，必ず $\frac{0}{0}$ 型不定形になります．

(注意) 文字「x」は，つい変数に見えてしまいますが，あくまで定数！

(別解) $y' = \lim_{h \to 0} \dfrac{\sin(x+h) - \sin x}{h}$ 　　　　$\begin{array}{r} s_{\alpha+\beta} = sc + cs \\ -) \quad s_{\alpha-\beta} = sc - cs \\ \hline s_{\alpha+\beta} - s_{\alpha-\beta} = 2cs \end{array}$

$$= \lim_{h \to 0} \frac{2\cos\left(x + \dfrac{h}{2}\right)\sin\dfrac{h}{2}}{h}$$ 　和積公式　$\dfrac{0}{0}$ 型

$$= \lim_{h \to 0} \cos\left(x + \frac{h}{2}\right) \cdot \frac{\sin\dfrac{h}{2}}{\dfrac{h}{2}} = \cos x \times 1 = \cos x.$$

(こちらの方が手早い．でも，初めの解答は極限を求めるいい練習．)

(2)　$y' = \lim_{h \to 0} \dfrac{\log(x+h) - \log x}{h}$ 　　$\dfrac{0}{0}$ 型で log

$$= \lim_{h \to 0} \frac{\log\left(1 + \dfrac{h}{x}\right)}{h}$$ 　コレが公式の□っぽい　公式 $\lim_{\square \to 0} \dfrac{\log(1 + \square)}{\square}$ を使いそう

(＊) $\Bigg\{ = \lim_{h \to 0} \dfrac{\log\left(1 + \dfrac{h}{x}\right)}{\dfrac{h}{x}} \cdot \dfrac{1}{x} = 1 \cdot \dfrac{1}{x} = \dfrac{1}{x}.$ 　$\left(\dfrac{h}{x} \to 0\right)$

(補足) (＊) の変形は，x が定数だとわかっていれば簡単です．

類題 18A　次の関数の導関数を，導関数の定義にもとづいて求めよ．

[1] $y = x^3 + 3x^2$ 　　　　　[2]★ $y = x^n$ (n は自然数) 　　　　[3] $y = \dfrac{1}{x}$

[4] $y = \sqrt{x}$ 　　　　　　　[5] $y = \cos x$ 　　　　　　　　　　　[6]★ $y = e^x$

類題 18B　★ $\{f(x)g(x)\}' = f'(x)g(x) + f(x)g'(x)$ を示せ．

(解答 ▶ 解答編 p. 23)

ITEM 19 合成関数の微分法

それでは本 ITEM と次 ITEM で，微分法の公式を使って，様々な関数を実際に微分してみましょう．まずは，下の"基本関数"によって作られる**合成関数**から．

ここがツボ！ 頭の中で"カタマリ"を作り，「カタマリでビ分×カタマリをビ分」

基本確認

基本関数の導関数

(I) べき関数

❶ $(x^\alpha)' = \alpha x^{\alpha-1}$ とくに ❶' $\left(\dfrac{1}{x}\right)' = -\dfrac{1}{x^2}$ ($\alpha = -1$) ❶'' $(\sqrt{x})' = \dfrac{1}{2\sqrt{x}}$ ($\alpha = \dfrac{1}{2}$)

この2つはよく使うので別途暗記！

(II) 三角関数

❷ $(\sin x)' = \cos x$ ❸ $(\cos x)' = -\sin x$ ❹ $(\tan x)' = \dfrac{1}{\cos^2 x}$

(III) 指数・対数関数

❺ $(e^x)' = e^x$ ❻ $(\log x)' = \dfrac{1}{x}$ ❻' $(\log|x|)' = \dfrac{1}{x}$

(注意) 上記公式のいくつかは，それを導く練習もします．

合成関数の微分法　$\{f(g(x))\}' = f'(g(x)) \cdot g'(x)$

すなわち，$\dfrac{dy}{dx} = \dfrac{dy}{du} \cdot \dfrac{du}{dx}$ $\left(\text{ただし} \begin{cases} y = f(u) \\ u = g(x) \end{cases}\right.$ … (*)

(補足) 上記の公式（*）は，両辺をホンモノの分数のようにみなすと覚えやすくできています．これは，分数 $\dfrac{\Delta y}{\Delta x}$（平均変化率）の極限を「$\dfrac{dy}{dx}$」と分数のように表すことにしたおかげです．

例題　次の関数を微分せよ．ただし，上記の公式はすべて用いてよい．

(1) $y = \sqrt{x^2 + 1}$　　　　(2) $y = \log(3x - 2)$

解説・解き方のコツ

(1) **へたな方法**

$y = \sqrt{x^2+1}$ において $u = x^2 + 1$ とおくと $\begin{cases} y = \sqrt{u}, & \cdots ① \\ u = x^2 + 1 & \cdots ② \end{cases}$ だから

$\dfrac{dy}{dx} = \dfrac{dy}{du} \cdot \dfrac{du}{dx}$

①を u でビ分｜②の u を (x) でビ分

$= \dfrac{1}{2\sqrt{u}} \cdot 2x = \dfrac{x}{\sqrt{x^2+1}}$．

(注意) 実戦では「u」などとおいてやってるヒマはありません．$y = \sqrt{x^2+1}$ のように，x^2+1 を頭の中でカタマリとみなし，一気です．

正しい方法

$$y' = \frac{1}{2\sqrt{x^2+1}} \cdot 2x \qquad \text{カタマリでビ分} \times \text{カタマリをビ分}$$

$(\sqrt{\boxed{}}$ を$)$ $\boxed{}$ でビ分　$\boxed{}$ を$(x$ で$)$ビ分

$$= \frac{2x}{2\sqrt{x^2+1}} = \frac{x}{\sqrt{x^2+1}} \qquad \begin{array}{l}\text{初めから } 2x \text{ を分子に乗せ,}\\ \text{慣れたら途中の式は0行！}\end{array}$$

(注意) $\sqrt{x}$ を微分するとき, 微分公式❶ : $x^\alpha = \alpha x^{\alpha-1}$ を使って

$$(\sqrt{x})' = \left(x^{\frac{1}{2}}\right)' = \frac{1}{2} x^{-\frac{1}{2}} = \frac{1}{2\sqrt{x}}$$

なんてしてちゃ遅すぎ！べき関数 x^α のうち, $x^{-1} = \dfrac{1}{x}$ と $x^{\frac{1}{2}} = \sqrt{x}$ の2つは頻出なので, 公式❶′ や❶″ を別途暗記！！

(2) $y = \log(\boxed{3x-2})$ より　　$\boxed{3x-2}$ をカタマリとみる

$$y' = \frac{1}{\boxed{3x-2}} \cdot 3 = \frac{3}{3x-2} \qquad \text{初めから3を分子に乗っけちゃう}$$

$\boxed{}$ でビ分　$\boxed{}$ をビ分

(補足) x の1次式を"カタマリ"とみて合成関数の微分法を使うとき, 実際には「カタマリで微分し」,「カタマリの中の x の係数を掛ける」くらいの感覚で使うのが普通でしょう。　　(例:$(\sin\boxed{2x})' = 2\cos\boxed{2x}$)

類題 19A　次の問いに答えよ．([4]以外は合成関数の微分法を利用せよ．)

[1] $(\sin x)' = \cos x$ を用いて $(\cos x)' = -\sin x$ を示せ．

[2]★ $(\log x)' = \dfrac{1}{x}$ を用いて $(\log|x|)' = \dfrac{1}{x}$ を示せ．

[3] $(e^x)' = e^x$ を用いて $(2^x)' = (\log 2) 2^x$ を示せ．

[4] $(\log x)' = \dfrac{1}{x}$ を用いて $(\log_2 x)' = \dfrac{1}{(\log 2)x}$ を示せ．

[5]★ $(e^x)' = e^x$ を用いて $(x^\alpha)' = \alpha x^{\alpha-1}$ (α は実数) を示せ．

[6]★ 類題18Bの結果を用いて $\left\{\dfrac{f(x)}{g(x)}\right\}' = \dfrac{f'(x)g(x) - f(x)g'(x)}{\{g(x)\}^2}$ を示せ．

類題 19B　次の関数を微分せよ．

[1] $y = \dfrac{1}{2x+1}$　　　　[2] $y = \dfrac{1}{x^2+1}$　　　　[3] $y = \dfrac{1}{\sqrt{x^2-1}}$

[4] $y = \sqrt{3-2x}$　　　　[5] $y = \sqrt{2-x^2}$　　　　[6] $y = \cos 2x$

[7] $y = \sin^2 x$　　　　[8] $y = \cos^3 x$　　　　[9] $y = e^{-2x}$

[10] $y = e^{-\frac{x^2}{2}}$　　　　[11] $y = \log(3x)$　　　　[12] $y = (\log x)^2$

[13] $y = \log x(1-x)$　　　　[14] $y = \log(x^2+x+1)$　　　　[15] $y = \log|\cos x|$

ITEM 20 積・商の微分法

合成関数の微分法に続いて，本 ITEM では，積や商の微分法の公式をも使って，さらに多様な関数を微分します．これら"微分3公式"が息をするような自然さで使いこなせるまで，反復練習あるのみ！

> **ここがツボ！** 「ビブンそのまま…」と唱えながら，一気に！

基本確認

"微分3公式"　　　　　　　　　　　　ビブンそのまま＋そのままビブン

❶ 積の微分法：$\{f(x)g(x)\}' = f'(x)g(x) + f(x)g'(x)$

❷ 商の微分法：$\left\{\dfrac{f(x)}{g(x)}\right\}' = \dfrac{f'(x)g(x) - f(x)g'(x)}{g(x)^2}$

　　　　　　　分母を2乗しておいて…
　　　　　　　ビブンそのまま−そのままビブン

❸ 合成関数の微分法：$\{f(g(x))\}' = f'(g(x))g'(x)$

参考 微分法では，上記"微分3公式"がダンゼンよく使われますので，まずはこれらの習得を目指しましょう．

他にもいろいろあるのですが，使用頻度は格段に低くなりますから，ITEM 22 で軽くふれる程度にしておきます．

例題 次の関数を微分せよ．

(1) $y = (x^2+1)e^x$　　(2) $y = \dfrac{\sin x}{x}$　　(3) $y = e^{2x}\cos x$

解説・解き方のコツ

(1) $y = \underbrace{(x^2+1)}\underbrace{e^x}$ より

$y' = \underbrace{(x^2+1)'}_{\text{ビ分}}\underbrace{e^x}_{\text{そのまま}} + \underbrace{(x^2+1)}_{\text{そのまま}}\underbrace{(e^x)'}_{\text{ビ分}}$　　積の微分法

$= 2xe^x + (x^2+1)e^x$
$= (2x + x^2 + 1)e^x$　　　　　　　　　　　　　…①
$= (x+1)^2 e^x$．

補足 このように，$f(x) \cdot e^x$ 型の関数を微分すると，必ず

$$f'(x) \cdot e^x + f(x) \cdot e^x = \{f'(x) + f(x)\}e^x$$

と e^x でくくれます．そこで，慣れてきたら初めから①のように e^x でくくった形を書いてしまいましょう．

(2) $y = \dfrac{\sin x}{x}$ より

$y' = \dfrac{(\sin x)' x - (\sin x) x'}{x^2}$ 　　商の微分法．分母を2乗しておいて…
　　　　　　　　　　　　　　　　　分子から順に「ビブンそのままーそのままビブン」

　 $= \dfrac{x \cos x - \sin x}{x^2}$.　$x'=1$ の「1」は紙に書かない

(3) $y = e^{2x} \cos x$ より

$y' = (e^{2x})' \cos x + e^{2x} (\cos x)'$　　積の微分法

　 $= e^{2x} \cdot 2 \times \cos x + e^{2x}(-\sin x)$
　　□で□．
　　　　　　　　合成関数の微分法

🧽 $= 2e^{2x} \cos x - e^{2x} \sin x$ 　　　　　　　　　　　　　　…①

　 $= e^{2x}(2\cos x - \sin x)$.

(補足) 「積の微分法」を使う中で，「e^{2x}」を微分する際，チョコッと「合成関数の微分法」を使っています．このように公式を複合的に使用するものを，次 ITEM で本格的に扱います．

(参考) このような $e^{\frown x} \times (\cdots\cdots)$ という形の関数を微分すると，結局再び $e^{\frown x} \times (\sim\sim\sim)$ の形にまとまります．このことが見通せるようになれば，①式を書かずに答えが書けるかもしれません．

類題 20A ★ $(\sin x)' = \cos x$, $(\cos x)' = -\sin x$ と ❷ を用いて，$(\tan x)' = \dfrac{1}{\cos^2 x}$ を示せ．

類題 20B 次の関数を微分せよ．

[1] $y = (x-2)^4 (2x+1)$　　　　[2] $y = \dfrac{2x}{x-1}$　　　　[3] $y = \dfrac{x^2+1}{(x-3)^2}$

[4] $y = \dfrac{2x^2+x+8}{x^2+3}$　　[5] $y = x\sqrt{4-x}$　　　　[6] $y = \dfrac{(x+1)\sqrt{x+1}}{x^2}$

[7] ★ $y = \dfrac{1}{\tan x}$　　　　　[8] $y = \sin 3x \cos 2x$　　[9] $y = \dfrac{\cos x}{1+\sin x}$

[10] $y = \dfrac{e^x}{e^x+1}$　　　　　[11] $y = \dfrac{e^x - e^{-x}}{e^x + e^{-x}}$　　[12] $y = \dfrac{\log x}{\sqrt{x}}$

[13] $y = x\log(2x)$　　　　[14] ★ $y = \dfrac{2x-1}{e^x}$　　[15] $y = e^{-x} \sin 3x$

(解答▶解答編 p.25)

ITEM 21 やや複雑な微分計算

やや重

よくわかった度チェック！
① ② ③

実戦では，ITEM 19, 20 で学んだ"微分3公式"の1つだけでは片付かず，たとえば「積の微分法」の中で「合成関数の微分法を用いる」など，2重，3重構造の微分計算も頻繁に現れます．そこで，本 ITEM では，主に「微分3公式」の"合わせ技"の練習を，たっぷりと行います．**体で覚えてください**．

> **ここがツボ！** 途中の式をなるべく紙に書かないで．

例題 次の関数を微分せよ．

(1) $y = \dfrac{x\sin x}{1+\cos x}$ (2) $y = \log(x+\sqrt{x^2+1})$ (3) $y = xe^{-\frac{x^2}{2}}$

やってみよう！

解説・解き方のコツ

(1) **いまいちな方法**

分子：$x\sin x$，分母：$1+\cos x$ とみて「商の微分法」を用いる中で，分子：「$x \times \sin x$」を微分する際「積の微分法」を用います．

$$y' = \frac{(x\sin x)'(1+\cos x) - x\sin x(1+\cos x)'}{(1+\cos x)^2}$$

$$= \frac{(1 \cdot \sin x + x\cos x)(1+\cos x) - x\sin x(-\sin x)}{(1+\cos x)^2}$$

$$= \frac{(\sin x + x\cos x)(1+\cos x) + x\sin^2 x}{(1+\cos x)^2}$$

ここで，$\sin^2 x = 1 - \cos^2 x$
$= (1+\cos x)(1-\cos x)$ だから…

$$= \frac{(\sin x + x\cos x) + x(1-\cos x)}{1+\cos x} = \frac{\sin x + x}{1+\cos x}.$$

正しい方法

上記も立派な解答ですが，「関数の種類ごとに分けてやる」方がスッキリ行きます．

$y = x \cdot \dfrac{\sin x}{1+\cos x}$ より

$$y' = (x)' \cdot \frac{\sin x}{1+\cos x} + x\left(\frac{\sin x}{1+\cos x}\right)'$$

$$= 1 \cdot \frac{\sin x}{1+\cos x} + x \cdot \frac{\cos x(1+\cos x) - \sin x(-\sin x)}{(1+\cos x)^2}$$

$$= \frac{\sin x}{1+\cos x} + x \cdot \frac{1+\cos x}{(1+\cos x)^2} \quad \cos^2 x + \sin^2 x = 1 \text{ を用いた}$$

$$= \frac{\sin x}{1+\cos x} + x \cdot \frac{1}{1+\cos x} = \frac{\sin x + x}{1+\cos x}.$$

(**補足**) 今度は「積の微分法」の中で「商の微分法」を使いました．

58 → 2・29

(注意) 微分したら，ある程度キレイな形に整理しておくのが世の常識です．

(2) $y = \log(x + \sqrt{x^2+1})$ より

カタマリとみる

$$y' = \frac{1}{x + \sqrt{x^2+1}} \cdot \{1 + (\sqrt{x^2+1})'\}$$

□でビ分　□をビ分

$$= \frac{1}{x + \sqrt{x^2+1}} \cdot \left(1 + \frac{1}{2\sqrt{x^2+1}} \cdot 2x\right)$$

この部分は ITEM 19 の例題(1)と一緒

□でビ分　□をビ分

$$= \frac{1}{x + \sqrt{x^2+1}} \cdot \left(1 + \frac{2x}{2\sqrt{x^2+1}}\right)$$

$$= \frac{1}{x + \sqrt{x^2+1}} \cdot \frac{\sqrt{x^2+1} + x}{\sqrt{x^2+1}}$$

$$= \frac{1}{\sqrt{x^2+1}}.$$

慣れたら途中の式は 1 行のみ！

(補足)「合成関数の微分法」の中で再び「合成関数の微分法」を使いました．

(3) $y' = (x)' e^{-\frac{x^2}{2}} + x\left(e^{-\frac{x^2}{2}}\right)'$　積の微分法

$$= 1 \cdot e^{-\frac{x^2}{2}} + x \times e^{-\frac{x^2}{2}} \cdot (-x)$$　合成関数の微分法

□でビ分　□をビ分

$$= e^{-\frac{x^2}{2}}(1 - x^2).$$

(補足)「積の微分法」の中で「合成関数の微分法」を使いました．

類題 21　次の関数を微分せよ．

[1] $y = x\sqrt{2 - x^2}$

[2] $y = \dfrac{x}{\sqrt{x^2 - 4}}$

[3] $y = \sqrt{\dfrac{1+x}{1-x}}$

[4] $y = \dfrac{x}{x + \sqrt{x^2+1}}$

[5] $y = \dfrac{1}{2}\{x\sqrt{x^2+4} + 4\log(x + \sqrt{x^2+4})\}$

[6] $y = \dfrac{(1+x^2)^{\frac{3}{2}}}{x}$

[7] $y = \log\dfrac{1 + \sqrt{1-x^2}}{x} - \sqrt{1-x^2}$

[8] $y = \sin x \cos^3 x$

[9] $y = \dfrac{\sin x}{\sqrt{1 - \cos x}}$

[10]★ $y = \log\left|\tan\dfrac{x}{2}\right|$

[11] $y = e^x \cos^2 x$

[12] $y = \log\dfrac{1 - \cos x}{1 + \cos x}$

(解答 ▶ 解答編 p.27)

ITEM 22 その他の微分法

よくわかった度チェック！

| ① | ② | ③ |

ここでは，前ITEMまでで使った"微分3公式"以外の微分法を4つ扱います．これらは使用頻度が低く，各々実戦的な応用問題の場で学んだ方が効果的なので，ホントにサラッと確認する程度にしておきますね．

ここがツボ！「$\dfrac{dy}{dx}$」を分数のようにみなして…

[基本確認]

逆関数の微分法 ❶ $\dfrac{dy}{dx} = \dfrac{1}{\dfrac{dx}{dy}}$

パラメタ表示と微分法 ❷ $\dfrac{dy}{dx} = \dfrac{\dfrac{dy}{dt}}{\dfrac{dx}{dt}}$

両辺をホンモノの分数のようにみなせば覚えやすい

陰関数の微分法　方程式 $F(x, y) = 0$ の両辺を x で微分する手法．

対数微分法　$y = f(x)(>0)$ の両辺の自然対数をとって微分する手法．

例題　次の(1)～(4)において，$\dfrac{dy}{dx}$ を求めよ．

(1) $y = \log x$ （$(e^x)' = e^x$ を利用し，x で表せ）

(2) $\begin{cases} x = \cos^3 t \\ y = \sin^3 t \end{cases}$ （t で表せ）

(3) $x^2 + y^2 = 1$ （x と y で表せ）

(4) $y = x^{\frac{1}{x}}$ （$x > 0$）

解説・解き方のコツ

(1) 　　$y = \log_e x$ i.e. $x = e^y \cdots$ ① だから

$\dfrac{dx}{dy} = (e^y)' = e^y = x (\because ①)$.　　　y でビ分

$\therefore \dfrac{dy}{dx} = \dfrac{1}{\dfrac{dx}{dy}} = \dfrac{1}{x}$ ・□　❶

(2) 　　$\dfrac{dy}{dx} = \dfrac{\dfrac{dy}{dt}}{\dfrac{dx}{dt}}$ ❷　　まるでホンモノの分数のよう…

$$= \frac{3\sin^2 t \cos t}{3\cos^2 t(-\sin t)} \quad \text{分母} \neq 0$$

$$= -\tan t \quad \left(t \neq \frac{n}{2}\pi (n \text{ は整数})\right).$$

(3) 与式の両辺を x の関数とみて，x で微分する．

$$\frac{d}{dx}x^2 = 2x. \qquad \text{右辺はトーゼン 0 になる}$$

「x で微分する」というイミ

$$\frac{d}{dx}y^2 = 2y \cdot \frac{dy}{dx}. \qquad \cdots ①$$

□でビ分：□をビ分　　合成関数の微分法

$$\therefore\ 2x + 2y \cdot \frac{dy}{dx} = 0. \quad \frac{dy}{dx} = -\frac{x}{y}.$$

(補足) ○円 $x^2 + y^2 = 1$ の周上にある 1 点 (x, y) の近くだけに注目して考えれば，y は x の関数です．　1 つに定まる

○①では，「y^2」を合成関数の微分法を用いて微分しています．

(4) 両辺 (>0) の自然対数をとると

$$\log y = \log x^{\frac{1}{x}} = \frac{\log x}{x}.$$

両辺を x の関数とみて x で微分すると

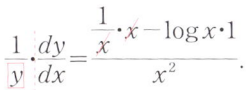

$$\frac{1}{y} \cdot \frac{dy}{dx} = \frac{\frac{1}{x} \cdot x - \log x \cdot 1}{x^2}.$$

□でビ分：□をビ分

$$\therefore\ \frac{dy}{dx} = y \cdot \frac{1 - \log x}{x^2} = x^{\frac{1}{x}} \cdot \frac{1 - \log x}{x^2} = x^{\frac{1}{x} - 2}(1 - \log x).$$

(補足) ○y は x の関数なので，$\log y$ を合成関数とみなして微分しています．

○類題 19A [3] [5] などと同様

$$y = x^{\frac{1}{x}} = (e^{\log x})^{\frac{1}{x}} = e^{\frac{\log x}{x}} \quad \text{カタマリ}$$

(*) の変形は大丈夫？ (→数学 I・A・II・B ITEM 78)

と変形して微分する手もあります．

類題 22 次の [1]〜[4] において，$\dfrac{dy}{dx}$ を求めよ．

[1] $x = \sin y \left(-\dfrac{\pi}{2} < y < \dfrac{\pi}{2}\right)$ (x で表せ)　　[2] $\begin{cases} x = (1 + \cos\theta)\cos\theta \\ y = (1 + \cos\theta)\sin\theta \end{cases}$ (θ で表せ)

[3] $\dfrac{x^2}{9} + \dfrac{y^2}{4} = 1$ (x, y で表せ)　　[4] $y = x^x (x > 0)$

(解答 ▶ 解答編 p.28)

ITEM 23 接線・法線

本ITEMは，数学Ⅰ・A・Ⅱ・B ITEM 68「直線の方程式」の内容を前提としています．

「微分法」の応用は，とどのつまり，次の2つだけに集約されます．
○関数の増減を調べる．　○接線の傾きを求める．
ここではまず後者を扱います．覚えることは…**たった1つだけ**です．

> **ここがツボ！** まず，接点の x 座標を設定すべし．

基本確認

微分係数と接線

曲線 $C: y=f(x)$ の $x=t$ における**接線**の傾きは，微分係数 $f'(t)$ である．
(要するに，接線の傾きを表すには，必ず**接点の x 座標**を必要とするわけです．)

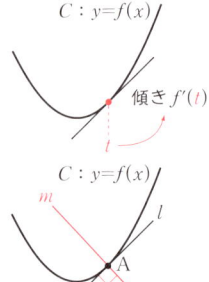

法線

右図のように接線 l と直交する直線 m を，A における曲線 C の**法線**という．

(注意) 接線や法線の方程式を，公式として丸暗記するのはよくありません．

例題 次の直線の方程式を求めよ．

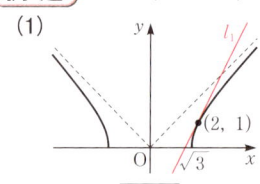

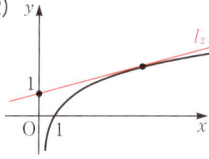

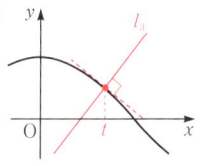

(1) 曲線 $y=\sqrt{x^2-3}$ の点 $(2, 1)$ における接線 l_1

(2) 点 $(0, 1)$ から曲線 $y=\log x$ に引いた接線 l_2

(3) 曲線 $y=\cos x$ の，$x=t$ における法線 l_3

解説・解き方のコツ

(1) $f(x)=\sqrt{x^2-3}$ とおくと，$f'(x)=\dfrac{2x}{2\sqrt{x^2-3}}$．

よって，$x=2$ における接線 l_1 の傾きは，$f'(2)=2$．　← 接点の x 座標

また，l_1 は点 $(2, 1)$ を通るから

$l_1:\ y-1=2\,(x-2)$．　(右図をイメージ　→数学Ⅰ・A・Ⅱ・B ITEM 68)

　　　タテ変化量　傾き　ヨコ変化量

i.e. $y=2x-3$．

(補足) "接線の公式" など不要．単に「点 $(2, 1)$ を通り傾きが 2 の直線」の方程式を求めるだけのことです．　← $f'(2)$

(2) $g(x)=\log x$ とおくと，$g'(x)=\dfrac{1}{x}$．

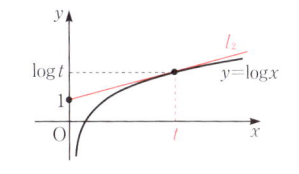

$x=t(>0)$ における曲線 $y=\log x$ の接線は

🖋 $y-\log t=\underset{g'(t)}{\dfrac{1}{t}}(x-t)$．…①

これが点 $(0, 1)$ を通る条件は

$1-\log t=\dfrac{1}{t}(0-t)$．…②

②より，$\log t=2$．∴ $t=e^2$．…③

よって l_2 は，傾きが $g'(e^2)=\dfrac{1}{e^2}$ で点 $(0, 1)$ を通るから

$l_2 : \boldsymbol{y=\dfrac{1}{e^2}x+1}$．

(補足) ○このように，接点の x 座標がわかっていないときには，まずそれを「t」などとおくことから始まります．必ず！
○慣れたら①はとばして直接②を書いてしまいましょう．
○③で $t=e^2$ を求めたあと，これを①に代入して l_2 の方程式を求めるのは遠回り！(①を「接線の公式」として暗記している人は，たいていこうしてしまいます…😊)

(3) $y=\cos x$ より $y'=-\sin x$．

よって，右図の接線 m の傾きは $-\sin t$．…①

つまり，m の方向ベクトルの1つは $\begin{pmatrix}1\\-\sin t\end{pmatrix}$．

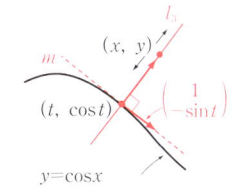

∴ $l_3 : \begin{pmatrix}1\\-\sin t\end{pmatrix}\cdot\begin{pmatrix}x-t\\y-\cos t\end{pmatrix}=0$．

つまり l_3 の法線ベクトル

$1\cdot(x-t)-\sin t(y-\cos t)=0$．

数学 I・A・II・B ITEM 68 参照

i.e. $\boldsymbol{x-(\sin t)y-t+\sin t\cos t=0}$．

①と $l_3\perp m$ より，l_3 の傾きは $\dfrac{1}{\sin t}$…

…とやろうとすると，分母：$\sin t$ が 0 のときを場合分けして処理することになってメンドウですね．

類題 23 次の直線の方程式を求めよ．

[1] 曲線 $y=x\sin x$ の $x=\pi$ における接線 l_1

[2] 点 $(-3, 0)$ から曲線 $y=\sqrt{x+1}$ に引いた接線 l_2

[3] 曲線 $y=\log x$ の，$x=t$ における法線 l_3

(解答▶解答編 p. 29)

ITEM 24 増減を調べる

やや重

よくわかった度チェック！ ① ② ③

それでは微分法のもう1つの応用：「関数の増減」にとりかかりましょう．微分法の応用においては断然こちらの方が主たるものです．ここでも覚えることは**1つだけ**です．

> **ここがツボ！** $f'(x)$ の「符号」さえわかれば，$f(x)$ の増減がわかる．

基本確認

微分法と関数の増減

$\begin{cases} f'(x) > 0 \text{ の区間では } f(x) \text{ は増加．} \\ f'(x) < 0 \text{ の区間では } f(x) \text{ は減少．} \end{cases}$

より詳しく言えば

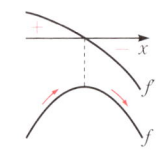

$\begin{cases} \dfrac{dy}{dx} > 0 \text{ の区間では，} y \text{ は } x \text{ の増加関数．} \\ \dfrac{dy}{dx} < 0 \text{ の区間では，} y \text{ は } x \text{ の減少関数．} \end{cases}$

（注意）導関数の**符号のみ**わかればよい．
符号がわかりやすいのは，**積や商の形**である．

$f'(x) = e^x \times (x-2)$ とか，$f'(x) = \dfrac{x^3(x-2)}{(x+1)^2}$ など…

例題　次の関数の増減を調べよ．

(1) $f(x) = \sqrt{x} - \log x \quad (x > 0)$

(2) $g(x) = \cos 3x - 3\cos x \quad \left(0 \le x \le \dfrac{\pi}{2}\right)$

解説・解き方のコツ

(1) **方へたな法**　$f'(x) = \dfrac{1}{2\sqrt{x}} - \dfrac{1}{x} = 0$ を解く．両辺を $2x$ 倍して 〈ダメダメ！！〉

$\sqrt{x} - 2 = 0$．　∴　$x = 4$．　ここで行き詰まる…

（これじゃ「$f'(x)$ の符号」は不明！）

正しい方法　通分して商の形に！

$f'(x) = \dfrac{1}{2\sqrt{x}} - \dfrac{1}{x} = \dfrac{\sqrt{x} - 2}{2x}$　　符号はココだけで決まる

（$\sqrt{x})^2$　←正

よって右の増減表（**答え**）を得る．

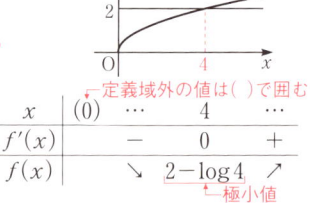

x	(0)	$\cdots$	4	$\cdots$
$f'(x)$		$-$	0	$+$
$f(x)$		↘	$2 - \log 4$	↗

極小値

（補足）ここでは，基本関数 $\sqrt{x}$ と 2 の大小関係によって $\sqrt{x} - 2$ の符号を調べました．
あるいは，右のように $y = \sqrt{x} - 2$ のグラフをイメージしても OK です．

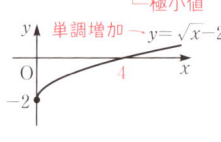

注意 $f'(x)=0$ を解くだけではダメ．$f'(x)$ の 符号 を調べなくっちゃ！

(2) $g'(x) = -3\sin 3x + 3\sin x$ $\quad \left(\begin{array}{l} s_{\alpha+\beta} = sc + cs \\ -)s_{\alpha-\beta} = sc - cs \end{array} \right.$
$ = -3(\sin 3x - \sin x)$
$ = -3 \cdot 2\cos 2x \sin x$ $\quad \frac{3x+x}{2}=2x,\ \frac{3x-x}{2}=x$
$ = \boxed{6\sin x}\ \boxed{(-\cos 2x)}$
 正の定符号×符号決定部…(∗)

よって右の増減表を得る．

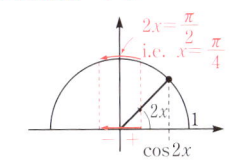

x	0	$\cdots$	$\frac{\pi}{4}$	$\cdots$	$\frac{\pi}{2}$
$g'(x)$		$-$	0	$+$	
$g(x)$	-2	↘	$-2\sqrt{2}$	↗	0

補足 ○ 上の(∗)が，導関数の符号を調べるときの基本形です．
「$-6\sin x \boxed{\cos 2x}$」と書く方が一見キレイですが，これでは，符号決定部が2か所に分断されてしまいますね．

○ $\boxed{-\cos 2x}$ の符号は，次のように調べました．　　**上の単位円**
単位円において，偏角 $2x$ が $\frac{\pi}{2}$ を越えるとき，$\cos 2x$ は「$+ \to -$」と符号を変える．すなわち，$-\cos 2x$ は「$- \to +$」と符号を変える．
（$0\sim\pi$）

○ もっとサッと片付けるなら，次のようにします．とりあえず，$-\cos 2x = 0$ となる $x\left(=\frac{\pi}{4}\right)$ を求める．
$0 \leq x \leq \frac{\pi}{2}$（$0 \leq 2x \leq \pi$）において $\cos 2x$ は減少，つまり $-\cos 2x$ は増加するから右図．

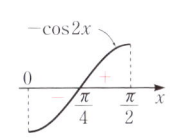

類題 24 次の関数の増減を調べよ．

[1]★ $f(x)=(x+2)^4(x-3)^3$　　[2]★ $f(x)=\dfrac{x-1}{x^2-2x+5}$　　[3] $f(x)=\dfrac{x^2+2x+6}{x^2+x+3}$

[4] $f(t)=t^2+\dfrac{t^2}{(t-1)^2}$　　[5] $f(x)=\sqrt{x^2+1}-\dfrac{x}{2}$

[6] $f(x)=\sqrt{x^2+1}+\sqrt{(1-x)^2+4}$ $(0<x<1)$

[7] $f(x)=2\cos x+\sin 2x$ $(0\leq x<2\pi)$　　[8] $f(\theta)=(1+\cos\theta)\sin\theta$ $(0\leq\theta\leq\pi)$

[9] $f(x)=2\cos x+(2x-\pi)\sin x$ $(0\leq x\leq\pi)$

[10] $f(x)=e^{-x}(x^2+3x+1)$　　[11] $f(x)=e^x-e^{x-1}-x$

[12] $f(x)=\log(1-x)-\log x$　　[13] $f(x)=\log\dfrac{x+1}{x}-\dfrac{1}{x}$ $(x>0)$

（解答▶解答編 p.30）

ITEM 25	ゲキ重 本ITEMでは，ITEM 1〜3の内容を前提とします．

$f'(x)$ を用いたグラフ(1)

よくわかった度チェック！

①	②	③

ここから3つのITEMでは，微分法も用いて関数のグラフを描く訓練を徹底的に行います．ITEM 1〜3で学んだ「関数 $f(x)$ そのものを見る」視点と，ITEM 24でやった「導関数 $f'(x)$ の符号で $f(x)$ の増減を調べる」手法を合わせて，様々な関数のグラフが的確に描けるようにしていきます．**ゲキ重**なので，「今日はとりあえず番号が3の倍数の問題だけにして，時間があるとき集中特訓」なんて使い方がいいかも．

グラフさえしっかり描ければ，どんな応用問題も自然にマスターできます．逆に，グラフが描けなければ，何をやっても身に付きません．まさに**正念場です‼**

ここがツボ！ $f'(x)$ の前に，まずは $f(x)$ そのものをよく見よう．

基本確認

関数のグラフ

関数 $y=f(x)$ のグラフ C の概形を描くときには，次のようなことを調べる．

❶ $f(x)$ そのものについて考える．　　いつでも全部を調べるわけじゃありませんけど…
　定義域，値域，符号，対称性，周期性，極限，漸近線など．

❷ 導関数，第2次導関数を利用する．
　$f'(x)$ の符号による $f(x)$ の増減．$f''(x)$ の符号による C の凹凸．

(注意) ○ $f'(x)$ を用いずに増減がわかることもあります．
　　　　○ ITEM 25，26では，グラフの凹凸まで調べることは要求しません．

漸近線

右図において赤線で描いた直線は，すべて曲線 $y=f(x)$ の**漸近線**である．

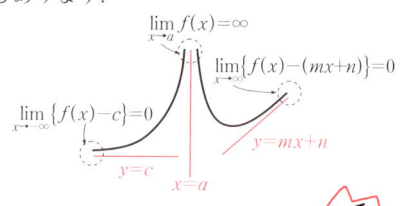

$\lim_{x\to a}f(x)=\infty$

$\lim_{x\to\infty}\{f(x)-(mx+n)\}=0$

$\lim_{x\to-\infty}\{f(x)-c\}=0$

$y=c$　　$y=mx+n$　　$x=a$

例題 関数 $y=\dfrac{x^2}{x-1}$ の増減を調べ，そのグラフを描け．（漸近線についても調べよ．）
暗に，「凹凸は調べなくてよい」と言っている

解説・解き方のコツ

$f(x)=\dfrac{x^2}{x-1}$ …① とおく．

1° $f(x)$ そのものについて考える．
　㋐ 分母：$x-1\neq 0$ より定義域は $x\neq 1$．
　㋑ 分子：$x^2\geq 0$ より $f(x)$ の符号は $x-1$ で決まるから，$y=f(x)$ のグラフは右の色の部分に含まれる．

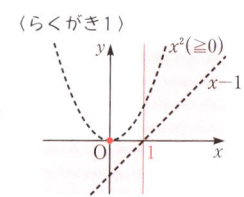

〈らくがき1〉

(ウ) 分子が分母より低次になるよう変形すると，
$$f(x)=\frac{(x-1)(x+1)+1}{x-1}=x+1+\frac{1}{x-1} \quad \cdots ②$$

x^2 を $x-1$ で割る組立除法

$$\begin{pmatrix} 1 & 1 & 0 & 0 \\ & & 1 & 1 \\ \hline & 1 & 1 & 1 \end{pmatrix}$$

(エ) ②より $f(x)-(x+1)=\dfrac{1}{x-1}\xrightarrow[x\to\pm\infty]{}0$ より，

直線 $y=x+1$ は漸近線．　この符号により，グラフと漸近線の上下関係がわかる

(オ) $\dfrac{x^2}{x-1}\xrightarrow[x\to 1+0]{}\infty$ 　$\dfrac{1}{+0.000\cdots01}$ のような…

$\dfrac{x^2}{x-1}\xrightarrow[x\to 1-0]{}-\infty$ 　$\dfrac{1}{-0.000\cdots01}$ のような…

〈らくがき2〉

ここまでの作業でグラフの一部（右図太線部）が確定し，それを自然につなぐと，おおよそ右のようになりそう…．

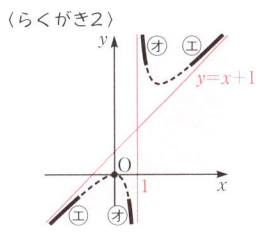

2° $f'(x)$ について調べる．②より

(カ) $f'(x)=1-\dfrac{1}{(x-1)^2}$

$=\dfrac{(x-1)^2-1^2}{(x-1)^2}=\dfrac{x(x-2)}{(x-1)^2}$ ← 正

符号決定部

以上より，下の増減表とグラフを得る．

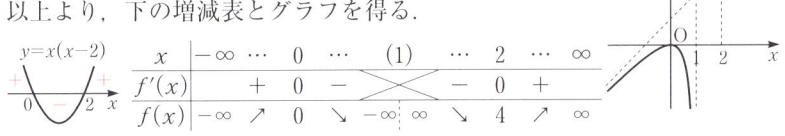

$y=x(x-2)$

x	$-\infty$	$\cdots$	0	$\cdots$	(1)	$\cdots$	2	$\cdots$	∞
$f'(x)$		$+$	0	$-$	×	$-$	0	$+$	
$f(x)$	$-\infty$	↗	0	↘	$-\infty\ \infty$	↘	4	↗	∞

漸近線：$\boldsymbol{y=x+1}$，$\boldsymbol{x=1}$

補足　○「グラフを描く」作業の半分（以上）は，$f'(x)$ ではなく，$f(x)$ そのものが相手なんですね．

○いつでも必ず $f(x)$ そのものを完璧に考え尽くした後で $f'(x)$ を計算する…なんて堅苦しく考えすぎないでくださいね．自分にできる範囲で，少～しずつ $f(x)$ そのものが見えるようにして行けばいーんです．

○実際の解答に書くのは，(ウ)，(エ)，(カ)，「増減表」そして「答え」だけです．

○$f'(x)$ を計算するときは，①，②のどちらの形がトクかを考えましょう．本問では，どちらでも大差ありません．

類題 25　次の関数の増減を調べ，そのグラフを描け．

[1] $f(x)=x^4-2x^3$ 　　　　[2] $f(x)=(x+1)^3(x-4)^2$ 　　　　[3] $f(x)=x+\dfrac{1}{x}$

[4] $f(x)=\dfrac{2x+1}{(x+1)^2}$ 　　　　[5] $f(x)=\dfrac{x}{x^2-1}$ 　　　　[6] $f(x)=\dfrac{x^3-2x^2+x+4}{x^2-2x+1}$

[7] $f(x)=x\sqrt{3-x}$ 　　　　[8] $f(x)=x\sqrt{1-x^2}$ 　　　　[9]★ $f(x)=x+\sqrt{4-x^2}$

(解答▶解答編 p.33)

ITEM 26 ゲキ重 $f'(x)$ を用いたグラフ(2)

本ITEMでは，ITEM 3, 16の内容を前提とします．

よくわかった度チェック！ ① ② ③

前ITEMの続きです．ここでも，導関数 $f'(x)$ ばかりじゃなく，$f(x)$ そのものもちゃんと見る習慣を身に付けてください．

ここがツボ！　「$f(x)$ そのもの」と「$f'(x)$ の符号」，両方とも大切！

注意 本ITEMでも，グラフの凹凸まで調べることは要求しません．

例題 次の関数の増減を調べ，そのグラフを描け． やってみよう！

(1) $y = \dfrac{\log x}{x}$　　　　(2) $y = \sin x(1 - \cos x)$ $(-\pi \leqq x \leqq \pi)$

解説・解き方のコツ

(1) $f(x) = \dfrac{\log x}{x}$ とおく．

まず，対数の真数は正だから，定義域は $x > 0$．
この範囲で，とりあえず分子：$\log x$，分母：x のグラフを描くと右のようになる．分母：x は常に正だから，$f(x)$ は分子：$\log x$ と同符号．よってグラフは右図の色の部分にある．(点 $(1, 0)$ を通る．)

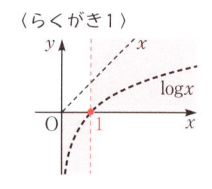

〈らくがき1〉

次に極限．$x \longrightarrow +0$，つまり x を定義域の"左端"へ近づけるとき
$$\begin{cases} 分子 = \log x \longrightarrow -\infty, \\ 分母 = x \longrightarrow 0 \, (x > 0). \end{cases}$$
$\dfrac{-1000\cdots 0}{+0.000\cdots 1}$ のような…(不定形じゃない！)

$\therefore \ f(x) \longrightarrow -\infty$．

$x \longrightarrow \infty$ のときは $\dfrac{\infty}{\infty}$ 型不定形だが，

$f(x) = \dfrac{\log x}{x} \longrightarrow 0$．　$\dfrac{遅い\infty}{速い\infty}$ (→ITEM 16)

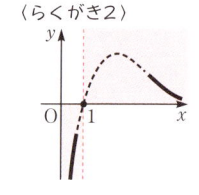

これで，右図の太線部が確定し，途中をなんとなくなめらかにつなぐと，おおよそ右図のようなカンジになりそう．(んぢゃーぼちぼちビブンしますか…)

〈らくがき2〉

$$f'(x) = \dfrac{\dfrac{1}{x} \cdot x - (\log x) \cdot 1}{x^2} = \dfrac{1 - \log x}{x^2 \leftarrow 正}$$ 符号決定部

以上より，次の増減表とグラフを得る．

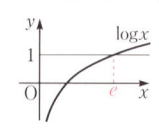

x	(0)	$\cdots$	e	$\cdots$	∞
$f'(x)$		$+$	0	$-$	
$f(x)$	$-\infty$	↗	$\dfrac{1}{e}$	↘	(0)

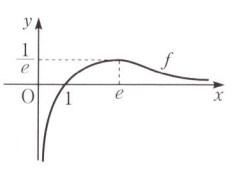

(補足) 答えのグラフにおいて，$e(\fallingdotseq 2.7)$ と $\dfrac{1}{e}\left(\fallingdotseq \dfrac{1}{2.7}\right)$ の比が正確ではありませんが，グラフの特徴がわかりやすいよう，テキトーにゴマカシていーんです．

(2) $g(x) = \sin x(1-\cos x)$ とおく．

$g(x)$ の符号を考えると，グラフは右図の赤色部分にある．(3点 $(\pm\pi, 0)$，$(0, 0)$ を通る)

〈らくがき〉

右図を見ると，なんとな〜く対称性がありそうなので調べてみると

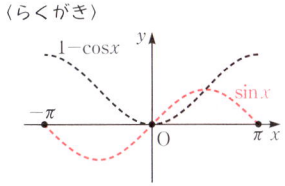

$$g(-t) = \sin(-t)\{1-\cos(-t)\} = -\sin t(1-\cos t) = -g(t).$$

よって $g(x)$ は奇関数である．…(*) **グラフは原点対称．**

そこで，ひとまず $0 \leq x \leq \pi$ についてのみ考える．

$$\begin{aligned}g'(x) &= \cos x(1-\cos x) + \sin^2 x\\&= \cos x(1-\cos x) + (1+\cos x)(1-\cos x)\\&= (1-\cos x)(1+2\cos x) \quad \text{符号決定部}\\&= 2\underbrace{(1-\cos x)}_{0<x<\pi \text{ では正}}\left(\cos x - \dfrac{-1}{2}\right)\end{aligned}$$

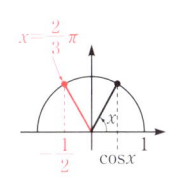

$\cos x$ と $\dfrac{-1}{2}$ の大小関係を考えて，下左の増減表が得られ，(*)と合わせて下右のグラフを得る．

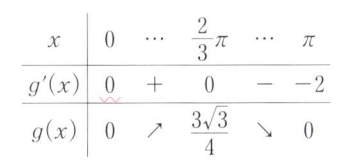

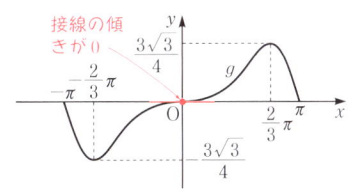

x	0	$\cdots$	$\dfrac{2}{3}\pi$	$\cdots$	π
$g'(x)$	0	$+$	0	$-$	-2
$g(x)$	0	↗	$\dfrac{3\sqrt{3}}{4}$	↘	0

(注意) このように対称性を見抜いて区間を分割して考えたときは，分割した2つの区間の"つなぎ目"：$x=0$ における接線の傾きが $g'(0) = 0$ であることも考慮してグラフを描きましょう．

類題 26 次の関数 $f(x)$ の増減を調べ，$y = f(x)$ のグラフを描け．

[1] $f(x) = \dfrac{e^x + e^{-x}}{2}$ [2] $f(x) = \dfrac{e^x}{x}$ [3] $f(x) = 2xe^{-x} - e^{-x}$

[4] $f(x) = x \log x$ [5] $f(x) = 2\log x + \log(2-x)$

[6] $f(x) = x + 2\sin x \ (0 \leq x \leq 2\pi)$ [7] $f(x) = \sin x + \dfrac{1}{3}\sin 3x \ (0 \leq x \leq \pi)$

⬆[8] $f(x) = \cos \dfrac{2\pi}{x^2+1}$ [9] $f(x) = e^{-x}\sin x \ (0 \leq x \leq 2\pi)$

(解答▶解答編 p.37)

ITEM 27 $f''(x)$ まで用いたグラフ

重 本 ITEM では，ITEM 3, 16 を前提とします．

よくわかった度チェック！ ① ② ③

ここでは，曲線の凹凸まで調べてグラフを描きます．ただし，実際の試験では，$f'(x)$ で増減を調べるのに比べて，$f''(x)$ で凹凸まで調べる頻度は極端に低いのが実情です．なので基本的には，前 ITEM と同じ調子でグラフを 8 割 5 分まで描き，最後の仕上げにチョコッと凹凸調べを付け足すってカンジです．

> **ここがツボ！** 「増減」と「凹凸」は別の表にまとめる方がスッキリ．

基本確認

第 2 次導関数と凹凸

関数 $f(x)$ の第 2 次導関数 $f''(x) = \dfrac{d^2y}{dx^2}$ とは，導関数 $f'(x) = \dfrac{dy}{dx}$ を再度 x で微分したものである．すなわち，$f''(x) = \{f'(x)\}'$，あるいは $\dfrac{d^2y}{dx^2} = \dfrac{d}{dx}\left(\dfrac{dy}{dx}\right)$． 右辺を見ると，左辺の意味がわかるね

したがって $\dfrac{d^2y}{dx^2} > 0$ のとき，

$\dfrac{dy}{dx}$ (接線の傾き) は x の増加関数．

よって，右図からわかるように，
$f''(x) > 0$ の区間では，曲線 $y = f(x)$ は下に凸． 「$\cup$」で表す
$f''(x) < 0$ の区間では，曲線 $y = f(x)$ は上に凸．）「$\cap$」で表す

> **例題** 次の関数のグラフを，増減，凹凸を調べることによって描け．
> $$y = \dfrac{x}{e^x}$$

解説・解き方のコツ

積の形にするとラク
$f(x) = \dfrac{x}{e^x} = xe^{-x}$ とおく．

グラフは右図赤色部分にあり，原点を通る．

遅い ∞
速い ∞ $\dfrac{x}{e^x} \xrightarrow[x \to \infty]{} 0$, $xe^{-x} \xrightarrow[x \to -\infty]{} -\infty$
$-\infty \cdot \infty$

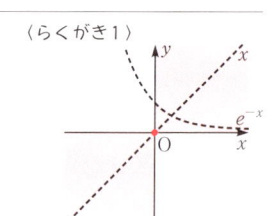

より，だいたい右図のようなカンジ（？）．

$f'(x) = e^{-x} + x(-e^{-x}) = e^{-x}\underbrace{(1-x)}_{\text{符号決定部}}$ より次表．
正

コレが〈らくがき 2〉のアの x 座標

x	$-\infty$	$\cdots$	1	$\cdots$	∞
$f'(x)$		$+$	0	$-$	
$f(x)$	$-\infty$	↗	$\dfrac{1}{e}$	↘	(0)

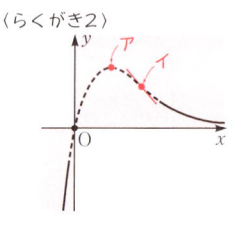

〈らくがき 1〉

〈らくがき 2〉

$$f''(x) = \{e^{-x}(1-x)\}'$$
$$= -e^{-x}(1-x) + e^{-x}(-1) = e^{-x}(x-2)$$

より下の"凹凸表"が得られ，以上より右のグラフを得る．

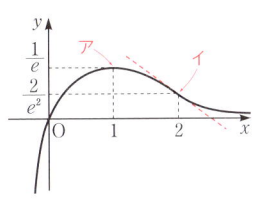

x	$\cdots$	2	$\cdots$
$f''(x)$	$-$	0	$+$
$f(x)$	$\cap$	$\dfrac{2}{e^2}$	$\cup$

(補足) ○ 答えの図における**イ**の点のような，「凹凸の変わり目」となる点を**変曲点**というのでしたね．

○ **イ**の点が変曲点だということを，図の中で表現するには，**イ**における接線(赤破線)を書き入れます．**イ**の左右で，曲線と接線の上下関係が入れかわっているのが特徴です．

○ 仮に $f''(x)$ を用いて凹凸を調べないでグラフを描いても，「だいたい**ア**の点のちょっと右で凹凸が変わりそうだな」とわかりますね．つまり，$f''(x)$ を用いた最後の議論は，単に変曲点の正確な座標を求めるだけのオマケなのです．

というわけで，(今の日本という国の)教科書で使われている下のような表は，あまり実用的とは言えないのです．(もっとも，「$f(x)$ そのもの」を見て〈らくがき〉する習慣のない人は，この表にベッタリ頼ってやるしかないのですが…)

いまいちな方法

x	$-\infty$	$\cdots$	1	$\cdots$	2	$\cdots$	∞
$f'(x)$		$+$	0	$-$	$-$	$-$	
$f''(x)$		$-$	$-$	$-$	0	$+$	
$f(x)$	$-\infty$	↗	$\dfrac{1}{e}$	↘	$\dfrac{2}{e^2}$	↘	(0)

類題 27 次の関数 $f(x)$ の増減，凹凸を調べ，$y=f(x)$ のグラフを描け．

[1]★ $f(x) = x^3 - 3x^2$ [2] $f(x) = \dfrac{1}{x^2+3}$ [3] $f(x) = \dfrac{x^3}{x^2-3}$

[4] $f(x) = \dfrac{x^3-x+1}{x^2}$ [5]★ $f(x) = \sqrt{x^2+1}$ [6] $f(x) = \dfrac{x}{\sqrt{x^2+1}}$

[7] $f(x) = \dfrac{e^x - e^{-x}}{e^x + e^{-x}}$ [8] $f(x) = \dfrac{1}{1+e^{-x}}$ [9] $f(x) = e^{-\frac{x^2}{2}}$

[10] $f(x) = xe^{-\frac{x^2}{2}}$ [11] $f(x) = e^{\frac{1}{x}}$ [12] $f(x) = \log(x + \sqrt{x^2+1})$

ITEM 28 | パラメタ曲線

パラメタ（媒介変数）を用いて表された曲線を描きます．
　「パラメーター」とも書く

時刻 t におけるある点 P の位置（x 座標と y 座標）は，t の関数として $\begin{cases} x = f(t) \\ y = g(t) \end{cases}$ と表
　time の「t」

されます．これが「パラメタ表示」の原型です．なので，パラメタは（とくに時刻を表していないときでも）文字「t」で表されることが多いわけです．このパラメタ表示のもとの意味に帰って考えること．それがポイントです．

> **ここがツボ！** 時の流れの中で，点の動きそのものを考える．
> 　　　　　　　t の変化

基本確認

微分法と関数の増減

$\dfrac{dx}{dt} > 0$ の区間では，x は t の増加関数．

例題 次のようにパラメタ表示された曲線 C の概形を描け．
$\begin{cases} x = t - \sin t \\ y = 1 - \cos t \end{cases}$ $(0 \leqq t \leqq 2\pi)$

解説・解き方のコツ

頭の中でパラメタ t を時刻とみなし，時刻 t の変化に対する点 P(x, y) の"動き"，つまり，ヨコ座標 x とタテ座標 y の変化を**考えます**．

まず，t に"切りのいい値"として，0, π, 2π を代入した点を xy **平面上**にとってみると，右図のようになる．
　　　　　　　　　　　　　ホントに代入して確認してね

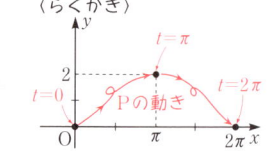

P の動きの概要がある程度つかめたところで，t に対する x, y の増減を調べる．

$\dfrac{dx}{dt} = 1 - \cos t > 0$ $(0 < t < 2\pi)$

より，t に対する x の増減は右表のとおり．

$y = 1 - \cos t$ の増減は右のとおり．
　　　基本関数だから微分不要

〈らくがき〉

t	0	$\cdots$	2π
dx/dt		$+$	
x	0	↗	2π

右向きの動き

t	0	$\cdots$	π	$\cdots$	2π
y	0	↗	2	↘	0

上向きの動き　　下向きの動き

{これで，時の流れの中で点Pが動く
向きが，下記のようにわかりました。

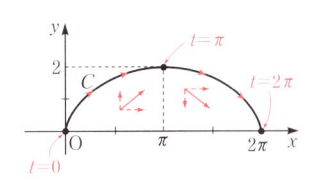

$0 \leq t \leq \pi$ のとき　上向き／右上向き／右向き

$\pi \leq t \leq 2\pi$ のとき　下向き／右向き／右下向き

以上より，曲線 C の概形は右図のようになる．

(補足)
- パラメタ曲線では，とくに指示がないかぎり凹凸は調べなくて OK です．
- 実をいうと…この曲線 C は「サイクロイド」という有名曲線で，直線 $x=\pi$ に関して対称であることも有名です．筆者は完全に暗記しているその形状を，上図に描いたのです． <u>ズルイよねぇ〜</u>
- ですから，この曲線を描くのは生まれて初めてだという人は，右図程度の"概形"が描ければ立派かも． <u>ホントは端っこでの接線の傾きとか調べて欲しいけど…</u>
- x と y の動きを，右のように１つの表にまとめてしまう方法もあります．x, y 別々の表から一気に曲線を描くのがツラいときの補助的手段として知っておいてもよいでしょう．ただし…

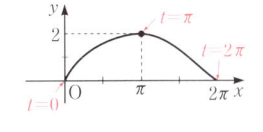

t	0	$\cdots$	π	$\cdots$	2π
dx/dt		+	+	+	
x	0	↗	π	↗	2π
y	0	↗	2	↘	0

右上向きの動き　　右下向きの動き

(注意)
- この表を作ることが絶対の目標だなんてカンチガイしないように．(そういう人は「$1-\cos t$」ですら t で微分しようとします…) 主題はあくまで「**xy 平面上において** 点 P の動きを追跡すること」であり，状況に応じて時にはこの表も補助的に使うというのが正しい態度です．
- 答案中では，t のことを「時刻」と呼んではいけません．
- パラメタ t を消去し，x と y の方程式を作る方がトクな場合もよくあります．

類題 28 次のようにパラメタ表示された曲線の概形を描け．

[1] $\begin{cases} x = \cos^3 \theta \\ y = \sin^3 \theta \end{cases}$ $(0 \leq \theta \leq \pi)$

[2] ★ $\begin{cases} x = \sin t \\ y = \sin 2t \end{cases}$ $(0 \leq t \leq \pi)$

[3] $\begin{cases} x = t^2 - 1 \\ y = t^2 - 2t + 2 \end{cases}$

[4] $\begin{cases} x = \cos^2 t \\ y = \sin t \cos t \end{cases}$

(解答▶解答編 p.46)

ITEM 29 最大・最小

関数の最大値・最小値を求めるには，もちろん微分して関数の増減を調べることが多いですが，どんな関数でも微分することが出来る"腕力"を身に付けてしまうと，逆に頭は柔軟性を失い，何でもかんでもすぐに微分する悪い癖がついてしまいがちです．いきなり微分しないで，その前に少～し工夫をするだけで，ずいぶん簡単になることも多いですよ．

ここがツボ！ 微分する前に，まず変形・置換！

例題 次の関数の最大値を求めよ．

(1) $f(\theta) = \dfrac{\sin\theta}{3 - 2\cos^2\theta}$ $(0 < \theta < \pi)$

(2) $y = x(\sqrt{12-x^2})^3$ $(0 < x < 2\sqrt{3})$

解説・解き方のコツ

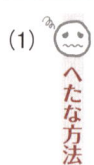

(1) 【へたな方法】

$$f'(\theta) = \dfrac{\cos\theta(3-2\cos^2\theta) - \sin\theta(-4\cos\theta)(-\sin\theta)}{(3-2\cos^2\theta)^2}$$

$$= \dfrac{\cos\theta\{(3-2\cos^2\theta) - 4(1-\cos^2\theta)\}}{(3-2\cos^2\theta)^2} = \dfrac{\cos\theta(2\cos^2\theta - 1)}{(3-2\cos^2\theta)^2} = \cdots$$

(こんな風にイキナリ θ で微分しないで，その前にひと工夫すると…)

【正しい方法】

$$f(\theta) = \dfrac{\sin\theta}{3-2(1-\sin^2\theta)} = \dfrac{\sin\theta}{2\sin^2\theta + 1}$$ ← $\sin\theta$ だけで表す

そこで $t = \sin\theta$ とおくと，$0 < \theta < \pi$ より t の変域は $0 < t \leq 1$ であり（いわゆる「置換」）

$$f(\theta) = \dfrac{t}{2t^2 + 1} (= g(t) とおく).$$

$$g'(t) = \dfrac{1\cdot(2t^2+1) - t\cdot 4t}{(2t^2+1)^2}$$

$$= \dfrac{1-2t^2}{(2t^2+1)^2}$$ ← 符号決定部 ← 正

より，右表を得る．
よって $f(\theta)$ の最大値は

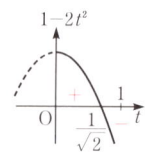

t	(0)	$\cdots$	$\dfrac{1}{\sqrt{2}}$	$\cdots$	1
$g'(t)$		$+$	0	$-$	
$g(t)$		↗	最大	↘	

$$g\left(\dfrac{1}{\sqrt{2}}\right) = \dfrac{\dfrac{1}{\sqrt{2}}}{2\cdot\dfrac{1}{2} + 1} = \dfrac{1}{2\sqrt{2}} = \dfrac{\sqrt{2}}{4}.$$

(補足) ○ $\begin{cases} \sin\theta \text{というカタマリを} \\ t \text{と置換する} \end{cases}$ $\Big\{\begin{array}{l} \text{新しい変数 } t \text{ の変域を調べる…} (\ast) \\ f(\theta) \text{ を } t \text{ で表す} \end{array}$

この手順全体をセットで覚えましょう．とくに$(\ast)$を忘れないよう注意！

○ $g(t)$ をさらに変形して $g(t) = \dfrac{1}{2t + \dfrac{1}{t}}$ と変形し，「相加平均と相乗平均の大小関係」を用いれば，微分法なしで結果を得ることもできます．

(2) このまま x で微分するとかなりメンドウそう…．そこで，変数 x を $\sqrt{}$ の中に**集約**してみます．

$$y = x(\sqrt{12-x^2})^3 \quad \text{どちらも } (12-x^2)^{\frac{3}{2}}$$
$$= \sqrt{x^2}\sqrt{(12-x^2)^3} = \sqrt{x^2(12-x^2)^3} \quad \cdots ① \quad \sqrt{} \text{ 内が } \boxed{x^2} \text{ だけで表されている！}$$
$x>0$ より

($t = \boxed{x^2}$ と置換してもよいですが，さらに工夫して…)

$t = 12 - x^2$ とおくと，$0 < x < 2\sqrt{3}$ より t の変域は $0 < t < 12$ であり，

①の $\sqrt{}$ 内 $= (12-t)t^3 = 12t^3 - t^4 (= h(t)$ とおく$)$．

$h'(t) = 36t^2 - 4t^3 = 4t^2(9-t)$

より，右表を得る．

t	(0)	$\cdots$	9	$\cdots$	(12)
$h'(t)$		$+$	0	$-$	
$h(t)$		↗	最大	↘	

よって①より，y の最大値は

$$\sqrt{h(9)} = \sqrt{(12-9)9^3} = \sqrt{3 \cdot 9^3} = 27\sqrt{3}.$$

(補足) $x > 0$ より y も正ですから

　　　　y が最大 $\iff y^2$ が最大

です．なので，

$$y^2 = \{x(\sqrt{12-x^2})^3\}^2 = x^2(\sqrt{12-x^2})^6 = x^2(12-x^2)^3$$

の最大値を調べるという手もあります．(あとは上の解答と同様)

類題 29 次の各値を求めよ．

[1] $f(x) = x^2 + \sqrt{1-x^2}$ の最大値

[2] $f(x) = \dfrac{x+1}{\sqrt{x+1}}$ の最小値

[3] $f(x) = \dfrac{x - 2\sqrt{x} + 5}{\sqrt{1+x}}$ の最小値

[4] $f(x) = \sin 2x \cos x + 4\cos 2x \sin x \ (0 \leqq x \leqq \pi)$ の最大値

[5] $f(\theta) = \dfrac{\sqrt{5 - 4\cos\theta}}{\sin\theta} \ (0 < \theta < \pi)$ の最小値

[6] $f(x) = \dfrac{e^x}{(1+e^{2x})^{\frac{3}{2}}}$ の最大値

(解答▶解答編 p.49)

ITEM 30 | 基本関数の積分(積分手法①)

よくわかった度チェック！ ① ② ③

「積分する」(原始関数を求める)とは，「微分する」の逆．この事情は，「展開する」と「因数分解する」の関係とそっくりです．因数分解がそうであったように，積分する際にも，**逆を読む**ことが必要となり，うまく工夫しないとできません．

代表的手法は下記の6つ．本 ITEM は，そのうち①の軽〜い確認です．

> **ここがツボ！** 思い出そう！微分する前のもとの関数を．
> (原始の)

基本確認

原始関数(不定積分)

$$(*)\begin{cases} F'(x)=f(x)\ (F(x) \text{の導関数は} f(x)) \\ \int f(x)dx=F(x)+C\ (f(x) \text{の原始関数は} F(x)) \end{cases}$$ であることを，とも表す．

↑ビ分する　↑積分定数(任意の定数)

注目 つまり，$f(x)$ を「積分する」とは，微分すると $f(x)$ になる**もと**の関数を求めることである．
(原始の)

$\boxed{?}'=f(x)$

定積分 上記 (*) のとき，

$$\int_a^b f(x)dx=\Big[F(x)\Big]_a^b=F(b)-F(a)$$

「$+C$」は，引くときにどうせ消えちゃうから書かない

を，$f(x)$ の a から b までの**定積分**という．

積分の計算6つの手法

次 ITEM 以降で扱うものも含めて，積分計算における"6つの手法"を羅列します．

① 基本関数の積分　　本 ITEM
② 1次式を"カタマリ"とみる
③ 積を和に変える
④ 置換積分法　$t=g(x)$ 型
⑤ 置換積分法　$x=g(t)$ 型
⑥ 部分積分法

基本関数の原始関数

「何を微分すればこうなったっけかなあ…」と"思い出す"ことにより，次の積分公式のほとんどが得られます．

(I) べき関数
❶ $\int x^\alpha dx = \dfrac{x^{\alpha+1}}{\alpha+1}+C\ (\alpha \neq -1)$　　❷ $\int \dfrac{1}{x}dx = \log|x|+C$
　↑ビ分する　　　　　　　　　　　　　　　↑ビ分する

(II) 三角関数
❸ $\int \sin x\, dx = -\cos x + C$　　❹ $\int \cos x\, dx = \sin x + C$
　↑ビ分する　　　　　　　　　　↑ビ分する

❺ $\int \tan x\, dx = -\log|\cos x|+C$

マイナス「−」のつき方に注意

❻ $\int \dfrac{1}{\cos^2 x}dx = \tan x + C$　　❼ $\int \dfrac{1}{\sin^2 x}dx = -\dfrac{1}{\tan x}+C$
　↑ビ分する　　　　　　　　　　　　↑ビ分する

(Ⅲ) 指数・対数関数　❽ $\int e^x dx = e^x + C$　　❾ $\int \log x\, dx = x\log x - x + C$

↑ビ分する

(注意) ❺は手法4(→ITEM 33)，❾は手法6(→ITEM 36)から導かれますが，それ以前のITEMでも"公式"として使用します．

例題 次の積分を計算せよ．

(1) $\int x\sqrt{x}\, dx$

(2) $\int_0^{\frac{\pi}{3}} \dfrac{dx}{\cos^2 x}$

解説・解き方のコツ

(1) **いまいちな方法**　「$x\sqrt{x} = x^{\frac{3}{2}}$ だから…」とばかり，単純に公式❶に当てはめると，「$\dfrac{x^{\frac{3}{2}+1}}{\frac{3}{2}+1}$」

と繁分数が現れてしまいます．

正しい方法　今後のためにも「どんな関数を微分したら $x\sqrt{x}$ になるか？」と考えましょう．

$\int x\sqrt{x}\, dx = \int x^{\frac{3}{2}} dx$　　ええと…微分する前は次数が1だけ高かったわけだから…

$= \boxed{?}\, x^{\frac{5}{2}} + C$　　$x^{\frac{5}{2}}$ を微分すると $\dfrac{5}{2} x^{\frac{3}{2}}$ となり，「$\dfrac{5}{2}$」が余分だから…

$= \dfrac{2}{5} x^{\frac{5}{2}} + C$．　その逆数「$\dfrac{2}{5}$」を前に置けばピッタシ

(2) (注意) 一般に，「$\int \dfrac{dx}{f(x)}$」とは「$\int \dfrac{1}{f(x)} dx$」を略記したものです．

$\boxed{?}' = \dfrac{1}{\cos^2 x}$ の □ に当てはまる関数を思い出して

$\int_0^{\frac{\pi}{3}} \dfrac{1}{\cos^2 x}\, dx = \Big[\tan x\Big]_0^{\frac{\pi}{3}} = \tan \dfrac{\pi}{3} - \tan 0 = \sqrt{3}$．

(注意) 「$\dfrac{1}{\cos^2 x}$」は積分計算においては"基本関数"の1つなんですね．

類題 30 次の積分を計算せよ．

[1] $\int \sqrt{x}\, dx$

[2] $\int_0^1 x^2 \sqrt{x}\, dx$

[3] $\int \dfrac{1}{2\sqrt{x}}\, dx$

[4] $\int \dfrac{dx}{x^2}$

[5] $\int_{\frac{\pi}{6}}^{\frac{\pi}{3}} \dfrac{d\theta}{\sin^2 \theta}$

[6] $\int_1^2 \dfrac{1}{x}\, dx$

[7] $\int_0^{\frac{\pi}{3}} (\cos x - 2\sin x)\, dx$

[8]★ $\int_{-\frac{\pi}{2}}^{\frac{\pi}{2}} (x^2 - \sin x)\, dx$

(解答▶解答編 p.51)

ITEM 31　1次式を"カタマリ"とみる（積分手法②）

ここでは「1次関数」と「基本関数」の軽～い合成関数を積分します．ベースになる考え方は前ITEMと同じです．

ここがツボ！ 微分する前のもとの関数を作り出す気持ちで．

基本確認

$f(ax+b)$ の積分

$F'(x)=f(x)$ とするとき

$$\int f(\underbrace{ax+b}_{1\text{次式の カタマリ}})dx = \frac{1}{a}F(ax+b)+C \qquad \{F(ax+b)\}'=af(ax+b)$$

例題　次の積分を計算せよ．

(1) $\int (2x+1)^3 dx$ 　　　(2) $\int \dfrac{1}{e^x}dx$

解説・解き方のコツ

(1) $(2x+1)^3$ のような，1次式のカタマリを含んだ合成関数は，そのカタマリを1つの文字（変数）とみて積分すれば，ほぼ正解が得られます．

$$\int (2x+1)^3 dx = \boxed{?} \cdot \frac{(2x+1)^4}{4}+C \qquad 1°\ \text{とりあえず}\ \boxed{\ }^3\ \text{を}\ \boxed{\ }\ \text{で積分したものを書いとく．}$$

$$= \frac{1}{2} \cdot \frac{(2x+1)^4}{4}+C \qquad 2°\ \text{それを}\ x\ \text{で微分してみると}\ (2x+1)^3 \cdot 2\ \text{〜余分！}$$

$\boxed{?}$ の所に「$\frac{1}{2}$」を書き足す　　3°　定数倍を微調整

$$= \frac{(2x+1)^4}{8}+C. \qquad \text{念のため}\ x\ \text{で微分して検算してみる}$$

補足　○いまの手順を詳しく書くと，次のとおりです．

1°　$\boxed{1\text{次式}}^3$ をとりあえず $\boxed{\ }$ で積分した $\dfrac{(2x+1)^4}{4}$ を書いておく．

2°　1°で書いたものを x で微分してみる（合成関数の微分法）．すると $\boxed{\ }$ でじゃなくて「$(2x+1)^3 \cdot 2$」となり，積分される関数 $(2x+1)^3$ と比べて定数 2 が余分である．

3°　そこで，1°で書いたものを定数 2 で割って"微調整"する．

○「どうせ定数倍は後で調整するんだから…」と，1°では「$(2x+1)^4$」のみ書いておき，以下同様な手順で求めていってもかまいません．

注意　"微調整"ができるのは，あくまでも「定数」だけです．たとえば次のようなわけには行きません．

これは間違い！

1° とりあえずカタマリ x^2+1 で積分したものを書いておき

$$\int (x^2+1)^3 dx = \boxed{?} \cdot \frac{(x^2+1)^4}{4} + C$$

2° それを x で微分すると $(x^2+1)^3 \cdot 2x$ なので

$$= \frac{1}{2x} \cdot \frac{(x^2+1)^4}{4} + C$$

3° $2x$ で割って微調整

$$= \frac{1}{8} \cdot \frac{(x^2+1)^4}{x} + C \quad \cdots ①$$

①を x で微分すれば，商の微分法まで必要となり，とてもじゃないけど「$(x^2+1)^3$」にはなりませんね．(**正しい方法**は次 ITEM の例題(1)で) つまり，「1次式」以外の カタマリ に対して前頁の「手順」を適用することはできないのです．

---

(2) **これは間違い！**

$$\int \frac{1}{e^x} dx = \frac{\int 1 dx}{\int e^x dx} = \frac{x}{e^x} + C$$

分子・分母をそれぞれ積分したんじゃダメ．

正しい方法

指数法則が**身に付いていれば**簡単ですね．

$$\int \frac{1}{e^x} dx = \int e^{-x} dx$$

指数法則を用いれば $e^{\boxed{1次式}}$ 型

$$= \boxed{?} e^{-x} + C$$

1° 1次式のカタマリ $-x$ で積分して e^{-x} を書いておき

$$= -e^{-x} + C$$

2° それを x で微分すると $-e^{-x}$ なので

3° 定数倍を微調整

参考 まあ，こうして 1°→2°→3° の手順を反復練習していれば，**イヤでもそのうち**，次のことを覚えてしまうでしょう．

1次式のカタマリ

$\int f(\boxed{ax+b}) dx$ は，カタマリで積分して $\dfrac{1}{a}$ 倍

つまり，[基本確認] にあるとおり

類題 31 次の積分を計算せよ．

[1] $\int (x^3+3x^2+3x+1) dx$

[2]★ $\int_2^3 \dfrac{1}{1-x} dx$

[3] $\int \sqrt[3]{(3x-1)^2} dx$

[4] $\int_1^2 \dfrac{dx}{(2x-1)\sqrt{2x-1}}$

[5] $\int \sin \pi x \, dx$

[6] $\int_0^{\frac{3}{2}\pi} \cos 2x \, dx$

[7] $\int \dfrac{1}{\cos^2 \dfrac{x}{2}} dx$

[8] $\int_0^2 e^x \sqrt{e^x} dx$

[9] $\int 2^x dx$

[10] $\int_0^1 \log(x+1) dx$

(解答 ▶ 解答編 p.51)

ITEM 32 積を和に変える（積分手法③）

やや重

よくわかった度チェック！

2つ（以上）の関数の和（や差）を微分・積分するときは，それぞれの関数を別々に微分・積分してから足したり引いたりすればよいのでカンタンでしたね．ところが積や商になるとそうは行きませんから，とたんに難しくなります．（微分する際には「積の微分法」「商の微分法」という公式があるのですが…）

そこで本 ITEM では，そのままでは積分しにくい積や商の形を，和や差の形に変形してから積分する技法を練習します．

> **ここがツボ！** 積は和へ．次数は下げて．

基本確認

和の積分 $\int\{f(x)+g(x)\}dx = \int f(x)dx + \int g(x)dx$

注意 $\int\{f(x) \times g(x)\}dx = \int f(x)dx \times \int g(x)dx$ は誤り．

例題 次の積分を計算せよ．

(1) $\int_0^1 (x^2+1)^3 dx$　　(2) $\int \dfrac{1}{x(x+2)} dx$　　(3) $\int_0^{\frac{\pi}{2}} \sin^2 x \, dx$

解説・解き方のコツ

(1) 前 ITEM **これは間違い！** で見たように，「x^2+1」をカタマリと見ても，それが1次式でないのでうまく行きません．**展開**して和の形に分解します．

$$\int_0^1 (x^2+1)^3 dx = \int_0^1 (x^6+3x^4+3x^2+1) dx$$

これは絶対頭の中で

$$= \int_0^1 x^6 dx + 3\int_0^1 x^4 dx + 3\int_0^1 x^2 dx + \int_0^1 1 dx$$

$$= \left[\dfrac{x^7}{7} + \dfrac{3}{5}x^5 + x^3 + x\right]_0^1$$

$\int_0^1 (整関数)dx$ は暗算！

$$= \dfrac{1}{7} + \dfrac{3}{5} + 1 + 1 = \dfrac{5+21}{35} + 2 = \dfrac{96}{35}.$$

補足 このような「整関数で積分区間が0から1まで」の定積分は，「1は何乗しても1」「0は代入すると消える」ことから，要するに原始関数の係数だけが残ります．これをつかんだら，原始関数なんて紙に書かないで暗算でやりましょう．

(2) 「分子・分母をそれぞれ積分して…」てなわけにはまいりません．ここは数学Ⅰ・A・Ⅱ・B ITEM 87（階差へ分解して和を求める）でもやった「**部分分数展開**」を用いて和に分解します．

→ $8 \cdot 10 \to 2^4 \cdot 5$

1° たしかこんな式だっけ？

$$\int \frac{1}{x(x+2)}dx = \int \frac{1}{2}\left(\frac{1}{x}-\frac{1}{x+2}\right)dx$$

この $\frac{1}{2}$ は最後に書く

2° 通分してみると
$\frac{(x+2)-x}{x(x+2)} = \frac{2}{x(x+2)}$

3° 微調節

$$= \frac{1}{2}(\log|x| - \log|x+2|) + C$$

1次式 $x+2$ をカタマリとみた

$$= \frac{1}{2}\log\left|\frac{x}{x+2}\right| + C.$$

(参考) この 1°→2°→3° の手順は，まるで前 ITEM で解説した「積分する」ときの姿勢とそっくりですね．それもそのはず．「部分分数展開」は「通分」の逆．「積分する」は「微分する」の逆．どちらも自然な流れに逆行する計算なので同じ方法論になるわけです．

(3) $\sin^2 x = \sin x \times \sin x$ という積の形（もしくは次数の高い形）を和の形（もしくは次数の低い形）にしてくれるのが，**半角公式**です．

$$\int_0^{\frac{\pi}{2}} \sin^2 x\, dx = \int_0^{\frac{\pi}{2}} \frac{1-\cos 2x}{2} dx$$

左辺は $\sin x$ の2次式
右辺は $\cos 2x$ の1次式

$$= \frac{1}{2}\left[x - \frac{1}{2}\sin 2x\right]_0^{\frac{\pi}{2}} \quad \cdots ①$$

1次式 $2x$ をカタマリとみた

$$= \frac{1}{2}\left\{\frac{\pi}{2} - \frac{1}{2}(\sin\pi - \sin 0)\right\} = \frac{\pi}{4}.$$

(補足) $\sin 2x$ に $\frac{\pi}{2}$ や 0 を代入すると，どちらも 0 になって消えてしまいますから，①式の後は一気に答えを書きましょう．

類題 32 次の積分を計算せよ．

[1] $\int_0^1 (1-\sqrt{x})^2 dx$　　[2] $\int \frac{3x}{2x+1}dx$　　[3] $\int \frac{x^2}{x-1}dx$

[4] $\int_{-1}^1 \frac{dx}{4-x^2}$　　[5] $\int \frac{1}{\sqrt{x}+\sqrt{x+2}}dx$　　[6] $\int_0^1 \frac{1-x}{\sqrt{x+1}}dx$

[7] $\int_3^5 x(x-3)^2 dx$　　[8] $\int \frac{x^3-4x^2-x-2}{x^2-5x+4}dx$　　[9] $\int \frac{x+1}{x^2+x-2}dx$

[10] $\int_{\frac{\pi}{6}}^{\frac{\pi}{2}} \cos^2 x\, dx$　　[11] $\int \sin x \cos x\, dx$　　[12] $\int_0^\pi (1+\cos\theta)^2 d\theta$

[13] $\int_0^\pi (\sin\theta + \cos\theta)^2 d\theta$　　[14]★ $\int_0^\pi \sin 5x \sin 2x\, dx$　　[15] $\int \tan^2 x\, dx$

[16] $\int \left(\frac{e^x + e^{-x}}{2}\right)^2 dx$　　[17] $\int \frac{e^{2x}-1}{e^x-1}dx$

(解答▶解答編 p.53)

ITEM 33 置換積分法 $t=g(x)$ 型（不定積分）(積分手法④)

よくわかった度チェック！ ① ② ③

それでは**置換積分**に入ります．置換積分の使い方には**2つの向き**があるので，ITEM 33, 34 と ITEM 35 に分けて扱います．それではまず"第1の置換積分"：$t=g(x)$ 型から．

> **ここがツボ！** 「(合成関数)×(カタマリ)′」が置換積分のサイン．

基本確認

置換積分法 $t=g(x)$ 型

❶ $t=g(x)$ とおくと（この部分は一緒）

$$\int f(g(x))g'(x)\,dx = \int f(t)\,dt$$

注目
○ 両辺を見比べると，「$g'(x)dx=dt$」，つまり「$\dfrac{dt}{dx}=g'(x)$ の分母が（形式的に）はらえる」と覚えればよいことがわかる．

○ 積分される関数が「$f(\underbrace{g(x)}_{\text{ビ分する}})\times g'(x)$」の形をしているとき有効な公式である．
　　　　　合成関数×カタマリ′

証明 $F(t) \xrightleftharpoons[t\text{で積分}]{t\text{で微分}} f(t)$ とする．

$$\{F(g(x))\}' = f(g(x))g'(x). \quad \textbf{合成関数の微分法}$$

両辺を x で積分すると（$t=g(x)$ とおく）

$$\int f(g(x))g'(x)\,dx = F(g(x)) = \int f(t)\,dt. \quad \square$$

どちらも $F(t)$

例題 次の不定積分を計算せよ．

$$\int x(x^2+1)^3\,dx$$

📝 解説・解き方のコツ

解法1 カタマリを t とおく

$\displaystyle\int (\underbrace{x^2+1}_{\text{ビ分する}})^3 \cdot x\,dx$ において，$t=x^2+1$ とおくと
合成関数×カタマリ′　　ホントは カタマリ′$=2x$ だけど，定数倍の違いは気にしない

$\dfrac{dt}{dx}=2x$ より $dt=2x\,dx$ i.e. $\dfrac{1}{2}dt=x\,dx$.　「分母が"形式的に"はらえる」と覚えよう！

→ 2・41

$$\therefore \int x(x^2+1)^3 dx = \int (x^2+1)^3 x\, dx$$
$$= \int t^3 \cdot \frac{1}{2} dt = \frac{t^4}{8} + C = \frac{(x^2+1)^4}{8} + C.$$

解法2 t とおかない

まずは，前記の「t とおく」解法を完全にマスターすること．その上で，より高いレベルを目指す人は，t とおかない次のやり方も身に付けてください．

1° x をムシし，とりあえず □ で積分したものを書いとく

$$\int x(x^2+1)^3 dx = ? \frac{(x^2+1)^4}{4}$$
2° x で微分してみると $(x^2+1)^3 \cdot 2x$
$$= \frac{1}{2} \cdot \frac{(x^2+1)^4}{4} + C$$
3° 定数倍で微調整
$$= \frac{(x^2+1)^4}{8} + C.$$ 慣れたら途中の式 0 行！

補足 ○ 置換積分法❶ を適用するような「合成関数×カタマリ′ 型」の関数は，❶ の証明過程からもわかるように，なにかある合成関数を微分したときにできる形をしています．そこで，「どんな合成関数を微分したのか？」と逆ヨミしつつ，たとえば本問なら次の手順で進めます．

1° x は無視し，とりあえず □ で積分して $? \dfrac{(x^2+1)^4}{4}$ と書いておく．

2° これを x で微分してみると，$(x^2+1)^3 \cdot 2x$ となり，定数 2 が余分．

3° そこで，1° の ? に $\dfrac{1}{2}$ を書き足して微調整．

(ITEM 31 とほとんど同じ手順ですね)

○ $\int x(x^2+1)^3 dx = \dfrac{1}{2} \int (x^2+1)^3 \cdot 2x\, dx = \dfrac{1}{2} \cdot \dfrac{(x^2+1)^4}{4} + C = \cdots$

のように，合成関数を微分した完全な形：$f(g(x)) \times g'(x)$ を作る方法もあります．(∗) の式をいちいち紙に書くのがメンドウですが…

類題 33 次の不定積分を計算せよ．

[1] $\displaystyle\int x^2(x^3+1)^4 dx$ [2] $\displaystyle\int \frac{2x+1}{x^2+x+1} dx$ [3] $\displaystyle\int \frac{x}{\sqrt{3-x^2}} dx$

[4] $\displaystyle\int \frac{x^3}{\sqrt{x^2+1}} dx$ [5] $\displaystyle\int \cos^2\theta \sin\theta\, d\theta$ [6]★ $\displaystyle\int \tan x\, dx$

[7] $\displaystyle\int \frac{1}{\tan x} dx$ [8] $\displaystyle\int \sin^3\theta\, d\theta$ [9] $\displaystyle\int \frac{\sin x - \cos x}{\sin x + \cos x} dx$

[10] $\displaystyle\int \frac{e^x - e^{-x}}{e^x + e^{-x}} dx$ [11] $\displaystyle\int \frac{e^x}{(e^x+1)^2} dx$ [12] $\displaystyle\int \frac{dx}{x \log x}$

(解答▶解答編 p.55)

ITEM 34 置換積分法 $t=g(x)$ 型（定積分）（積分手法 4）

よくわかった度チェック！ ① ② ③

今度は定積分です．置換積分によって積分変数を変えると同時に，積分区間をも変更することを忘れずに．

ここがツボ！ 定積分の置換積分では，やるべきことが3つある．

基本確認

置換積分法 $t=g(x)$ 型（定積分）

$t=g(x)$ とおくと

$$\int_a^b f(g(x))g'(x)\,dx = \int_{g(a)}^{g(b)} f(t)\,dt.$$

例題 次の定積分の値を求めよ．

$$\int_0^{\frac{\pi}{2}} \frac{\cos x}{\sqrt{1+\sin x}}\,dx$$

解説・解き方のコツ

$\int_0^{\frac{\pi}{2}} \frac{1}{\sqrt{1+\boxed{\sin x}}}\cos x\,dx$ において $t=\sin x$ とおくと

（合成関数 × ─ ビ分する）

$\dfrac{dt}{dx} = \cos x$　i.e.　$dt = \cos x\,dx.$

x	0	$\to$	$\frac{\pi}{2}$
t	0	$\to$	1

また，x に対して t は右のように対応する．
以上より

$$\int_0^{\frac{\pi}{2}} \frac{\cos x}{\sqrt{1+\sin x}}\,dx = \int_0^1 \frac{1}{\sqrt{1+t}}\,dt \quad \cdots ①$$

$$= \int_0^1 (1+t)^{-\frac{1}{2}}\,dt$$

$$= \left[2(1+t)^{\frac{1}{2}}\right]_0^1$$

$$= \left[2\sqrt{1+t}\right]_0^1 = 2(\sqrt{2}-1).$$

補足 ○定積分の置換積分では

　1° 積分変数
　2° 積分区間
　3° 積分される関数

の3つを一気に変えるのが原則です．

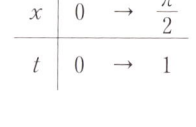

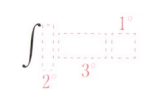

→ 4・21 → $2^2 \cdot 3 \cdot 7$

○ とくに，1° と 2° は連動していなくてはなりませんから，①式の右辺を書く際，
　1° 積分変数が t に変わる．だから…
　2° 積分区間には，t の区間を書く
という順序で頭は動かします．（紙に書くのは 2° の方が先かもしれませんが）

○ $\int_0^{\frac{\pi}{2}} \frac{1}{\sqrt{1+\sin x}} \cos x \, dx$ とみて，$u = 1 + \sin x$ とおいてもよいですね．この場合，$\int_1^2 \frac{1}{\sqrt{u}} du$ となります．

(別解) t とおかない

こちらの方法なら，不定積分の場合と大して変わりません．

　1° $\cos x$ をムシし，とりあえず $\frac{1}{\sqrt{}}$ を $\boxed{}$ で積分

$$\int_0^{\frac{\pi}{2}} \frac{\cos x}{\sqrt{1+\sin x}} dx = \Big[2\sqrt{1+\sin x}\Big]_0^{\frac{\pi}{2}}$$

　2° x で微分してみると，$2 \cdot \frac{\cos x}{2\sqrt{1+\sin x}}$ でピッタシ！

$$= 2(\sqrt{1+1} - 1) = 2(\sqrt{2} - 1).$$

これは間違い！
頭の中でカタマリを作っているので，ついウッカリ「x」でなく $\boxed{}$ に $\frac{\pi}{2}$ や 0 を代入しがちです．

$$\vdots$$
$$= \Big[2\sqrt{1+\sin x}\Big]_0^{\frac{\pi}{2}}$$
$$= 2\Big(\sqrt{\frac{\pi}{2}} - \sqrt{0}\Big)$$

としたら誤り．

類題 34 次の定積分を計算せよ．

[1] $\int_0^2 \frac{x^2}{x^3+1} dx$ 　　　[2] $\int_0^1 x\sqrt{1-x^2} dx$ 　　　[3] $\int_0^{\frac{\pi}{2}} \sin^3 x \cos^4 x \, dx$

[4] $\int_{\frac{\pi}{6}}^{\frac{\pi}{2}} \frac{\cos\theta}{\sqrt{1+2\sin\theta}} d\theta$ 　　　[5]★ $\int_0^{\frac{\pi}{4}} \frac{(1+\tan x)^3}{\cos^2 x} dx$ 　　　[6] $\int_{\frac{\pi}{4}}^{\frac{\pi}{3}} \frac{\sin^2 x}{\cos^4 x} dx$

[7] $\int_0^1 xe^{-x^2} dx$ 　　　[8] $\int_e^{e^2} \frac{\log x}{x} dx$ 　　　⬆[9] $\int_0^1 \frac{x^5}{(x^2+1)^4} dx$

（解答▶解答編 p.57）

ITEM 35 置換積分法 $x=g(t)$ 型（積分手法⑤）やや重

ITEM 33, 34 の置換積分法では，「$\int f(\underline{g(x)}) \times g'(x)\,dx$」という形の積分において，カタマリ $\underline{g(x)}$ を1文字「t」とおくことにより，積分をより簡単なものへ変えました．ところが本 ITEM の置換積分では，1文字「x」をわざわざ「$g(t)$」とおくので，よけいにメンドウな積分になりそうなものですが…モノによってはうまく行くんです．

ここがツボ！ 4つのパターンだけ暗記せよ．

［基本確認］

置換積分法 $x=g(t)$ 型

$x=g(t)$ とおく

$$\int f(x)\,dx = \int f(g(t))g'(t)\,dt$$

ITEM 33❶ の x と t を入れ替え，左辺と右辺を反対にしたもの

（使用例）
❶ $\sqrt{a^2-x^2} \leadsto x=a\sin\theta \left(-\dfrac{\pi}{2} \leq \theta \leq \dfrac{\pi}{2}\right)$ とおく．

❷ $\dfrac{1}{a^2+x^2} \leadsto x=a\tan\theta \left(-\dfrac{\pi}{2} < \theta < \dfrac{\pi}{2}\right)$ とおく．

❸ $\sqrt{ax+b} \leadsto t=\sqrt{ax+b}$ とおいて $x=\dfrac{1}{a}(t^2-b)$ とする．

❹ e^x の式 $\leadsto t=e^x$ とおいて $x=\log t$ とする．

例題　次の定積分を計算せよ．

(1) $\displaystyle\int_0^1 \dfrac{1}{1+x^2}\,dx$ 　　　(2) $\displaystyle\int_0^1 \sqrt{4-x^2}\,dx$

解説・解き方のコツ

(1) ❷ のパターン $(a=1)$ です．

$$x=\overset{!}{1}\cdot\tan\theta\left(-\dfrac{\pi}{2}<\theta<\dfrac{\pi}{2}\cdots①\right) \text{とおくと}$$

○ $1+x^2=1+\tan^2\theta=\dfrac{1}{\cos^2\theta}$.　　理系生はこの公式をカンペキに暗記！

○ $\dfrac{dx}{d\theta}=\dfrac{1}{\cos^2\theta}$　i.e.　$dx=\dfrac{1}{\cos^2\theta}d\theta$.

○ ①より x と θ の対応は右表のとおり．

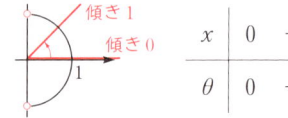

x	0	$\to$	1
θ	0	$\to$	$\dfrac{\pi}{4}$

以上より（θ の区間を書く）

$$\int_0^1 \dfrac{1}{1+x^2}\,dx = \int_0^{\frac{\pi}{4}} \cos^2\theta \cdot \dfrac{1}{\cos^2\theta}\,d\theta = \int_0^{\frac{\pi}{4}} 1\,d\theta = \Big[\theta\Big]_0^{\frac{\pi}{4}} = \dfrac{\pi}{4}.$$

補足
○ ❷の置換をするとき，①のように θ の区間を $-\dfrac{\pi}{2} < \theta < \dfrac{\pi}{2}$ の中でとるようにすると，x と θ の対応がわかりやすいです．

○ 前 ITEM と同様，$\int \boxed{}$ の 3 つを変えていますね．

(2) ❶のパターン ($a = 2$) です．

$$x = 2\sin\theta \left(-\dfrac{\pi}{2} \leqq \theta \leqq \dfrac{\pi}{2} \cdots ①\right) \text{とおくと}$$

バシバシ暗算！

○ $\sqrt{4 - x^2} = \sqrt{4 - 4\sin^2\theta} = \sqrt{4(1 - \sin^2\theta)} = 2\sqrt{\cos^2\theta}$
$\phantom{\sqrt{4 - x^2}} = 2|\cos\theta| = 2\cos\theta. \quad (\because ①)$

○ $dx = 2\cos\theta\, d\theta.$

○ ①より x と θ の対応は右表のとおり．

以上より

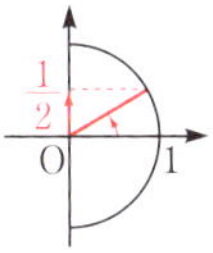

x	0	$\to$	1
$\sin\theta$	0	$\to$	$\dfrac{1}{2}$
θ	0	$\to$	$\dfrac{\pi}{6}$

$$\int_0^1 \sqrt{4 - x^2}\, dx = \int_0^{\frac{\pi}{6}} 2\cos\theta \cdot 2\cos\theta\, d\theta \qquad 4\cos^2\theta = 4 \cdot \dfrac{1 + \cos 2\theta}{2}$$

$$= \int_0^{\frac{\pi}{6}} 2(1 + \cos 2\theta)\, d\theta$$

$$= 2\left[\theta + \dfrac{1}{2}\sin 2\theta\right]_0^{\frac{\pi}{6}} = 2\left(\dfrac{\pi}{6} + \dfrac{1}{2} \cdot \dfrac{\sqrt{3}}{2}\right) = \dfrac{\pi}{3} + \dfrac{\sqrt{3}}{2}.$$

補足
○ ここでも①の範囲設定のおかげで，「$|\cos\theta| = +\cos\theta$ となる」，「x と θ の対応がわかりやすい」と，2 回トクしています．

○ 本問は「定積分を計算せよ」とありますから上記のように置換積分するのが正しい解答ですが，複雑な応用問題の中でこの定積分の値を手早く求めたい場合は，次のようにします．

$$\int_0^1 \sqrt{4 - x^2}\, dx = \bigtriangledown + \triangle \text{（右図参照）} \quad (\text{円の上半分})$$

$$= \dfrac{1}{12}\pi \cdot 2^2 + \dfrac{1}{2} \cdot 1 \cdot \sqrt{3} = \dfrac{\pi}{3} + \dfrac{\sqrt{3}}{2}.$$

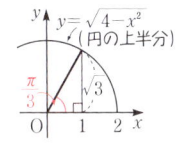

類題 35 次の定積分を計算せよ．

[1] $\displaystyle\int_0^{\frac{1}{\sqrt{2}}} \dfrac{dx}{\sqrt{1 - x^2}}$ [2] $\displaystyle\int_0^{\sqrt{3}} \dfrac{dx}{9 + x^2}$ [3] $\displaystyle\int_0^{\frac{\sqrt{2}}{4}} \dfrac{1}{\sqrt{1 - 2x^2}}\, dx$

[4] $\displaystyle\int_1^{\sqrt{3}} \dfrac{dx}{(1 + x^2)\sqrt{1 + x^2}}$ [5] $\displaystyle\int_0^1 \dfrac{x^2}{\sqrt{4 - x^2}}\, dx$ [6]★ $\displaystyle\int_0^1 \dfrac{1}{x^2 - 2x + 2}\, dx$

[7] $\displaystyle\int_0^1 \sqrt{2x - x^2}\, dx$ [8]★ $\displaystyle\int x\sqrt{x + 1}\, dx$ [9] $\displaystyle\int_1^2 \dfrac{x^2}{\sqrt{2x - 1}}\, dx$ [10] $\displaystyle\int_1^2 \dfrac{dx}{1 + \sqrt{x - 1}}$

[11]★ $\displaystyle\int \dfrac{1}{1 + e^x}\, dx$ [12] $\displaystyle\int \dfrac{e^x + 1}{e^x - e^{-x}}\, dx$ [13]★ $\displaystyle\int_0^{\frac{1}{2}} x(1 - 2x)^n\, dx\, (n\text{ は自然数})$

ITEM 36 部分積分法（不定積分）（積分手法6）

部分積分法は，積の微分法から導かれます．そして ITEM 32 の手法3と同様，（主に）積の形の関数を積分するのに使われます．また，比較的，異種の関数どうしの積を積分するときによく使います．（本 ITEM では，不定積分のみ扱います．）

ここがツボ！ $f(x) \times g'(x)$ を $f'(x) \times g(x)$ に変えるとどうなるか？
チョコッと下書き．

[基本確認]

部分積分法 ❶ $\int f(x)g'(x)dx = f(x)g(x) - \int f'(x)g(x)dx$

(注目) 左辺で $g(x)$ に付いていた「′」が，右辺では $f(x)$ の方に付け換わる．
(証明) 積の微分法より
$$\{f(x)g(x)\}' = f'(x)g(x) + f(x)g'(x).$$
$$\therefore\ f(x)g'(x) = \{f(x)g(x)\}' - f'(x)g(x).$$
両辺を x で積分すれば❶を得る．□

例題 次の不定積分を計算せよ．
(1) $\int x \sin x \, dx$ (2) $\int \log x \, dx$

解説・解き方のコツ

(1) 【いまいちな方法】 まずは一般的な解答を…

$$\int x \sin x \, dx = \int \overset{f}{x}(\overset{g'}{-\cos x})' dx$$
「′」が付け換わった
$$= \overset{f}{x}(\overset{g}{-\cos x}) - \int (\overset{f'}{x})'(\overset{g}{-\cos x}) dx$$
$$= -x\cos x + \int \cos x \, dx = -x\cos x + \sin x + C.$$

もちろん正しいのですが，この程度の計算に途中の式が3行．正直これでは，実戦の場では時間かかり過ぎです．

【正しい方法】 次のように，"下書き"を利用して一気に片付けます．

$$\int \overset{f}{x}\overset{g'}{\sin x} \, dx = \overset{f}{x}(\overset{g}{-\cos x}) - \int \overset{f'}{1} \cdot (\overset{g}{-\cos x}) dx \quad \cdots ①$$

(矢印は「微分する」の向き) $\begin{matrix}1 & -\cos x \\ f' & g\end{matrix}$

$$= -x\cos x + \int \cos x \, dx \quad \text{「−」は初めから} \int \text{の外に出して} \quad \cdots ②$$
$$= -x\cos x + \sin x + C. \quad \cdots ③$$

(補足) いまの手順について解説します．
まず，□部のように $f(x) = x$ を微分した $f'(x) = 1$ と，
$g'(x) = \sin x$ を積分した $g(x) = -\cos x$ を"下書き"しておきます．

(矢印は「微分する」の向きを表しています.)すると，部分積分の右辺で積分される，「′」の付け換わった $f'(x)g(x)=1\cdot(-\cos x)$ がすでに目に見えており，これがもとの $f(x)g'(x)$ より積分しやすいので部分積分が成功することがわかります．あとは

1° まず，矢印の根元どうしの積 fg を書き
2° 下書きした積 $f'g$ の積分を，　これは積分しなくてよい

　　邪魔な定数を $\int$ の外に出した状態で書く

ことにより，一気に②まで行けます．さらに慣れれば，$\cos x$ の原始関数くらい暗算してイキナリ答えの③が書けます．
つまり単純な部分積分なんて，下書きしとけば**途中の式 0 行の計算**に過ぎないんです．

○ 部分積分に不慣れなうちは，「微分する」・「積分する」の向きを逆にしてしまうこともあるかもしれませんが，右のように下書きしてみた瞬間，「失敗」とわかりますね．

$$\int \underset{\substack{\downarrow \\ \frac{x^2}{2} \\ f}}{x} \underset{\substack{\downarrow \\ \cos x \\ g'}}{\sin x}\,dx$$

積分するのが難しい

(2) $\displaystyle\int \log x\,dx = \int \underset{\substack{\downarrow \\ x}}{1}\cdot \underset{\substack{\downarrow \\ \frac{1}{x}}}{\log x}\,dx$　　あえて「$1\times \log x$」と見るのがポイント！

　　　　　$= x\log x - \displaystyle\int 1\,dx$　　　$x\cdot\dfrac{1}{x}=1$ は暗算しちゃう

　　　　　$= x\log x - x + C.$

(補足) これが，ITEM 30 公式❾の導出過程です．いつでもこれが再現できるようにしておいてください．

(参考) $\log x$ を含んだ積や商の形の関数では，部分積分を用いることが比較的多いようです．その際，$\log x$ は必ずといっていいくらい「微分する側」として使います．

類題 36　次の不定積分を計算せよ．

[1] $\displaystyle\int xe^x\,dx$　　　　　[2] $\displaystyle\int x\cos 2x\,dx$　　　　[3] $\displaystyle\int x\log x\,dx$

[4] $\displaystyle\int (\log x)^2\,dx$　　　[5] $\displaystyle\int (x+1)\sin x\,dx$　　[6] $\displaystyle\int (x-1)e^{-x}\,dx$

[7] $\displaystyle\int x^2 e^{-x}\,dx$　　　[8] $\displaystyle\int x^2\sin\pi x\,dx$　　[9] $\displaystyle\int x^2\log x\,dx$

[10] $\displaystyle\int x(\log x)^2\,dx$　[11] $\displaystyle\int x^3 e^x\,dx$　　　[12]★ $\displaystyle\int e^x\cos x\,dx$

[13] $\displaystyle\int e^{2x}\sin 3x\,dx$

(解答▶解答編 p.62)

ITEM 37 部分積分法（定積分）（積分手法⑥）

よくわかった度チェック！ ① ② ③

今度は定積分です．使用する公式は変わりませんから，積分区間の上端・下端の数値を代入するタイミングの練習です．

ここがツボ！ 原始関数が求まった所から，数値を代入しちゃう． 例外もある

基本確認

部分積分法（定積分）

$$\int_a^b f(x)g'(x)\,dx = \Big[f(x)g(x)\Big]_a^b - \int_a^b f'(x)g(x)\,dx$$

例題 次の定積分を計算せよ．

(1) $\displaystyle\int_1^e x^3 \log x\,dx$

(2) $\displaystyle\int_{-1}^1 (x^2+1)e^{-x}\,dx$

やってみよう！

解説・解き方のコツ

(1)
$$\int_1^e x^3 \log x\,dx = \left[\frac{x^4}{4}\log x\right]_1^e - \frac{1}{4}\int_1^e x^3\,dx$$

（$\frac{x^4}{4}$ と $\frac{1}{x}$ の部分：ここで e と 1 を代入）

（ を見ながら $\frac{x^4}{4}\cdot\frac{1}{x}=\frac{x^3}{4}$ と暗算）

$$= \frac{e^4}{4} - \frac{1}{16}\Big[x^4\Big]_1^e \quad\cdots①$$

（こっちは後から代入）

$$= \frac{e^4}{4} - \frac{1}{16}(e^4-1) = \frac{3e^4+1}{16}$$

（補足） このように，部分積分の定積分では，原始関数が求まった所から，とっとと数値を代入してしまうのが原則です．①式の $\frac{e^4}{4}$ の所を，わざわざもう1回 $\left[\frac{x^4}{4}\log x\right]_1^e$ と書くのはメンドウですから．

(2) **いまいちな方法**： (1)と同じように，原始関数が求まり次第数値を代入してみます．

$$\int_{-1}^1 (x^2+1)e^{-x}\,dx = \Big[+(x^2+1)e^{-x}\Big]_1^{-1} + 2\int_{-1}^1 xe^{-x}\,dx$$

（$2x$，$-e^{-x}$；「−」を「+」にして積分区間を入れかえる；1，$-e^{-x}$）

$$= 2e - \frac{2}{e} + 2\left(\Big[+xe^{-x}\Big]_1^{-1} + \int_{-1}^1 e^{-x}\,dx\right)$$

$$= 2e - \frac{2}{e} + 2\left(-e-\frac{1}{e}\right) + 2\Big[+e^{-x}\Big]_1^{-1}$$

$$= -\frac{4}{e} + 2\left(e - \frac{1}{e}\right) = 2e - \frac{6}{e}.$$

(e^{-x} に 1 や -1 を代入する操作を，何度も繰り返してますね…）

正しい方法

まず，不定積分 $\int (x^2+1)e^{-x}dx$ を求めてしまいます．

$$\int (x^2+1)e^{-x}dx = -(x^2+1)e^{-x} + 2\int xe^{-x}dx \qquad \cdots\text{①}$$
$$\underset{2x}{} \quad \underset{-e^{-x}}{} \qquad \underset{1}{} \underset{-e^{-x}}{}$$

$$= -(x^2+1)e^{-x} + 2\left(-xe^{-x} + \int e^{-x}dx\right)$$
$$= -(x^2+1)e^{-x} + 2(-xe^{-x} - e^{-x}) + C$$
$$= -(x^2+2x+3)e^{-x} + C.$$

$$\therefore \int_{-1}^{1}(x^2+1)e^{-x}dx = \Big[+(x^2+2x+3)e^{-x}\Big]_{1}^{-1} = 2e - \frac{6}{e}.$$

補足 ○ このように，「$\int (\text{整式})\times e^{-x}dx$」の形の不定積分は，最終的には（$e^x$, e^{2x} などでも同様）

「(整式)$\times e^{-x}$」の形にまとまりますから，その後で数値を代入する方がミスが起こりにくいのです．

○ つまり，$\int_{-1}^{1}x^2 e^{-x}dx + \int_{-1}^{1}e^{-x}dx$ と分けてやるのも損だということです．

○ ただし，このやり方だと「$-(x^2+1)e^{-x}$」という式を何度も繰り返し書くことになります．それを避けたいなら，①式を書いたあと，

「ここで，$\int xe^{-x}dx = \cdots$」

と，まだ積分計算が完了していない部分のみ抜き出して計算します．（本問程度なら，あと少しなのでそのまま行ってしまいたいですが…）

類題 37 次の定積分を計算せよ．

[1] $\int_{0}^{1} x\sin \pi x\, dx$ [2] $\int_{0}^{2} xe^{-x}\, dx$ [3] $\int_{0}^{\frac{\pi}{4}} \frac{x}{\cos^2 x}\, dx$

[4] $\int_{1}^{e} x\log(ex)\, dx$ [5] $\int_{1}^{e^2} \frac{\log x}{\sqrt{x}}\, dx$ [6] $\int_{0}^{1} x\log(x+1)\, dx$

[7] $\int_{1}^{2} (x^2+2x)e^{2x}\, dx$ [8] $\int_{0}^{\frac{\pi}{2}} x^2 \cos x\, dx$ [9] $\int_{0}^{\frac{\pi}{2}} e^{-x}\cos 2x\, dx$

（解答▶解答編 p.64）

ITEM 38 | 手法の選択

よくわかった度チェック！
① ② ③

前 ITEM までで，積分計算の基本となる6つの手法が出揃いましたが，「これらを1つ1つマスターすれば完成」ではありません．実戦では「どの手法を適用すべきか」を選択すること自体が1つの"問題"となるのです．

本 ITEM では，手法の異なる問題をワザとまぜこぜにしてランダムに並べてあります．さて，はたしてアナタは適切な手法が選べるか？初めはなかなかうまく行かないことも多いと思いますが…経験を積めば，そのうち慣れますって．

なお，より本格的な手法選択訓練のために，「積分練習カード」を巻末に付加しました．

> **ここがツボ！** 理屈じゃない．場数を踏んで体で覚える！

基本確認

積分計算の手法　（ITEM 30 から再録）
1. 基本関数の積分
2. 1次式を"カタマリ"とみる
3. 積を和に変える
4. 置換積分法　$t = g(x)$ 型
5. 置換積分法　$x = g(t)$ 型
6. 部分積分法

(注目) ③，④，⑥ の3つは，いずれも「積の形」の関数を積分する際によく用いる．

例題 次の積分を計算せよ．

(1) $\displaystyle\int \frac{(\log x)^3}{x} dx$ 　　(2) $\displaystyle\int \frac{\log x}{x^3} dx$ 　　(3) $\displaystyle\int \cos^3 x\, dx$

解説・解き方のコツ

(1)と(2)は，見た目はなんとなく似ていますが…

(1) $\displaystyle\int \underbrace{(\log x)}_{\text{ビ分する}}^3 \cdot \frac{1}{x} dx$ において $t = \log x$ とおくと，$dt = \frac{1}{x} dx$.

　　　　　　　　　　　　　　　手法 ④：置換積分法 $t = g(x)$ 型

$\therefore \displaystyle\int \frac{(\log x)^3}{x} dx = \int t^3 dt = \frac{t^4}{4} + C = \frac{(\log x)^4}{4} + C.$

(補足) もちろん「t とおかない」方法でやってもかまいません．

(2) $\displaystyle\int \underset{-\frac{1}{2x^2}}{\underset{\downarrow}{\frac{1}{x^3}}} \underset{\frac{1}{x}}{\underset{\downarrow}{\log x}}\, dx = -\frac{\log x}{2x^2} + \frac{1}{2}\int \frac{1}{x^3} dx$ 　　手法 ⑥：部分積分法

$= -\frac{\log x}{2x^2} + \frac{1}{2}\left(-\frac{1}{2x^2}\right) + C = -\frac{2\log x + 1}{4x^2} + C.$

(補足) 見た目が似ていても，使う手法はまるでちがう…コレが積分計算の難しさです．

(3) (ITEM 33　類題 33[8]とほぼ同じ問題です)

解法1
$$\int \cos^3 x\, dx = \int \cos^2 x \cos x\, dx$$
$$= \int (1-\boxed{\sin^2 x})\cos x\, dx$$

ビ分する　　　1－□² を □ で積分する

$$= \sin x - \frac{\sin^3 x}{3} + C.$$

数学Ⅰ・A・Ⅱ・B 類題 49B[1]

解法2　3倍角の公式：$\cos 3x = 4\cos^3 x - 3\cos x$ より

$$\int \cos^3 x\, dx = \int \frac{1}{4}(\cos 3x + 3\cos x)\, dx$$
$$= \frac{1}{4}\left(\frac{1}{3}\sin 3x + 3\sin x\right) + C$$
$$= \frac{1}{12}\sin 3x + \frac{3}{4}\sin x + C.$$

(補足) ○ **解法2** の答えを sin の 3 倍角の公式を用いて変形すると

$$\frac{1}{12}\sin 3x + \frac{3}{4}\sin x = \frac{1}{12}(3\sin x - 4\sin^3 x) + \frac{3}{4}\sin x$$
$$= \sin x - \frac{1}{3}\sin^3 x$$

となり，**解法1** の結果と一致しています．

○ このように，1つの問題に解法が複数存在することもあります．

類題 38　次の積分を計算せよ．　　時間のあるときにチョットずつやってもいいよ．

[1] $\int (x^2+2x+3)(x+1)\, dx$　　[2] $\int_\alpha^\beta (x-\alpha)^3(\beta-x)^2\, dx$　　[3] $\int \dfrac{x-2}{x^2-4x+3}\, dx$

[4] $\int_2^3 \dfrac{x}{x^2-4x+5}\, dx$　　[5] $\int \dfrac{x^3+1}{x^2-4}\, dx$　　[6] $\int_0^{\frac{1}{2}} \dfrac{x+1}{\sqrt{1-x^2}}\, dx$

[7] $\int_0^{\sqrt{3}} \dfrac{x}{\sqrt{x^2+1}-x}\, dx$　　[8] $\int \sin^2\theta \cos^2\theta\, d\theta$　　[9] $\int \sin^3\theta \cos^2\theta\, d\theta$

[10] $\int_0^{\frac{\pi}{2}} \cos^4 x\, dx$　　[11] $\int_0^{\frac{\pi}{2}} \cos^5 x\, dx$　　[12] $\int \sin^2 3\theta \cos 2\theta\, d\theta$

[13] $\int_0^{\frac{\pi}{2}} \dfrac{\sin\theta}{1+\cos\theta}\, d\theta$　　[14] $\int_0^{\frac{\pi}{2}} \dfrac{\sin^2\theta}{1+\cos\theta}\, d\theta$　　[15] $\int_0^{\pi} \left(\sin x - \dfrac{1}{2}\sin 2x\right)^2 dx$

[16] $\int \dfrac{\tan x}{\cos x}\, dx$　　[17] $\int \dfrac{dx}{\cos^4 x}$　　[18] $\int \dfrac{1}{1+e^{-x}}\, dx$

[19] $\int \dfrac{e^{3x}-1}{e^x-1}\, dx$　　[20] $\int \dfrac{e^{3x}-1}{e^{2x}-1}\, dx$　　[21] $\int \sqrt{x} \log \sqrt{x}\, dx$

[22] $\int_1^2 \log \dfrac{x+1}{2x}\, dx$　　[23] $\int (\sin x + \cos x)e^{-x}\, dx$　　[24] $\int (\cos x - x\sin x)\, dx$

(解答▶解答編 p.66)

ITEM 39 ゲキ重 やや高度な積分

実戦では，ここまでで紹介した"基本6手法"を複数組み合わせてできるものや，（まれに）これらの手法からハミ出した問題も出題されます．本 ITEM は，そのような少し入り組んだ積分計算の練習です．前 ITEM と同様，使う手法を選ばなくてはなりませんから，まあ，とにかくアレコレ試してみることです．ただし，中には「コレ，やり方知らないとムリ！」ってのもありますから，あんまり根詰めて考え込まず，答えを見て「へぇ〜．そうやるのォ」と鑑賞し，マネして覚えてくださいな．

全部自力でやると1年かかるよ（笑）

> **ここがツボ！** 年季が勝負！

例題 次の不定積分を計算せよ．
$$\int \frac{1}{\sin x} dx$$

解説・解き方のコツ

（やったことがないとまずムリです…）

解法1 $\dfrac{1}{\sin x} \overset{(*)}{=} \dfrac{\sin x}{\sin^2 x} = \dfrac{\sin x}{1-\cos^2 x} = \dfrac{\sin x}{(1-\cos x)(1+\cos x)}$ より

$$\int \frac{1}{\sin x} dx = \int \frac{1}{2}\left(\frac{\sin x}{1-\cos x} + \frac{\sin x}{1+\cos x}\right) dx$$

$$= \frac{1}{2}(\log|1-\cos x| - \log|1+\cos x|) + C$$

$$= \frac{1}{2}\log\frac{1-\cos x}{1+\cos x} + C. \quad \cdots ①$$

補足 （*）で使った分子，分母に $\sin x$ を掛けるというテクニックは，暗記しておくしかありません．

解法2 $\displaystyle\int \frac{1}{\sin x} dx = \int \frac{1}{2\sin\frac{x}{2}\cos\frac{x}{2}} dx$

$$= \int \frac{\cos\frac{x}{2}}{2\sin\frac{x}{2}\cos^2\frac{x}{2}} dx$$

$$= \int \frac{1}{\tan\frac{x}{2}} \cdot \frac{1}{2\cos^2\frac{x}{2}} dx$$

$$= \log\left|\tan\frac{x}{2}\right| + C. \quad \cdots ②$$

(補足) ○ "究極の解法"としては…②の結果を暗記しておき，

$$\left(\log\left|\tan\frac{x}{2}\right|\right)' = \frac{1}{\tan\frac{x}{2}} \cdot \frac{1}{2\cos^2\frac{x}{2}} = \frac{1}{2\sin\frac{x}{2}\cos\frac{x}{2}} = \frac{1}{\sin x}.$$

$$\therefore \int \frac{1}{\sin x}dx = \log\left|\tan\frac{x}{2}\right| + C.$$

ITEM 21 類題 [10]

これで満点，ズルイけど…

○ ①の答えを変形すると

$$\frac{1}{2}\log\frac{1-\cos x}{1+\cos x} = \frac{1}{2}\log\frac{2\sin^2\frac{x}{2}}{2\cos^2\frac{x}{2}} = \frac{1}{2}\log\tan^2\frac{x}{2} = \log\left|\tan\frac{x}{2}\right|$$

絶対値に注意

となり，②の結果と一致しています．

類題 39 次の積分を計算せよ．　　時間のあるときにチョットずつやってもいいよ

[1] $\int \frac{dx}{(x-2)(x+1)^2}$ 　$\left(\frac{1}{(x-2)(x+1)^2} = \frac{a}{x-2} + \frac{b}{x+1} + \frac{c}{(x+1)^2}\ \text{の形に変形する．}\right)$

[2] $\int_{-1}^{0}\frac{12}{x^3-8}dx$ 　$\left(\frac{12}{x^3-8} = \frac{a}{x-2} + \frac{bx+c}{x^2+2x+4}\ \text{の形に変形する．}\right)$

[3] $\int_{0}^{1}\frac{x^5+2x^2}{(1+x^3)^3}dx$ 　　[4] $\int_{0}^{1}\frac{\sqrt{1+2x}}{1+x}dx$ 　　[5] $\int \frac{\sqrt{x^2+1}}{x}dx$

[6] $\int \frac{1}{\sqrt{x^2+1}}dx$ 　$(t=x+\sqrt{x^2+1}\ \text{とおく})$ 　　[7] $\int \sqrt{x^2+1}\,dx$

[8] $\int (\sin^4\theta+\cos^4\theta)d\theta$ 　　[9] $\int x\sin x\cos x\,dx$ 　　[10] $\int x\sin^2 x\,dx$

[11] $\int x\cos^3 x\,dx$ 　　[12] $\int x\tan^2 x\,dx$ 　　[13] $\int \frac{1}{\cos x}dx$

[14] $\int \frac{1}{\sin x\cos x}dx$ 　　[15] $\int_{0}^{\pi}\sqrt{1+\cos x}\,dx$ 　　[16] $\int \frac{dx}{1+\cos x}$

[17] $\int_{0}^{\frac{\pi}{3}}\frac{dx}{1-\sin x}$ 　　[18] $\int \frac{\sin x}{\cos^2 x+4\sin^2 x}dx$ 　　[19] $\int_{0}^{\frac{\pi}{4}}\frac{dx}{\sin^2 x+3\cos^2 x}$

[20] $\int_{0}^{\frac{\pi}{2}}(3\cos\theta-\cos 3\theta)(\cos\theta-\cos 3\theta)d\theta$ 　　[21] $\int_{0}^{\pi}\theta\sin\theta(\cos\theta+\theta\sin\theta)d\theta$

[22] $\int \sin\sqrt{x}\,dx$ 　　[23] $\int \frac{2e^x+1}{e^x-e^{-x}}dx$ 　　[24] $\int_{0}^{1}\sqrt{1+\left(\frac{e^x-e^{-x}}{2}\right)^2}dx$

[25] $\int x^3 e^{x^2}dx$ 　　[26] $\int \sqrt{1+e^x}\,dx$ 　　[27] $\int \log(x^2-4)dx$

(解答 ▶ 解答編 p.71)

ITEM 40 区分求積法

よくわかった度チェック！
① ② ③

（＊）：$\lim_{n\to\infty}\sum_{k=1}^{n}$ ～の形の極限を求める方法としては，「無限級数」（→ITEM 11）のように，まずは有限個の和：$\sum_{k=1}^{n}$ ～を求め，その後で極限操作「$n\longrightarrow\infty$」を行う手法がありましたが，それとはまったく異なるアプローチで求めるのが，本 ITEM で扱う**区分求積法**です．有限個の和を求めることなく，（＊）を一気に定積分 $\int_{0}^{1}\cdots$ などに変えてしまいます．

ここがツボ！ ムリヤリ作れ！「$\dfrac{k}{n}$」，「$\dfrac{1}{n}$」．

基本確認

区分求積法

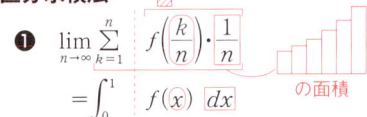

❶ $\lim_{n\to\infty}\sum_{k=1}^{n}f\left(\dfrac{k}{n}\right)\cdot\dfrac{1}{n}$ …■の面積

$=\int_{0}^{1}f(x)\,dx$ …の面積

（両者とも右図影の部分の面積）

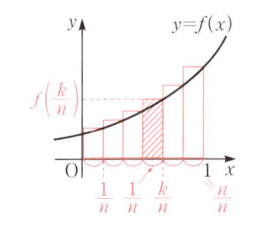

例題

次の極限を求めよ．

$$\lim_{n\to\infty}\left(\dfrac{1}{n+1}+\dfrac{1}{n+2}+\cdots+\dfrac{1}{n+n}\right)$$

解説・解き方のコツ

和：$\dfrac{1}{n+1}+\dfrac{1}{n+2}+\cdots+\dfrac{1}{n+n}$ は簡単な形で表せそうにありません．そこで「区分求積法」を用います．

$$\text{与式}=\lim_{n\to\infty}\sum_{k=1}^{n}\dfrac{1}{n+k}$$

$$=\lim_{n\to\infty}\sum_{k=1}^{n}\dfrac{1}{1+\dfrac{k}{n}}\cdot\dfrac{1}{n} \quad\cdots①\quad 1°\text{ ムリヤリ「}\dfrac{k}{n}\text{」，「}\dfrac{1}{n}\text{」を作る}$$

$\dfrac{1}{n}$ は一番後ろに

3°等しいことを確認

$$=\int_{0}^{1}\dfrac{1}{1+x}\,dx \quad\cdots② \quad 2°\text{ ナンも考えずとりあえずこう書いて…}$$

$$=\Big[\log|1+x|\Big]_{0}^{1}=\log 2.$$

(補足)「区分求積法を使うのでは!?」と気付いた後の手順を説明します.

1° ムリヤリだろうがなんだろうが「$\dfrac{k}{n}$」と「$\dfrac{1}{n}$」を作る.(①式)

2° 何も考えず,とりあえず
$$\lim \sum \leadsto \int_0^1, \quad \dfrac{k}{n} \leadsto x, \quad \dfrac{1}{n} \leadsto dx \quad \cdots (*)$$
と変えた式(②)を書いてみる.

3° ①と②が等しい面積(右図アミカケ部)を表していることを確認する.(ダメなら適当に微調整) **類題で扱います**

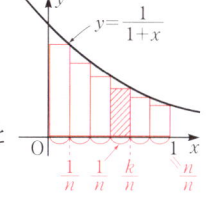

$\left(\begin{array}{l}n\text{が大きくなると,長方形}\blacksquare\text{の横幅が細~くなり,}\\ \text{たしかに}\blacksquare\blacksquare\blacksquare\text{は}\diagdown\text{に近づいて行きますね.}\end{array}\right)$

(注意) ❶は一応"公式"ですが,けっしてこの式だけで覚えるものではありません.「**面積**」**を介して**,初めて両辺が等しいことがわかるのです.

なので手順2°はサラッと通過し,3°に進んでからちゃんと考えるべきなんです.(実戦では,2°の$(*)$のようにしとけば,それで9割は当たってますけどね…)

なお,3°において描くグラフは,いわば❶を"思い出す"ためのものですから,イーカゲンでかまいません.(いずれは,紙にグラフを描く必要を感じなくなるでしょう.)

(参考) ❶を見ると,定積分の表記法には次のような意味がこめられていることがわかりますね.

$$\int_0^1 \underbrace{f(x)}_{} \underbrace{dx}_{}$$

$\underbrace{x=0 \text{ から } x=1 \text{ まで}}_{\text{細かく集める}} \underbrace{\text{タテ}\times\text{微小幅}}_{=\blacksquare}\text{を}$

(この意味を理解しておくことが,積分法の発展的な問題を解くカギとなります.)

類題 40 次の極限を求めよ.

[1] $\displaystyle\lim_{n\to\infty}\sum_{k=1}^{n}\dfrac{k^3}{n^4}$

[2] $\displaystyle\lim_{n\to\infty}\dfrac{1}{n^3}(\sqrt{n^2-1^2}+2\sqrt{n^2-2^2}+3\sqrt{n^2-3^2}+\cdots+n\sqrt{n^2-n^2})$

[3] $\displaystyle\lim_{n\to\infty}\dfrac{1}{n}(e^{\frac{1}{n}}+e^{\frac{2}{n}}+e^{\frac{3}{n}}+\cdots+e^{\frac{n}{n}})$

[4]★ $\displaystyle\lim_{n\to\infty}\sum_{k=0}^{n-1}\dfrac{k}{n^2+k^2}$

[5]★ $\displaystyle\lim_{n\to\infty}\sum_{k=1}^{n-1}\dfrac{n^2+nk+k^2}{n^3}$

[6] $\displaystyle\lim_{n\to\infty}\sum_{k=1}^{2n}\log\left(\dfrac{n+k}{n}\right)^{\frac{1}{n}}$

[7] $\displaystyle\lim_{N\to\infty}\sum_{i=1}^{N}\dfrac{i}{N^2}\sin\left(\dfrac{i}{N}\pi\right)$

[8]⬆ $\displaystyle\lim_{n\to\infty}\sum_{k=0}^{n-1}\dfrac{\sqrt{2k+1}}{n\sqrt{n}}$

ITEM 41 面積 やや重

よくわかった度チェック！ ① ② ③

積分法を用いて面積を求める練習を軽くしておきます．グラフを描く際，何に力点をおくかがポイントです．

> **ここがツボ！** 面積を求めるために過不足のないグラフを描いて．

基本確認

面積と定積分

右図アミカケ部の面積 S は

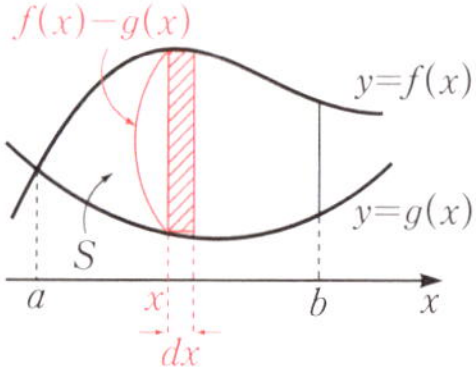

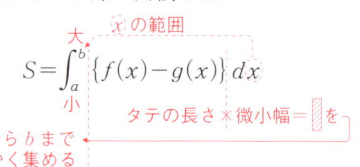

$$S = \int_a^b \{f(x) - g(x)\} dx$$

- 大 b / 小 a … x の範囲
- タテの長さ × 微小幅 = ▮ を
- a から b まで細かく集める

(図：$y=f(x)$, $y=g(x)$, $f(x)-g(x)$, S, dx, a, b)

> **例題** 次の面積を求めよ．
> (1) 曲線 $y = x\sin x$ $(0 \leq x \leq \pi)$ と x 軸で囲まれる部分の面積 S_1．
> (2) 曲線 $y = xe^{2-x}$ と直線 $y = x$ で囲まれる部分の面積 S_2．

解説・解き方のコツ

(1) **方へたな法**： $y' = \sin x + x\cos x$, $y'' = \cos x + \cos x - x\sin x$, …
（いったい，何がしたいのでしょう!?）

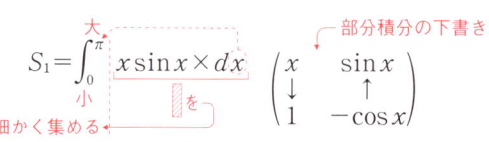

正しい方法：$0 \leq x \leq \pi$ においては $x\sin x \geq 0$ だから

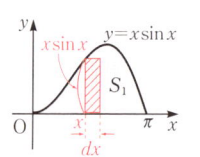

$$S_1 = \int_0^\pi x\sin x \times dx \quad \begin{pmatrix} x & \sin x \\ \downarrow & \uparrow \\ 1 & -\cos x \end{pmatrix}$$

（部分積分の下書き）

$$= \Big[-x\cos x\Big]_0^\pi + \int_0^\pi \cos x\, dx = \pi + \Big[\sin x\Big]_0^\pi = \pi.$$

(注意) 面積を求める際には当然グラフを描きますが，本問で重要なのは「y の符号」のみ． 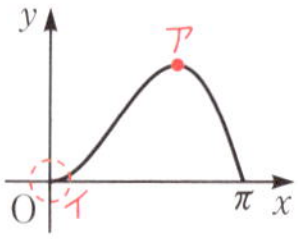
実は曲線 $y = x\sin x$ の正しい形状はおおよそ右図のとおりなのですが，「どこで極大となるか(ア)」とか，「原点での接線の傾きは 0 (イ)」なんてことは，「面積」とは何の関係もありません．つまり，「微分法」の出番はないんです．ITEM 1〜3 および ITEM 25〜27 で行った「$f(x)$ そのものを見て曲線を描く」練習が，こんな所でも生きてきますね．

(2) 2つの関数の大小関係だけを調べます。

差をとって積の形に

$$xe^{2-x} - x = x(e^{2-x} - 1).$$

x	$\cdots$	0	$\cdots$	2	$\cdots$
x	$-$	0	$+$	$+$	$+$
$e^{2-x}-1$	$+$	$+$	$+$	0	$-$
$x(e^{2-x}-1)$	$-$	0	$+$	0	$-$

この符号は右表のようになるから，2つで囲まれる部分は $0 \leqq x \leqq 2$ の部分にあり，右下図のようになる．

数学Ⅰ・A・Ⅱ・B ITEM 40 で使った表です

$$\therefore\ S_2 = \int_0^2 \underbrace{(xe^{2-x}-x)}_{0以上} dx$$

$$= \int_0^2 \underset{\underset{1-e^{2-x}}{\uparrow}}{xe^{2-x}} dx - \int_0^2 x\, dx$$

$$= \Big[-xe^{2-x}\Big]_0^2 + \int_0^2 e^{2-x} dx - \Big[\frac{x^2}{2}\Big]_0^2$$

$$= \Big[+(x+1)e^{2-x}\Big]_2^0 - 2 = e^2 - 3 - 2 = e^2 - 5.$$

(補足) 一般に，A と B の大小関係を調べたいときは，差をとった $A-B$ を積(or商)の形にするのが基本でしたね．(→数学Ⅰ・A・Ⅱ・B ITEM 42)

類題 41 次の部分の面積 S を求めよ．

[1] 曲線 $y = x(2-x)^3$ と x 軸で囲まれる部分

[2]★ 2曲線 $y = x^3$, $y = 7x^2 - 15x + 9$ で囲まれる部分

[3] 2曲線 $y = \dfrac{1}{1+x^2}$, $y = \dfrac{x^2}{2}$ で囲まれる部分

[4] 曲線 $C: y = \log x$, C の $x = e$ における接線 l, および x 軸で囲まれる部分

[5] 曲線 $y = \sin x$ $(x \geqq 0)$ と直線 $y = \dfrac{2}{\pi}x$ で囲まれる部分

[6] 曲線 $\dfrac{x^2}{4} + y^2 = 1$ $(x \geqq 0)$ と直線 $x = 1$ で囲まれる部分

[7] 曲線 $y^2 = x^2(1-x^2)$ で囲まれる部分

(解答▶解答編 p.83)

ITEM 42 回転体の体積

よくわかった度チェック！ ① ② ③

ここでは，立体の中で比較的その形状がイメージしやすい「回転体」に絞って，体積を求める練習をします．前 ITEM と同様，ITEM 40：区分求積法で学んだ感覚に基づき，断面積に微小な"厚み"を掛けて得られる微小体積を集めれば，立体の体積が求まります．よって，ポイントは…

ここがツボ！ 断面を正確に捉えよ．

基本確認

体積 x 軸に垂直な平面 $x=$ 一定 による断面積が $S(x)$ である立体の $a \leq x \leq b$ を満たす部分の体積は

$$\int_a^b S(x)\,dx.$$

断面積 × 微小な厚み ＝ ◯ を
$x=a$ から $x=b$ まで細かく集める

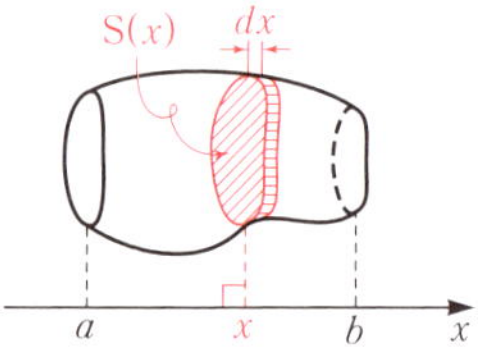

円柱，円錐の体積 底円の半径 r，高さ h の円柱，円錐の体積は，それぞれ $\pi r^2 h$，$\dfrac{1}{3}\pi r^2 h$．

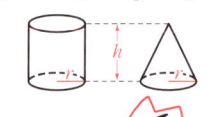

例題　次の問いに答えよ．

(1) $0 \leq x \leq \dfrac{\pi}{4}$ において 2 曲線 $y=\sin x$，$y=\cos x$ と y 軸で囲まれる部分を，x 軸のまわりに 1 回転してできる立体 K の体積を求めよ．

(2) 曲線 $y=e^x$，直線 $x=1$，および x 軸，y 軸で囲まれる部分を y 軸のまわりに 1 回転してできる立体 K の体積を求めよ．

解説・解き方のコツ

(1) $0 \leq x \leq \dfrac{\pi}{4}$ において，常に $0 \leq \sin x \leq \cos x$ だから，

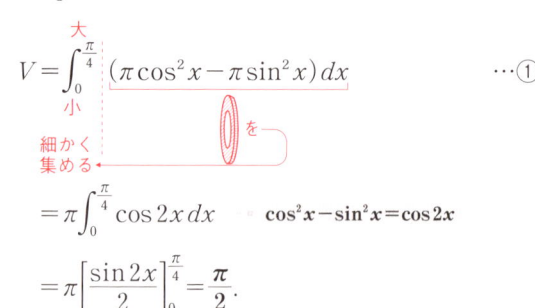

$$V = \int_0^{\frac{\pi}{4}} (\pi \cos^2 x - \pi \sin^2 x)\,dx \qquad \cdots ①$$

細かく集める

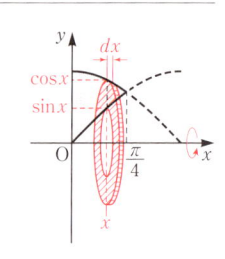

$$= \pi \int_0^{\frac{\pi}{4}} \cos 2x\,dx \qquad \cos^2 x - \sin^2 x = \cos 2x$$

$$= \pi \left[\dfrac{\sin 2x}{2} \right]_0^{\frac{\pi}{4}} = \dfrac{\pi}{2}.$$

補足 ①式では，「断面」を正確に捉えることによって体積を定式化しましたが，(1) の立体 K は，その形状が把握しやすく，右図の回転体 K_1 から回転体 K_2 を取り除いたものであることがわかります．そこで，V を次のように立式することもできます：

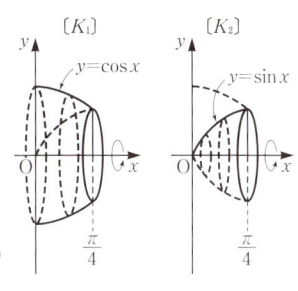

$$V = \underbrace{\int_0^{\frac{\pi}{4}} \pi \cos^2 x \, dx}_{(K_1 \text{の体積})} - \underbrace{\int_0^{\frac{\pi}{4}} \pi \sin^2 x \, dx}_{(K_2 \text{の体積})}. \quad \cdots ②$$

(2) 立体 K は，円柱 ▯ から回転体 ◢ を取り除いたものである．$y = e^x$ のとき $x = \log y$ だから，

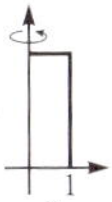

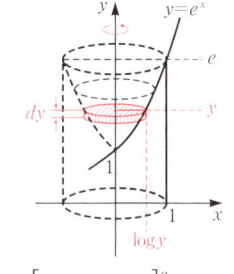

$$V = \pi \cdot 1^2 \cdot e - \int_1^e \pi (\log y)^2 \, dy$$

$$= \pi e - \pi \int_1^e \underset{\underset{y}{\downarrow}}{1} \cdot \underset{\underset{2(\log y) \cdot \frac{1}{y}}{\downarrow}}{(\log y)^2} \, dy$$

$$= \pi e - \pi \left(\left[y(\log y)^2 \right]_1^e - 2\int_1^e \log y \, dy \right) = \pi e - \pi e + 2\pi \left[y \log y - y \right]_1^e = \boldsymbol{2\pi}.$$

補足 (2) では，(1)②式と同様，「立体そのもの」を捉えようとすることで「円柱」の利用に気付くことができました．これは，(1)①式で用いた「断面に集中」という方針では決して得られない発想ですから，(2) においては①より②の方が優れていたということになりますね．一方，立体の形状がわかりづらい難問になると，①の方でなければ解答不能になることもあります．なので，(1)①，②の２つの方針を適宜使い分けるという態度で臨みましょう．

類題 42 次の問いに答えよ．

[1] 曲線 $C: y = \dfrac{1}{\cos x} \left(0 \le x \le \dfrac{\pi}{4} \right)$ と x 軸，y 軸，および直線 $x = \dfrac{\pi}{4}$ で囲まれる部分を x 軸のまわりに１回転してできる立体の体積 V を求めよ．

[2] 曲線 $C: y = \log x$ の $x = e$ における接線 $y = \dfrac{1}{e} x$ を l とし，C, l および x 軸で囲まれる部分を D とする．D を x 軸のまわりに１回転してできる立体の体積 V_1，D を y 軸のまわりに１回転してできる立体の体積 V_2 をそれぞれ求めよ．

[3] 曲線 $C: y = -x^2 - 2x + 3 \, (0 \le x \le 1)$ と x 軸，y 軸で囲まれる部分を y 軸のまわりに１回転してできる立体の体積 V を求めよ．

[4] ２曲線 $C_1: y = e^x + 2$，$C_2: y = e^{2x}$，直線 $x = 1$，および y 軸で囲まれる２つの部分を x 軸のまわりに１回転してできる立体の体積 V を求めよ．

(解答 ▶ 解答編 p.84)

ITEM 43 速度・道のり

xy平面上を移動する点Pのx座標，y座標が，時刻tの増加に伴ってどのように変化するのか，それを表すのが「速度ベクトル」です．本ITEMでは，そこから初めて「速さ」，「道のり」，「曲線の長さ」といった関連事項を一通り押さえます．

ここがツボ！ 「時刻」，「速度ベクトル」，「速さ」，「道のり」という意味を考えて．

基本確認

速度ベクトル・速さ

時刻 t における点Pの座標を $\begin{cases} x = f(t) \\ y = g(t) \end{cases}$ …(*) とする．

x, y それぞれの t に対する変化率を成分とするベクトル

ITEM 18 参照

$$\vec{v} = \begin{pmatrix} \dfrac{dx}{dt} \\ \dfrac{dy}{dt} \end{pmatrix} = \begin{pmatrix} f'(t) \\ g'(t) \end{pmatrix}$$

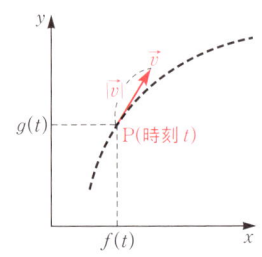

を，時刻 t における P の**速度ベクトル**，あるいは単に**速度**という．また，速度ベクトルの大きさ $|\vec{v}| = \sqrt{\left(\dfrac{dx}{dt}\right)^2 + \left(\dfrac{dy}{dt}\right)^2}$ を**速さ**という．

道のり 上記において，点Pが $a \leq t \leq b$ において動く**道のり**は

$$\int_a^b |\vec{v}| \, dt$$

大
小　速さ × 微小時間 = 微小道のりを
$t=a$ から $t=b$ まで細かく集める

(注意) この公式は，(*)において媒介変数 t に「時刻」という意味が与えられていなくても成り立つ．

例題 やってみよう！

xy 平面上の動点 $P(x, y)$ は，時刻 t $(0 \leq t \leq 2\pi)$ において

$$\begin{cases} x = t - \sin t \\ y = 1 - \cos t \end{cases}$$

を満たす．このとき次の各問いに答えよ．

(1) 時刻 t における点Pの速度を求めよ．
(2) 時刻 t における点Pの速さを求めよ．
(3) $0 \leq t \leq 2\pi$ において点Pが動く道のりを求めよ．

解説・解き方のコツ

(1) 時刻 t に対する x, y それぞれの変化率を考える．

$$\dfrac{dx}{dt} = 1 - \cos t, \quad \dfrac{dy}{dt} = \sin t.$$

102　→ 2・51 → 2・3・17

よって求める速度 $\vec{v}$ は,
$$\vec{v} = \begin{pmatrix} dx/dt \\ dy/dt \end{pmatrix} = \begin{pmatrix} 1-\cos t \\ \sin t \end{pmatrix}.$$

(2) 求める速さは
$$|\vec{v}| = \sqrt{(1-\cos t)^2 + \sin^2 t}$$
$$= \sqrt{2-2\cos t}$$
$$= 2\sqrt{\frac{1-\cos t}{2}} = 2\sqrt{\sin^2 \frac{t}{2}} = 2\left|\sin \frac{t}{2}\right| = \mathbf{2\sin \frac{t}{2}} \quad \left(\because 0 \leq \frac{t}{2} \leq \pi\right).$$

別解 $\vec{v} = \begin{pmatrix} 2\sin^2 \frac{t}{2} \\ 2\sin \frac{t}{2}\cos \frac{t}{2} \end{pmatrix} = 2\sin \frac{t}{2} \begin{pmatrix} \sin \frac{t}{2} \\ \cos \frac{t}{2} \end{pmatrix}$ より, $|\vec{v}| = 2\left|\sin \frac{t}{2}\right| = 2\sin \frac{t}{2}.$

単位ベクトル

(3) 求める道のりは
大
小 微小道のりを
細かく集める
$$\int_0^{2\pi} |\vec{v}|\, dt = \int_0^{2\pi} 2\sin \frac{t}{2}\, dt = \left[+4\cos \frac{t}{2} \right]_{2\pi}^0 = 4(1+1) = \mathbf{8}.$$

注意 本問(3)における P の軌跡を C とします. $\frac{dx}{dt} > 0 \ (0 < t < 2\pi)$ より, x は t に対して単調に増加するので, P は C 上で同じ部分を 2 度以上通過することはありません. よって (3) で求めた「道のり」は,「曲線 C の長さ」でもあるのです.

補足 なお, 曲線 $y = f(x)\ (a \leq x \leq b)$ の長さは, この曲線を $\begin{cases} x = t \\ y = f(t) \end{cases}$ とみなすことにより $\int_a^b \sqrt{1 + f'(t)^2}\, dt$, すなわち $\int_a^b \sqrt{1 + f'(x)^2}\, dx$ となります.

類題 43A xy 平面上の動点 P(x, y) は, 時刻 t において $\begin{cases} x = e^t \cos t \\ y = e^t \sin t \end{cases}$ を満たす. このとき次の各問いに答えよ.

[1] 時刻 t における点 P の速度を求めよ. [2] 時刻 t における点 P の速さを求めよ.

[3] $0 \leq t \leq 2\pi$ において点 P が動く道のりを求めよ.

類題 43B 次の曲線の長さをそれぞれ求めよ.

[1] $\begin{cases} x = (1+\cos t)\cos t \\ y = (1+\cos t)\sin t \end{cases}\ (0 \leq t \leq \pi)$ [2] $\begin{cases} x = 3\cos\theta + \cos 3\theta \\ y = 3\sin\theta - \sin 3\theta \end{cases} \left(0 \leq \theta \leq \frac{\pi}{2}\right)$

[3] $y = 2x\sqrt{x}\quad (0 \leq x \leq 1)$ [4] $y = \dfrac{e^x + e^{-x}}{2}\quad (0 \leq x \leq a)$

(解答▶解答編 p. 86, 87)

ITEM 44 直交形式による和・差・実数倍

複素数 $a+bi$ に関するもっとも基本的な演算：和・差・実数倍を練習しましょう．
演算規則を機械的に覚えこむだけでなく，各演算がもつ図形的意味を感じ取りながら計算します．

> **ここがツボ！** 複素数どうしの和・差・実数倍は，ベクトルの和・差・実数倍をイメージして．

基本確認

虚数単位

虚数単位 i とは，$i^2=-1$ を満たす数である．

（注意）ITEM 44〜51 では，とくに断らなくても文字 i は虚数単位を表すものとする．

複素数とは？

実数 a, b と虚数単位 i を用いて $z=a+bi$ と表される数 z を**複素数**という．
$\begin{cases} a \text{ を } z \text{ の実部といい，記号 } \mathrm{Re}\,z \text{ で表す．} & \text{Real part} \\ b \text{ を } z \text{ の虚部といい，記号 } \mathrm{Im}\,z \text{ で表す．} & \text{Imaginary part} \end{cases}$

複素数 $a+bi$ には，次の特殊なものが含まれる．

複素数 $a+bi$ $\begin{cases} b=0 \text{ のとき，実数 } a \\ a=0, b \neq 0 \text{ のとき，} \textbf{純虚数 } bi \end{cases}$

複素平面

複素数 $z=a+bi$ に座標平面上の点 (a, b) を対応付けるとき，この平面を複素数平面，または**複素平面**という（本書では後者を用いる）．また，z に対応する点が P であるとき，「P(z)」と表す．この点を単に「点 z」ともいう．
複素平面の横軸（x 軸）を**実軸**，縦軸（y 軸）を**虚軸**という．本書では，通常の xy 平面と区別するために，それぞれを「Re」「Im」と表す．

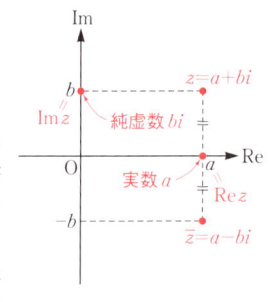

（補足）複素数を，その実部・虚部を用いて「$a+bi$」の形に表す方法を**直交形式**といい，ITEM 47 で登場する**極形式**と対比する．

複素数の相等

a, b, a', b' を実数として，次のように定める．

$a+bi=0 \iff \begin{cases} a=0 \\ b=0 \end{cases}$ $a+bi=a'+b'i \iff \begin{cases} a=a' \\ b=b' \end{cases}$

複素数の演算

複素数の演算においては，虚数単位 i を普通の文字のように扱えばよい．ただし，「$i^2=-1$」に注意する．

共役複素数

複素数 $z=a+bi$ に対して，その虚部 b の符号を反対にした複素数を「z と**共役な複素数**」といい，$\overline{z}$ で表す．すなわち

$z=a+bi$ のとき，$\overline{z}=a-bi$．

> **例題** 複素数 $\alpha=4+2i$，$\beta=-2+5i$ に対して，次の(1)〜(4)の複素数を，それぞれ $a+bi$（a, b は実数）の形（直交形式）で表し，ベクトル $\begin{pmatrix} a \\ b \end{pmatrix}$ を複素平面上に図示せよ．
>
> (1) $\alpha+\beta$ (2) $\alpha-\beta$ (3) $\dfrac{\alpha+\beta}{2}$ (4) $\dfrac{\alpha+2\beta}{3}$

解説・解き方のコツ

(1) $\alpha+\beta=(4+2i)+(-2+5i)=\mathbf{2+7i}$．

(2) $\alpha-\beta=(4+2i)-(-2+5i)=\mathbf{6-3i}$．

(3) $\dfrac{\alpha+\beta}{2}=\dfrac{2+7i}{2}=\mathbf{1+\dfrac{7}{2}i}$．

(4) $\dfrac{\alpha+2\beta}{3}=\dfrac{(4+2i)+2(-2+5i)}{3}=\mathbf{4i}$．

これらの実部，虚部をそれぞれ x, y 成分とするベクトルは，xy 平面上で A(4, 2)，B(-2, 5) として，次のベクトルに他ならない．

(1) $\overrightarrow{OA}+\overrightarrow{OB}$．

(2) $\overrightarrow{OA}-\overrightarrow{OB}=\overrightarrow{BA}$．

(3) $\dfrac{\overrightarrow{OA}+\overrightarrow{OB}}{2}$（線分 AB の中点の位置ベクトル）．

(4) $\dfrac{\overrightarrow{OA}+2\overrightarrow{OB}}{2+1}$（線分 AB を 2：1 に内分する点の位置ベクトル）

よって，求めるベクトルは，下図右のとおり．

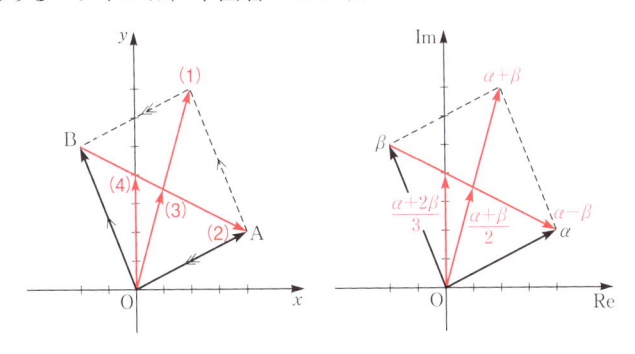

補足 ○ この例題からわかるように，複素平面上で P(z) とするとき，複素数 $z=a+bi$（a, b は実数）は，次の2通りの図形的意味をもちます．

$$a+bi \text{ は} \begin{cases} \text{点 P}(a, b) \text{ を表す．} \\ \text{ベクトル } \overrightarrow{OP} = \begin{pmatrix} a \\ b \end{pmatrix} \text{ を表す．} \end{cases}$$

○ また，複素数 α, β の和，差，実数倍は，A(α), B(β) としてベクトル $\overrightarrow{OA}$, $\overrightarrow{OB}$ の和，差，実数倍とピッタリ対応していることがわかりますね．とくに次の関係は，しっかりと目に焼き付けておいて下さい．今後頻繁に使います！

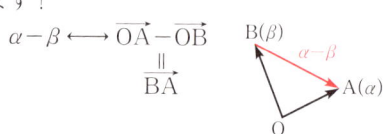

$$\alpha - \beta \longleftrightarrow \overrightarrow{OA} - \overrightarrow{OB} \underset{\parallel}{=} \overrightarrow{BA}$$

類題 44 複素数 $z = 2 - i$ について，次の [1]～[9] の複素数を，それぞれ $a + bi$（a, b は実数）の形(直交形式)で表し，ベクトル $\begin{pmatrix} a \\ b \end{pmatrix}$ を複素平面上に図示せよ．

[1] z 　　　　　　　　　　[2] $\bar{z}$ 　　　　　　　　　　[3] $-z$
[4] $z + \bar{z}$ 　　　　　　　　[5] $z - \bar{z}$ 　　　　　　　　[6] $3z$
[7] $3z + \bar{z}$ 　　　　　　　[8] $3z - \bar{z}$ 　　　　　　　[9] $\dfrac{3z + \bar{z}}{2}$

(解答▶解答編 p.88)

| ITEM 45 | 直交形式による積・商 |

よくわかった度チェック!

①	②	③

直交形式による積・商の計算は，前 ITEM で扱った和・差・実数倍のように図形的イメージを伴うということはなく，言わば単純計算です．ただし…

ここがツボ！　「(実部) + (虚部)i」の形を先にイメージして．

例題　次の (1)〜(3) の複素数を，それぞれ直交形式で表せ．

(1) $(1+7i)(3-2i)$　　(2) $(2+3i)^2$　　(3) $\dfrac{-2+i}{3+i}$

解説・解き方のコツ

(注意) (1)，(2) とも，最終結果：「(実部) + (虚部)i」の形を先にイメージし，一気にその形を目指します！

(1) $(1+7i)(3-2i) = (3+14) + (-2+21)i = 17+19i$．

(2) $(2+3i)^2 = (4-9) + 12i = -5+12i$．

(3) $\dfrac{-2+i}{3+i} = \dfrac{(-2+i)(3-i)}{(3+i)(3-i)}$　　分母：$3+i$ と共役な複素数を用いて，分母を実数化する．

$= \dfrac{(-2+i)(3-i)}{10}$　　$3^2 - i^2 = 3^2 + 1^2 = |3+i|^2$

$= \dfrac{(-6+1)+(2+3)i}{10} = \dfrac{-5+5i}{10} = -\dfrac{1}{2} + \dfrac{1}{2}i$．

(注意)「直交形式で表せ」ですから「$-\dfrac{1}{2}+\dfrac{1}{2}i$」の形が望ましいですが，本書では今後「$\dfrac{-1+i}{2}$」や「$\dfrac{1}{2}(-1+i)$」のような形も認めることにします．

類題 45　次の [1]〜[14] の複素数を，それぞれ直交形式で表せ．

[1] i^3　　　[2] i^4　　　[3] $(1+2i)(i-3)$　　　[4] $i(\sqrt{2}i-3)$　　　[5] $(1+i)^2$

[6] $(1+i)^3$　　　[7] $(3+4i)(3-4i)$　　　[8] $\dfrac{1+2i}{i-3}$　　　[9] $\dfrac{-2+5i}{i}$　　　[10] $\dfrac{\sqrt{3}+i}{\sqrt{3}-i}$

[11] $\left(\dfrac{1-\sqrt{2}i}{1+\sqrt{2}i}\right)^3 (1-2\sqrt{2}i)^3$　　　[12] $(1+2i)(a+bi)$　　(a, b は実数)

[13] $z = x+yi$ のとき，z^2 および $\dfrac{1}{z}$　　(x, y は実数)　　　[14] $\dfrac{1+ti}{1-ti}$　　(t は実数)

(解答 ▶ 解答編 p.88)

ITEM 46 共役複素数・絶対値

よくわかった度チェック！

前 ITEM では，複素数 z に関する演算を，その実部 a，虚部 b という実数による演算に帰着させて行いました．それに対して本 ITEM では，「共役複素数」を用いて複素数「z」そのものを用いて，その実部，虚部，絶対値に関する条件を表す練習をします．

> **ここがツボ！** 共役複素数は1人3役！……実部，虚部，絶対値

基本確認 （以下において，a, b は実数とする．）

絶対値

複素平面上で，原点 O と点 z の距離を z の**絶対値**といい，$|z|$ で表す．
$z = a + bi$ のとき，$|z| = \sqrt{a^2 + b^2}$.

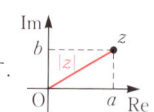

共役複素数の利用

複素数 $z = a + bi$ とその共役複素数 $\bar{z} = a - bi$ について，次が成り立つ
実部：$z + \bar{z} = 2a = 2 \cdot \operatorname{Re} z$. → z が純虚数のとき，$a = 0$, i.e. $z + \bar{z} = 0$
虚部：$z - \bar{z} = 2i \cdot b = 2i \cdot \operatorname{Im} z$. → z が実数のとき，$b = 0$, i.e. $z = \bar{z}$
絶対値：$z\bar{z} = a^2 + b^2 = |z|^2$.

共役複素数の性質

$\overline{\alpha + \beta} = \bar{\alpha} + \bar{\beta}$, $\overline{\alpha - \beta} = \bar{\alpha} - \bar{\beta}$, $\overline{\alpha\beta} = \bar{\alpha} \cdot \bar{\beta}$, $\overline{\left(\dfrac{\alpha}{\beta}\right)} = \dfrac{\bar{\alpha}}{\bar{\beta}}$.

絶対値の性質

$|\alpha\beta| = |\alpha||\beta|$, $\left|\dfrac{\alpha}{\beta}\right| = \dfrac{|\alpha|}{|\beta|}$.

証明は，直交形式を用いた単純計算

例題 次の問いに答えよ． やってみよう！

(1) $z + \dfrac{1}{z}$ が実数となるような複素数 z の存在範囲を複素平面上に図示せよ．

(2) $|\alpha| = |\beta| = 1$ のとき，$\left|\dfrac{\beta - \alpha}{\alpha\beta - 1}\right|$ を求めよ．

解説・解き方のコツ

(1) $z + \dfrac{1}{z}$ が実数となるための条件は，$z \neq 0$ のもとで

$z + \dfrac{1}{z} = \overline{\left(z + \dfrac{1}{z}\right)}$. …①   右辺 $= \bar{z} + \overline{\left(\dfrac{1}{z}\right)} = \bar{z} + \dfrac{1}{\bar{z}}$

$z + \dfrac{1}{z} = \bar{z} + \dfrac{1}{\bar{z}}$.   両辺を $z\bar{z}(\neq 0)$ 倍

$z^2\bar{z} + \bar{z} = z(\bar{z})^2 + z$.

$$z\bar{z}(z-\bar{z})-(z-\bar{z})=0.$$
$$(z-\bar{z})(|z|^2-1)=0. \quad \color{red}{z\bar{z}=|z|^2}$$

すなわち，$\begin{cases} z=\bar{z}, \\ |z|^2=1 \end{cases}$ または i.e. $\begin{cases} z \text{ が実数，または} \\ |z|=1 \end{cases}$

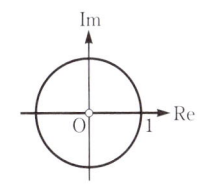

これと $z \neq 0$ より，点 z の存在範囲は右図太線部．

補足 「複素数 $w=a+bi$ が実数」$\rightsquigarrow$「Im $w=b=0$」$\rightsquigarrow$「$w=\bar{w}(=a)$」と，段階を踏んで考えましょう．これを繰り返せば，①がスッと書けるようになります．

(2) $\left|\dfrac{\beta-\alpha}{\alpha\bar{\beta}-1}\right|^2 = \dfrac{|\beta-\alpha|^2}{|\alpha\bar{\beta}-1|^2}$ 　絶対値の性質 より

絶対値は2乗するのが決め技！

$$= \dfrac{(\beta-\alpha)\overline{(\beta-\alpha)}}{(\alpha\bar{\beta}-1)\overline{(\alpha\bar{\beta}-1)}}$$

$$= \dfrac{(\beta-\alpha)(\bar{\beta}-\bar{\alpha})}{(\alpha\bar{\beta}-1)(\bar{\alpha}\beta-1)} \quad \overline{\alpha\bar{\beta}-1} = \overline{\alpha\bar{\beta}}-\bar{1} = \bar{\alpha}\bar{\bar{\beta}}-1$$

$$= \dfrac{\beta\bar{\beta}-(\alpha\bar{\beta}+\bar{\alpha}\beta)+\alpha\bar{\alpha}}{\alpha\bar{\alpha}\beta\bar{\beta}-(\alpha\bar{\beta}+\bar{\alpha}\beta)+1} \quad \text{共役複素数の性質 を用いて分解．}$$

$$= \dfrac{|\beta|^2-(\alpha\bar{\beta}+\bar{\alpha}\beta)+|\alpha|^2}{|\alpha|^2|\beta|^2-(\alpha\bar{\beta}+\bar{\alpha}\beta)+1}$$

$$= \dfrac{2-(\bar{\alpha}\beta+\alpha\bar{\beta})}{2-(\bar{\alpha}\beta+\alpha\bar{\beta})} \quad (\because |\alpha|=|\beta|=1)$$

$$= 1.$$

$\therefore \left|\dfrac{\beta-\alpha}{\alpha\bar{\beta}-1}\right| = \mathbf{1}.$

補足 絶対値 $|z|$ の扱い方として，ここで用いた次の流れは"定番"です．

$$|z| \rightsquigarrow |z|^2 \rightsquigarrow z\bar{z} \rightsquigarrow \text{共役複素数の性質 を用いて分解}$$

これは，ベクトルの大きさに関する次の流れと酷似していますね．

$$|\vec{p}| \rightsquigarrow |\vec{p}|^2 \rightsquigarrow \vec{p}\cdot\vec{p} \rightsquigarrow \text{内積の性質を用いて分解}$$

類題 46 次の問いに答えよ．

[1] $\alpha=3-4i$ と $\beta=12+5i$ に対して，$|\alpha\beta|$ を求めよ．

[2] 複素数 α, β が $|\alpha|=2$, $|\beta|=1$, $|\beta-\alpha|=\sqrt{5}$ を満たすとき，$\bar{\alpha}\beta+\alpha\bar{\beta}$ の値を求めよ．

[3] 複素数 z が $|z|=\left|z-\dfrac{4}{z}\right|=2$ を満たすとき，$\left|z-\dfrac{2}{z}\right|$ の値を求めよ．

[4] $z+\dfrac{1}{z}$ が純虚数ならば，複素数 z も純虚数であることを示せ．

[5] z が虚数で z^4 が実数ならば，z, z^2 のいずれかが純虚数であることを示せ．

[6] $\alpha=a+bi$ と $\beta=c+di$ (a, b, c, d は実数) に対して，$\bar{\alpha}\beta$ の実部，虚部をそれぞれ求めよ．

(解答▶解答編 p.89)

ITEM 47 極形式による積・商

よくわかった度チェック！
① ② ③

複素数どうしの積・商を直交形式 $a+bi$ を用いて行うのは，ITEM 45 で見た通りただ面倒なだけの作業でした．一方，本 ITEM で学ぶ極形式を用いると，積・商がいとも簡単に，しかも明確な図形イメージを伴って実行できます．

ここがツボ！ 極形式どうしの積・商は絶対値・偏角を各々計算．

基本確認　（以下において，a，b は実数とする．）

極形式

複素数 $z=a+bi$ を，その「絶対値 $r(=|z|)$」と**偏角** θ を用いて
$$z=r(\cos\theta+i\sin\theta)\,(r\geq 0)$$
　　　　　　　　　　□$(\cos\triangle+i\sin\triangle)$ の形
　　　　　　　　　　↳ 0以上

と表す方法を，z の**極形式**という．このとき，次が成り立つ．
$$\begin{cases}a=r\cos\theta,\\ b=r\sin\theta,\end{cases}\quad r=\sqrt{a^2+b^2}.$$

z の偏角 θ を「$\arg z$」と表す．

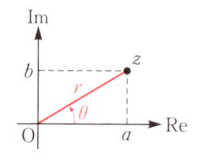

極形式による積・商

複素数 α，β が極形式を用いて
$$\begin{cases}\alpha=r_1(\cos\theta_1+i\sin\theta_1),\\ \beta=r_2(\cos\theta_2+i\sin\theta_2)\end{cases}$$

と表されているとき，これらの積・商の極形式は，それぞれ

$(*)\begin{cases}\alpha\beta=r_1r_2\{\cos(\theta_1+\theta_2)+i\sin(\theta_1+\theta_2)\},\\ \dfrac{\alpha}{\beta}=\dfrac{r_1}{r_2}\{\cos(\theta_1-\theta_2)+i\sin(\theta_1-\theta_2)\}.\end{cases}$

絶対値は掛け算・割り算
偏角は足し算・引き算

例題　次の問いに答えよ．

(1) $-\sqrt{3}+3i$ を極形式で表せ．　　(2) 上の等式($*$)を証明せよ．

(3) $\dfrac{(\sqrt{3}+i)(1+i)}{\sqrt{3}+3i}$ を極形式で表せ．

解説・解き方のコツ

(1) $\sqrt{3}:3=1:\sqrt{3}$ だから，右図のようになる．

$\therefore\ -\sqrt{3}+3i=2\sqrt{3}\left(\cos\dfrac{2}{3}\pi+i\sin\dfrac{2}{3}\pi\right).$

補足　「偏角 $\dfrac{2}{3}\pi$」は，たとえば $\dfrac{8}{3}\pi$，$-\dfrac{4}{3}\pi$ などでも正しいですが．

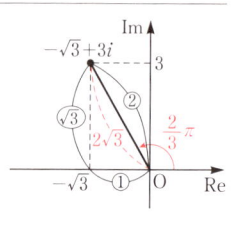

110　→ 10・11 → 2・5・11

(2) $\alpha\beta = r_1(\cos\theta_1 + i\sin\theta_1) \cdot r_2(\cos\theta_2 + i\sin\theta_2)$
$= r_1 r_2\{(\cos\theta_1\cos\theta_2 - \sin\theta_1\sin\theta_2) + i(\sin\theta_1\cos\theta_2 + \cos\theta_1\sin\theta_2)\}$
$= r_1 r_2\{\cos(\theta_1+\theta_2) + i\sin(\theta_1+\theta_2)\}.$ ⋯① ⎫加法定理

次に, $\dfrac{1}{\beta} = \dfrac{\cos\theta_2 - i\sin\theta_2}{r_2(\cos\theta_2 + i\sin\theta_2)(\cos\theta_2 - i\sin\theta_2)} = \dfrac{1}{r_2}\{\cos(-\theta_2) + i\sin(-\theta_2)\}$

と①より

$\dfrac{\alpha}{\beta} = \alpha \cdot \dfrac{1}{\beta}$
$= r_1(\cos\theta_1 + i\sin\theta_1) \cdot \dfrac{1}{r_2}\{\cos(-\theta_2) + i\sin(-\theta_2)\}$
$= \underbrace{\dfrac{r_1}{r_2}}_{r_1 \cdot \frac{1}{r_2}}\{\cos\underbrace{(\theta_1-\theta_2)}_{\theta_1+(-\theta_2)} + i\sin(\theta_1-\theta_2)\}.$

(3) 右図より,

$\dfrac{(\sqrt{3}+i)(1+i)}{\sqrt{3}+3i}$

$= \dfrac{2\left(\cos\dfrac{\pi}{6} + i\sin\dfrac{\pi}{6}\right) \cdot \sqrt{2}\left(\cos\dfrac{\pi}{4} + i\sin\dfrac{\pi}{4}\right)}{2\sqrt{3}\left(\cos\dfrac{\pi}{3} + i\sin\dfrac{\pi}{3}\right)}$

$= \dfrac{2\sqrt{2}\left(\cos\dfrac{5}{12}\pi + i\sin\dfrac{5}{12}\pi\right)}{2\sqrt{3}\left(\cos\dfrac{\pi}{3} + i\sin\dfrac{\pi}{3}\right)}$ $\dfrac{\pi}{6} + \dfrac{\pi}{4} = \dfrac{5}{12}\pi$

もちろん $\dfrac{\sqrt{6}}{3}$ でも可.

$= \sqrt{\dfrac{2}{3}}\left(\cos\dfrac{\pi}{12} + i\sin\dfrac{\pi}{12}\right).$ 絶対値: $\dfrac{2\times\sqrt{2}}{2\sqrt{3}}$, 偏角: $\dfrac{\pi}{6} + \dfrac{\pi}{4} - \dfrac{\pi}{3}$

類題 47A 次の複素数を極形式で表せ.

[1] $1+i$　　[2] $\sqrt{3}+i$　　[3] $3-\sqrt{3}i$　　[4] $\dfrac{-1+i}{2}$　　[5] $-3i$　　[6] -2

[7] $(\sqrt{6}+\sqrt{2}i)^2$　　　　[8] $\dfrac{\sqrt{3}i}{1+i}$　　　　[9] $\{(\sqrt{3}+1)+(\sqrt{3}-1)i\}^2$

[10] $\{(\sqrt{3}+1)+(\sqrt{3}-1)i\}(1+i)$　　　　[11] $\sin\theta + i\cos\theta$

[12] $1 + i\tan\theta \ \left(-\dfrac{\pi}{2} < \theta < \dfrac{\pi}{2}\right)$　　　　[13] $(1-\tan^2\theta) + i\cdot 2\tan\theta$

類題 47B z が極形式を用いて $z = r(\cos\theta + i\sin\theta) \ (r>0)$ と表されているとき, $\overline{z}, \dfrac{1}{z}, \dfrac{1}{\overline{z}}$ をそれぞれ極形式で表せ.

ITEM 48 ド・モアブルの定理

前 ITEM で見たように，複素数どうしの積・商は極形式を用いれば手早く簡単に計算できました．この方法論をさらに応用することで，複素数 z の累乗：z^2, z^3, $\cdots$, z^n も，いともたやすく計算できます．

ここがツボ！ 極形式の累乗も，絶対値，偏角を各々計算．

基本確認

ド・モアブルの定理

$$\begin{cases} (\cos\theta_1 + i\sin\theta_1)(\cos\theta_2 + i\sin\theta_2) = \cos(\theta_1+\theta_2) + i\sin(\theta_1+\theta_2), & \cdots ① \\ \dfrac{\cos\theta_1 + i\sin\theta_1}{\cos\theta_2 + i\sin\theta_2} = \cos(\theta_1-\theta_2) + i\sin(\theta_1-\theta_2) & \cdots ② \end{cases}$$

を用いると，次の等式が示せる．

$$(\cos\theta + i\sin\theta)^n = \cos n\theta + i\sin n\theta \quad (n \text{ は任意の整数})$$

例題 次の問いに答えよ．

(1) 任意の正の整数 n に対して，$(\cos\theta + i\sin\theta)^n = \cos n\theta + i\sin n\theta$ が成り立つことを，上記①に基づき，数学的帰納法を用いて示せ．

(2) $\left(\dfrac{1}{\sqrt{3}+i}\right)^{10}$ を求めよ．

解説・解き方のコツ

(1) 「$(\cos\theta + i\sin\theta)^n = \cos n\theta + i\sin n\theta$」$\cdots$(∗)

を $n=1, 2, 3, \cdots$ について示す．

1° $n=1$ のときの(∗)：
$(\cos\theta + i\sin\theta)^1 = \cos(1\cdot\theta) + i\sin(1\cdot\theta)$
は成立する．

2° $n=k$ のとき(∗)が成立すると仮定すると
$(\cos\theta + i\sin\theta)^k = \cos k\theta + i\sin k\theta$．
このとき，
$\begin{aligned}(\cos\theta + i\sin\theta)^{k+1} &= (\cos\theta + i\sin\theta)^k(\cos\theta + i\sin\theta) \\ &= (\cos k\theta + i\sin k\theta)(\cos\theta + i\sin\theta) \\ &= \cos\underline{(k+1)\theta}_{k\theta + \theta} + i\sin(k+1)\theta. \quad (\because ①)\end{aligned}$

よって，(∗)は $n=k+1$ のときも成立する．

1°，2°より，(∗)は $n=1, 2, 3, \cdots$ について成立する．□

(**参考**) 「$(\cos\theta+i\sin\theta)^0=1$」と定めれば，(*) は $n=0$ でも成り立ちます．
また，n が負の整数のとき，$n=-m$（m は正の整数）とおけて
$$(\cos\theta+i\sin\theta)^n=(\cos\theta+i\sin\theta)^{-m}$$
$$=\frac{1}{(\cos\theta+i\sin\theta)^m}$$
$$=\frac{\cos 0+i\sin 0}{\cos m\theta+i\sin m\theta} \quad (\because m \text{ は正の整数})$$
$$=\cos(-m\theta)+i\sin(-m\theta) \quad (\because ②)$$
$$=\cos n\theta+i\sin n\theta$$
となり，(*) は n が負の整数のときも成り立ちます．
以上で，「ド・モアブルの定理」が証明されたことになります．

(2) 右図より $\sqrt{3}+i=2\left(\cos\dfrac{\pi}{6}+i\sin\dfrac{\pi}{6}\right)$ だから，
$$\left(\frac{1}{\sqrt{3}+i}\right)^{10}=\left\{\frac{1}{2\left(\cos\dfrac{\pi}{6}+i\sin\dfrac{\pi}{6}\right)}\right\}^{10}$$
$$=\frac{1}{2^{10}}\left(\cos\frac{\pi}{6}+i\sin\frac{\pi}{6}\right)^{-10}$$
$$=\frac{1}{2^{10}}\left\{\cos\left(-10\cdot\frac{\pi}{6}\right)+i\sin\left(-10\cdot\frac{\pi}{6}\right)\right\}$$
$$=\frac{1}{1024}\left\{\cos\left(-\frac{5}{3}\pi\right)+i\sin\left(-\frac{5}{3}\pi\right)\right\} \quad \cdots ③$$
$$=\frac{1}{1024}\left(\frac{1}{2}+\frac{\sqrt{3}}{2}i\right)=\underline{\frac{1+\sqrt{3}i}{2048}}.$$

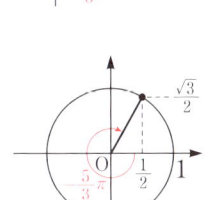

(**補足**) ○「結果を極形式で表せ」とあれば③式を「答え」とします．
○ $(\sqrt{3}+i)^{10}$ をド・モアブルの定理で求め，その逆数を計算する手もあります．

類題 48 次の複素数を計算せよ．ただし，n は自然数とする．結果は，可能なら直交形式で表せ．

[1] $(1-\sqrt{3}i)^4$

[2] $\left(\dfrac{i-1}{\sqrt{2}}\right)^6$

[3] $\left(\dfrac{1}{1+i}\right)^5$

[4] $\left(1+\dfrac{1}{\sqrt{3}i}\right)^6$

[5] $\{(\sqrt{6}-\sqrt{2})+(\sqrt{6}+\sqrt{2})i\}^{10}$

[6] $(\cos\theta-i\sin\theta)^n$

⬆[7] $(\cos\theta+i\sin\theta-1)^n$

ITEM 49 n 乗根

よくわかった度チェック!

① ② ③

前 ITEM のド・モアブルの定理を用いれば，複素数 z の累乗が簡単に求められます．これを利用すれば，複素数 α の n 乗根，つまり $z^n = \alpha$ を満たす z が簡単に求められます．本 ITEM では，この手法をみっちり練習し，さらにそこから派生する応用方法にも少しだけ触れてみましょう．

> **ここがツボ！** n 乗根は，極形式で簡潔に表現．

基本確認

極形式の一致

極形式で表された 2 つの複素数
$$\begin{cases} r_1(\cos\theta_1 + i\sin\theta_1), \\ r_2(\cos\theta_2 + i\sin\theta_2) \end{cases} (r_1,\ r_2 > 0)$$

が等しくなるための条件は

$r_1 = r_2$　かつ　$\theta_1 - \theta_2 = 2\pi$ の整数倍．

方程式の解

○ 1 の 5 乗根を解とする 5 次方程式 $z^5 = 1$ を変形すると，次のようになる．

$z^5 - 1 = 0$．　**5 乗根以外でも同様**

$(z-1)(z^4 + z^3 + z^2 + z + 1) = 0$．（→ 数学 I・A・II・B ITEM 18）

$z = 1$，or $z^4 + z^3 + z^2 + z + 1 = 0$．

○ 4 次方程式 $ax^4 + bx^3 + cx^2 + dx + e = 0$ の 4 つの解が $\alpha,\ \beta,\ \gamma,\ \delta$ のとき，

$ax^4 + bx^3 + cx^2 + dx + e = a(x-\alpha)(x-\beta)(x-\gamma)(x-\delta)$

と因数分解される．　**4 次以外でも同様**　（→ 数学 I・A・II・B ITEM 35）

例 題　やってみよう！　次の問いに答えよ．

(1) 方程式 $z^6 = 8i$ の解を極形式で表し，それらを複素平面上に図示せよ．

(2) 方程式 $z^5 = 1$ について答えよ．

　㋐ 解 z を極形式で表し，それを複素平面上に図示せよ．

　㋑ 解 z のうち複素平面上で第 1 象限にあるものを α として，
$1 + \alpha + \alpha^2 + \alpha^3 + \alpha^4$ の値を求めよ．

解説・解き方のコツ

(1)　$z = r(\cos\theta + i\sin\theta)$ $(r > 0,\ 0 \leq \theta < 2\pi)$ とおくと
$z^6 = r^6(\cos 6\theta + i\sin 6\theta)$．これと右図より，与式は

$$r^6(\cos 6\theta + i\sin 6\theta) = 8\left(\cos\frac{\pi}{2} + i\sin\frac{\pi}{2}\right).$$

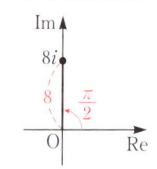

$r^6 = 8$　$(r > 0)$，$6\theta = \dfrac{\pi}{2} + 2\pi \times k$　（k は整数，$0 \leq 6\theta < 2\pi \times 6$）．

r は正の実数ゆえ $r=\sqrt{2}$, $\theta=\dfrac{\pi}{12}+\dfrac{\pi}{3}\times k$ $(k=0,\ 1,\ 2,\ 3,\ 4,\ 5)$.

∴ $z=\sqrt{2}\left\{\cos\left(\dfrac{\pi}{12}+\dfrac{\pi}{3}\times k\right)+i\sin\left(\dfrac{\pi}{12}+\dfrac{\pi}{3}\times k\right)\right\}$

$(k=0,\ 1,\ 2,\ 3,\ 4,\ 5)$.

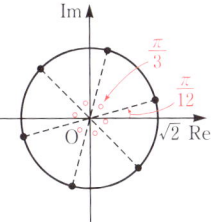

これらを図示すると、右のようになる。

(補足) 本問の解答過程からわかるように、一般に複素数 α の n 乗根(n は自然数)、つまり $z^n=\alpha$ を満たす z は、複素平面上で原点を中心とする半径 $\sqrt[n]{|\alpha|}$ の円を n 等分します。

(2) ㋐ $z=r(\cos\theta+i\sin\theta)$ $(r>0,\ 0\leqq\theta<2\pi)$ とおくと、与式は
$r^5(\cos 5\theta+i\sin 5\theta)=\cos 0+i\sin 0$.
$r^5=1$ $(r>0)$, $5\theta=0+2\pi\times k$ (k は整数, $0\leqq 5\theta<2\pi\times 5$).
$r=1$, $\theta=\dfrac{2}{5}\pi\times k$ $(k=0,\ 1,\ 2,\ 3,\ 4)$.

∴ $z=\cos\left(\dfrac{2}{5}\pi\times k\right)+i\sin\left(\dfrac{2}{5}\pi\times k\right)$

$(k=0,\ 1,\ 2,\ 3,\ 4)$.

㋑ 与式を変形すると
$(z-1)(z^4+z^3+z^2+z+1)=0$, i.e. $\begin{cases} z=1 \text{ または} \\ z^4+z^3+z^2+z+1=0. \end{cases}$ …①

$\alpha\neq 1$ だから、$z=\alpha$ は①の方を満たすから、
$\alpha^4+\alpha^3+\alpha^2+\alpha+1=0$. …②

(補足) 与式の 1 以外の解、つまり①の 4 個の解は図のように $\alpha,\ \alpha^2,\ \alpha^3,\ \alpha^4$ だから
$z^4+z^3+z^2+z+1=1\cdot(z-\alpha)(z-\alpha^2)(z-\alpha^3)(z-\alpha^4)$. 式として等しい
両辺の z^3 の係数を比べて、$1=-(\alpha+\alpha^2+\alpha^3+\alpha^4)$ となり、②が得られます.

類題 49A 次の方程式の解を求めよ。結果は、とくに指示がなければ極形式で表せ。また、すべての解を複素平面上に図示せよ。

[1] $z^3=1$(結果を直交形式でも表せ.)   [2] $z^6+1=0$(結果を直交形式でも表せ.)

[3] $z^4=2+2\sqrt{3}i$ [4] $z^9=-16+16i$

類題 49B 方程式 $z^5+z^4+z^3+z^2+z+1=0$ の解のうち、複素平面上で第 1 象限にあるものを α とする。このとき次の各値を求めよ。

[1] $\alpha^5+\alpha^4+\alpha^3+\alpha^2+\alpha+1$ [2] α^6 [3] $(1-\alpha)(1-\alpha^2)(1-\alpha^3)(1-\alpha^4)(1-\alpha^5)$

(解答 ▶ 解答編 p. 95, 96)

ITEM 50 回転・伸縮 伸ばしたり縮めたり

極形式による積・商(ITEM 47)がもつ図形イメージにスポットライトを当て，それを利用して複素平面上で点やベクトルを回転したり伸縮したりする練習を積みます．

> **ここがツボ!** 点の回転は，ベクトルの回転ともみなして．

基本確認

回転・伸縮

複素平面上で，点 $A(\alpha)$ を原点 O のまわりに角 θ だけ回転した点が $B(\beta)$ であるとき，
$$\beta = (\cos\theta + i\sin\theta)\alpha. \quad \cdots ①$$

$|\alpha|\{\cos(\varphi+\theta) + i\sin(\varphi+\theta)\}$　　$|\alpha|(\cos\varphi + i\sin\varphi)$

これは，α, β の極形式を考えてみれば納得が行く．
また，①のとき，**ベクトル $\overrightarrow{OA}$ を角 θ だけ回転したものが $\overrightarrow{OB}$** であることに注意しよう．すると同様に，点 $C(\gamma)$ として，$\overrightarrow{CA}$ を角 θ だけ回転して k 倍したものが $\overrightarrow{CB}$ であるとき，
$$\underbrace{\beta - \gamma}_{\overrightarrow{CB}} = \underbrace{k(\cos\theta + i\sin\theta)}_{\theta 回転 \& k 倍}\underbrace{(\alpha - \gamma)}_{\overrightarrow{CA}}. \quad \cdots ②$$

$\gamma = 0$, $k = 1$ のときが①

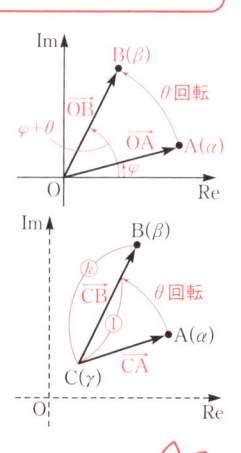

例題　次の問いに答えよ．

(1) 点 $\alpha = 3 + i$ を原点 O を中心として $+\dfrac{\pi}{6}$ だけ回転した点 β を求めよ．

(2) $\alpha = 3 + i$, $\beta = 2 + 5i$ とする．3点 $A(\alpha)$, $B(\beta)$, $C(\gamma)$ が $\angle C = \dfrac{\pi}{2}$ の直角二等辺三角形 ABC を作るとき，γ を求めよ．

解説・解き方のコツ

(1) $A(\alpha)$, $B(\beta)$ として

$$\underbrace{\beta}_{\overrightarrow{OB}} = \underbrace{\left(\cos\frac{\pi}{6} + i\sin\frac{\pi}{6}\right)}_{+\frac{\pi}{6} 回転}\underbrace{\alpha}_{\overrightarrow{OA}} \quad \cdots ③$$

$$= \frac{\sqrt{3}+i}{2}(3+i) = \frac{3\sqrt{3}-1}{2} + \frac{\sqrt{3}+3}{2}i.$$

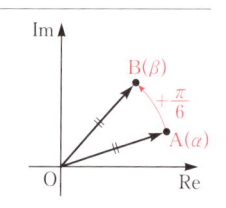

(2) $\overrightarrow{AC}$ は，$\overrightarrow{AB}$ を $\begin{cases}\dfrac{1}{\sqrt{2}} 倍して\\ \pm\dfrac{\pi}{4} 回転\end{cases}$ したものだから

$$\underbrace{\gamma - \alpha}_{\overrightarrow{AC}} = \underbrace{\frac{1}{\sqrt{2}}\left\{\cos\left(\pm\frac{\pi}{4}\right) + i\sin\left(\pm\frac{\pi}{4}\right)\right\}}\underbrace{(\beta - \alpha)}_{\overrightarrow{AB}} \quad \cdots ④$$

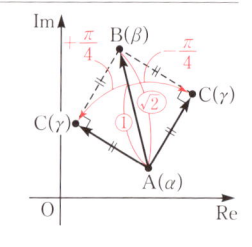

$$= \frac{1 \pm i}{2}(-1+4i) = -\frac{5}{2} + \frac{3}{2}i, \quad \frac{3}{2} + \frac{5}{2}i.$$

∴ $\gamma = \frac{1}{2} + \frac{5}{2}i, \quad \frac{9}{2} + \frac{7}{2}i.$ ← $\alpha = 3+i$ を移項

(補足)
○ ベクトルを回転する場合，回転の中心はどこでもかまいません．たとえば右図において，正方形の紙に書かれたベクトル $\vec{v}$ を，A, B を中心として $+\frac{\pi}{2}$ 回転したベクトルがそれぞれ $\vec{v_1}$ と $\vec{v_2}$ であり，どちらも同じですね．

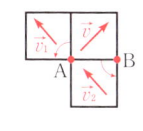

○ 「$\frac{1}{\sqrt{2}}$ 倍」と「$\pm\frac{\pi}{4}$ 回転」は，どちらを先に行っても結果は同じです．

○ ③を変形すると，$\frac{\beta}{\alpha} = \cos\frac{\pi}{6} + i\sin\frac{\pi}{6}$ となります．つまり，「商 $\frac{\beta}{\alpha}$」の絶対値，偏角は，それぞれ $\frac{|OB|}{|OA|}$, $\overrightarrow{OA}$ から $\overrightarrow{OB}$ への回転角を表します．（→類題 50A[3]）

④より同様に，「商 $\frac{\gamma-\alpha}{\beta-\alpha}$」の絶対値，偏角は，それぞれ $\frac{|AC|}{|AB|}$, $\overrightarrow{AB}$ から $\overrightarrow{AC}$ への回転角を表します．（→類題 50B[3]）

類題 50A O を原点とする複素平面上で，次の問に答えよ．

[1] 点 A$(3+i)$ を，原点を中心として $-\frac{\pi}{2}$ だけ回転した点 B(β) を求めよ．

[2] 点 A$(3-2i)$ として，三角形 OAB が正三角形となるような点 B(β) を求めよ．

[3] 点 A$(3-i)$，B$(2+i)$ のとき，三角形 OAB の形状を述べよ．

類題 50B O を原点とする複素平面上で，次の問に答えよ．

[1] 点 A$(-3+i)$，点 B$(\sqrt{3}+4i)$ とする．ベクトル $\overrightarrow{AB}$ を $\frac{\pi}{6}$ だけ回転させるとベクトル $\overrightarrow{AC}$ となるとき，C(γ) を求めよ．

[2] 点 A$(3\sqrt{2})$，点 C$(\sqrt{2}+i)$ とする．正方形 ABCD の頂点のうち，第 1 象限にある点 B(β) を求めよ．

[3] 点 A(i)，B$(2+2i)$，C$((2-\sqrt{3})+(2\sqrt{3}+2)i)$ のとき，三角形 ABC の形状を述べよ．

類題 50C O を原点とする複素平面上に，原点と異なる 2 点 A(α)，B(β) がある．

[1] OA⊥OB となるための条件は，$\overline{\alpha}\beta + \alpha\overline{\beta} = 0$ であることを示せ．

[2] OA∥OB となるための条件は，$\overline{\alpha}\beta - \alpha\overline{\beta} = 0$ であることを示せ．

(解答▶解答編 p.97, 98, 99)

ITEM 51 複素平面上での軌跡

よくわかった度チェック！ ① ② ③

複素平面上で，軌跡，すなわちある条件を満たしながら動く点の集合を表現する練習です．やや発展的な内容ですので，典型的なものだけに絞って徹底マスターを目指しましょう．同時に，このテーマを通して複素平面に関してこれまで学んできた基本を総点検します．

ここがツボ！ 問題に応じて，適切な方法を．

基本確認 複素平面上の軌跡を捉える方法を以下に列記する．

直交形式の利用
実部 x と虚部 y を用い，数学Ⅱ：「図形と式」と同様に処理する．

共役複素数の利用
共役複素数を用いて，実部，虚部，絶対値に関する条件を表す．

極形式の利用
極形式を念頭に置いて，垂直・平行条件などを表す．

例題 O を原点とする複素平面において，次の問いに答えよ．
(1) t が正の実数全体を動くとき，点 $z=(1+ti)^2$ の軌跡 C を求めよ．
(2) $A(\alpha)(\alpha \neq 0)$ を中心として O を通る円 C 上に点 $P(z)$ があるための条件は $|z|^2 - \bar{\alpha}z - \alpha\bar{z} = 0$ であることを示せ．
(3) 定点 $A(\alpha)(\alpha \neq 0)$ と動点 $P(z)$ がある．A を通り直線 OA に垂直な直線 l 上に点 P があるための条件を z, α で表せ．

解説・解き方のコツ

(1) $z=(1+ti)^2 = (1-t^2) + 2t \cdot i$.

よって，$z = x+yi$（x, y は実数）とおくと

$$\begin{cases} x = 1-t^2 \\ y = 2t \end{cases} \quad (t>0).$$

第2式より

$t = \dfrac{y}{2}$. 消去したい文字 t について解く！

これを第1式と $t>0$ に代入して

$x = 1 - \left(\dfrac{y}{2}\right)^2$, $\dfrac{y}{2} > 0$.

よって求める軌跡は

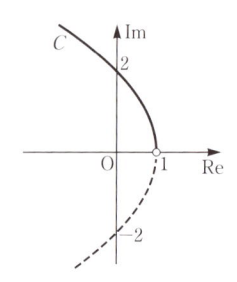

C：放物線 $x = 1 - \dfrac{y^2}{4}$, $y > 0$.

(2) P(z) が円 C 上にあるための条件は 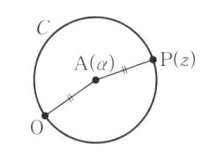
$|\overrightarrow{AP}|=|\overrightarrow{OA}|$.　絶対値を 2 乗するのは常套手段！(→ITEM 46)
$|z-\alpha|^2=|\alpha|^2$.
$(z-\alpha)\overline{(z-\alpha)}=\alpha\overline{\alpha}$.
$(z-\alpha)(\overline{z}-\overline{\alpha})=\alpha\overline{\alpha}$.
$z\overline{z}-\overline{\alpha}z-\alpha\overline{z}+\alpha\overline{\alpha}=\alpha\overline{\alpha}$.
∴ $C:|z|^2-\overline{\alpha}z-\alpha\overline{z}=0$.

(補足) ここでは「円」という図形をストレートに「中心からの距離」に注目して捉えましたが，「角に注目する方法もあります．(→類題 51B[1])

(3) P(z) が l 上にあるための条件は，$z\neq\alpha$ のとき 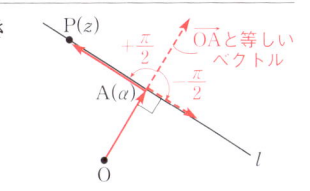
$\overrightarrow{OA}$ から $\overrightarrow{AP}$ への回転角が $\pm\dfrac{\pi}{2}$.

$\arg\dfrac{z-\alpha}{\alpha}=\pm\dfrac{\pi}{2}$.

$\dfrac{z-\alpha}{\alpha}$ が純虚数．

$\dfrac{z-\alpha}{\alpha}+\overline{\left(\dfrac{z-\alpha}{\alpha}\right)}=0$.

$\dfrac{z-\alpha}{\alpha}+\dfrac{\overline{z}-\overline{\alpha}}{\overline{\alpha}}=0$.

$\overline{\alpha}(z-\alpha)+\alpha(\overline{z}-\overline{\alpha})=0$ （これは $z=\alpha$ も含む）．

∴ $l:\overline{\alpha}z+\alpha\overline{z}=2|\alpha|^2$.

類題 51A t が実数全体を動くとき，点 $z=(1-i)\left(t+\dfrac{1}{t}i\right)$ の軌跡 C の方程式を，z の実部 x と虚部 y を用いて表せ．

類題 51B O を原点とする複素平面上で，A(α)($\alpha\neq0$) とする．点 P(z) が次の [1]，[2]の図形上にあるための条件を，z，α で表せ．
[1] A(α) として，線分 OA を直径とする円 C
[2] A(α) として，線分 OA の垂直二等分線 l

類題 51C 複素平面上で，次の各方程式を満たす点 P(z) の軌跡を求めよ．
[1] $|z|^2+iz-i\overline{z}=1$ 　　[2] $(3+i)z+(3-i)\overline{z}=0$
[3] $(2-i)z+(2+i)\overline{z}=10$　[4] $|z-3i|=2|z|$

(解答▶解答編 p.100, 101)

ITEM 52 楕円と方程式

よくわかった度チェック！ ① ② ③

楕円という曲線の捉え方(定義の仕方)はいろいろとありますが，本 ITEM では，そのうちもっともわかりやすい**円との関係**に注目します．まずは楕円という**曲線の形状**とその**方程式**が自在に操れるようにしておくのが狙いです．

> **ここがツボ！** 座標軸との交点さえわかればOK．
> つまり"ヨコ半径"と"タテ半径"

【基本確認】

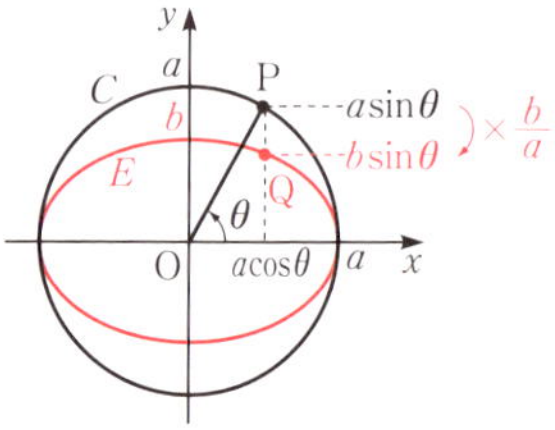

円と楕円 右図において，円 C 上の点 $P(a\cos\theta, a\sin\theta)$ に対し，y 座標のみ $\dfrac{b}{a}$ 倍した点 $Q(a\cos\theta, b\sin\theta)$ の軌跡 E を考える．

E のように，円を一定方向に一定割合で"圧縮"(or 拡大)してできる曲線が**楕円**である．…(∗)

(注意)「θ」は，$\overrightarrow{OP}$ の偏角ではあるが，$\overrightarrow{OQ}$ の偏角ではない．

(補足) (∗) の考え方により，楕円 E の面積は
$$\pi a^2 \times \dfrac{b}{a} = \pi ab.$$

楕円の標準形 上記において，$Q(x, y)$ とすると，
$$\begin{cases} x = a\cos\theta, \\ y = b\sin\theta. \end{cases}$$ 楕円 E のパラメタ表示

楕円 E の方程式は，θ を消去して 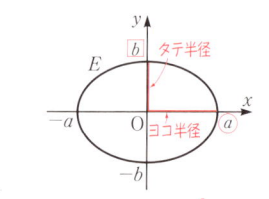
$$E: \dfrac{x^2}{a^2} + \dfrac{y^2}{b^2} = 1.$$ 楕円の標準形

右辺は 1

x 軸との交点 ("ヨコ半径") ， y 軸との交点 ("タテ半径")

【例題】 次の問いに答えよ．
(1) 曲線 $C: 3x^2 + y^2 = 9$ を描け．
(2) 右図の楕円 E の方程式を求めよ．

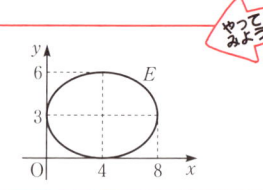

解説・解き方のコツ

(1) (楕円の標準形: $\dfrac{x^2}{(\sqrt{3})^2} + \dfrac{y^2}{3^2} = 1$ にしてもよいが…)

C は，楕円であり，x 軸と $(\pm\sqrt{3}, 0)$，y 軸と $(0, \pm 3)$ で交わるから，右図のようになる．

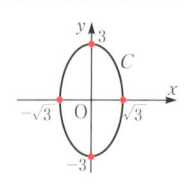

(補足) ○ 一般に $ax^2+by^2+cx+dy+e=0 \,(a>0,\ b>0,\ a\ne b)$ の形の方程式で表される2次曲線は楕円です．

○ C と x 軸の交点の座標は，$3x^2+y^2=9$ と $y=0$ より $x=\pm\sqrt{3}$ と暗算で求まります．（y 軸との交点も同様）

(2) 【いまいちな方法】 E を平行移動した楕円で，原点が中心であるものを E_0 とする．E_0 の方程式は楕円の標準形で

$$E_0 : \frac{x^2}{4^2}+\frac{y^2}{3^2}=1.$$

（x 軸との交点／y 軸との交点）

これをベクトル $\binom{4}{3}$ だけ平行移動して得られる曲線が E だから，

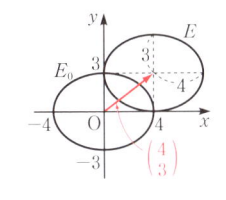

$$E : \frac{(x-4)^2}{4^2}+\frac{(y-3)^2}{3^2}=1.$$

（中心の座標）

【正しい方法】 上記解答において，E_0 と座標軸との交点の座標とは，結局もとの E の "ヨコ半径"，"タテ半径" に他なりません．このことと，E の中心の座標 $(4, 3)$ が結果においてどのように現れるかがわかってしまえば，ワザワザ平行移動した E_0 を持ち出すまでもありません．

楕円 E について　　④や③は，比ではありません．
中心 $(4, 3)$，ヨコ半径 ④，タテ半径 ③．
$$\therefore\ E : \frac{(x-4)^2}{4^2}+\frac{(y-3)^2}{3^2}=1.$$

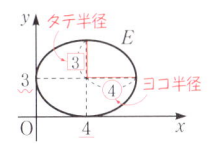

類題 52A 次の方程式で表される曲線を描け．

[1] $\dfrac{x^2}{3^2}+\dfrac{y^2}{2^2}=1$　　[2] $x^2+\dfrac{y^2}{2}=1$　　[3] $2x^2+3y^2=1$

[4] $4x^2+3y^2-12=0$　　[5] $5x^2+y^2=2$　　[6] $\dfrac{x^2}{6}+\dfrac{(y-2)^2}{4}=1$

[7] $\dfrac{(x-2)^2}{3}+\dfrac{(y-1)^2}{2}=1$　　[8] $2x^2+y^2-4x-y=0$　　[9] $y=\sqrt{1-\dfrac{x^2}{9}}$

類題 52B 次の図のような楕円 E の方程式を求めよ．

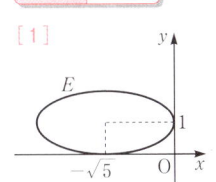

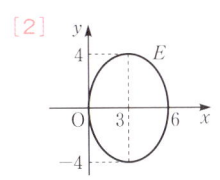

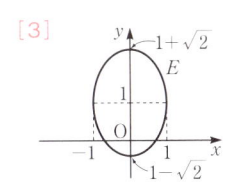

(解答▶解答編 p.102, 103)

ITEM 53 楕円の焦点

前 ITEM を通して楕円という曲線とその方程式の関係に慣れてもらったところで，楕円のもつ図形的性質において重要な役割をする**焦点**にまつわるテーマを扱います．けっして，焦点の座標の公式だけを覚えるのではなく…

> **ここがツボ！** 焦点は，目でその位置をとらえる．

基本確認

楕円の焦点 つまり，"ヨコ長"

楕円 $E: \dfrac{x^2}{a^2} + \dfrac{y^2}{b^2} = 1 \ (a > b > 0)$

の焦点 F，F' は，E の**長軸**上で中心 O に関して対称な位置にあり，その座標は $\left(\pm\sqrt{a^2-b^2},\ 0\right)$．
　　　　　　　　　　↑長半径　　↑短半径

(補足)「$\sqrt{a^2-b^2}$」は，中心から焦点までの距離に他ならない．

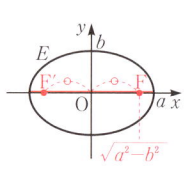

楕円の性質

平面上で，異なる 2 点 F，F' を焦点とし，長軸の長さが $2a\,(>FF')$ である楕円を E とすると，点 P が E 上の点であるための条件は

$$FP + F'P = 2a$$
　(2焦点からの　(長軸の
　　距離の和)　　 長さ)

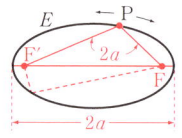

(注意) 高校の教科書では，これを満たす点 P の軌跡として「楕円」を定義します．

例題　次の問いに答えよ．

(1) 楕円 $E: 2x^2 + y^2 = 1$ の焦点の座標を求めよ．
(2) xy 平面上で，原点 O と定点 A(2, 0) に対し，OP + AP = 4 を満たす点 P の軌跡の方程式を求めよ．

解説・解き方のコツ

(1)（必ず図をサッと描き，焦点のおおよその位置を**目**で確認してから計算に入ること！）

求める焦点の座標は，右図より

$$\left(0,\ \pm\sqrt{1^2 - \left(\dfrac{1}{\sqrt{2}}\right)^2}\right) = \left(0,\ \pm\dfrac{1}{\sqrt{2}}\right).$$
　　　　　↑長半径　　↑短半径

(補足) 図のように焦点 F，F' と $A\left(\dfrac{1}{\sqrt{2}},\ 0\right)$ をとると

$FA + F'A = 2$ (長軸の長さ) より，$FA = 1$．

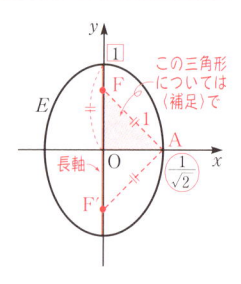

あとは △OAF に注目すれば，OF，つまり焦点 F の y 座標が求まります．

本問の △OAF は，直角二等辺三角形ですね

筆者は焦点 F を図示するとき，必ずこの △OAF を利用して正確に F の位置をとるようにしています．

(2) OP＋AP＝4 を満たす点 P の軌跡は，
2点 O，A を焦点とし，長軸の長さが 4 である楕円 E である．
図のように点 M，B をとると，楕円 E について，

中心 M(1, 0)，ヨコ半径＝$\frac{4}{2}$＝2，

△ABM に注目して

タテ半径＝MB＝$\sqrt{2^2-1^2}$＝$\sqrt{3}$．

以上より，P の軌跡の方程式は

$E : \dfrac{(x-1)^2}{2^2} + \dfrac{y^2}{(\sqrt{3})^2} = 1.$ 　$\dfrac{(x-1)^2}{4}+\dfrac{y^2}{3}=1$ でも可

【へたな方法】 焦点の座標を求める公式だけに頼ってしまうと，E を平行移動して得られた原点中心の楕円を $\dfrac{x^2}{a^2}+\dfrac{y^2}{b^2}=1$ とおき，焦点の座標の公式を用いて $\sqrt{2^2-b^2}=1$ より…というメンドウを強いられます．とにかく，**目で**考えることが大切です．

類題 53A 次の方程式で表される楕円の焦点の座標を求めよ．

[1] $\dfrac{x^2}{5^2}+\dfrac{y^2}{3^2}=1$ 　　　 [2] $\dfrac{x^2}{3}+\dfrac{y^2}{4}=1$ 　　　 [3] $x^2+3y^2=3$

[4] $\dfrac{x^2}{a^2}+\dfrac{y^2}{a^2-c^2}=1 \ (a>c>0)$ 　　　 [5] $x^2+\dfrac{(y-1)^2}{2}=1$

[6] $2(x+1)^2+3y^2=1$ 　　　 [7] $x^2+4y^2-x+8y+\dfrac{5}{4}=0$

類題 53B xy 平面上で，次の条件を満たす点 P の軌跡の方程式を求めよ．

[1] 2つの定点 A(−1, 0)，B(1, 0) に対し，AP＋BP＝6

[2] 2つの定点 A(0, $-\sqrt{3}$)，B(0, $\sqrt{3}$) に対し，AP＋BP＝4

[3] 原点 O と定点 A(3, 0) に対し，OP＋AP＝5

[4] 2つの定点 A($-\sqrt{2}$, 1)，B($\sqrt{2}$, 1) に対し，AP＋BP＝$2\sqrt{3}$

(解答 ▶ 解答編 p.103, 104)

ITEM 54 双曲線と方程式

双曲線も楕円と同じ順序で話を進めましょう．本 ITEM で曲線そのものと方程式の関係に慣れてから，次 ITEM で焦点を扱います．

ここがツボ!　「補助長方形」をフル活用．

基本確認

双曲線の標準形

類題 27 [5] より，次のようになる．(a, b は正とする)

$$H_1 : \frac{x^2}{a^2} - \frac{y^2}{b^2} = 1 \ (\text{"右&左タイプ"}) \qquad H_2 : \frac{x^2}{a^2} - \frac{y^2}{b^2} = -1 \ (\text{"上&下タイプ"})$$

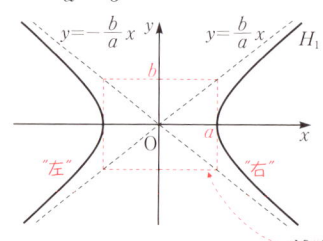

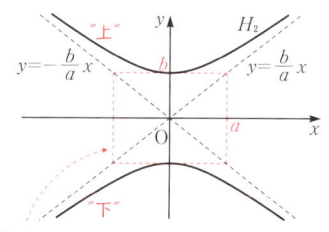

例題　次の問いに答えよ．

(1) 曲線 $C : 2x^2 - y^2 = 2$ を描け．

(2) 右図のような双曲線 H の方程式を求めよ．

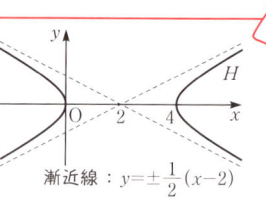

漸近線：$y = \pm\frac{1}{2}(x-2)$

解説・解き方のコツ

(1) $C : \dfrac{x^2}{1^2} - \dfrac{y^2}{(\sqrt{2})^2} = 1$　①や $\sqrt{2}$ は，比ではありません．

は右図のような双曲線である．

補足　○双曲線を描くときの手順

1° 標準形（右辺が 1）にする．

2° 4 直線 $x = \pm 1$, $y = \pm\sqrt{2}$ で作られる**補助長方形**を書く．

3° その対角線が漸近線．

4° "右&左"，"上&下"のいずれのタイプかを判定する．C は x 軸と $x = \pm 1$ で交わることから "右&左タイプ" とわかる．

5° C は 4° の点 $(\pm 1, 0)$ で補助長方形に外接し，漸近線に近づく．

(*)

繰り返し練習すれば，双曲線1本描くのに20秒とかからないようになります．

○ 一般に，$ax^2 - by^2 + cx + dy + e = 0$ $(a > 0, b > 0)$ の形の方程式で表される2次曲線は双曲線です．

○ C の標準形に現れる ①，$\sqrt{②}$ は，それぞれ補助長方形の"ヨコ半分"，"タテ半分"の長さでもあることを覚えておいてください．(2)で使います．

(2) ITEM 52 例題(2)と同様，いちいち平行移動せずに片付けます．決め手となるのは，補助長方形です．

双曲線 H について，

　　中心 $(2, 0)$，

　　補助長方形は右図のとおり．

∴ $H : \dfrac{(x-2)^2}{②^2} - \dfrac{y^2}{①^2} = +1$．

(補足) ○ 補助長方形 R について，もう少し詳しく説明しておきます．

1° 双曲線 H は R に外接するから，R の2辺は直線 $x = 0$, $x = 4$ 上にある．

2° それらと2本の漸近線の交点が R の4頂点．

3° よって，R の"ヨコ半分" $= 2$．漸近線の傾きは $\pm \dfrac{1}{2}$ だから，

"タテ半分" $= 2 \cdot \dfrac{1}{2} = 1$．

○ あとは，H の中心の座標を考慮し，"右&左タイプ"であることより右辺を「$+1$」とすれば正解が得られます．

類題 54A 次の方程式で表される曲線を描け．

[1] $\dfrac{x^2}{3^2} - \dfrac{y^2}{2^2} = 1$

[2]★ $\dfrac{x^2}{2} - y^2 = -1$

[3] $x^2 - y^2 = 1$

[4] $4y^2 - 3x^2 = 6$

[5] $\dfrac{(x-\sqrt{3})^2}{3} - y^2 = 1$

[6] $(x-1)^2 - 4\left(y + \dfrac{1}{2}\right)^2 = 1$

[7] $9x^2 - 8y^2 + 40y - 32 = 0$

[8] $y = \dfrac{4}{3}\sqrt{x^2 - 9}$

類題 54B 次の図のような双曲線 H の方程式を求めよ．

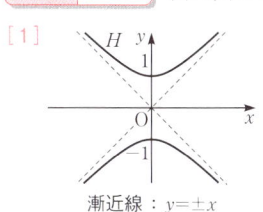

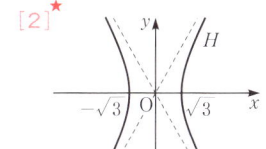

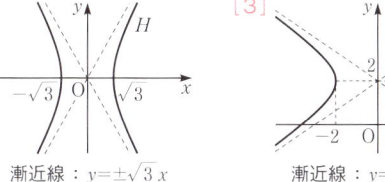

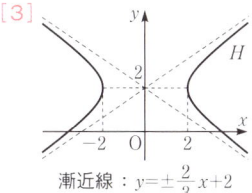

[1] 漸近線：$y = \pm x$

[2]★ 漸近線：$y = \pm \sqrt{3}\, x$

[3] 漸近線：$y = \pm \dfrac{2}{3} x + 2$

(解答▶解答編 p.105, 106)

ITEM 55 　双曲線の焦点

楕円とまったく同様です．焦点の位置を視覚的に覚えた上で，双曲線がもつ図形的性質を理解してください．

ここがツボ！ 焦点も，補助長方形を使って作図可能．

基本確認

双曲線の焦点

双曲線の焦点 F, F' は**主軸**の延長線上で中心 O に関して対称な位置にあり，座標は次のとおり．（「主軸」とは，双曲線の 2 頂点を結ぶ線分）

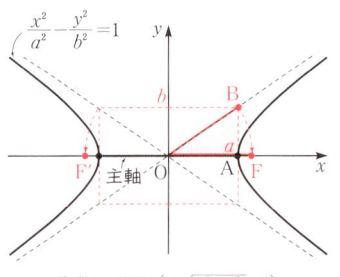

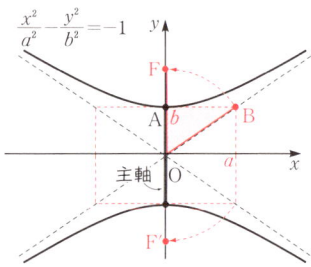

$\dfrac{x^2}{a^2} - \dfrac{y^2}{b^2} = 1$ の場合：焦点 F, F' は $(\pm\sqrt{a^2+b^2},\ 0)$

$\dfrac{x^2}{a^2} - \dfrac{y^2}{b^2} = -1$ の場合：焦点 F, F' は $(0,\ \pm\sqrt{a^2+b^2})$

双曲線の性質

平面上で，2 点 F, F' を焦点とし，主軸の長さが $2a\ (< FF')$ である双曲線を H とすると，点 P が H 上の点であるための条件は

$$|FP - F'P| = 2a$$

（2 焦点からの距離の差）（主軸の長さ）

（注意）高校の教科書では，これを満たす点 P の軌跡として「双曲線」を定義します．

（補足）右図の直角三角形 OAB に注目すると

$$OB = \sqrt{a^2+b^2} = OF.$$

焦点の座標

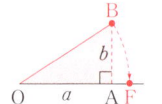

よって双曲線の焦点 F は，補助長方形の頂点 B を，O を中心に回転して主軸を含む直線上に移した点として作図できます．

例題　次の問いに答えよ．

(1) 双曲線 $H : x^2 - \dfrac{y^2}{2} = -1$ の焦点の座標を求めよ．

(2) xy 平面上で，2 定点 $A(-2, 0)$, $B(2, 0)$ に対し，$|AP - BP| = 2$ を満たす点 P の軌跡の方程式を求めよ．

解説・解き方のコツ

(1) $H: \dfrac{x^2}{1^2} - \dfrac{y^2}{(\sqrt{2})^2} = -1$ の焦点の座標は，右図より "上&下タイプ"

$$(0, \ \pm\sqrt{1^2 + (\sqrt{2})^2}) = (0, \ \pm\sqrt{3}).$$

(補足) 公式に当てはめるだけでも答えは得られるでしょうが，必ず図をサッと(20秒で)描いて(あるいは頭でイメージして)，おおよその位置を**目**で確認する習慣をつけましょう．

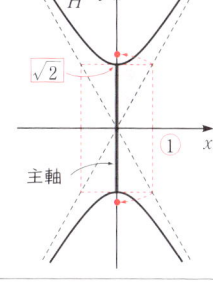

(2) $|AP - BP| = 2$ を満たす点 P の軌跡は，2点 A, B を焦点とし，主軸の長さが 2 の双曲線 H である．
主軸の両端の座標は $(\pm 1, \ 0)$ だから

$$H: \dfrac{x^2}{1^2} - \dfrac{y^2}{b^2} = +1$$

"右&左タイプ"

とおいて，焦点の x 座標を考えると

$$\sqrt{1^2 + b^2} = 2 \ \text{より} \ b^2 = 3.$$

$$\therefore \ H: x^2 - \dfrac{y^2}{3} = 1.$$

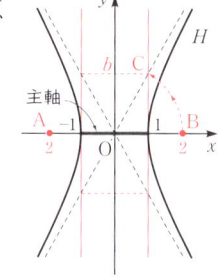

(別解) 図形的に攻めるなら次の手順で行きます． 筆者はいつもこう…

1° 主軸の端を通る2直線 $x = \pm 1$ 上に，補助長方形 R の2辺はある．
2° 直線 $x = 1$ 上の OC = OB となる点 C が R の1頂点．
3° R の "ヨコ半分" = 1. 直角三角形 OCD より，
　"タテ半分" = CD = $\sqrt{3}$.

これで同じ結果が得られ，しかも補助長方形 R がすでに正確に描かれています．

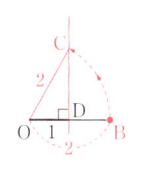

類題 55A 次の方程式で表される双曲線の焦点の座標を求めよ．

[1] $\dfrac{x^2}{2^2} - \dfrac{y^2}{3^2} = 1$　　　[2] $y^2 - x^2 = 1$　　　[3] $\dfrac{x^2}{a^2} - \dfrac{y^2}{c^2 - a^2} = 1 \ (c > a > 0)$

[4] $2x^2 - 3y^2 = 5$　　　[5] $\dfrac{x^2}{4} - (y-1)^2 = -1$　　　[6] $3x^2 - y^2 + 4y - 7 = 0$

類題 55B xy 平面上で，次の条件を満たす点 P の軌跡の方程式を求めよ．

[1] 2つの定点 $A(-\sqrt{2}, \ 0), \ B(\sqrt{2}, \ 0)$ に対し，$|AP - BP| = 2$

[2] 2つの定点 $A(0, \ -5), \ B(0, \ 5)$ に対し，$|AP - BP| = 8$

[3] 原点 O と定点 $A(2, \ 0)$ に対し，$|OP - AP| = 1$

(解答 ▶ 解答編 p.106, 107)

ITEM 56 　放物線と焦点・準線

よくわかった度チェック！
① ② ③

2次曲線の中で放物線だけは，その方程式の中に焦点の座標が現れます．そこで本 ITEM の中で，「曲線そのものと方程式の関係」と「焦点にまつわる図形的性質」を，同時進行で練習してしまいます．

> **ここがツボ！** 方程式（標準形）の中に焦点の座標が現れている．

基本確認

放物線の標準形

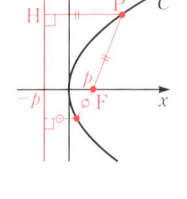

xy 平面上に，定点 $F(p, 0)$ $(p \neq 0)$ と定直線 $l: x = -p$ をとる．動点 P から l に下ろした垂線の足を H として，

$$FP = PH \quad \text{放物線の図形的性質}$$

（焦点との距離）（準線との距離）

を満たす点 P の軌跡 C を

　　F を**焦点**，l を**準線**とする**放物線**

という．C の方程式は

$$y^2 = 4px. \quad \text{放物線の標準形}$$

ココに「4」が付くことを覚える ← 焦点の座標

例題　次の問いに答えよ．

(1) 放物線 $C: y = x^2$ の焦点，準線を求めよ．

(2) xy 平面上で，原点 O と直線 $l: x = 1$ に到る距離が等しい点 P の軌跡を求めよ．

解説・解き方のコツ

(1) 放物線の場合も，図をサッと描き，焦点の位置を**目**で確認すること．

$$C: x^2 = 4 \cdot \frac{1}{4} y$$

ココに 4 を作る　コレが焦点の y 座標

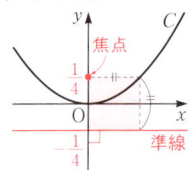

より，焦点 $\left(0, \dfrac{1}{4}\right)$，準線 $y = -\dfrac{1}{4}$．

補足　○ 放物線の軸が x 軸，y 軸のどちらと平行であるかは，x, y のどちらが 2 乗になっているかで見分けられますね．「$\dfrac{1}{4}$」が焦点の y 座標であることも…

○ 焦点，準線を意識して放物線を描くとき，図の □ のような正方形をイメージするとキレイに書けます．

(2) **解法1** 求める軌跡は O を焦点, l を準線とする放物線 C である. C を平行移動して得られる原点を頂点とする放物線を C_0 とすると

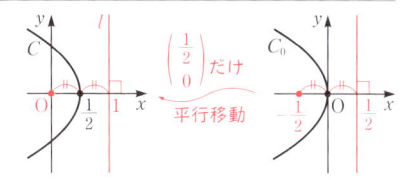

$$C_0 : y^2 = 4\left(-\frac{1}{2}\right)x.\quad \text{i.e.}\quad y^2 = -2x.$$

これを $\begin{pmatrix}\frac{1}{2}\\0\end{pmatrix}$ だけ平行移動して

$$C : y^2 = -2\left(x - \frac{1}{2}\right).\quad \text{i.e.}\quad \boldsymbol{y^2 = -2x + 1}.$$

解法2 放物線の図形的性質を使った上記解法もマスターすべきですが, 単にこの問題を解くだけなら…
P(x, y) とおくと, 題意の条件は
$$\sqrt{x^2 + y^2} = |1 - x|.$$
$$x^2 + y^2 = (1 - x)^2.$$
∴ $\boldsymbol{y^2 = -2x + 1}.$

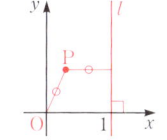

補足 放物線の場合は, その図形的性質を x, y の方程式として表して整理することはカンタンです. (楕円, 双曲線ではそうは行きませんよー)

類題 56A 次の方程式で表される放物線の焦点, 準線を求めよ.

[1]★ $y^2 = 8x$　　　　　[2] $x^2 = 2y$　　　　　[3] $y = 4x^2$

[4] $y^2 = -x$　　　　　[5] $y^2 = 2x - 1$　　　[6] $y = -3x^2 + 6x - 3$

類題 56B xy 平面上で, 次のような点 P の軌跡の方程式を求めよ.

[1] 点 A$(-1, 0)$ と直線 $l : x = 1$ に到る距離が等しい点 P

[2] 点 A$(2, 0)$ と y 軸に到る距離が等しい点 P

[3] 点 A$(2, 1)$ と x 軸に到る距離が等しい点 P

ITEM 57 接線公式

よくわかった度チェック！
① ② ③

楕円，双曲線の接線公式は，陰関数の微分法(ITEM 22)から導かれます．したがって当然のことながら，「ITEM 23 接線・法線」で述べたように**接点の座標**を用いて表されますから…

> **ここがツボ！** まず，接点の座標を設定すべし．

基本確認

接線公式

❶ 楕円

$\dfrac{x^2}{a^2} + \dfrac{y^2}{b^2} = 1$

$\dfrac{x_1}{a^2}x + \dfrac{y_1}{b^2}y = 1$

(x_1, y_1)

❷ 双曲線

$\dfrac{x^2}{a^2} - \dfrac{y^2}{b^2} = 1$

(x_1, y_1)

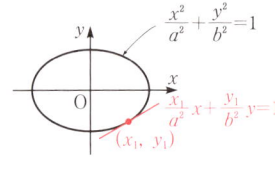

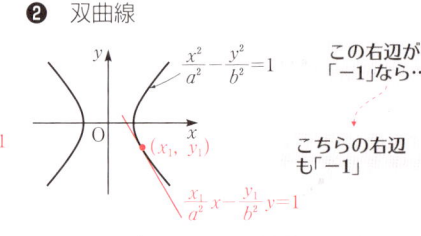

$\dfrac{x_1}{a^2}x - \dfrac{y_1}{b^2}y = 1$

この右辺が「-1」なら…
こちらの右辺も「-1」

補足 要するに，標準形における x, y の 2 乗の片方を，接点の x 座標，y 座標におきかえるだけです．

例題 次の問いに答えよ．

(1) 双曲線 $H : x^2 - y^2 = -1$ 上の点 $A(-1, \sqrt{2})$ における接線 l の方程式を求めよ．

(2) 点 $A(3, 1)$ から楕円 $E : \dfrac{x^2}{9} + \dfrac{y^2}{4} = 1$ へ引いた接線の接点の座標を求めよ．

解説・解き方のコツ

(1) 接点の座標が与えられていますから，単に接線公式に当てはめるだけです．

$l : (-1)x - \sqrt{2}y = -1$.

i.e. $x + \sqrt{2}y = 1$.

補足 右図を見て，この結果が妥当であることを確認しておいてね．

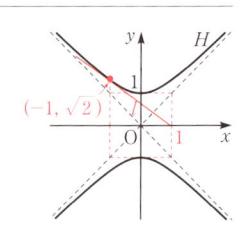

(2) 今度は接点の座標が未知ですから，まずそれを文字で表します．

方法いまいちな
点 (x_1, y_1) における E の接線は $\dfrac{x_1}{9}x + \dfrac{y_1}{4}y = 1$．……

これでもできますが，計算量を減らす有名な手法があります．

正しい方法

楕円 $E: \dfrac{x^2}{3^2} + \dfrac{y^2}{2^2} = 1$ 上の点は $(3\cos\theta,\ 2\sin\theta)$ とパラメタ表示されました（→ITEM 52）．このことを念頭において…

E 上の点を
$$(3\alpha,\ 2\beta),\ \text{ただし}\ \alpha^2 + \beta^2 = 1\ \cdots ①$$
と表す．この点における E の接線は
$$\dfrac{3\alpha}{3^2}x + \dfrac{2\beta}{2^2}y = 1.\ \text{i.e.}\ \dfrac{\alpha}{3}x + \dfrac{\beta}{2}y = 1.$$

これが A$(3,\ 1)$ を通るための条件は
$$\dfrac{\alpha}{3}\cdot 3 + \dfrac{\beta}{2}\cdot 1 = 1.\ \text{i.e.}\ \alpha = 1 - \dfrac{\beta}{2}\ \cdots ②$$

①，②より，$\left(1 - \dfrac{\beta}{2}\right)^2 + \beta^2 = 1.\ \beta(5\beta - 4) = 0.$

これと②より
$$(\alpha,\ \beta) = (1,\ 0),\ \left(\dfrac{3}{5},\ \dfrac{4}{5}\right).\ \cdots ③$$

よって求める接点の座標は
$$(3\alpha,\ 2\beta) = (3,\ 0),\ \left(\dfrac{9}{5},\ \dfrac{8}{5}\right).$$

(注意) ○ 接点を $(3\alpha,\ 2\beta)$ とおいたとき，$\alpha,\ \beta$ が満たす条件式①も書いておくこと．
○ ウッカリ③を「答え」としないように！

(補足) ○「α」，「β」は，実質的には「$\cos\theta$」，「$\sin\theta$」を略記したものです．
○ 図を描いてみると，接点 $(3,\ 0)$ の方はわかってしまいますね．

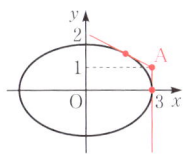

類題 57A 次の曲線の，与えられた点Pにおける接線の方程式を求めよ．

[1] $\dfrac{x^2}{6} + \dfrac{y^2}{3} = 1,\ P(2,\ 1)$ 　　[2] $x^2 + 2y^2 = 5,\ P(1,\ \sqrt{2})$

[3] $x^2 - 3y^2 = 1,\ P(2,\ -1)$ 　　[4] $y^2 = 3x,\ P(2,\ \sqrt{6})$

類題 57B 次の曲線に対して，与えられた点Aから引いた接線の接点の座標を求めよ．

[1] $\dfrac{x^2}{5^2} + \dfrac{y^2}{3^2} = 1,\ A\left(-1,\ \dfrac{21}{5}\right)$ 　　[2] $\dfrac{x^2}{20} + \dfrac{y^2}{5} = 1,\ A(-2,\ 3)$

[3] $\dfrac{x^2}{a^2} - \dfrac{y^2}{b^2} = 1,\ (a > 0,\ b > 0),\ A(0,\ b)$

ITEM 58 極座標

座標平面上で点の位置を表す方法としては，x 座標（「ヨコ」の位置）と y 座標（「タテ」の位置）で表す**直交座標**が有名ですが，それ以外にもう1つ，「距離」と「向き」で表す**極座標**もあります．

幸いにして（？）使用頻度は低いので，それ自身に完璧に習熟していなくていいですから，その代わり…

> **ここがツボ！** $(x, y) \longleftrightarrow (r, \theta)$ の書き変えだけは自由自在に．
> 　　　　　　直交座標　　極座標

基本確認

極座標　定点 O を**極**，半直線 OX を**始線**とする**極座標**においては，右図の点 P は

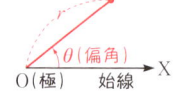

$$P(r, \theta)$$
　　　距離↗　↖向き　　　　「弧度法」を使う

と表される．このとき θ を P の**偏角**という．

直交座標との関係　xy 平面上で，<u>原点 O を極，x 軸の正の部分を始線とする極座標を考える</u>．点 P の直交座標を (x, y)，極座標を (r, θ) とすると，次の関係がある．
　　　　　　　　　　（＊）

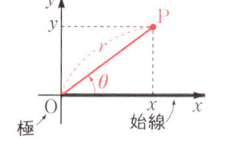

❶ $\begin{cases} x = r\cos\theta \\ y = r\sin\theta \end{cases}$ 　　❷ $r = \sqrt{x^2 + y^2}$

（注意）極が原点 O でない場合もあります．そのときは❶，❷の関係式が微妙に変化するので要注意．

極方程式　ある曲線 C 上の任意の点 P の極座標を (r, θ) として，P が満たすべき条件を r と θ の関係式として表したものを，C の**極方程式**という．

（注意）ふつう，r は 0 以上として考える．　　高校の教科書では「$r < 0$ も考える」とありますが…

例題　次の問いに答えよ．
(1) 直線 $x + y = 1$ を極方程式で表せ．
(2) 極方程式 $r = \sin\theta$ で表される曲線を，直交座標を用いた方程式で表せ．

解説・解き方のコツ

（注意）本問のように，極や始線がとくに明示されていないときは，上記（＊）の設定で考えるのが通例です．したがって，❶，❷がそのまま使えます．

(1) $x = r\cos\theta$, $y = r\sin\theta$ を与式に代入して
$$r\cos\theta + r\sin\theta = 1, \quad r(\cos\theta + \sin\theta) = 1. \quad \cdots ①$$
$$\therefore \quad r = \frac{1}{\cos\theta + \sin\theta}. \quad \cdots ②$$

補足 ○ ①のままで「答え」としてもかまいませんが，極方程式はできれば「$r = f(\theta)$」の形にしておいた方がよさそう…
○ ②式は，「右辺の分母が0にならないθのみ考える」という意味で書かれています．θの定義域をいちいち明記する必要はありません．

(2) $r = \sin\theta$ …① の両辺を r 倍して
$$r^2 = r\sin\theta. \quad \cdots ②$$
$r^2 = x^2 + y^2$, $y = r\sin\theta$ だから，求める方程式は
$$x^2 + y^2 = y. \quad \text{円でした}$$

↑補足 ウルサイ話をすると
$$② \iff \begin{cases} r = \sin\theta & \cdots ① \\ \text{or } r = 0 \end{cases}$$
なので，① $\iff$ ②かどうかはアヤシイのですが，$r = 0$ なる点，つまり原点は，その極座標が $(0, \theta)$ と定められているので曲線①に含まれます．つま
↳何でもよい
り，結局は① $\iff$ ②が成り立ちます．

こんなことグチグチ言わなくても減点されませんよー！

類題 58A ★ 極座標で次のように表される点の直交座標を求めよ．

[1] $\left(2, \dfrac{\pi}{3}\right)$　　[2] $\left(\sqrt{2}, -\dfrac{\pi}{4}\right)$　　[3] $(1, 0)$　　[4] $\left(0, \dfrac{\pi}{12}\right)$

類題 58B ★ 直交座標で次のように表される点の極座標を求めよ．ただし，$0 \leq \theta < 2\pi$ とする．

[1] $(1, 1)$　　[2] $(-\sqrt{3}, 1)$　　[3] $(\sqrt{3}, -3)$　　[4] $(0, 1)$

類題 58C 次の方程式で表される曲線の極方程式を求めよ．

[1] $x = 1$　　　　　　[2] $x^2 + y^2 = 2$　　　　　　[3] $x^2 + (y - \sqrt{3})^2 = 3$

[4] $(x^2 + y^2)^2 = 2(x^2 - y^2)$　　　　↑[5] $y^2 = 4x$（[5]だけは点 $(1, 0)$ を極とせよ）

類題 58D 次の極方程式で表される曲線を，直交座標を用いた方程式で表せ．

[1] $r = \dfrac{1}{\sin\theta}$　　　　[2] $r = \cos\left(\theta - \dfrac{\pi}{4}\right)$　　　　[3] $r = \dfrac{3}{\sqrt{3} + \cos\theta}$

(解答 ▶ 解答編 p.110, 111, 112)

◀ 数学Ⅲ公式集 ▶

[基本数列の極限]

❶ べき関数
$$\lim_{n \to \infty} n^\alpha = \begin{cases} \infty & (\alpha > 0) \\ 1 & (\alpha = 0) \\ 0 & (\alpha < 0) \end{cases}$$

❷ 指数関数
$$\lim_{n \to \infty} r^n = \begin{cases} \infty & (r > 1) \\ 1 & (r = 1) \\ 0 & (-1 < r < 1) \\ 振動 & (r \leq -1) \end{cases}$$

[不等式と極限]

❶ "はさみうち"の手法
$p_n \leq a_n \leq q_n$ のとき
$$\begin{cases} p_n \xrightarrow[n \to \infty]{} \alpha \\ q_n \xrightarrow[n \to \infty]{} \alpha \end{cases} \Longrightarrow a_n \xrightarrow[n \to \infty]{} \alpha$$

❷ "追い出し"の手法
$p_n \leq a_n$ のとき
$$p_n \xrightarrow[n \to \infty]{} \infty \Longrightarrow a_n \xrightarrow[n \to \infty]{} \infty$$

[異種関数による不定形(数列)]

❶ $\displaystyle\lim_{n \to \infty} \frac{n^\alpha}{a^n} = 0 \quad \begin{pmatrix} \alpha > 0 \\ a > 1 \end{pmatrix}$

❷ $\displaystyle\lim_{n \to \infty} \frac{a^n}{n!} = 0 \quad (a > 1)$

[三角関数の極限]

❶ $\displaystyle\lim_{\theta \to 0} \frac{\sin \theta}{\theta} = 1$
❷ $\displaystyle\lim_{\theta \to 0} \frac{\tan \theta}{\theta} = 1$
❸ $\displaystyle\lim_{\theta \to 0} \frac{1 - \cos \theta}{\theta^2} = \frac{1}{2}$

[指数・対数関数の極限]

❶ $e = \displaystyle\lim_{h \to 0} (1 + h)^{\frac{1}{h}}$
❷ $\displaystyle\lim_{x \to \infty} \left(1 + \frac{1}{x}\right)^x = e$

❸ $\displaystyle\lim_{h \to 0} \frac{\log(1 + h)}{h} = 1$
❹ $\displaystyle\lim_{t \to 0} \frac{e^t - 1}{t} = 1$

[異種関数による不定形(関数)]

❶ $\displaystyle\lim_{x \to \infty} \frac{x^\alpha}{e^x} = 0 \quad (\alpha > 0)$
❷ $\displaystyle\lim_{x \to \infty} \frac{\log x}{x^\alpha} = 0 \quad (\alpha > 0)$

[導関数の定義]
$$f'(x) = \lim_{h \to 0} \frac{f(x + h) - f(x)}{h} = \lim_{X \to x} \frac{f(X) - f(x)}{X - x}$$

[微分法の公式]
❶ $\{f(x)g(x)\}' = f'(x)g(x) + f(x)g'(x)$

❷ $\left\{\dfrac{f(x)}{g(x)}\right\}' = \dfrac{f'(x)g(x) - f(x)g'(x)}{g(x)^2}$ ❸ $\{f(g(x))\}' = f'(g(x))g'(x)$

[置換積分法]

$$\int f(g(x))g'(x)\,dx = \int f(t)\,dt \quad (t = g(x))$$

$$\int f(x)\,dx = \int f(g(t))g'(t)\,dt \quad (x = g(t))$$

[部分積分法]

$$\int f'(x)g(x)\,dx = f(x)g(x) - \int f(x)g'(x)\,dx$$

[区分求積法]

$$\lim_{n \to \infty} \sum_{k=1}^{n} f\left(\dfrac{k}{n}\right) \cdot \dfrac{1}{n} = \int_0^1 f(x)\,dx$$

[速度・道のり]

時刻 t における位置が $\begin{pmatrix} x \\ y \end{pmatrix}$ である点 P の

速度は $\begin{pmatrix} \dfrac{dx}{dt} \\ \dfrac{dy}{dt} \end{pmatrix}$　速さは $\sqrt{\left(\dfrac{dx}{dt}\right)^2 + \left(\dfrac{dy}{dt}\right)^2}$

$a \leqq t \leqq b$ において進んだ道のりは　$\displaystyle\int_a^b \sqrt{\left(\dfrac{dx}{dt}\right)^2 + \left(\dfrac{dy}{dt}\right)^2}\,dt$

[ド・モアブルの定理]

$(\cos\theta + i\sin\theta)^n = \cos n\theta + i\sin n\theta$　（n は任意の整数）

[2次曲線]

❶ 楕円

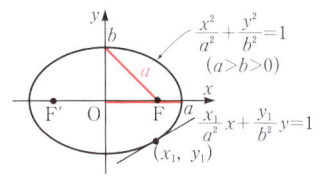

$\dfrac{x^2}{a^2} + \dfrac{y^2}{b^2} = 1$　$(a > b > 0)$

$\dfrac{x_1}{a^2}x + \dfrac{y_1}{b^2}y = 1$

焦点 F, F′ は $(\pm\sqrt{a^2 - b^2},\ 0)$

❷ 双曲線

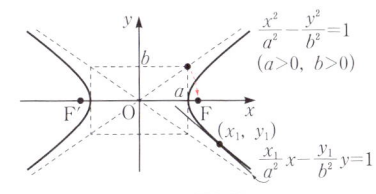

$\dfrac{x^2}{a^2} - \dfrac{y^2}{b^2} = 1$　$(a > 0,\ b > 0)$

$\dfrac{x_1}{a^2}x - \dfrac{y_1}{b^2}y = 1$

焦点 F, F′ は $(\pm\sqrt{a^2 + b^2},\ 0)$

◆著者紹介

●広瀬和之(ひろせ・かずゆき)：河合塾数学科講師

　医学部・東大・東工大などの難関大クラスを中心に授業を担当するかたわら，テストゼミの添削指導，映像授業（河合塾マナビス），各種模試・テキストの作成，高校教員向け講演，著書の執筆と，大学受験関連のありとあらゆる仕事をこなす．当然超多忙ゆえ，満員通勤電車でも散歩しながらでも布団にくるまってでもどこでも問題を解いたり作ったりしている．（これが数学じゃなかったらとっくにストレスで頭がヘンになっている！）

　『あたりまえなことがふつうにできるスキルを身に付ける』ことの重要性・有効性を子供たちに伝えるため，込み入ったパズルのような入試問題を講義する際にも，簡潔で美しい数学的本質を，正しい言葉で，教室の端まで響く声にのせて伝えるという「あたりまえなこと」を日々心掛けている．

　指導の3本柱は
　　　「基本にさかのぼる」，
　　　「現象そのものをあるがままに見る」，
　　　「合理的に計算する」．

　著書に，「合格る計算 数学Ⅰ・A・Ⅱ・B」，「勝てる！センター試験 数学Ⅰ・A 問題集」「勝てる！センター試験 数学Ⅱ・B 問題集」（いずれも文英堂）がある．

　また，著者の個人サイト
　　　http://www7b.biglobe.ne.jp/~daiju/
において，受験に役立つ膨大な量のアドバイス・プリント類を公開しており，すべてフリーでダウンロードできる（携帯電話やスマートフォンからも一部は閲覧可能）．著書に関する補足情報もアップされているので，ぜひチェックしよう．

■図版　㈲デザインスタジオエキス　　よしのぶもとこ

シグマベスト
合格る計算
数学Ⅲ

本書の内容を無断で複写(コピー)・複製・転載することは，著作者および出版社の権利の侵害となり，著作権法違反となりますので，転載等を希望される場合は前もって小社あて許諾を求めてください．

ⓒ広瀬和之　2014　　Printed in Japan

編著者	広瀬和之
発行者	益井英郎
印刷所	NISSHA 株式会社
発行所	株式会社　文英堂

〒601-8121　京都市南区上鳥羽大物町28
〒162-0832　東京都新宿区岩戸町17
（代表）03-3269-4231

●落丁・乱丁はおとりかえします．

積分練習カード

このカードは，本書 ITEM30〜39 で扱った 161 題において，ITEM38 で述べた「手法の選択」を練習するためのものです．（裏面も参照）

【使い方】

カード番号順の配列に飽きたら，完全にランダムに並べてみるのもよいでしょう．

あくまで方針を立てることが主眼なので，解ける見通しが立ったら計算を最後までやり切らずに済ますという使い方もあります．

$\int (x^3 + 3x^2 + 3x + 1)\,dx$

$\int (x^2 + 2x + 3)(x+1)\,dx$

$\int (2x+1)^3\,dx$

$\int_0^1 (x^2+1)^3\,dx$

$\int x(x^2+1)^3\,dx$

$\int_3^5 x(x-3)^2\,dx$

$\int_\alpha^\beta (x-\alpha)^3(\beta-x)^2\,dx$

$\int x^2(x^3+1)^4\,dx$

$\int_0^{\frac{1}{2}} x(1-2x)^n\,dx$
（n は自然数）

$\int_1^2 \frac{1}{x}\,dx$

$\int \frac{dx}{x^2}$

$\int_2^3 \frac{1}{1-x}\,dx$

【記載内容】　　〈裏面〉
〈表面〉　$\dfrac{(x+1)^4}{4}+C$　カード番号 → 1
問題　　　類題 31 [1] ← 問題の答
　　　　　　　　　　　　← 本冊での類題・例題番号
　　　　　2 $x^4+3x^2+3x+1=\underbrace{(x+1)}_{1次式のカタマリ}{}^3$
ITEM 38 での手法番号　解答ワンポイントアドバイス

【カードの配列】
裏面右上のカード番号は，見た目が似ている関数が近くに並ぶようになっています．
番号 1〜57：べき関数中心
番号 58〜98：指数・対数関数中心
番号 99〜161：三角関数中心

$\dfrac{1}{4}(x^2+2x+3)^2+C$　　　　2

類題 38 [1]

4 $\underbrace{(x^2+2x+3)}(x+1)$
　　　　微分する

$\dfrac{(x+1)^4}{4}+C$　　　　1

類題 31 [1]

2 $x^3+3x^2+3x+1=\underbrace{(x+1)}_{1次式のカタマリ}{}^3$

$\dfrac{96}{35}$　　　　4

32 例題 (1)

3 $(x^2+1)^3=x^6+3x^4+3x^2+1$

$\dfrac{(2x+1)^4}{8}+C$　　　　3

31 例題 (1)

2 $\underbrace{2x+1}$ ← 1次式のカタマリ

12　　　　6

類題 32 [7]

3 $x(x-3)^2=(x-3)^3+3(x-3)^2$

$\dfrac{(x^2+1)^4}{8}+C$　　　　5

33 例題

4 $x\underbrace{(x^2+1)}^3$
　　微分する

$\dfrac{1}{15}(x^3+1)^5+C$　　　　8

類題 33 [1]

4 $x^2\underbrace{(x^3+1)}^4$
　　微分する

$\dfrac{1}{60}(\beta-\alpha)^6$　　　　7

類題 38 [2]

6 部分積分法を 2 回 or
3 $\underbrace{x-\alpha}$ について整理

$\log 2$　　　　10

類題 30 [6]

1 $(\log|x|)'=\dfrac{1}{x}$

$\dfrac{1}{4(n+1)(n+2)}$　　　　9

類題 35 [13]

5 $t=1-2x$ とおくと $x=\dfrac{1-t}{2}$

$-\log 2$　　　　12

類題 31 [2]

2 $\dfrac{1}{\underbrace{1-x}}$ ← 1次式のカタマリ

$-\dfrac{1}{x}+C$　　　　11

類題 30 [4]

1 $\left(\dfrac{1}{x}\right)'=-\dfrac{1}{x^2}$

$$\int_0^1 \frac{1}{1+x^2}\,dx \qquad\qquad \int_{-1}^1 \frac{dx}{4-x^2}$$

$$\int \frac{1}{x(x+2)}\,dx \qquad\qquad \int_0^{\sqrt{3}} \frac{dx}{9+x^2}$$

$$\int_0^1 \frac{1}{x^2-2x+2}\,dx \qquad\qquad \int \frac{dx}{(x-2)(x+1)^2}$$

$$\int_{-1}^0 \frac{12}{x^3-8}\,dx \qquad\qquad \int \frac{3x}{2x+1}\,dx$$

$$\int_0^2 \frac{x^2}{x^3+1}\,dx \qquad\qquad \int \frac{x^2}{x-1}\,dx$$

$$\int \frac{2x+1}{x^2+x+1}\,dx \qquad\qquad \int \frac{x+1}{x^2+x-2}\,dx$$

$$\int \frac{x-2}{x^2-4x+3}\,dx \qquad\qquad \int_2^3 \frac{x}{x^2-4x+5}\,dx$$

13
$\dfrac{\pi}{4}$

35 例題 (1)

$\boxed{5}$ $x=\tan\theta$ $\left(-\dfrac{\pi}{2}<\theta<\dfrac{\pi}{2}\right)$ とおく

14
$\dfrac{1}{2}\log 3$

類題 32 [4]

$\boxed{3}$ $\dfrac{1}{4-x^2}=\dfrac{1}{(2+x)(2-x)}=\dfrac{1}{4}\left(\dfrac{1}{2+x}+\dfrac{1}{2-x}\right)$

15
$\dfrac{1}{2}\log\left|\dfrac{x}{x+2}\right|+C$

32 例題 (2)

$\boxed{3}$ $\dfrac{1}{x(x+2)}=\dfrac{1}{2}\left(\dfrac{1}{x}-\dfrac{1}{x+2}\right)$

16
$\dfrac{\pi}{18}$

類題 35 [2]

$\boxed{5}$ $x=3\tan\theta$ $\left(-\dfrac{\pi}{2}<\theta<\dfrac{\pi}{2}\right)$ とおく

17
$\dfrac{\pi}{4}$

類題 35 [6]

$\boxed{5}$ $\dfrac{1}{(x-1)^2+1}\to x-1=\tan\theta$ $\left(-\dfrac{\pi}{2}<\theta<\dfrac{\pi}{2}\right)$ とおく

18
$\dfrac{1}{9}\log\left|\dfrac{x-2}{x+1}\right|+\dfrac{1}{3(x+1)}+C$

類題 39 [1]

$\boxed{3}$ $\dfrac{a}{x-2}+\dfrac{b}{x+1}+\dfrac{c}{(x+1)^2}$ の形にする

19
$-\dfrac{1}{2}\log 3-\dfrac{\sqrt{3}}{6}\pi$

↑ 類題 39 [2]

$\boxed{3}$ $\dfrac{a}{x-2}+\dfrac{bx+c}{x^2+2x+4}$ の形にする→ $\boxed{5}$

20
$\dfrac{3}{2}\left(x-\dfrac{1}{2}\log|2x+1|\right)+C$

類題 32 [2]

$\boxed{3}$ $\dfrac{3x}{2x+1}=\dfrac{3}{2}\left(1-\dfrac{1}{2x+1}\right)$

21
$\dfrac{2}{3}\log 3$

類題 34 [1]

$\boxed{4}$ $\dfrac{x^2}{x^3+1}$ 微分する

22
$\dfrac{(x+1)^2}{2}+\log|x-1|+C$

類題 32 [3]

$\boxed{3}$ $\dfrac{x^2}{x-1}=x+1+\dfrac{1}{x-1}$

23
$\log(x^2+x+1)+C$

類題 33 [2]

$\boxed{4}$ $\dfrac{2x+1}{x^2+x+1}$ 微分する

24
$\dfrac{1}{3}\log|x+2|(x-1)^2+C$

↑ 類題 32 [9]

$\boxed{3}$ $\dfrac{x+1}{(x+2)(x-1)}=\dfrac{1}{3}\left(\dfrac{1}{x+2}+\dfrac{2}{x-1}\right)$

25
$\dfrac{1}{2}\log|(x-1)(x-3)|+C$

類題 38 [3]

$\boxed{3}$ $\dfrac{1}{2}\left(\dfrac{1}{x-1}+\dfrac{1}{x-3}\right)$ or $\boxed{4}$ $\dfrac{x-2}{x^2-4x+3}$ 微分する

26
$\dfrac{\pi}{2}+\dfrac{1}{2}\log 2$

類題 38 [4]

$\boxed{5}$ $\dfrac{x}{(x-2)^2+1}\to x-2=\tan\theta$ $\left(-\dfrac{\pi}{2}<\theta<\dfrac{\pi}{2}\right)$ とおく

$$\int_0^1 \frac{x^5}{(x^2+1)^4}\,dx$$

$$\int \frac{x^3+1}{x^2-4}\,dx$$

$$\int_0^1 \frac{x^5+2x^2}{(1+x^3)^3}\,dx$$

$$\int \frac{x^3-4x^2-x-2}{x^2-5x+4}\,dx$$

$$\int \sqrt{x}\,dx$$

$$\int x\sqrt{x}\,dx$$

$$\int x\sqrt{x+1}\,dx$$

$$\int_0^1 (1-\sqrt{x})^2\,dx$$

$$\int \sqrt{x^2+1}\,dx$$

$$\int_0^1 \sqrt{4-x^2}\,dx$$

$$\int_0^1 x\sqrt{1-x^2}\,dx$$

$$\int_0^1 x^2\sqrt{x}\,dx$$

$$\int_0^1 \sqrt{2x-x^2}\,dx$$

$$\int \sqrt[3]{(3x-1)^2}\,dx$$

27

$$\dfrac{1}{48}$$

⬆ 類題 34 [9]

$\boxed{4}$ $\dfrac{(x^2)^2}{(x^2+1)^4}\cdot x$　微分する

28

$$\dfrac{x^2}{2}+\dfrac{7}{4}\log|x+2|+\dfrac{9}{4}\log|x-2|+C$$

類題 38 [5]

$\boxed{3}$ $x+\dfrac{4x+1}{(x+2)(x-2)}=x+\dfrac{1}{4}\left(\dfrac{7}{x+2}+\dfrac{9}{x-2}\right)$

29

$$\dfrac{7}{24}$$

類題 39 [3]

$\boxed{4}$ $\dfrac{x^3+2}{(1+x^3)^3}x^2$　微分する

30

$$\dfrac{(x+1)^2}{2}+2\log\left|\dfrac{x-1}{x-4}\right|+C$$

類題 32 [8]

$\boxed{3}$ $x+1-\dfrac{6}{(x-1)(x-4)}=x+1+2\left(\dfrac{1}{x-1}-\dfrac{1}{x-4}\right)$

31

$$\dfrac{2}{3}x^{\frac{3}{2}}+C$$

類題 30 [1]

$\boxed{1}$ $\sqrt{x}=x^{\frac{1}{2}}$

32

$$\dfrac{2}{5}x^{\frac{5}{2}}+C$$

30 例題 (1)

$\boxed{1}$ $x\sqrt{x}=x^{\frac{3}{2}}$

33

$$\dfrac{2}{5}(x+1)^{\frac{5}{2}}-\dfrac{2}{3}(x+1)^{\frac{3}{2}}+C$$

類題 35 [8]

$\boxed{5}$ $t=\sqrt{x+1}$ とおくと $x=t^2-1$

34

$$\dfrac{1}{6}$$

類題 32 [1]

$\boxed{3}$ $(1-\sqrt{x})^2=1-2\sqrt{x}+x$

35

$$\dfrac{1}{2}\{x\sqrt{x^2+1}+\log(x+\sqrt{x^2+1})\}+C$$

類題 39 [7]

$\boxed{4}$ $t=x+\sqrt{x^2+1}$ とおくと $x=\dfrac{1}{2}\left(t-\dfrac{1}{t}\right)$

36

$$\dfrac{\pi}{3}+\dfrac{\sqrt{3}}{2}$$

35 例題 (2)

$\boxed{5}$ $x=2\sin\theta\ \left(-\dfrac{\pi}{2}\leqq\theta\leqq\dfrac{\pi}{2}\right)$ とおく

37

$$\dfrac{1}{3}$$

類題 34 [2]

$\boxed{4}$ $x\sqrt{1-x^2}$　微分する

38

$$\dfrac{2}{7}$$

類題 30 [2]

$\boxed{1}$ $x^2\sqrt{x}=x^{\frac{5}{2}}$

39

$$\dfrac{\pi}{4}$$

類題 35 [7]

$\boxed{5}$ $\sqrt{1-(x-1)^2}\to x-1=\sin\theta\ \left(-\dfrac{\pi}{2}\leqq\theta\leqq\dfrac{\pi}{2}\right)$ とおく

40

$$\dfrac{1}{5}(3x-1)^{\frac{5}{3}}+C$$

類題 31 [3]

$\boxed{2}$ $\sqrt[3]{(3x-1)^2}=(3x-1)^{\frac{2}{3}}$　1次式のカタマリ

$$\int \frac{1}{2\sqrt{x}}dx$$

$$\int_1^2 \frac{dx}{1+\sqrt{x-1}}$$

$$\int \frac{1}{\sqrt{x}+\sqrt{x+2}}dx$$

$$\int_1^2 \frac{dx}{(2x-1)\sqrt{2x-1}}$$

$$\int_1^{\sqrt{3}} \frac{dx}{(1+x^2)\sqrt{1+x^2}}$$

$$\int_0^{\frac{\sqrt{2}}{4}} \frac{1}{\sqrt{1-2x^2}}dx$$

$$\int \frac{1}{\sqrt{x^2+1}}dx$$

$$\int_0^{\frac{1}{\sqrt{2}}} \frac{dx}{\sqrt{1-x^2}}$$

$$\int \frac{\sqrt{x^2+1}}{x}dx$$

$$\int_0^1 \frac{1-x}{\sqrt{x+1}}dx$$

$$\int_0^1 \frac{\sqrt{1+2x}}{1+x}dx$$

$$\int_0^{\frac{1}{2}} \frac{x+1}{\sqrt{1-x^2}}dx$$

$$\int \frac{x}{\sqrt{3-x^2}}dx$$

$$\int_0^1 \frac{x^2}{\sqrt{4-x^2}}dx$$

$\sqrt{x}+C$　　　　　　　　　　　41

類題 30 [3]

$\boxed{1}$ $(\sqrt{x})'=\dfrac{1}{2\sqrt{x}}$

$2(1-\log 2)$　　　　　　　　　42

類題 35 [10]

$\boxed{5}$ $t=\sqrt{x-1}$ とおくと $x=t^2+1$

$\dfrac{1}{3}\{(x+2)^{\frac{3}{2}}-x^{\frac{3}{2}}\}+C$　　　　43

類題 32 [5]

$\boxed{3}$ $\dfrac{1}{\sqrt{x}+\sqrt{x+2}}=\dfrac{1}{2}(\sqrt{x+2}-\sqrt{x})$

$1-\dfrac{1}{\sqrt{3}}$　　　　　　　　　　44

類題 31 [4]

$\boxed{2}$ $\dfrac{1}{(2x-1)\sqrt{2x-1}}=(2x-1)^{-\frac{3}{2}}$ ←1次式のカタマリ

$\dfrac{\sqrt{3}-\sqrt{2}}{2}$　　　　　　　　　45

類題 35 [4]

$\boxed{5}$ $x=\tan\theta$ $\left(-\dfrac{\pi}{2}<\theta<\dfrac{\pi}{2}\right)$ とおく

$\dfrac{\pi}{6\sqrt{2}}$　　　　　　　　　　46

類題 35 [3]

$\boxed{5}$ $x=\dfrac{1}{\sqrt{2}}\sin\theta$ $\left(-\dfrac{\pi}{2}\leqq\theta\leqq\dfrac{\pi}{2}\right)$ とおく

$\log(x+\sqrt{x^2+1})+C$　　　　　47

類題 39 [6]

$\boxed{5}$ $t=x+\sqrt{x^2+1}$ とおく

$\dfrac{\pi}{4}$　　　　　　　　　　　48

類題 35 [1]

$\boxed{5}$ $x=\sin\theta$ $\left(-\dfrac{\pi}{2}\leqq\theta\leqq\dfrac{\pi}{2}\right)$ とおく

$\sqrt{x^2+1}+\log\dfrac{\sqrt{x^2+1}-1}{|x|}+C$　　　49

類題 39 [5]

$\boxed{4}$ $\dfrac{\sqrt{x^2+1}}{x^2}x$ →$\boxed{5}$ ←ビ分する

$\dfrac{1}{3}$　　　　　　　　　　　50

類題 32 [6]

$\boxed{3}$ $\dfrac{1-x}{\sqrt{x}+1}=\dfrac{1-(\sqrt{x})^2}{\sqrt{x}+1}=1-\sqrt{x}$

$2(\sqrt{3}-1)-\dfrac{\pi}{6}$　　　　　　　51

類題 39 [4]

$\boxed{5}$ $t=\sqrt{1+2x}$ とおくと $x=\dfrac{t^2-1}{2}$ →再び $\boxed{5}$

$-\dfrac{\sqrt{3}}{2}+1+\dfrac{\pi}{6}$　　　　　　52

類題 38 [6]

$\boxed{5}$ $x=\sin\theta$ $\left(-\dfrac{\pi}{2}\leqq\theta\leqq\dfrac{\pi}{2}\right)$ とおく

$-\sqrt{3-x^2}+C$　　　　　　　53

類題 33 [3]

$\boxed{4}$ $\dfrac{x}{\sqrt{3-x^2}}$ ←ビ分する

$\dfrac{\pi}{3}-\dfrac{\sqrt{3}}{2}$　　　　　　　　54

類題 35 [5]

$\boxed{5}$ $x=2\sin\theta$ $\left(-\dfrac{\pi}{2}\leqq\theta\leqq\dfrac{\pi}{2}\right)$ とおく

$$\int_1^2 \frac{x^2}{\sqrt{2x-1}}\,dx$$

$$\int \frac{x^3}{\sqrt{x^2+1}}\,dx$$

$$\int_0^{\sqrt{3}} \frac{x}{\sqrt{x^2+1}-x}\,dx$$

$$\int 2^x\,dx$$

$$\int \frac{1}{e^x}\,dx$$

$$\int xe^x\,dx$$

$$\int_0^2 xe^{-x}\,dx$$

$$\int (x-1)e^{-x}\,dx$$

$$\int_0^1 xe^{-x^2}\,dx$$

$$\int x^2 e^{-x}\,dx$$

$$\int_{-1}^1 (x^2+1)e^{-x}\,dx$$

$$\int_1^2 (x^2+2x)e^{2x}\,dx$$

$$\int x^3 e^x\,dx$$

$$\int x^3 e^{x^2}\,dx$$

$\dfrac{6}{5}\sqrt{3}-\dfrac{7}{15}$ 55

類題 35 [9]

5 $t=\sqrt{2x-1}$ とおくと $x=\dfrac{t^2+1}{2}$

$\dfrac{1}{3}(x^2+1)^{\frac{3}{2}}-\sqrt{x^2+1}+C$ 56

類題 33 [4]

4 $\dfrac{x^2}{\sqrt{x^2+1}}\cdot x$ ビ分する

$\dfrac{7}{3}+\sqrt{3}$ 57

類題 38 [7]

3 分母を有理化すると，4 $x\sqrt{x^2+1}+x^2$
　　　　　　　　　　　　　　　　ビ分する

$\dfrac{2^x}{\log 2}+C$ 58

類題 31 [9]

2 $2^x=e^{(\log 2)x}$ ← 1次式のカタマリ

$-e^{-x}+C$ 59

31 例題 (2)

2 $\dfrac{1}{e^x}=e^{-x}$ ← 1次式のカタマリ

$(x-1)e^x+C$ 60

類題 36 [1]

6 部分積分法 xe^x
　　　　　　ビ分する 積分する

$1-\dfrac{3}{e^2}$ 61

類題 37 [2]

6 部分積分法 xe^{-x}
　　　　　　ビ分する 積分する

$-xe^{-x}+C$ 62

類題 36 [6]

6 部分積分法 $(x-1)e^{-x}$
　　　　　　ビ分する 積分する

$\dfrac{1}{2}\left(1-\dfrac{1}{e}\right)$ 63

類題 34 [7]
　　　ビ分する
4 xe^{-x^2}

$-(x^2+2x+2)e^{-x}+C$ 64

類題 36 [7]

6 部分積分法を 2 回 x^2e^{-x}
　　　　　　　　　　ビ分する 積分する

$2e-\dfrac{6}{e}$ 65

37 例題 (2)

6 部分積分法を 2 回 $(x^2+1)e^{-x}$
　　　　　　　　　　ビ分する 積分する

$\dfrac{1}{4}(11e^4-3e^2)$ 66

類題 37 [7]

6 部分積分法を 2 回 $(x^2+2x)e^{2x}$
　　　　　　　　　　ビ分する 積分する

$(x^3-3x^2+6x-6)e^x+C$ 67

類題 36 [11]

6 部分積分法を 3 回 x^3e^x
　　　　　　　　　　ビ分する 積分する

$\dfrac{1}{2}(x^2-1)e^{x^2}+C$ 68

類題 39 [25]

4 $x\cdot x^2e^{x^2}$ → 6 部分積分法
　ビ分する

$$\int \left(\frac{e^x+e^{-x}}{2}\right)^2 dx$$

$$\int \frac{1}{1+e^x} dx$$

$$\int \frac{1}{1+e^{-x}} dx$$

$$\int \frac{e^{2x}-1}{e^x-1} dx$$

$$\int \frac{e^{3x}-1}{e^x-1} dx$$

$$\int \frac{e^{3x}-1}{e^{2x}-1} dx$$

$$\int \frac{e^x+1}{e^x-e^{-x}} dx$$

$$\int \frac{2e^x+1}{e^x-e^{-x}} dx$$

$$\int \frac{e^x-e^{-x}}{e^x+e^{-x}} dx$$

$$\int \frac{e^x}{(e^x+1)^2} dx$$

$$\int_0^2 e^x\sqrt{e^x}\, dx$$

$$\int \sqrt{1+e^x}\, dx$$

$$\int_0^1 \sqrt{1+\left(\frac{e^x-e^{-x}}{2}\right)^2}\, dx$$

$$\int \log x\, dx$$

$\dfrac{1}{4}\left(\dfrac{1}{2}e^{2x}+2x-\dfrac{1}{2}e^{-2x}\right)+C$ 69

類題 32 [16]

$\boxed{3}\ \left(\dfrac{e^x+e^{-x}}{2}\right)^2=\dfrac{1}{4}(e^{2x}+2+e^{-2x})$

$x-\log(e^x+1)+C$ 70

類題 35 [11]

$\boxed{5}\ t=e^x$ とおくと $x=\log t$

$\log(e^x+1)+C$ 71

類題 38 [18]

$\boxed{5}\ t=e^x$ とおくと $x=\log t$ or $\boxed{4}\ \dfrac{e^x}{e^x+1}$ ←ビ分する

---

e^x+x+C 72

類題 32 [17]

$\boxed{3}\ \dfrac{(e^x)^2-1}{e^x-1}=e^x+1$

$\dfrac{1}{2}e^{2x}+e^x+x+C$ 73

類題 38 [19]

$\boxed{3}\ \dfrac{(e^x)^3-1}{e^x-1}=e^{2x}+e^x+1$

$e^x+x-\log(e^x+1)+C$ 74

類題 38 [20]

$\boxed{5}\ t=e^x$ とおくと $x=\log t \to \boxed{3}$

$\log|e^x-1|+C$ 75

類題 35 [12]

$\boxed{5}\ t=e^x$ とおくと $x=\log t$

$\dfrac{1}{2}\log(e^x+1)|e^x-1|^3+C$ 76

類題 39 [23]

$\boxed{5}\ t=e^x$ とおくと $x=\log t \to \boxed{3}$

$\log(e^x+e^{-x})+C$ 77

類題 33 [10]

$\boxed{4}\ \dfrac{e^x-e^{-x}}{e^x+e^{-x}}$ ←ビ分する

$-\dfrac{1}{e^x+1}+C$ 78

類題 33 [11]

$\boxed{4}\ \dfrac{e^x}{(e^x+1)^2}$ ←ビ分する

$\dfrac{2}{3}(e^3-1)$ 79

類題 31 [8]

$\boxed{2}\ e^x\sqrt{e^x}=e^{\frac{3}{2}x}$ ←1次式のカタマリ

$2\sqrt{1+e^x}+\log\dfrac{\sqrt{1+e^x}-1}{\sqrt{1+e^x}+1}+C$ 80

↑ **類題 39** [26]

$\boxed{5}\ t=\sqrt{1+e^x}$ とおくと $x=\log(t^2-1) \to \boxed{3}$

$\dfrac{1}{2}\left(e-\dfrac{1}{e}\right)$ 81

類題 39 [24]

$\boxed{3}\ \sqrt{\dfrac{4+e^{2x}-2+e^{-2x}}{4}}=\dfrac{e^x+e^{-x}}{2}$

$x\log x-x+C$ 82

36 例題 (2)

$\boxed{6}$ 部分積分法 $1\cdot\log x$
            積分する ビ分する

$$\int (\log x)^2 \, dx$$

$$\int_0^1 \log(x+1) \, dx$$

$$\int \log(x^2 - 4) \, dx$$

$$\int_1^2 \log \frac{x+1}{2x} \, dx$$

$$\int_0^1 x \log(x+1) \, dx$$

$$\int_1^e x \log(ex) \, dx$$

$$\int x \log x \, dx$$

$$\int \frac{dx}{x \log x}$$

$$\int_e^{e^2} \frac{\log x}{x} \, dx$$

$$\int x^2 \log x \, dx$$

$$\int x (\log x)^2 \, dx$$

$$\int_1^e x^3 \log x \, dx$$

$$\int \frac{\log x}{x^3} \, dx$$

$$\int \frac{(\log x)^3}{x} \, dx$$

83

$x(\log x)^2 - 2x\log x + 2x + C$

類題 36 [4]

6 部分積分法 $1 \cdot (\log x)^2$
   積分する ビ分する

84

$2\log 2 - 1$

類題 31 [10]

2 $\log (x+1)$　1次式のカタマリ

85

$x\log(x^2-4) - 2x - 2\log\left|\dfrac{x-2}{x+2}\right| + C$

類題 39 [27]

6 $1 \cdot \log(x^2-4)$ とみて部分積分法 or 3

86

$\log \dfrac{27}{32}$

類題 38 [22]

3 $\log(x+1) - \log x - \log 2$

87

$\dfrac{1}{4}$

類題 37 [6]

6 部分積分法 $x\log(x+1)$
   積分する ビ分する

88

$\dfrac{3}{4}e^2 - \dfrac{1}{4}$

類題 37 [4]

6 部分積分法 $x\log(ex)$
   積分する ビ分する

89

$\dfrac{x^2}{2}\log x - \dfrac{x^2}{4} + C$

類題 36 [3]

6 部分積分法 $x\log x$
   積分する ビ分する

90

$\log|\log x| + C$

類題 33 [12]

4 $\dfrac{1}{\log x} \cdot \dfrac{1}{x}$　ビ分する

91

$\dfrac{3}{2}$

類題 34 [8]

4 $\log x \cdot \dfrac{1}{x}$　ビ分する

92

$\dfrac{x^3}{3}\log x - \dfrac{x^3}{9} + C$

類題 36 [9]

6 部分積分法 $x^2\log x$
   積分する ビ分する

93

$\dfrac{x^2}{2}\left\{(\log x)^2 - \log x + \dfrac{1}{2}\right\} + C$

類題 36 [10]

6 部分積分法を2回 $x(\log x)^2$
   積分する ビ分する

94

$\dfrac{3e^4+1}{16}$

37 例題 (1)

6 部分積分法 $x^3 \log x$
   積分する ビ分する

95

$-\dfrac{2\log x + 1}{4x^2} + C$

38 例題 (2)

6 部分積分法 $\log x \cdot \dfrac{1}{x^3}$
   ビ分する 積分する

96

$\dfrac{(\log x)^4}{4} + C$

38 例題 (1)

4 $(\log x)^3 \cdot \dfrac{1}{x}$　ビ分する

$$\int \sqrt{x}\log\sqrt{x}\,dx$$

$$\int_1^{e^2} \frac{\log x}{\sqrt{x}}\,dx$$

$$\int \sin \pi x\,dx$$

$$\int_0^{\frac{3}{2}\pi} \cos 2x\,dx$$

$$\int \tan x\,dx$$

$$\int \sin\sqrt{x}\,dx$$

$$\int \frac{1}{\sin x}\,dx$$

$$\int \frac{1}{\cos x}\,dx$$

$$\int \frac{1}{\tan x}\,dx$$

$$\int_0^{\frac{\pi}{3}} \frac{dx}{1-\sin x}$$

$$\int \frac{dx}{1+\cos x}$$

$$\int x\sin x\,dx$$

$$\int_0^1 x\sin \pi x\,dx$$

$$\int (x+1)\sin x\,dx$$

97
$\dfrac{1}{3}x^{\frac{3}{2}}\log x - \dfrac{2}{9}x^{\frac{3}{2}} + C$

類題 38 [21]

6 部分積分法 $\dfrac{1}{2}\sqrt{x}\log x$
　　　　　　　　　積分する　ビ分する

98
4

類題 37 [5]

6 部分積分法 $\dfrac{1}{\sqrt{x}} \cdot \log x$
　　　　　　　　　積分する　ビ分する

99
$-\dfrac{1}{\pi}\cos \pi x + C$

類題 31 [5]

2 $\boxed{\sin \pi x}$ ← 1次式のカタマリ

100
0

類題 31 [6]

2 $\boxed{\cos 2x}$ ← 1次式のカタマリ

101
$-\log|\cos x| + C$

類題 33 [6]

4 $\tan x = \dfrac{\sin x}{\boxed{\cos x}}$ ビ分する

102
$-2\sqrt{x}\cos\sqrt{x} + 2\sin\sqrt{x} + C$

類題 39 [22]

5 $t = \sqrt{x}$ とおくと $x = t^2 \to$ 6

103
$\dfrac{1}{2}\log\dfrac{1-\cos x}{1+\cos x} + C$ or $\log\left|\tan\dfrac{x}{2}\right| + C$

39 例題

4 $\dfrac{\sin x}{1-\boxed{\cos^2 x}}$ ビ分する or $\dfrac{1}{\tan\dfrac{x}{2}} \cdot \dfrac{1}{2\cos^2\dfrac{x}{2}}$ ビ分する

104
$\dfrac{1}{2}\log\dfrac{1+\sin x}{1-\sin x} + C$

類題 39 [13]

4 $\dfrac{\cos x}{1-\boxed{\sin^2 x}}$ ビ分する

105
$\log|\sin x| + C$

類題 33 [7]

4 $\dfrac{1}{\tan x} = \dfrac{\cos x}{\boxed{\sin x}}$ ビ分する

106
$\sqrt{3}+1$

類題 39 [17]

3 $\dfrac{1+\sin x}{\cos^2 x} = \dfrac{1}{\cos^2 x} + \dfrac{\sin x}{\boxed{\cos^2 x}}$ ビ分する

107
$\tan\dfrac{x}{2} + C$

類題 39 [16]

2 $\dfrac{1}{2\cos^2\boxed{\dfrac{x}{2}}}$ ← 1次式のカタマリ

108
$-x\cos x + \sin x + C$

36 例題 (1)

6 部分積分法 $x\sin x$
　　　　　　　　ビ分する　積分する

109
$\dfrac{1}{\pi}$

類題 37 [1]

6 部分積分法 $x\sin \pi x$
　　　　　　　　ビ分する　積分する

110
$-(x+1)\cos x + \sin x + C$

類題 36 [5]

6 部分積分法 $(x+1)\sin x$
　　　　　　　　ビ分する　積分する

$$\int x\cos 2x\,dx$$

$$\int_0^{\frac{\pi}{2}} x^2\cos x\,dx$$

$$\int x^2\sin \pi x\,dx$$

$$\int_0^{\frac{\pi}{2}} \sin^2 x\,dx$$

$$\int_{\frac{\pi}{6}}^{\frac{\pi}{2}} \cos^2 x\,dx$$

$$\int \tan^2 x\,dx$$

$$\int_{\frac{\pi}{6}}^{\frac{\pi}{3}} \frac{d\theta}{\sin^2 \theta}$$

$$\int_0^{\frac{\pi}{3}} \frac{dx}{\cos^2 x}$$

$$\int \frac{1}{\cos^2 \frac{x}{2}}\,dx$$

$$\int_0^{\frac{\pi}{4}} \frac{x}{\cos^2 x}\,dx$$

$$\int \sin x \cos x\,dx$$

$$\int_0^{\pi} \sin 5x \sin 2x\,dx$$

$$\int \frac{1}{\sin x \cos x}\,dx$$

$$\int \frac{\tan x}{\cos x}\,dx$$

$\dfrac{x}{2}\sin 2x + \dfrac{1}{4}\cos 2x + C$ 111 類題 36 [2] ⑥ 部分積分法　$x\cos 2x$ 　　　ビ分する｜積分する	$\dfrac{\pi^2}{4}-2$ 112 類題 37 [8] ⑥ 部分積分法を 2 回　$x^2\cos x$ 　　　ビ分する｜積分する
$\left(\dfrac{2}{\pi^3}-\dfrac{x^2}{\pi}\right)\cos\pi x + \dfrac{2}{\pi^2}x\sin\pi x + C$ 113 類題 36 [8] ⑥ 部分積分法を 2 回　$x^2\sin\pi x$ 　　　ビ分する｜積分する	$\dfrac{\pi}{4}$ 114 32 例題 (3) ③ $\sin^2 x = \dfrac{1-\cos 2x}{2}$
$\dfrac{\pi}{6}-\dfrac{\sqrt{3}}{8}$ 115 類題 32 [10] ③ $\cos^2 x = \dfrac{1+\cos 2x}{2}$	$\tan x - x + C$ 116 類題 32 [15] ③ $\tan^2 x = \dfrac{1}{\cos^2 x}-1$
$\dfrac{2}{\sqrt{3}}$ 117 類題 30 [5] ① $\left(\dfrac{1}{\tan\theta}\right)' = -\dfrac{1}{\sin^2\theta}$	$\sqrt{3}$ 118 30 例題 (2) ① $(\tan x)' = \dfrac{1}{\cos^2 x}$
$2\tan\dfrac{x}{2}+C$ 119 類題 31 [7] ② $\dfrac{1}{\cos^2\boxed{\dfrac{x}{2}}}$　1 次式のカタマリ	$\dfrac{\pi}{4}-\dfrac{1}{2}\log 2$ 120 類題 37 [3] ⑥ 部分積分法　$x\cdot\dfrac{1}{\cos^2 x}$ 　　　ビ分する｜積分する
$-\dfrac{1}{4}\cos 2x + C$ 121 類題 32 [11] ③ $\sin x\cos x = \dfrac{1}{2}\sin 2x$	0 122 類題 32 [14] ③ $\sin 5x\sin 2x = -\dfrac{1}{2}(\cos 7x - \cos 3x)$
$\log|\tan x| + C$ 123 類題 39 [14] ④ $\dfrac{1}{\sin x\cos x} = \dfrac{1}{\tan x}\cdot\dfrac{1}{\cos^2 x}$　ビ分する	$\dfrac{1}{\cos x}+C$ 124 類題 38 [16] ④ $\dfrac{\sin x}{\cos^2 x}$　ビ分する

$$\int \sin^3 \theta \, d\theta$$

$$\int \cos^3 x \, dx$$

$$\int_0^{\frac{\pi}{2}} \cos^4 x \, dx$$

$$\int_0^{\frac{\pi}{2}} \cos^5 x \, dx$$

$$\int \frac{dx}{\cos^4 x}$$

$$\int \cos^2 \theta \sin \theta \, d\theta$$

$$\int \sin^2 3\theta \cos 2\theta \, d\theta$$

$$\int \sin^2 \theta \cos^2 \theta \, d\theta$$

$$\int \sin^3 \theta \cos^2 \theta \, d\theta$$

$$\int_0^{\frac{\pi}{2}} \sin^3 x \cos^4 x \, dx$$

$$\int_{\frac{\pi}{4}}^{\frac{\pi}{3}} \frac{\sin^2 x}{\cos^4 x} \, dx$$

$$\int x \sin^2 x \, dx$$

$$\int x \tan^2 x \, dx$$

$$\int x \sin x \cos x \, dx$$

125
$$\frac{\cos^3\theta}{3}-\cos\theta+C$$
類題 33 [8]
[4] $\sin^3\theta=(1-\cos^2\theta)\sin\theta$
　　　　　　　ビ分する

126
$$\sin x-\frac{\sin^3 x}{3}+C \text{ or } \frac{1}{12}\sin 3x+\frac{3}{4}\sin x+C$$
38 例題 (3)
[4] $(1-\sin^2 x)\cos x$ or [3] 3倍角公式利用
　　　　ビ分する

127
$$\frac{3}{16}\pi$$
類題 38 [10]
[3] $\left(\dfrac{1+\cos 2x}{2}\right)^2=\dfrac{1}{4}\left(1+2\cos 2x+\dfrac{1+\cos 4x}{2}\right)$

128
$$\frac{8}{15}$$
類題 38 [11]
[4] $(\cos^2 x)^2\cos x=(1-\sin^2 x)^2\cos x$
　　　　　　　　　　ビ分する

129
$$\tan x+\frac{\tan^3 x}{3}+C$$
類題 38 [17]
[4] $\dfrac{1}{\cos^4 x}=(1+\tan^2 x)\cdot\dfrac{1}{\cos^2 x}$
　　　　　　　ビ分する

130
$$-\frac{1}{3}\cos^3\theta+C$$
類題 33 [5]
[4] $\cos^2\theta\sin\theta$
　　　ビ分する

131
$$\frac{1}{4}\sin 2\theta-\frac{1}{32}\sin 8\theta-\frac{1}{16}\sin 4\theta+C$$
類題 38 [12]
[3] $\dfrac{1-\cos 6\theta}{2}\cos 2\theta=\dfrac{1}{2}\left\{\cos 2\theta-\dfrac{1}{2}(\cos 8\theta+\cos 4\theta)\right\}$

132
$$\frac{1}{8}\left(\theta-\frac{1}{4}\sin 4\theta\right)+C$$
類題 38 [8]
[3] $\dfrac{1}{4}\sin^2 2\theta=\dfrac{1}{8}(1-\cos 4\theta)$

133
$$-\frac{\cos^3\theta}{3}+\frac{\cos^5\theta}{5}+C$$
類題 38 [9]
[4] $\sin\theta(\cos^2\theta-\cos^4\theta)$
　　　　　　ビ分する

134
$$\frac{2}{35}$$
類題 34 [3]
[4] $\sin x(\cos^4 x-\cos^6 x)$
　　　　　ビ分する

135
$$\sqrt{3}-\frac{1}{3}$$
類題 34 [6]
[4] $\dfrac{\sin^2 x}{\cos^4 x}=\tan^2 x\cdot\dfrac{1}{\cos^2 x}$
　　　　　　　　ビ分する

136
$$\frac{x^2}{4}-\frac{x}{4}\sin 2x-\frac{1}{8}\cos 2x+C$$
類題 39 [10]
[3] $x\cdot\dfrac{1-\cos 2x}{2}\to$ [6] 部分積分法

137
$$x\tan x+\log|\cos x|-\frac{x^2}{2}+C$$
類題 39 [12]
[3] $x\left(\dfrac{1}{\cos^2 x}-1\right)\to$ [6] 部分積分法

138
$$-\frac{x}{4}\cos 2x+\frac{1}{8}\sin 2x+C$$
類題 39 [9]
[3] $x\cdot\dfrac{\sin 2x}{2}\to$ [6] 部分積分法

$$\int x\cos^3 x\,dx$$

$$\int_{-\frac{\pi}{2}}^{\frac{\pi}{2}}(x^2-\sin x)\,dx$$

$$\int_0^{\frac{\pi}{3}}(\cos x-2\sin x)\,dx$$

$$\int(\cos x-x\sin x)\,dx$$

$$\int_0^{\pi}(1+\cos\theta)^2\,d\theta$$

$$\int_0^{\pi}(\sin\theta+\cos\theta)^2\,d\theta$$

$$\int_0^{\pi}\left(\sin x-\frac{1}{2}\sin 2x\right)^2 dx$$

$$\int(\sin^4\theta+\cos^4\theta)\,d\theta$$

$$\int_0^{\frac{\pi}{2}}(3\cos\theta-\cos 3\theta)(\cos\theta-\cos 3\theta)\,d\theta$$

$$\int_0^{\pi}\theta\sin\theta(\cos\theta+\theta\sin\theta)\,d\theta$$

$$\int_0^{\frac{\pi}{4}}\frac{dx}{\sin^2 x+3\cos^2 x}$$

$$\int\frac{\sin x-\cos x}{\sin x+\cos x}\,dx$$

$$\int_0^{\frac{\pi}{2}}\frac{\sin\theta}{1+\cos\theta}\,d\theta$$

$$\int_0^{\frac{\pi}{2}}\frac{\sin^2\theta}{1+\cos\theta}\,d\theta$$

139
$\dfrac{x}{4}\left(\dfrac{1}{3}\sin 3x+3\sin x\right)+\dfrac{1}{4}\left(\dfrac{1}{9}\cos 3x+3\cos x\right)+C$

類題 39 [11]

$\boxed{3}$ $x\cdot\dfrac{\cos 3x+3\cos x}{4}$ → $\boxed{6}$ 部分積分法

140
$\dfrac{\pi^3}{12}$

類題 30 [8]

$\boxed{1}$ x^2：偶関数，$\sin x$：奇関数

141
$\dfrac{\sqrt{3}}{2}-1$

類題 30 [7]

$\boxed{1}$ 和や差はバラバラに積分してよい

142
$x\cos x+C$

類題 38 [24]

$(x\cos x)'=\cos x-x\sin x$

143
$\dfrac{3}{2}\pi$

類題 32 [12]

$\boxed{3}$ $(1+\cos\theta)^2=1+2\cos\theta+\dfrac{1+\cos 2\theta}{2}$

144
π

類題 32 [13]

$\boxed{3}$ $(\sin\theta+\cos\theta)^2=1+\sin 2\theta$

145
$\dfrac{5}{8}\pi$

類題 38 [15]

$\boxed{3}$ $\dfrac{1-\cos 2x}{2}+\dfrac{\cos 3x-\cos x}{2}+\dfrac{1-\cos 4x}{8}$

146
$\dfrac{1}{4}\left(3\theta+\dfrac{1}{4}\sin 4\theta\right)+C$

類題 39 [8]

$\boxed{3}$ $(\sin^2\theta+\cos^2\theta)^2-2\sin^2\theta\cos^2\theta=1-\dfrac{1-\cos 4\theta}{4}$

147
π

類題 39 [20]

$\boxed{3}$ $3\cdot\dfrac{1+\cos 2\theta}{2}-4\cdot\dfrac{\cos 4\theta+\cos 2\theta}{2}+\dfrac{1+\cos 6\theta}{2}$

148
$\dfrac{\pi^3}{6}-\dfrac{\pi}{2}$

類題 39 [21]

$\boxed{3}$ $\theta\cdot\dfrac{\sin 2\theta}{2}+\theta^2\cdot\dfrac{1-\cos 2\theta}{2}$ → $\boxed{6}$ 部分積分法

149
$\dfrac{\sqrt{3}}{18}\pi$

類題 39 [19]

$\boxed{4}$ $\dfrac{1}{\tan^2 x+3}\cdot\dfrac{1}{\cos^2 x}$ (ヒ分する) → $\boxed{5}$

150
$-\log|\sin x+\cos x|+C$

類題 33 [9]

$\boxed{4}$ $\dfrac{\sin x-\cos x}{\sin x+\cos x}$ (ヒ分する)

151
$\log 2$

類題 38 [13]

$\boxed{4}$ $\dfrac{\sin\theta}{1+\cos\theta}$ (ヒ分する)

152
$\dfrac{\pi}{2}-1$

類題 38 [14]

$\boxed{3}$ $\dfrac{1-\cos^2\theta}{1+\cos\theta}=1-\cos\theta$

$$\int \frac{\sin x}{\cos^2 x + 4\sin^2 x}\,dx$$

$$\int_0^{\frac{\pi}{4}} \frac{(1+\tan x)^3}{\cos^2 x}\,dx$$

$$\int_0^{\pi} \sqrt{1+\cos x}\,dx$$

$$\int_0^{\frac{\pi}{2}} \frac{\cos x}{\sqrt{1+\sin x}}\,dx$$

$$\int_{\frac{\pi}{6}}^{\frac{\pi}{2}} \frac{\cos\theta}{\sqrt{1+2\sin\theta}}\,d\theta$$

$$\int_0^{\frac{\pi}{2}} e^{-x}\cos 2x\,dx$$

$$\int e^x \cos x\,dx$$

$$\int e^{2x} \sin 3x\,dx$$

$$\int (\sin x + \cos x)e^{-x}\,dx$$

$\dfrac{15}{4}$ 154	$\dfrac{1}{4\sqrt{3}}\log\dfrac{2-\sqrt{3}\cos x}{2+\sqrt{3}\cos x}+C$ 153
類題 34 [5]	**類題 39** [18]
$\boxed{4}\ (1+\tan x)^3 \cdot \dfrac{1}{\cos^2 x}$ ビ分する	$\boxed{4}\ \dfrac{\sin x}{4-3\cos^2 x}$ ビ分する
$2(\sqrt{2}-1)$ 156	$2\sqrt{2}$ 155
34 例題	**類題 39** [15]
$\boxed{4}\ \dfrac{\cos x}{\sqrt{1+\sin x}}$ ビ分する	$\sqrt{2\cos^2\dfrac{x}{2}}=\sqrt{2}\cos\dfrac{x}{2}$
$\dfrac{1}{5}(1+e^{-\frac{\pi}{2}})$ 158	$\sqrt{3}-\sqrt{2}$ 157
類題 37 [9]	**類題 34** [4]
$\boxed{6}$ 部分積分法 2 回で方程式を作る	$\boxed{4}\ \dfrac{\cos\theta}{\sqrt{1+2\sin\theta}}$ ビ分する
$\dfrac{1}{13}e^{2x}(2\sin 3x-3\cos 3x)+C$ 160	$\dfrac{1}{2}e^x(\cos x+\sin x)+C$ 159
類題 36 [13]	**類題 36** [12]
$\boxed{6}$ 部分積分法 2 回で方程式を作る	$\boxed{6}$ 部分積分法 2 回で方程式を作る
	$-e^{-x}\cos x+C$ 161
	類題 38 [23]
	$(e^{-x}\cos x)'=-e^{-x}\cos x-e^{-x}\sin x$

合格る計算 数学Ⅲ

解答編

類題1〜類題58Dの解答

文英堂

1

[1] $y=\dfrac{3}{x}$ のグラフ は右図のとおり．

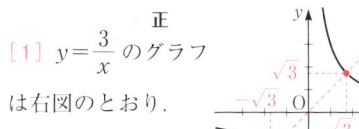

> 〔補足〕
> できれば，直線 $y=x$ との交点や，グラフ上にある $(3,1)$ などのいくつかの点を意識して曲線を描きましょう．

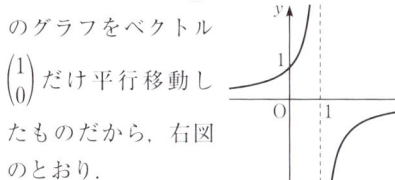

[2] $y=\dfrac{1}{1-x}=\dfrac{-1}{x-1}$ …①

のグラフは，$y=\dfrac{-1}{x}$ のグラフをベクトル $\begin{pmatrix}1\\0\end{pmatrix}$ だけ平行移動したものだから，右図のとおり．

> 〔補足〕
> 慣れたらいちいち「平行移動」など考えず，①から一気にグラフを描いちゃいます．

[3] $y=\dfrac{x+1}{2x}$

$=\dfrac{1}{2}+\dfrac{1}{2x}$

$=\dfrac{1}{2}+\dfrac{\frac{1}{2}}{x}$

のグラフは右図のとおり．

[4] $y=\dfrac{x+3}{x+2}$

$=1+\dfrac{1}{x+2}$

のグラフは右図のとおり．

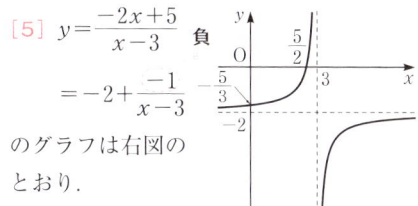

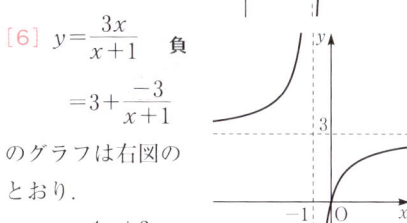

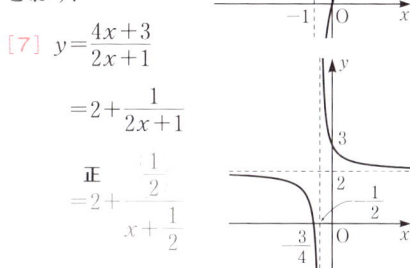

[5] $y=\dfrac{-2x+5}{x-3}$

$=-2+\dfrac{-1}{x-3}$

のグラフは右図のとおり．

[6] $y=\dfrac{3x}{x+1}$

$=3+\dfrac{-3}{x+1}$

のグラフは右図のとおり．

[7] $y=\dfrac{4x+3}{2x+1}$

$=2+\dfrac{1}{2x+1}$

$=2+\dfrac{\frac{1}{2}}{x+\frac{1}{2}}$

のグラフは右図のとおり．

[8] $y=\dfrac{x-2}{2x-3}$

$=\dfrac{1}{2}+\dfrac{-\frac{1}{2}}{2x-3}$

$=\dfrac{1}{2}+\dfrac{-\frac{1}{4}}{x-\frac{3}{2}}$

のグラフは右図のとおり．

[9] $xy-2x+y-3=0$ を変形すると，$(x+1)y=2x+3$.

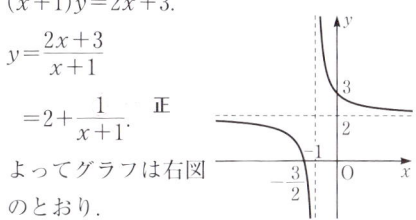

$y=\dfrac{2x+3}{x+1}$

$=2+\dfrac{1}{x+1}$.

よってグラフは右図のとおり．

[10] $(x-1)(y-1)=1$ …①
を変形すると，
$y=1+\dfrac{1}{x-1}$.
よってグラフは右図のとおり．

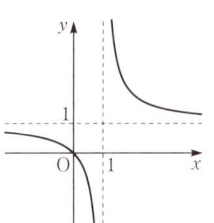

補足
①の段階で，すでに，
$x \neq 1$, $y \neq 1$
がわかりますね．

[11] $\dfrac{1}{x}+\dfrac{1}{y}=1$ …① を
$x \neq 0$, $y \neq 0$ …②のもとで変形すると，
$\dfrac{1}{y}=1-\dfrac{1}{x}=\dfrac{x-1}{x}$.
$y=\dfrac{x}{x-1}=1+\dfrac{1}{x-1}$. (*)
これと②より，①のグラフは，[10]①のグラフから原点 $(0, 0)$ を除いたものである．（図略）

注意
（*）で両辺の逆数をとる際，もとの分母が 0 でないという条件②を忘れないように．

2A

注意
[1]〜[7]は，$\sqrt{}$ 内が x の1次式ですから，「放物線の半分」であることは既知として，x, y の変域だけ考えて手早く描いてしまいます．

[1] $y=\sqrt{x}$
$\boxed{} \geqq 0$, $\sqrt{} \geqq 0$ だから，
x, y の変域は，それぞれ
$x \geqq 0$, $y \geqq 0$.
よって，グラフは上図のとおり．

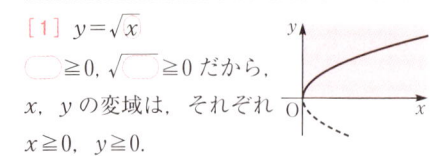

[2] $y=-\sqrt{2x}$
$\boxed{} \geqq 0$, $\sqrt{} \geqq 0$ より
$x \geqq 0$, $y \leqq 0$.
よって，グラフは右図のとおり．

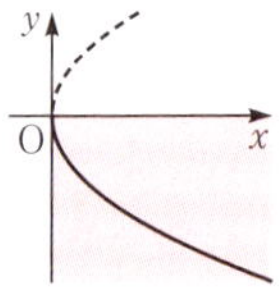

[3] $y=\sqrt{-x}$
$x \leqq 0$, $y \geqq 0$
より，グラフは右図のとおり．

[4] $y=2-\sqrt{-x}$
$x \leqq 0$, $y \leqq 2$
より，グラフは右図のとおり．

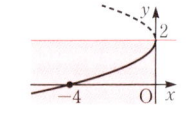

[5] $y=\sqrt{x+1}$
$x \geqq -1$, $y \geqq 0$
より，グラフは右図のとおり．

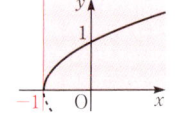

[6] $y=\sqrt{-2x+1}$
$x \leqq \dfrac{1}{2}$, $y \geqq 0$
より，グラフは右図のとおり．

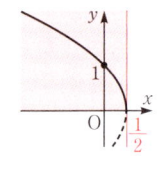

[7] $y=3-\sqrt{x-3}$
$x \geqq 3$, $y \leqq 3$
より，グラフは右図のとおり．

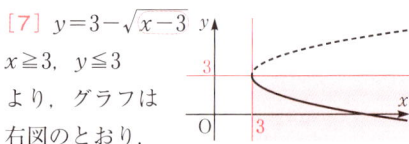

注意
[8]以降は，一応「どんな曲線であるかがわからない」という立場で解説しますが，いずれは見た瞬間に「あの曲線の半分だ！」と見抜けるようにして下さい．

[8] $y=\sqrt{3-x^2}$ を変形すると，

$y^2 = 3 - x^2$ $(y \geqq 0)$.
$x^2 + y^2 = 3$ $(y \geqq 0)$.
よって右図の半円である.

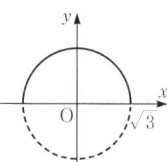

[9] $y = \sqrt{1 - \dfrac{x^2}{4}}$ を変形すると,
$y^2 = 1 - \dfrac{x^2}{4}$ $(y \geqq 0)$.
$\dfrac{x^2}{4} + y^2 = 1$ $(y \geqq 0)$.
よって右図のとおり.
(楕円の上半分) → ITEM 52

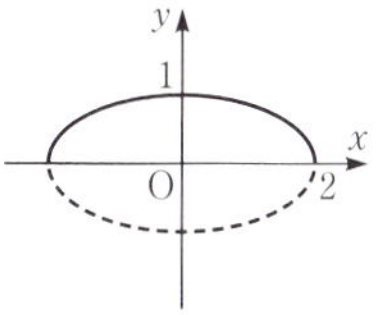

[10] $y = \sqrt{x^2 - 1}$ を変形すると,
$y^2 = x^2 - 1$ $(y \geqq 0)$.
$x^2 - y^2 = 1$ $(y \geqq 0)$.
よって右図のとおり.
(双曲線の上半分) → ITEM 54

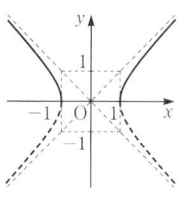

[11] $y = \sqrt{x^2 + 3}$ を変形すると,
$y^2 = x^2 + 3$ $(y \geqq 0)$.
$\dfrac{x^2}{3} - \dfrac{y^2}{3} = -1$ $(y \geqq 0)$.
よって右図のとおり.
(双曲線の上半分)

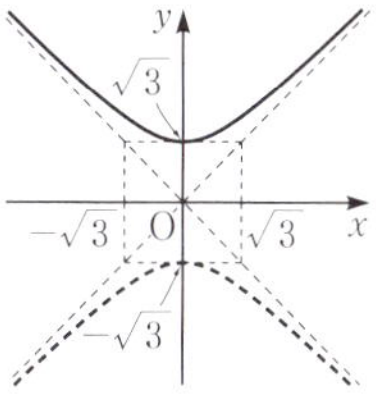

[12] $y = \sqrt{-x^2 + 2x + 3}$
$= \sqrt{-(x-1)^2 + 4}$

この時点で「半円」とわかる

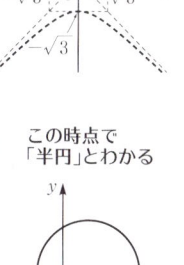

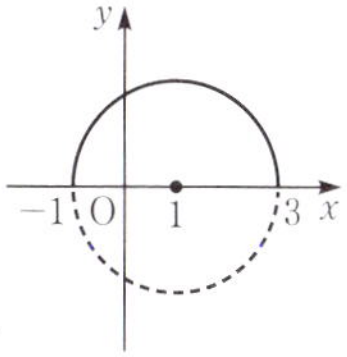

を変形すると,
$y^2 = -(x-1)^2 + 4$
$\quad (y \geqq 0)$.
$(x-1)^2 + y^2 = 4$ $(y \geqq 0)$.
よって右図の半円である.

2B

[1] $2\sqrt{3-x} + x - 3 \leqq 0$ を変形すると
$2\sqrt{3-x} \leqq -x + 3$.

よって右図において,
与式の解は
$x \leqq \alpha$, $x = 3$.
そこで, 図の α を求める. 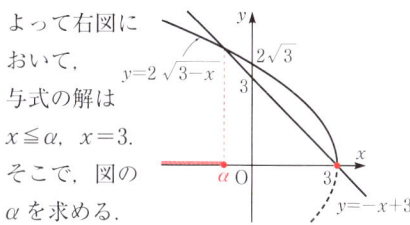
方程式 $2\sqrt{3-x} = -x + 3$ を解くと
$4(3-x) = (-x+3)^2$ $(-x+3 \geqq 0)$.
$(x+1)(x-3) = 0$ $(x \leqq 3)$.
$\alpha < 3$ だから, $\alpha = -1$.
以上より, 求める解は
$x \leqq -1$, $x = 3$.

[2] $x + 1 - \sqrt{1 - x^2} < 0$ を変形すると
$\sqrt{1 - x^2} > x + 1$.
よって右図より,
求める解は
$-1 < x < 0$.

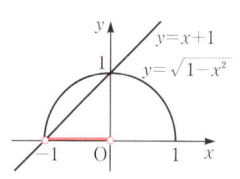

3

[1] $y = |x| = \begin{cases} x \ (x \geqq 0) \\ -x \ (x < 0) \end{cases}$

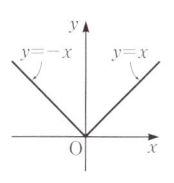

[2] 偶関数.

[3] $y = x^3$ をベクトル $\begin{pmatrix} 1 \\ 0 \end{pmatrix}$ だけ平行移動.

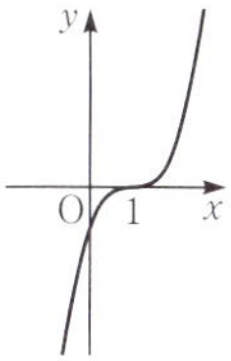

[4] 偶関数. $x \geqq 0$ では単調減少.
$\dfrac{1}{x^2 + 1} \xrightarrow[x \to \infty]{} 0$.

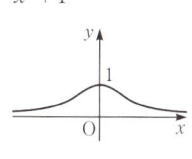

[5] $y=\dfrac{1}{x^2}$ をベクトル $\begin{pmatrix}1\\0\end{pmatrix}$ だけ平行移動.

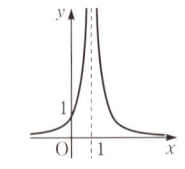

[6] 放物線の半分. $x\geqq 2$, $y\geqq 0$.

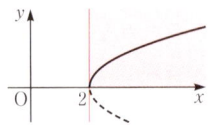

[7] 変形すると, 円の下半分: $x^2+y^2=3$ $(y\leqq 0)$.

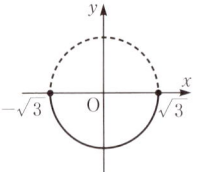

[8] $y=\cos x$ を x 方向に $\dfrac{1}{\pi}$ 倍に"圧縮". 点 $\left(\dfrac{1}{2},\ 0\right)$ を通る.

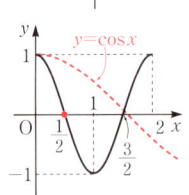

[9] $y=\sin x\cos x=\dfrac{1}{2}\sin 2x$.
これは $y=\sin x$ を x, y 方向にそれぞれ $\dfrac{1}{2}$ 倍. $\left(\dfrac{\pi}{4},\ \dfrac{1}{2}\right)$ を通る.

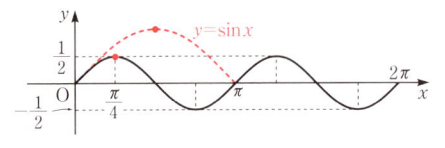

[10] $y=\sin x+\cos x$
$\qquad =\sqrt{2}\sin\left(x+\dfrac{\pi}{4}\right)$. **合成公式**
$y=\sqrt{2}\sin x$ を x 方向に $-\dfrac{\pi}{4}$ 平行移動.

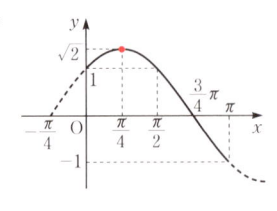

[11] $y=|\sin x|$. 偶関数.

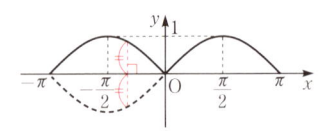

[12] $y=e^x-1$. $y=e^x$ を y 方向へ -1 だけ平行移動.

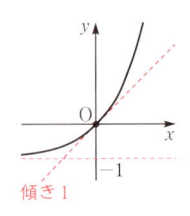

[13] $y=(e^x)^2=e^{2x}$. $y=e^x$ を x 方向に $\dfrac{1}{2}$ 倍に圧縮.

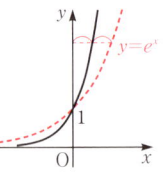

[14] $y=\log x$ を x 方向に -1 だけ平行移動.

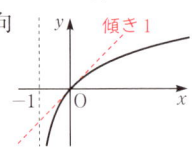

[15] $y=\log(2x)$ $(=\log x+\log 2)$. $y=\log x$ を x 方向に $\dfrac{1}{2}$ 倍に圧縮.

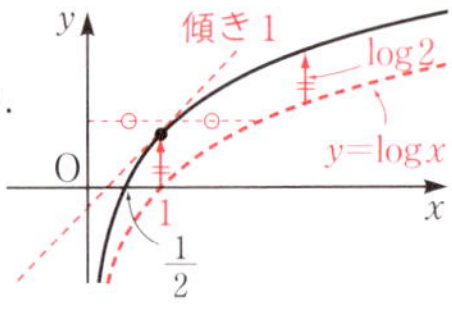

[16] $f(x)=\dfrac{e^x-e^{-x}}{2}$ は $f(-t)=-f(t)$ より奇関数.
$e^x:\nearrow$, $-e^{-x}:\nearrow$ より $f(x):\nearrow$.

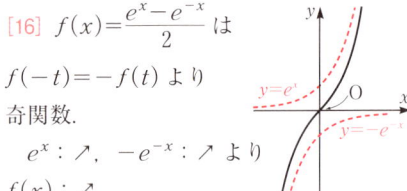

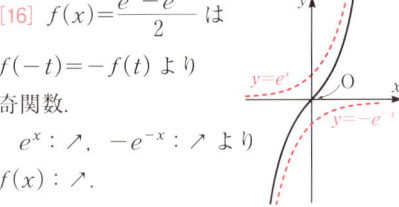

4

[1] $(f\circ g)(x)=f(g(x))$
$\qquad\qquad =f(e^x)=(e^x)^2=e^{2x}$.
$(g\circ f)(x)=g(f(x))$
$\qquad\qquad =g(x^2)=e^{x^2}$.

[2] $(g \circ f)(x) = g(f(x)) = \dfrac{1}{\sin x}$

を満たす f, g の 1 つの組は

$f(x) = \sin x$, $g(x) = \dfrac{1}{x}$.

:::注意
無理して作れば
$f(x) = \sin x + 1$, $g(x) = \dfrac{1}{x-1}$
とかも正解ですが…
:::

[3] $y = \dfrac{1-\cos x}{\sin^2 x} = \dfrac{1-\cos x}{(1+\cos x)(1-\cos x)}$

$= \dfrac{1}{1+\cos x}$.

これは
$x \xrightarrow{h} \cos x \xrightarrow{f} \cos x + 1$
$\xrightarrow{g} \dfrac{1}{1+\cos x}$

の順に移して得られる関数だから

$\dfrac{1}{1+\cos x} = g(f(h(x)))$ 順序に注意

$= (g \circ f \circ h)(x)$.
　　　　　　後　先

5

すべて $y = f(x)$ とおき, x について解いて行きます.

[1] $y = 3x+1$ より, $x = \dfrac{y-1}{3}$.

x と y を入れ換えて　これが「$f^{-1}(y)$」

$y = \dfrac{x-1}{3}$.　i.e.　$f^{-1}(x) = \dfrac{x-1}{3}$.

[2] $y = \dfrac{-x+3}{x-1} = -1 + \dfrac{2}{x-1}$.

$(x-1)(y+1) = 2$ $(x \neq 1)$. まず, x を 1 か所に集約

$x = 1 + \dfrac{2}{y+1} = \dfrac{y+3}{y+1} (= f^{-1}(y))$.

∴ $f^{-1}(x) = \dfrac{x+3}{x+1}$. ここで y を x に変えた

[3] $y = \dfrac{1}{x}$ より $x = \dfrac{1}{y} (= f^{-1}(y))$.

∴ $f^{-1}(x) = \dfrac{1}{x}$.

:::参考
双曲線 $C : y = \dfrac{1}{x}$

i.e. $xy = 1$ 上に 1 点 $A(a, b)$ をとると,
$ab = 1$. …①

直線 $l : y = x$ に関する A の対称点 $A'(b, a)$ は, ①よりやはり C 上の点ですから, C は l に関して対称な曲線であることがわかります.

一般に, 逆関数のグラフはもとの関数のグラフと l に関して対称ですから, この双曲線 C の場合, 逆関数(のグラフ)がもとの関数(のグラフ)と一致するのは当然と言えますね.
:::

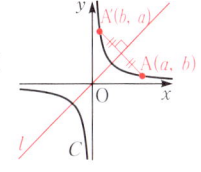

[4] $f(x) = 4 - x^2$ は, 右図のように単調ではないので, 1 つの y に 2 つの x が対応することがある.

よってこの $f(x)$ は**逆関数をもたない**.

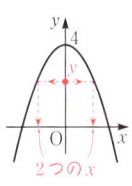

[5] $y = 4 - x^2$ $(x \geq 0)$ より,
$x^2 = 4 - y$ $(x \geq 0)$.
$x = \sqrt{4-y} (= f^{-1}(y))$.

∴ $f^{-1}(x) = \sqrt{4-x}$.

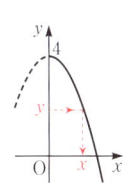

:::参考
[4]と[5]を比べるとわかるように, 一般に関数 $f(x)$ は単調であるときに逆関数をもちます.　　増加 or 減少
:::

[6] $y = e^x$ より $x = \log y (= f^{-1}(y))$.

∴ $f^{-1}(x) = \log x$.

[7] $y = \log x + 1$ より
$x = e^{y-1} (= f^{-1}(y))$.

∴ $f^{-1}(x) = e^{x-1}$.

[8] $y=\dfrac{e^x-e^{-x}}{2}$ より

$(e^x)^2-2y\cdot e^x-1=0.$

$e^x=y\pm\sqrt{y^2+1}.$

$e^x>0$ と $\sqrt{y^2+1}>|y|\geqq y$ より

$e^x=y+\sqrt{y^2+1}.$

$x=\log\left(y+\sqrt{y^2+1}\right)(=f^{-1}(y)).$

$\therefore \ f^{-1}(x)=\boldsymbol{\log\left(x+\sqrt{x^2+1}\right)}.$

参考 今後あちこちで顔を出す関数です．

6

[1] $\displaystyle\lim_{n\to\infty}n^2=\infty.$

[2] $\dfrac{\pi}{3}>1$ より，$\displaystyle\lim_{n\to\infty}\left(\dfrac{\pi}{3}\right)^n=\infty.$

[3] $2^{2n}\left(-\dfrac{1}{3}\right)^n=\left(-\dfrac{4}{3}\right)^n$ は，$-\dfrac{4}{3}<-1$ より **振動**．

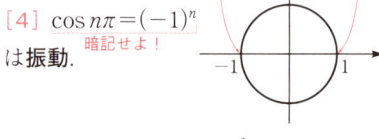

[4] $\cos n\pi=(-1)^n$ は **振動**． 暗記せよ！

[5] $\dfrac{1+2+3+\cdots+n}{n(n+1)}=\dfrac{\frac{1}{2}n(n+1)}{n(n+1)}=\dfrac{1}{2}\xrightarrow[n\to\infty]{}\dfrac{1}{2}.$

補足 一般に，定数数列
$$a,\ a,\ a,\ \cdots,\ a,\ \cdots$$
の極限は a です．

[6] $n\longrightarrow\infty$ のとき

$\begin{cases}\left(-\dfrac{1}{2}\right)^n\longrightarrow 0\ \left(\because\ -1<-\dfrac{1}{2}<1\right).\\ 1-\dfrac{1}{\sqrt{n}}\longrightarrow 1.\end{cases}$

$\therefore\ \left(-\dfrac{1}{2}\right)^n\left(1-\dfrac{1}{\sqrt{n}}\right)\longrightarrow 0\cdot 1=\boldsymbol{0}.$

補足 数列の一般項の各部分がすべて収束するときは，それら極限値どうしを用いて全体の極限値を計算すればよいのでしたね．

7

「主要部」と思われる部分を □ で囲んで表します．

[1] $\dfrac{\infty}{\infty}\ \dfrac{\boxed{2n}-5}{\boxed{n}+3}=\dfrac{2-\dfrac{5}{n}}{1+\dfrac{3}{n}}\xrightarrow[n\to\infty]{}\dfrac{2}{1}=\boldsymbol{2}.$

[2] $\dfrac{\infty}{\infty}\ \dfrac{2n-5}{\boxed{n^2}+3}=\dfrac{\dfrac{2}{n}-\dfrac{5}{n^2}}{1+\dfrac{3}{n^2}}\xrightarrow[n\to\infty]{}\dfrac{0}{1}=\boldsymbol{0}.$

[3] $\dfrac{\infty}{\infty}\ \dfrac{\boxed{2n^2}-5}{\boxed{n}+3}=\dfrac{2n-\dfrac{5}{n}}{1+\dfrac{3}{n}}\xrightarrow[n\to\infty]{}\boldsymbol{\infty}.$

補足 主要部は分子にある n^2 の項ですが，それで分子，分母を割ると
$$\dfrac{2-\dfrac{5}{n^2}}{\dfrac{1}{n}+\dfrac{3}{n^2}}$$
となり，分母が 0 に収束するのでその符号に対する注意が必要です．

参考 [1]〜[3]を比べればわかるように，このような分数関数の極限は

[1]：$\dfrac{\text{同次}}{\text{同次}}\longrightarrow 0$ 以外の定数

[2]：$\dfrac{\text{低次}}{\text{高次}}\longrightarrow 0$

[3]：$\dfrac{\text{高次}}{\text{低次}}\longrightarrow \infty\,(\text{or}-\infty)$

となります．分数式を見たら，分子と分母の次数を比較する習慣を付けましょう．

[4] 注意

分子，分母それぞれを展開するのは損．

$\dfrac{\infty}{\infty} \dfrac{(n-1)(2n+3)}{(3n+1)(n+2)}$

$\dfrac{2次}{2次} \to$ 主要部 $\boxed{n^2}$ で分子，分母を割る

$= \dfrac{\left(1-\dfrac{1}{n}\right)\left(2+\dfrac{3}{n}\right)}{\left(3+\dfrac{1}{n}\right)\left(1+\dfrac{2}{n}\right)} \xrightarrow[n\to\infty]{} \dfrac{1\cdot 2}{3\cdot 1} = \dfrac{2}{3}.$

[5] $\underset{1次}{\dfrac{2次}{\dfrac{n^2+1}{n+2}}} - n$

∞−∞ 型不定形

$= \dfrac{(n^2+1)-(n^2+2n)}{n+2}$

$= \dfrac{-2n+1}{n+2} = \dfrac{-2+\dfrac{1}{n}}{1+\dfrac{2}{n}} \xrightarrow[n\to\infty]{} -2.$

[6] $\dfrac{\infty}{\infty} \dfrac{3^{n+1}}{3^n - 2^n} = \dfrac{3}{1-\left(\dfrac{2}{3}\right)^n} \xrightarrow[n\to\infty]{} 3.$

[7] $\dfrac{0}{0} \dfrac{\left(\dfrac{1}{3}\right)^n + \left(\dfrac{1}{2}\right)^n}{\left(\dfrac{1}{5}\right)^n - \left(\dfrac{1}{2}\right)^{n-1}}$

$= \dfrac{\left(\dfrac{2}{3}\right)^n + 1}{\left(\dfrac{2}{5}\right)^n - 2} \xrightarrow[n\to\infty]{} -\dfrac{1}{2}.$

[8] $\underset{\infty-\infty+\infty}{2^n - 3^n + 5^n}$

$= 5^n\left\{\left(\dfrac{2}{5}\right)^n - \left(\dfrac{3}{5}\right)^n + 1\right\} \xrightarrow[n\to\infty]{} \infty.$

[9] $\underset{\infty-\infty}{2^{3n} - 3^{2n}} = 8^n - 9^n$

$= 9^n\left\{\left(\dfrac{8}{9}\right)^n - 1\right\} \xrightarrow[n\to\infty]{} -\infty.$

[10] $\underset{\infty-\infty}{n^5 - 3n^4} = n^5\left(1 - \dfrac{3}{n}\right) \xrightarrow[n\to\infty]{} \infty.$

補足

類題9 [4] で，より厳密な解答を与えます．

[11] $\dfrac{\infty}{\infty} \dfrac{n+2}{3n+1}\pi = \dfrac{1+\dfrac{2}{n}}{3+\dfrac{1}{n}}\pi \xrightarrow[n\to\infty]{} \dfrac{\pi}{3}.$ (∗)

∴ $\sin\left(\dfrac{n+2}{3n+1}\pi\right) \xrightarrow[n\to\infty]{} \sin\dfrac{\pi}{3} = \dfrac{\sqrt{3}}{2}.$

補足

ウルサク言うと，(∗) の移行において「$\sin x$ は連続関数だから」と断る所ですが，高校数学で普段扱う関数はすべて「連続であることはアタリマエ」とされていますので，いちいち断らなくても大丈夫でしょう．

[12] $\underset{\infty-\infty+\infty}{\log n - 2\log(n+1) + \log(n+2)}$

$= \log\dfrac{n(n+2)}{(n+1)^2}$ 2次 / 2次

$= \log\dfrac{1+\dfrac{2}{n}}{\left(1+\dfrac{1}{n}\right)^2} \xrightarrow[n\to\infty]{} \log 1 = 0.$

8

[1] $\underset{\infty-\infty}{\sqrt{n+2} - \sqrt{n}}$ 　　分子は $(n+2) - n$

$= \dfrac{(\sqrt{n+2}-\sqrt{n})(\sqrt{n+2}+\sqrt{n})}{\sqrt{n+2}+\sqrt{n}}$ …①

$= \dfrac{2}{\sqrt{n+2}+\sqrt{n}} \xrightarrow[n\to\infty]{} 0.$

注意

これ以降，「有理化」における①にあたる式は省きますよ！

[2] $\underset{\infty-\infty}{\sqrt{2n+1}} - \sqrt{n+3}$　主要部

$= \underset{\infty}{\sqrt{n}}\left(\underset{\sqrt{2}-1}{\sqrt{2+\dfrac{1}{n}} - \sqrt{1+\dfrac{3}{n}}}\right) \xrightarrow[n\to\infty]{} \infty.$

[補足]
有理化しても，主要部が消えるわけではないので効果的ではありません．

[3] $\underbrace{\sqrt{n^2+1}-\sqrt{n^2-1}}_{\infty-\infty}$

$= \dfrac{2}{\sqrt{n^2+1}+\sqrt{n^2-1}} \underset{n\to\infty}{\longrightarrow} 0.$

[4] $n\underbrace{(\underset{\infty}{\sqrt{n^2+1}}-\sqrt{n^2-1})}_{0([3]より)}$

$= \dfrac{2n}{\sqrt{n^2+1}+\sqrt{n^2-1}}\;\dfrac{\infty}{\infty}$ 分子，分母をnで割る

$= \dfrac{2}{\sqrt{1+\dfrac{1}{n^2}}+\sqrt{1-\dfrac{1}{n^2}}}$

$\underset{n\to\infty}{\longrightarrow} \dfrac{2}{1+1}=1.$

[5] $\underbrace{\sqrt{n^2+2n}-n}_{\infty-\infty} = \dfrac{2n}{\sqrt{n^2+2n}+n}\;\dfrac{\infty}{\infty}$

$= \dfrac{2}{\sqrt{1+\dfrac{2}{n}}+1}$

$\underset{n\to\infty}{\longrightarrow} \dfrac{2}{1+1}=1.$

[6] $\underbrace{\sqrt{2n^2+3n+1}-\sqrt{2n^2+n-1}}_{\infty-\infty}$

$= \dfrac{2n+2}{\sqrt{2n^2+3n+1}+\sqrt{2n^2+n-1}}\;\dfrac{\infty}{\infty}$

$= \dfrac{2+\dfrac{2}{n}}{\sqrt{2+\dfrac{3}{n}+\dfrac{1}{n^2}}+\sqrt{2+\dfrac{1}{n}-\dfrac{1}{n^2}}}$

$\underset{n\to\infty}{\longrightarrow} \dfrac{2}{\sqrt{2}+\sqrt{2}}=\dfrac{1}{\sqrt{2}}.$

[7] $\dfrac{n+1}{\sqrt{n^2+2n}-\sqrt{n^2+n}}$

$= \dfrac{1+\dfrac{1}{n}}{\sqrt{1+\dfrac{2}{n}}-\sqrt{1+\dfrac{1}{n}}}$

$\underset{n\to\infty}{\overset{(*)}{\longrightarrow}} \infty.$

[補足]
○ $(*)$ をもう少し詳しく書くと，$n\to\infty$ のとき
$\begin{cases}分子\longrightarrow 1. \\ 分母\longrightarrow 1-1=0(符号は正).\end{cases}$
∴ $\dfrac{分子}{分母}\longrightarrow +\infty.$

○ 分母は $\sqrt{}$ を含んだ $\infty-\infty$ 型不定形ですから，有理化する手もありますが，分子と分母はいずれも（実質的には）n の1次式ですから，それぞれ n で割ってみればできてしまいました．

○ 有理化をしてやると次のようになります．
$\dfrac{n+1}{\sqrt{n^2+2n}-\sqrt{n^2+n}}$
$= \dfrac{(n+1)(\sqrt{n^2+2n}+\sqrt{n^2+n})}{n}$
$= \left(1+\dfrac{1}{n}\right)(\underset{*}{\sqrt{n^2+2n}}+\sqrt{n^2+n})$
$\underset{1}{}$
$\underset{n\to\infty}{\longrightarrow} \infty.$

手間がかかっている分，「$\longrightarrow\infty$」となるのがわかりやすい気もしますが…

[8] $\underset{\infty}{\dfrac{2n+1}{\sqrt{n^2+1}-\sqrt{n}}} = \dfrac{2+\dfrac{1}{n}}{\sqrt{1+\dfrac{1}{n^2}}-\dfrac{1}{\sqrt{n}}}$

$\underset{n\to\infty}{\longrightarrow} 2.$

[注意]
分母は一応 $\infty-\infty$ 型不定形ですが，$\sqrt{n^2+1}$（1次）と $\sqrt{n}\left(\dfrac{1}{2}次\right)$では大きさがまるで違いますから，分母全体の極限はパッと見て「$+\infty$」とわかります．有理化しても意味ありません．

[9] $\dfrac{(n+1)^3-2n^2\sqrt{n^2+3}}{n(n-1)\sqrt{n^2+1}}\quad\dfrac{\infty}{\infty}\quad$ 3次／3次

$=\dfrac{\left(1+\dfrac{1}{n}\right)^3-2\sqrt{1+\dfrac{3}{n^2}}}{\left(1-\dfrac{1}{n}\right)\sqrt{1+\dfrac{1}{n^2}}}$ ←分子,分母を n^3 で割る

$\xrightarrow[n\to\infty]{}\dfrac{1^3-2}{1\cdot 1}=-1.$

[補足] なんだかゴチャゴチャしてますね.分子が $\infty-\infty$ 型不定形なので有理化してみたくもなりますが,よく見れば分子,分母とも(実質的には) n の3次式ですから,それぞれを n^3 で割ればOK.[7]と同様です.

9

[1] $\lim\limits_{n\to\infty}\left(\dfrac{1}{2}\right)^n\cos\dfrac{n}{6}\pi$

$\underset{0}{*}\quad\underset{-1\sim 1\text{で振動}}{}$

$a_n=\left(\dfrac{1}{2}\right)^n\cos\dfrac{n}{6}\pi$ とおく.

$-1\leqq\cos\dfrac{n}{6}\pi\leqq 1$ より

$-\left(\dfrac{1}{2}\right)^n\leqq a_n\leqq\left(\dfrac{1}{2}\right)^n\left(\because\ \left(\dfrac{1}{2}\right)^n>0\right).$

$n\longrightarrow\infty$ のとき.

$-\left(\dfrac{1}{2}\right)^n\longrightarrow 0,\ \left(\dfrac{1}{2}\right)^n\longrightarrow 0$

だから,"はさみうち"の手法により

$a_n\longrightarrow 0.$

[別解]

$\lim\limits_{n\to\infty}a_n=0$ となることが見えているわけですから,次のように「収束の定義」を利用するのがより本格的な解法です.

$a_n\longrightarrow 0$ i.e. $|a_n-0|\longrightarrow 0$ を示す.

└「収束」の定義┘

$0\leqq|a_n|=\left(\dfrac{1}{2}\right)^n\left|\cos\dfrac{n}{6}\pi\right|\leqq\left(\dfrac{1}{2}\right)^n\xrightarrow[n\to\infty]{}0.$

よって"はさみうち"より

$|a_n|\longrightarrow 0$ i.e. $a_n\longrightarrow 0.$

[補足] 絶対値をとってしまえば「$0\leqq|a_n|$」は自明であり,書かなくてかまいません.よってあとは「$|a_n|\leqq\sim$」の方の不等式のみ作ればよいというわけです.

[2] $\lim\limits_{n\to\infty}\dfrac{(-1)^n}{n}\quad\dfrac{-1,\ 1,\ -1,\ 1,\ \cdots\text{と振動}}{\infty}$

(答えはたぶん 0. 前問の[別解]の手法で片付けます.)

$\left|\dfrac{(-1)^n}{n}-0\right|=\dfrac{1}{n}\xrightarrow[n\to\infty]{}0.$

i.e. $\dfrac{(-1)^n}{n}\longrightarrow 0.$

[補足] ありゃ…不等式使いませんでしたね.スイマセン…

[3] $\dfrac{n^2+(-1)^n}{n^2}=1+\dfrac{(-1)^n}{n^2}\quad -1,\ 1,\ -1,\ 1$ と振動

ここで

$0\leqq\left|\dfrac{(-1)^n}{n^2}-0\right|\leqq\dfrac{1}{n^2}\xrightarrow[n\to\infty]{}0.$

よって"はさみうち"より

$\left|\dfrac{(-1)^n}{n^2}-0\right|\longrightarrow 0.\quad$ i.e. $\dfrac{(-1)^n}{n^2}\longrightarrow 0.$

$\therefore\ \lim\limits_{n\to\infty}\dfrac{n^2+(-1)^n}{n^2}=1+0=\mathbf{1}.$

[4] (類題7[10]の,より厳密な解答です.)

主要部

$\lim\limits_{n\to\infty}(n^5-3n^4)\quad\infty-\infty$

主要部で"くくる"

$n^5-3n^4=n^5\left(1-\dfrac{3}{n}\right)$

$\qquad\geqq n^5\left(1-\dfrac{3}{4}\right)\ (n\geqq 4)\quad\cdots\text{①}$

$\qquad =\dfrac{1}{4}n^5$

$\qquad\xrightarrow[]{}\infty.$

よって"追い出し"の手法より,

$n^5-3n^4\longrightarrow\infty.$

> [補足]
> 不等式①は $n \geq 4$ のときしか成り立ちませんが，「$n \to \infty$」とするのですから「じゅうぶん大きな n」についてさえ成り立てばよいのです．

10A

[1] $\displaystyle\lim_{n\to\infty} \frac{n^2+2n+3}{e^n}$　べき関数：遅い ∞
　　　　　　　　　　　指数関数：速い ∞

$= 0$．

[2] 主要部　3^n は $n^2 2^n$ より速い ∞

$\displaystyle\frac{3^n+1}{(n^2+1)2^n}$　$\frac{\infty}{\infty}$

分子，分母を 2^n で割る

$= \displaystyle\frac{\left(\frac{3}{2}\right)^n + \frac{1}{2^n}}{n^2+1}$　指数関数：速い ∞
　　　　　　　べき関数：遅い ∞

$\xrightarrow[n\to\infty]{} \infty$．

[3] $\displaystyle\frac{n^2 2^n - 4^{n-1}}{4^n + n 2^{n+1}}$　4^n は $n^2 2^n$ より速い ∞

分子，分母を 4^n で割る

$= \displaystyle\frac{\frac{n^2}{2^n} - \frac{1}{4}}{1 + 2 \cdot \frac{n}{2^n}}$　$\frac{n^2}{2^n}$（遅い ∞）
　　　　　　　　　（速い ∞）

$\xrightarrow[n\to\infty]{} \displaystyle\frac{0 - \frac{1}{4}}{1 + 2\cdot 0} = -\frac{1}{4}$．

10B

[1] $\frac{\infty}{\infty}$ 型不定形です．**例題**(1)と同様な不等式を用います．

$3^n = (1+2)^n$
$\quad = 1 + n\cdot 2 + {}_nC_2 2^2 + {}_nC_3 2^3 + \cdots + 2^n$
$\quad \geq {}_nC_3 2^3 \quad (n \geq 3)$
(＊)
$\quad = \displaystyle\frac{n(n-1)(n-2)}{3\cdot 2}\cdot 2^3 = \frac{4}{3}n(n-1)(n-2)$.

$\therefore\ 0 \leq \displaystyle\frac{n^2}{3^n} \leq \frac{3}{4}\cdot \frac{n^2}{n(n-1)(n-2)}$

$\qquad = \displaystyle\frac{3}{4}\cdot \frac{1}{1-\frac{1}{n}}\cdot \frac{1}{n-2} \xrightarrow[n\to\infty]{} 0$．

よって "はさみうち" より，$\displaystyle\frac{n^2}{3^n} \xrightarrow[n\to\infty]{} 0$．　□

> [補足]
> (＊)の不等号は，実際には等号が成り立つことはないので「>」にしてもかまいませんが，"はさみうち" で使う不等式は等号の入った「≧」でOKですから，あえて「>」にする必要
> 　　＞ or ＝
> もありません．

[2] これも $\frac{\infty}{\infty}$ 型の不定形．[1]と同様，不等式を用います．

$(0 \leq)\ \displaystyle\frac{3^n}{n!} = \frac{3}{1}\cdot\frac{3}{2}\cdot\underbrace{\frac{3}{3}\cdot\frac{3}{4}\cdot\cdots\cdot\frac{3}{n-1}}_{1 \text{以下}}\cdot\frac{3}{n}$
$\qquad\qquad\qquad\qquad\qquad (n \geq 4)$

$\leq \displaystyle\frac{9}{2}\cdot 1 \cdot \frac{3}{n} \xrightarrow[n\to\infty]{} 0$．

よって "はさみうち" より，$\displaystyle\lim_{n\to\infty}\frac{3^n}{n!} = 0$．　□

[別解]
指数関数で評価する方法もあります．

$(0 \leq)\ \displaystyle\frac{3^n}{n!} = \frac{3}{1}\cdot\frac{3}{2}\cdot\frac{3}{3}\cdot\frac{3}{4}\cdot\frac{3}{5}\cdot\cdots\cdot\frac{3}{n-1}\cdot\frac{3}{n}$

$\leq \displaystyle\frac{3}{1}\cdot\frac{3}{2}\cdot\frac{3}{3}\cdot\frac{3}{4}\cdot\frac{3}{4}\cdot\cdots\cdot\frac{3}{4}\cdot\frac{3}{4}$
$\qquad\qquad\qquad\qquad\qquad (n \geq 4)$

$= \displaystyle\frac{9}{2}\left(\frac{3}{4}\right)^{n-3} \xrightarrow[n\to\infty]{} 0$．

よって "はさみうち" の手法により，

$\displaystyle\lim_{n\to\infty}\frac{3^n}{n!} = 0$．　□

[補足]

つまり，右表からわかるように，$n!$ は，3^n に比べて，正の無限大に発散するスピードが相対的に速いのです。

n	...	7	8	9
3^n	...	2187	6561	19683
$n!$	...	5040	40320	362880

[参考]

[1], [2] からわかるように，各種関数(数列)の発散スピードに関して，一般に次の法則が成り立ちます。

発散の速さ比較 (数列)

❷ $\underset{\text{遅い}}{n^\alpha (\alpha>0)}$ (べき関数) ← [1] $\underset{}{a^n (a>1)}$ (指数関数) ← [2] $\underset{\text{速い}}{n!}$ (階乗関数)

この法則(結果)をテストで使ってよいかどうかは，"状況次第"です。

11

[1] 1° まず，部分和を求める．

$\sum_{n=1}^{N} \dfrac{1}{n(n+2)}$

$= \sum_{n=1}^{N} \dfrac{1}{2}\left(\dfrac{1}{n} - \dfrac{1}{n+2}\right)$

$= \dfrac{1}{2}\Big\{\left(1-\dfrac{1}{3}\right) + \left(\dfrac{1}{2}-\dfrac{1}{4}\right) + \left(\dfrac{1}{3}-\dfrac{1}{5}\right) + \cdots$
$\quad + \left(\dfrac{1}{N-1} - \dfrac{1}{N+1}\right) + \left(\dfrac{1}{N} - \dfrac{1}{N+2}\right)\Big\}$

$= \dfrac{1}{2}\left(1 + \dfrac{1}{2} - \dfrac{1}{N+1} - \dfrac{1}{N+2}\right)$

$= \dfrac{1}{2}\left(\dfrac{3}{2} - \dfrac{1}{N+1} - \dfrac{1}{N+2}\right).$

2° 上記において，$N \longrightarrow \infty$ とする．

$\lim_{N\to\infty} \sum_{n=1}^{N} \dfrac{1}{n(n+2)}$

$= \lim_{N\to\infty} \dfrac{1}{2}\left(\dfrac{3}{2} - \dfrac{1}{N+1} - \dfrac{1}{N+2}\right)$

$= \dfrac{1}{2} \cdot \dfrac{3}{2} = \dfrac{3}{4}.$

すなわち，$\sum_{n=1}^{\infty} \dfrac{1}{n(n+2)} = \dfrac{3}{4}.$

[補足]

このように，1°「有限個の和を求める」，2°「その極限を考える」と，2つに分離して考えることが大切です。（以下の解答では，もっとサラッと書いてしまいますが…）

[2] $\sum_{k=1}^{n} \dfrac{1}{\sqrt{2k+1} + \sqrt{2k-1}}$

$= \sum_{k=1}^{n} \dfrac{\sqrt{2k+1} - \sqrt{2k-1}}{2}$ ← 分母を有理化した

$= \dfrac{1}{2}\{(\sqrt{3}-\sqrt{1}) + (\sqrt{5}-\sqrt{3}) + (\sqrt{7}-\sqrt{5})$
$\quad + \cdots + (\sqrt{2n+1} - \sqrt{2n-1})\}$

$= \dfrac{1}{2}(-1 + \sqrt{2n+1})$

$\underset{n\to\infty}{\longrightarrow} \infty.$

i.e. $\sum_{k=1}^{\infty} \dfrac{1}{\sqrt{2k+1} + \sqrt{2k-1}} = \infty.$

[3] $\sum_{n=1}^{N} \log\left(1 + \dfrac{1}{n}\right)$

$= \sum_{n=1}^{N} \log \dfrac{n+1}{n}$

$= \sum_{n=1}^{N} \{\log(n+1) - \log n\}$

$= (\log 2 - \log 1) + (\log 3 - \log 2)$
$\quad + \cdots + \{\log(N+1) - \log N\}$

$= \log(N+1) \underset{N\to\infty}{\longrightarrow} \infty.$

i.e. $\sum_{n=1}^{\infty} \log\left(1+\dfrac{1}{n}\right) = \infty.$

[4] $\sum_{k=0}^{n} \dfrac{k}{(k+1)!}$

$= \sum_{k=0}^{n} \left\{\dfrac{1}{k!} - \dfrac{1}{(k+1)!}\right\}$

$= \left(\dfrac{1}{0!} - \dfrac{1}{1!}\right) + \left(\dfrac{1}{1!} - \dfrac{1}{2!}\right)$
$\quad + \cdots + \left\{\dfrac{1}{n!} - \dfrac{1}{(n+1)!}\right\}$

$= 1 - \dfrac{1}{(n+1)!}$ （∵ $0! = 1$）

$\underset{n\to\infty}{\longrightarrow} 1.$

i.e. $\sum_{k=0}^{\infty} \dfrac{k}{(k+1)!} = 1$.

[5] $\sum_{n=0}^{N} \left(\dfrac{1}{2}\right)^n$ 　項数

$= 1 \cdot \dfrac{1-\left(\dfrac{1}{2}\right)^{N+1}}{1-\dfrac{1}{2}} \xrightarrow[N\to\infty]{} \dfrac{1}{1-\dfrac{1}{2}} = 2$.

i.e. $\sum_{n=0}^{\infty} \left(\dfrac{1}{2}\right)^n = 2$.

[6] $\sum_{n=1}^{N} (-1)^n$

$= -1 \cdot \dfrac{1-(-1)^N}{1-(-1)} = \dfrac{(-1)^N - 1}{2}$.

$N \to \infty$ のとき，これは振動する．すなわち，$\sum_{n=1}^{\infty} (-1)^n$ は**振動する**．

補足

[5]は，「無限等比級数」の和の公式を用いて

$\dfrac{1}{1-\dfrac{1}{2}} = 2$ 　初項　公比

と求めることもできますが，この公式は「|公比|<1 だから使えて」と断った上で使うべきものであることを忘れずに！（断るのがメンドウなので，筆者は使いません）断るのを忘れてしまって[6]（公比=−1）で使ってしまうと

~~$\dfrac{-1}{1-(-1)} = -\dfrac{1}{2}$~~

という誤った答が得られてしまいますね．

[7] $\sum_{n=1}^{N} \dfrac{\cos n\pi}{3^n} = \sum_{n=1}^{N} \left(\dfrac{-1}{3}\right)^n$　　$\cos n\pi = (-1)^n$

$= -\dfrac{1}{3} \cdot \dfrac{1-\left(-\dfrac{1}{3}\right)^N}{1-\left(-\dfrac{1}{3}\right)}$

$\xrightarrow[N\to\infty]{} -\dfrac{1}{3} \cdot \dfrac{1}{1+\dfrac{1}{3}} = -\dfrac{1}{4}$.

i.e. $\sum_{n=1}^{\infty} \dfrac{\cos n\pi}{3^n} = -\dfrac{1}{4}$.

[8] $\sum_{n=1}^{N} \left\{\left(\dfrac{3}{4}\right)^n - \dfrac{1}{3}\left(\dfrac{3}{4}\right)^n\right\}$

$= \sum_{n=1}^{N} \dfrac{2}{3}\left(\dfrac{3}{4}\right)^n = \dfrac{2}{3} \cdot \dfrac{3}{4} \cdot \dfrac{1-\left(\dfrac{3}{4}\right)^N}{1-\dfrac{3}{4}}$

$\xrightarrow[N\to\infty]{} \dfrac{2}{4} \cdot \dfrac{1}{1-\dfrac{3}{4}} = 2$.

i.e. $\sum_{n=1}^{\infty} \left\{\left(\dfrac{3}{4}\right)^n - \dfrac{3^{n-1}}{2^{2n}}\right\} = 2$.

[9] $\sum_{n=1}^{N} \dfrac{2^n(2^n-1)}{5^n}$

$= \sum_{n=1}^{N} \left\{\left(\dfrac{4}{5}\right)^n - \left(\dfrac{2}{5}\right)^n\right\}$

$= \dfrac{4}{5} \cdot \dfrac{1-\left(\dfrac{4}{5}\right)^N}{1-\dfrac{4}{5}} - \dfrac{2}{5} \cdot \dfrac{1-\left(\dfrac{2}{5}\right)^N}{1-\dfrac{2}{5}}$

$\xrightarrow[N\to\infty]{} \dfrac{4}{5} \cdot \dfrac{1}{1-\dfrac{4}{5}} - \dfrac{2}{5} \cdot \dfrac{1}{1-\dfrac{2}{5}} = 4 - \dfrac{2}{3} = \dfrac{10}{3}$.

i.e. $\sum_{n=1}^{\infty} \dfrac{2^n(2^n-1)}{5^n} = \dfrac{10}{3}$.

12

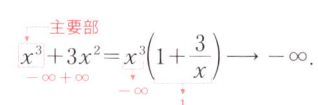

[1] $\lim_{x\to\infty} e^{-x} = 0$.

[2] $x \to -\infty$ のとき，

$\dfrac{1}{x} \to 0$.

∴ $e^{\frac{1}{x}} \to e^0 = 1$.

[3] $x \to -\infty$ のとき

　　　主要部
$x^3 + 3x^2 = x^3\left(1 + \dfrac{3}{x}\right) \to -\infty$.
$\underset{-\infty+\infty}{} \quad \underset{-\infty}{} \quad \underset{1}{}$

参考

本問からわかるように，整関数における $x \to \infty, -\infty$ のときの極限は，最高次の項のみで決まります．

[4] $x \longrightarrow -\infty$ のとき

$\dfrac{\infty}{\infty}\ \dfrac{x^2+1}{3x^2+x}=\dfrac{1+\dfrac{1}{x^2}}{3+\dfrac{1}{x}}\longrightarrow \dfrac{1}{3}.$

[5] $x \longrightarrow 1+0$ のとき，(右極限)

$\dfrac{1}{x-1}\longrightarrow +\infty.$

$x \longrightarrow 1-0$ のとき，(左極限)

$\dfrac{1}{x-1}\longrightarrow -\infty.$

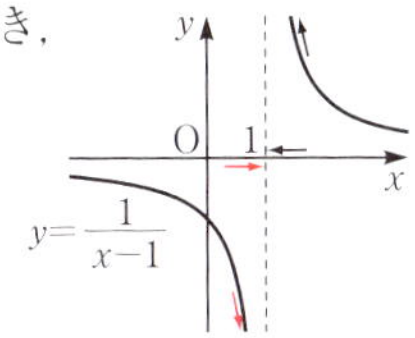

よって，極限 $\lim\limits_{x\to 1}\dfrac{1}{x-1}$ は **存在しない**.

[6] $\lim\limits_{x\to 0}\dfrac{1}{x^2}=\infty$

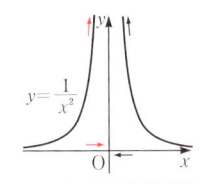

(補足)
$x \longrightarrow +0$ でも $x \longrightarrow -0$ でも，分子，分母の振る舞いに何の違いもありません(そもそも偶関数ですから)．こんなときまで右，左に分けて極限を考える必要はありませんよ．

[7] $\dfrac{|x|}{x}=\begin{cases}\dfrac{x}{x}=1\ (x>0),\\ \dfrac{-x}{x}=-1\ (x<0).\end{cases}$

よって，$\lim\limits_{x\to +0}\dfrac{|x|}{x}=1,$

$\lim\limits_{x\to -0}\dfrac{|x|}{x}=-1$ だから

$\lim\limits_{x\to 0}\dfrac{|x|}{x}$ は **存在しない**.

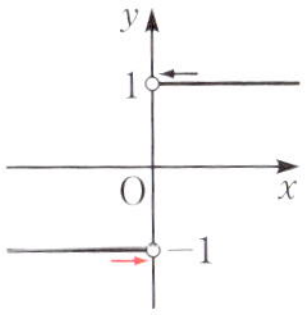

[8] $\lim\limits_{x\to +0}\log x=-\infty.$

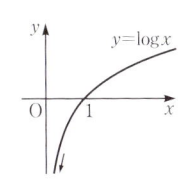

[9] $x \longrightarrow 1$ とするので $x\neq 1$ のもとで

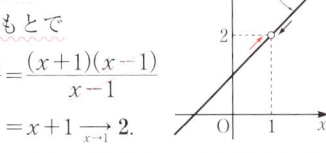

$\dfrac{0}{0}\ \dfrac{x^2-1}{x-1}=\dfrac{(x+1)(x-1)}{x-1}$

$=x+1\xrightarrow[x\to 1]{}2.$

[10] $x \longrightarrow 2$ とするので，$x\neq 2$ のもとで

$\dfrac{0}{0}\ \dfrac{x^2-5x+6}{x^2-4}=\dfrac{(x-2)(x-3)}{(x+2)(x-2)}$

$=\dfrac{x-3}{x+2}\xrightarrow[x\to 2]{}-\dfrac{1}{4}.$

[11] $x \longrightarrow 2$ のとき

$\dfrac{0}{0}$ じゃない！ $\dfrac{x^2-5x+6}{x^2-1}\longrightarrow \dfrac{0}{3}=0.$

(注意)
不定形か否かの確認を怠ると，ムダな因数分解とかやる羽目になりますよ！

[12] $x \longrightarrow 2$ とするので $x\neq 2$ のもとで

$\dfrac{0}{0}\ \dfrac{x^2-4}{x^3-3x^2+4}$

$\begin{array}{r|rrrr}2 & 1 & -3 & 0 & 4 \\ & & 2 & -2 & -4 \\ \hline & 1 & -1 & -2 & 0\end{array}$

$=\dfrac{(x+2)(x-2)}{(x-2)(x^2-x-2)}$

$=\dfrac{x+2}{x^2-x-2}$ …①

$=\dfrac{x+2}{x+1}\cdot \dfrac{1}{x-2}.$ …②

分離

$x \longrightarrow 2$ のとき

$\dfrac{x+2}{x+1}\longrightarrow \dfrac{4}{3}.$

$\dfrac{1}{x-2}\longrightarrow \begin{cases}+\infty\ (x\longrightarrow 2+0),\\ -\infty\ (x\longrightarrow 2-0).\end{cases}$

$\therefore\ \dfrac{x^2-4}{x^3-3x^2+4}\longrightarrow \begin{cases}+\infty\ (x\longrightarrow 2+0),\\ -\infty\ (x\longrightarrow 2-0).\end{cases}$

よって，極限 $\lim\limits_{x\to 2}\dfrac{x^2-4}{x^3-3x^2+4}$ は **存在しない**.

〔補足〕

○「$\dfrac{0}{0}$型」を確認した時点で，
$f(x)=x^3-3x^2+4$ は，$f(2)=0$ より
$x-2$ で割り切れる　　因数定理
ことを見抜いています．その上で，組立除法を実行しました．

○①で「$\dfrac{4}{0}$」を見抜いたら，②のように
(0以外に収束)×(発散)
という形に分離するとスッキリ考えられます．

13

[1] $x \longrightarrow -\infty$ とするので，$x<0$ のもとで

$\dfrac{-\infty}{\infty}\dfrac{2x-\sqrt{4x^2+x}}{\sqrt{x^2-1}-x}$

$=\dfrac{2+\sqrt{4+\dfrac{1}{x}}}{-\sqrt{1-\dfrac{1}{x^2}}-1}$　　$x<0$ より $x=-\sqrt{x^2}$

$\xrightarrow[x\to-\infty]{}\dfrac{2+2}{-1-1}=-2.$

〔別解〕

$t=-x$ とおくと，$x \longrightarrow -\infty$ のとき $t \longrightarrow \infty$．そこで，$t>0$ のもとで考えると

$\displaystyle\lim_{x\to-\infty}\dfrac{2x-\sqrt{4x^2+x}}{\sqrt{x^2-1}-x}=\lim_{t\to\infty}\dfrac{-2t-\sqrt{4t^2-t}}{\sqrt{t^2-1}+t}$

$=\displaystyle\lim_{t\to\infty}\dfrac{-2-\sqrt{4-\dfrac{1}{t}}}{\sqrt{1-\dfrac{1}{t^2}}+1}$

$=\dfrac{-2-2}{1+1}=-2.$

[2] $\displaystyle\lim_{x\to-\infty}(\sqrt{x^2+3}-x)=\infty.$　　**不定形ではありません**
$\infty+\infty$

〔注意〕

有理化しちゃダメですよー．

[3] $\displaystyle\lim_{x\to\infty}(\sqrt{x^2+3}+x)=\infty.$　　実質的に[2]と同問
$\infty+\infty$

[4] $x \longrightarrow -\infty$ とするので，$x<0$ のもとで

$\sqrt{x^2+3x}+x=\dfrac{3x}{\sqrt{x^2+3x}-x}\dfrac{-\infty}{\infty}$
$\phantom{\sqrt{x^2+3x}+x}\infty-\infty$

$=\dfrac{3}{-\sqrt{1+\dfrac{3}{x}}-1}$　　$x<0$ より $x=-\sqrt{x^2}$

$\xrightarrow[x\to-\infty]{}\dfrac{3}{-1-1}=-\dfrac{3}{2}.$

[5] $h \longrightarrow 0$ とするので，$h \neq 0$ のもとで

$\dfrac{0}{0}\dfrac{\sqrt{2+h}-\sqrt{2}}{h}=\dfrac{h}{h(\sqrt{2+h}+\sqrt{2})}$

$=\dfrac{1}{\sqrt{2+h}+\sqrt{2}}$

$\xrightarrow[h\to 0]{}\dfrac{1}{2\sqrt{2}}.$

[6] $x \longrightarrow 2$ とするので，$x>0$，$x \neq 2$ のもとで

$\dfrac{0}{0}\dfrac{\sqrt{x}-\sqrt{2}}{x-2}=\dfrac{\sqrt{x}-\sqrt{2}}{(\sqrt{x})^2-(\sqrt{2})^2}$　　($\because x>0$)

$=\dfrac{\sqrt{x}-\sqrt{2}}{(\sqrt{x}+\sqrt{2})(\sqrt{x}-\sqrt{2})}$

$=\dfrac{1}{\sqrt{x}+\sqrt{2}}\xrightarrow[x\to 2]{}\dfrac{1}{2\sqrt{2}}.$

〔参考〕

$f(x)=\sqrt{x}$ とおくと，[5] と [6] はいずれも微分係数 $f'(2)$ の定義そのものに他なりません．→ITEM 18

逆にいうと，このような $\dfrac{0}{0}$ 型不定形の極限は，導関数の公式：$(\sqrt{x})'=\dfrac{1}{2\sqrt{x}}$ を既知として利用し，

与式 $=f'(2)=\dfrac{1}{2\sqrt{2}}$

と求めてしまう手もあるわけです．

[7] $x \longrightarrow 2$ とするので，$x \neq 2$ のもとで

$\dfrac{0}{0} \dfrac{x^2-4}{\sqrt{x+7}-3} = \dfrac{(x+2)(x-2)(\sqrt{x+7}+3)}{x-2}$

$\qquad\qquad = (x+2)(\sqrt{x+7}+3)$

$\qquad\qquad \xrightarrow[x \to 2]{} 4(3+3) = 24.$

[8] $\lim\limits_{x \to 1} \dfrac{\sqrt{x+3}-2}{x^2-4} = \dfrac{2-2}{-3} = \mathbf{0}.$

:::注意
このような不定形でないショボイ問題を，ワザと混ぜています（入試で出ますよ）．関数の振る舞いそのものを見てない人は，すぐにひっかかっちゃうんです…
:::

[9] $x \longrightarrow 0$ とするので，$x \neq 0$ のもとで

$\dfrac{0}{0} \dfrac{\sqrt{x^2+3x+9}-3}{x}$

$= \dfrac{x^2+3x}{x(\sqrt{x^2+3x+9}+3)}$

$= \dfrac{x+3}{\sqrt{x^2+3x+9}+3}$ $\dfrac{\infty}{\infty}$ じゃないよー

$\xrightarrow[x \to 0]{} \dfrac{3}{3+3} = \dfrac{1}{2}.$

[10] $a \longrightarrow 0$ とするので，$a \neq 0$ のもとで

$\dfrac{0}{0} \dfrac{a^2+2-2\sqrt{1+a^2}}{a^3}$

$= \dfrac{(a^2+2)^2 - 4(1+a^2)}{a^3(a^2+2+2\sqrt{1+a^2})}$

$= \dfrac{a^4}{a^3(a^2+2+2\sqrt{1+a^2})}$

$= \dfrac{a}{a^2+2+2\sqrt{1+a^2}}$

$\xrightarrow[a \to 0]{} \dfrac{0}{2+2} = \mathbf{0}.$

[11] $\lim\limits_{p \to 0} \dfrac{(4p^2+\sqrt{1+4p^2}+2)(\sqrt{1+p^2}+1)}{(\sqrt{1+4p^2}+1)(p^2+\sqrt{1+p^2}+2)}$

$= \dfrac{(1+2)(1+1)}{(1+1)(1+2)} = \mathbf{1}.$

:::参考
ショボイですが，こーゆーのがけっこう入試では出るんです．
:::

[12] $x \longrightarrow -\infty$ とするので，$x < 0$ のもとで

$x + \sqrt{x^2+1} = \dfrac{1}{\sqrt{x^2+1}-x}$ $\infty + \infty$

$\qquad\qquad \xrightarrow[x \to -\infty]{} 0.$ （符号は正）

$\therefore \log(x+\sqrt{x^2+1}) \xrightarrow[x \to -\infty]{} -\infty.$ 類題12[8]

14

ここでは，基本確認の❷，❸も公式として使用します．これ以降この説明を省きます

[1] $x \longrightarrow 0$ とするので，$x \neq 0$ のもとで

$\dfrac{0}{0} \dfrac{\sin 3x}{\sin 2x} = \dfrac{\sin 3x}{3x} \cdot \dfrac{2x}{\sin 2x} \cdot \dfrac{3}{2}$

$\qquad\qquad \xrightarrow[x \to 0]{} 1 \cdot 1 \cdot \dfrac{3}{2} = \dfrac{\mathbf{3}}{\mathbf{2}}.$

[2] $\dfrac{0}{0} \dfrac{1-\cos 3x}{x^2} = \dfrac{1-\cos 3x}{(3x)^2} \cdot 9$

$\qquad\qquad \xrightarrow[x \to 0]{} \dfrac{1}{2} \cdot 9 = \dfrac{\mathbf{9}}{\mathbf{2}}.$

[3] $\lim\limits_{\theta \to \frac{\pi}{2}} \dfrac{\cos \theta}{\frac{\pi}{2}-\theta}$ $\dfrac{0}{0}$ 型

$t = \dfrac{\pi}{2}-\theta$ とおくと，$\theta \longrightarrow \dfrac{\pi}{2}$ のとき $t \longrightarrow 0$ だから

$\lim\limits_{\theta \to \frac{\pi}{2}} \dfrac{\cos \theta}{\frac{\pi}{2}-\theta} = \lim\limits_{t \to 0} \dfrac{\cos\left(\frac{\pi}{2}-t\right)}{t}$

$\qquad\qquad = \lim\limits_{t \to 0} \dfrac{\sin t}{t} = \mathbf{1}.$

:::補足
$\dfrac{0}{0}$ 型不定形なので❶〜❸の公式を使いたい．そこで，「0に近づく変数 t」で表すことを考えたわけです．（[4]，[5]も同じ）
:::

[4] $\lim_{\theta \to \frac{\pi}{2}}(2\theta-\pi)\tan\theta$　　$0\times(\pm\infty)$ 型

$t = \frac{\pi}{2}-\theta$ とおくと，$\theta \longrightarrow \frac{\pi}{2}$ のとき $t \longrightarrow 0$ だから

$\lim_{\theta \to \frac{\pi}{2}}(2\theta-\pi)\tan\theta$

$= \lim_{t \to 0}(-2t)\tan\left(\frac{\pi}{2}-t\right)$

$= \lim_{t \to 0}(-2)\cdot\frac{t}{\tan t} = -2\cdot 1 = \mathbf{-2}$.

[5] $\lim_{\theta \to \frac{\pi}{2}}\frac{\sin\theta - 1}{(\pi-2\theta)^2}$　　$\frac{0}{0}$ 型

$t = \frac{\pi}{2}-\theta$ とおくと，$\theta \longrightarrow \frac{\pi}{2}$ のとき $t \longrightarrow 0$ だから

$\lim_{\theta \to \frac{\pi}{2}}\frac{\sin\theta-1}{(\pi-2\theta)^2} = \lim_{t \to 0}\frac{\sin\left(\frac{\pi}{2}-t\right)-1}{(2t)^2}$

$= \lim_{t \to 0}\left(-\frac{1}{4}\right)\cdot\frac{1-\cos t}{t^2}$

$= -\frac{1}{4}\cdot\frac{1}{2} = \mathbf{-\frac{1}{8}}$.

> [補足]
> 「$1-\cos\bigcirc$」を見つけたら「シメシメ」と思えるように！

[6] $\lim_{x \to 0}\frac{1}{\cos x} = \frac{1}{1} = \mathbf{1}$.

> [注意]
> 不定形じゃありませんよー．

[7] $\frac{0}{0}$　$\frac{\sin^2\theta}{\theta} = \frac{\sin\theta}{\theta}\sin\theta \xrightarrow[\theta \to 0]{} 1\cdot 0 = \mathbf{0}$.

[8] $\frac{0}{0}$　$\frac{\sin\theta^2}{\theta} = \frac{\sin\theta^2}{\theta^2}\theta \xrightarrow[\theta \to 0]{} 1\cdot 0 = \mathbf{0}$.

[9] $\frac{0}{0}$　$\frac{\sin\theta}{\theta^2} = \frac{\sin\theta}{\theta}\cdot\frac{1}{\theta}$ において，

$\theta \longrightarrow 0$ のとき　収束／発散

$\frac{\sin\theta}{\theta} \longrightarrow 1$, $\frac{1}{\theta} \longrightarrow \begin{cases}+\infty & (\theta \longrightarrow +0), \\ -\infty & (\theta \longrightarrow -0).\end{cases}$

$\therefore \frac{\sin\theta}{\theta}\cdot\frac{1}{\theta} \longrightarrow \begin{cases}+\infty & (\theta \longrightarrow +0), \\ -\infty & (\theta \longrightarrow -0).\end{cases}$

よって極限 $\lim_{\theta \to 0}\frac{\sin\theta}{\theta^2}$ は**存在しない**．

> [参考]
> [7]〜[9]は，「$\theta \longrightarrow 0$ のとき，$\sin\triangle$ が $\triangle$ と同じようなもの」という感覚があれば
> [7]．[8]…$\frac{\theta^2}{\theta} = \theta$　　[9]…$\frac{\theta}{\theta^2} = \frac{1}{\theta}$
> のようなものであることが見抜け，答えの見当がついてしまいます．（答案には，こう書いちゃダメ！）

[10] $\frac{0}{0}$　$\frac{1-\cos x}{\sin x \tan x}$

$= \frac{1-\cos x}{x^2}\cdot\frac{x}{\sin x}\cdot\frac{x}{\tan x}$

$\xrightarrow[x \to 0]{} \frac{1}{2}\cdot 1\cdot 1 = \mathbf{\frac{1}{2}}$.

> [参考]
> 本問も，「$x \longrightarrow 0$ のとき，$\sin x$, $\tan x$ はいずれも x のようなもの」という感覚から，「与式は $\lim_{x \to 0}\frac{1-\cos x}{x^2}$ のようなものだから答えは $\frac{1}{2}$」と見えちゃいます．

[11] $\frac{0}{0}$　$\frac{\tan x - \sin x}{x^3}$

$= \frac{1}{x^3}\left(\frac{\sin x}{\cos x} - \sin x\right)$

　　　　　　　　「シメシメ」

$= \frac{\sin x(1-\cos x)}{x^3\cos x}$

$= \frac{\sin x}{x}\cdot\frac{1-\cos x}{x^2}\cdot\frac{1}{\cos x}$

$\xrightarrow[x \to 0]{} 1\cdot\frac{1}{2}\cdot 1 = \mathbf{\frac{1}{2}}$.

> [注意]
> $\frac{\tan x}{x^3} - \frac{\sin x}{x^3}$ と分けて考えても，どちらも発散してしまいうまく行きません．（それが次の[12]です）

[12] $\dfrac{1}{\sin x}-\dfrac{1}{\tan x}=\dfrac{1}{\sin x}-\dfrac{\cos x}{\sin x}$
  $(\pm\infty)-(\pm\infty)$
$=\dfrac{1-\cos x}{\sin x}$ 「シメシメ」
$=\dfrac{1-\cos x}{x^2}\cdot\dfrac{x}{\sin x}\cdot x$
$\xrightarrow[x\to 0]{}\dfrac{1}{2}\cdot 1\cdot 0=0.$

[13] $\displaystyle\lim_{x\to\frac{\pi}{4}}\dfrac{\sin x-\cos x}{4x-\pi}$ $\dfrac{0}{0}$ 型

$=\displaystyle\lim_{x\to\frac{\pi}{4}}\dfrac{\sqrt{2}\sin\left(x-\frac{\pi}{4}\right)}{4\left(x-\frac{\pi}{4}\right)}$ 合成

そこで $t=x-\dfrac{\pi}{4}$ とおくと，$x\longrightarrow\dfrac{\pi}{4}$ の
とき $t\longrightarrow 0$ だから

$\displaystyle\lim_{x\to\frac{\pi}{4}}\dfrac{\sin x-\cos x}{4x-\pi}=\lim_{t\to 0}\dfrac{\sqrt{2}\sin t}{4t}$

$=\displaystyle\lim_{t\to 0}\dfrac{\sqrt{2}}{4}\cdot\dfrac{\sin t}{t}=\dfrac{\sqrt{2}}{4}\cdot 1=\dfrac{\sqrt{2}}{4}.$

[14] $\dfrac{0}{0}$ $\dfrac{2x-x^2}{x+\sin x}=\dfrac{2-x}{1+\dfrac{\sin x}{x}}$

$\xrightarrow[x\to 0]{}\dfrac{2}{1+1}=1.$

> 補 足
> $x\longrightarrow 0$ のとき，x と $\sin x$ は同じ速さで 0 に
> 近づきますが，x^2 はそれらより速く 0 に近
> づきます．つまり x^2 はいわゆる "ゴミ" なの
> です．

[15] $n\longrightarrow\infty$ のとき $\dfrac{\pi}{n}\longrightarrow 0$ だから

$(n^2+2n)\left(1-\cos\dfrac{\pi}{n}\right)$
  $\infty\times 0$

$=(n^2+2n)\left(\dfrac{\pi}{n}\right)^2\cdot\dfrac{1-\cos\dfrac{\pi}{n}}{\left(\dfrac{\pi}{n}\right)^2}$

$=\pi^2\cdot\left(1+\dfrac{2}{n}\right)\cdot\dfrac{1-\cos\dfrac{\pi}{n}}{\left(\dfrac{\pi}{n}\right)^2}$

$\xrightarrow[n\to\infty]{}\pi^2\cdot 1\cdot\dfrac{1}{2}=\dfrac{\pi^2}{2}.$

[16] $\dfrac{0}{0}$ $\dfrac{6\theta+3\sin 2\theta+\sin 4\theta}{\sin\theta}$

$=\dfrac{\theta}{\sin\theta}\cdot\left(6+6\cdot\dfrac{\sin 2\theta}{2\theta}+4\cdot\dfrac{\sin 4\theta}{4\theta}\right)$

$\xrightarrow[\theta\to 0]{}1\cdot(6+6\cdot 1+4\cdot 1)=16.$

[17] $\dfrac{0}{0}$ $\dfrac{3\sin\theta(3\theta-2\sin\theta)}{4\theta^2(2-\cos\theta)}$

$=\dfrac{3}{4}\cdot\dfrac{\sin\theta}{\theta}\left(3-2\cdot\dfrac{\sin\theta}{\theta}\right)\cdot\dfrac{1}{2-\cos\theta}$

$\xrightarrow[\theta\to 0]{}\dfrac{3}{4}\cdot 1\cdot(3-2\cdot 1)\cdot 1=\dfrac{3}{4}.$

> 補 足
> この関数のどこに不定形があるかを見抜く
> ことが大切です．「$2-\cos\theta$」が，不定形を作
> る要因になっていないことがわかればカン
> タンです．

15A

[1] $\displaystyle\lim_{x\to\infty}\left(1+\dfrac{1}{x}\right)^x$ において $h=\dfrac{1}{x}$ とお
くと，$x\longrightarrow\infty$ のとき $h\longrightarrow 0$ だから

$\displaystyle\lim_{x\to\infty}\left(1+\dfrac{1}{x}\right)^x=\lim_{h\to 0}(1+h)^{\frac{1}{h}}=e.\ \square\ (\because\ \mathbf{❶})$

[2] $\displaystyle\lim_{t\to 0}\dfrac{e^t-1}{t}$ において $h=e^t-1$ とおく
と，$t\longrightarrow 0$ のとき $h\longrightarrow 0$ であり，
$t=\log(1+h)$ だから

$\displaystyle\lim_{t\to 0}\dfrac{e^t-1}{t}=\lim_{h\to 0}\dfrac{h}{\log(1+h)}=1.\ \square\ (\because\ \mathbf{❸})$

15B

[1] $x \longrightarrow 0$ のとき

$1^{\infty} (1+2x)^{\frac{1}{x}} = \left\{(1+2x)^{\frac{1}{2x}}\right\}^2 \longrightarrow e^2. \ (\because ❶)$

[2] $x \longrightarrow \infty$ のとき

$1^{\infty} \left(\dfrac{x+2}{x}\right)^x = \left\{\left(1+\dfrac{1}{\frac{x}{2}}\right)^{\frac{x}{2}}\right\}^2 \longrightarrow e^2. \ (\because ❷)$

【別解】

$\lim\limits_{x\to\infty}\left(\dfrac{x+2}{x}\right)^x = \lim\limits_{x\to\infty}\left(1+\dfrac{2}{x}\right)^x$ において

$h=\dfrac{2}{x}$ とおくと, $x \longrightarrow \infty$ のとき $h \longrightarrow 0$ だから

$\lim\limits_{x\to\infty}\left(\dfrac{x+2}{x}\right)^x$
$=\lim\limits_{h\to 0}(1+h)^{\frac{2}{h}} = \lim\limits_{h\to 0}\left\{(1+h)^{\frac{1}{h}}\right\}^2$
$= e^2. \ (\because ❶)$

[3] (式の形を見るとつい❷を使いたくなりますが…)

$1^{-\infty} \lim\limits_{x\to -\infty}\left(1+\dfrac{1}{x}\right)^x$ において $h=\dfrac{1}{x}$ とおくと, $x \longrightarrow -\infty$ のとき $h \longrightarrow 0$ だから

$\lim\limits_{x\to -\infty}\left(1+\dfrac{1}{x}\right)^x = \lim\limits_{h\to 0}(1+h)^{\frac{1}{h}} = e. \ (\because ❶)$

【補足】
1^{∞} や $1^{-\infty}$ 型の不定形では, ❷より❶の方が使いやすいことが多いです.

【参考】
本問の結果も"公式"として認めてしまう立場もあります.

[4] $1^{\infty} \lim\limits_{x\to\infty}\left(\dfrac{x+2}{x+1}\right)^x = \lim\limits_{x\to\infty}\left(1+\dfrac{1}{x+1}\right)^x$ において $h=\dfrac{1}{x+1}$ とおくと, $x \longrightarrow \infty$ のとき $h \longrightarrow 0$ だから

$\lim\limits_{x\to\infty}\left(\dfrac{x+2}{x+1}\right)^x = \lim\limits_{h\to 0}(1+h)^{\frac{1}{h}-1}$
$= \lim\limits_{h\to 0}(1+h)^{\frac{1}{h}}(1+h)^{-1}$
$= e \cdot 1 = e. \ (\because ❶)$

[5] $1^{\infty} \lim\limits_{x\to\infty}\left(\dfrac{x-1}{x+1}\right)^x = \lim\limits_{x\to\infty}\left(1-\dfrac{2}{x+1}\right)^x$ において $h=-\dfrac{2}{x+1}$ とおくと, $x \longrightarrow \infty$ のとき $h \longrightarrow 0$ だから

$\lim\limits_{x\to\infty}\left(\dfrac{x-1}{x+1}\right)^x = \lim\limits_{h\to 0}(1+h)^{-\frac{2}{h}-1}$
$= \lim\limits_{h\to 0}\left\{(1+h)^{\frac{1}{h}}\right\}^{-2}(1+h)^{-1}$
$= e^{-2} \cdot 1 = \dfrac{1}{e^2}. \ (\because ❶)$

[6] $\dfrac{0}{0} \lim\limits_{t\to 0}\dfrac{\log(1+3t)}{t}$
$= \lim\limits_{t\to 0}\dfrac{\log(1+3t)}{3t}\cdot 3$
$= 1 \cdot 3 = 3. \ (\because ❸)$

[7] $\lim\limits_{n\to\infty} n\{\log(n+1) - \log n\}$
$= \lim\limits_{n\to\infty \times 0} n\log\dfrac{n+1}{n} \cdots ①$
$= \lim\limits_{n\to\infty}\dfrac{\log\left(1+\dfrac{1}{n}\right)}{\dfrac{1}{n}} = 1. \ \left(\because \dfrac{1}{n} \longrightarrow 0\right)$

【補足】
ここでは公式❸を使いましたが, ①の後
$\lim\limits_{n\to\infty}\log\left(1+\dfrac{1}{n}\right)^n = \log e = 1$
と, 公式❷'までもどって解答することもできます.

[8] $\dfrac{0}{0} \lim\limits_{x\to 0}\dfrac{e^{3x}-1}{x} = \lim\limits_{x\to 0}\dfrac{e^{3x}-1}{3x}\cdot 3$
$= 1 \cdot 3$
$= 3. \ (\because ❹)$

[9] $\frac{0}{0}$ $\displaystyle\lim_{x\to 0}\frac{(\sqrt{e})^x-1}{x}=\lim_{x\to 0}\frac{e^{\frac{x}{2}}-1}{\frac{x}{2}}\cdot\frac{1}{2}$

$\qquad\qquad\qquad =1\cdot\frac{1}{2}=\frac{1}{2}.$ $(\because ❹)$

[10] $\frac{0}{0}$ $\displaystyle\lim_{x\to 0}\frac{x}{2^x-1}$

$=\displaystyle\lim_{x\to 0}\frac{x}{(e^{\log 2})^x-1}$

$=\displaystyle\lim_{x\to 0}\frac{(\log 2)x}{e^{(\log 2)x}-1}\cdot\frac{1}{\log 2}$

$=1\cdot\dfrac{1}{\log 2}=\dfrac{1}{\log 2}.$ $(\because ❹)$

補足	「$2=e^{\log 2}$」がピンとこない人は
	→数学Ⅰ・A・Ⅱ・B ITEM 78

[11] $\displaystyle\lim_{n\to\infty}n\left(1-e^{\frac{1}{n}}\right)\underset{\infty\times 0}{=}\lim_{n\to\infty}\left(-\frac{e^{\frac{1}{n}}-1}{\frac{1}{n}}\right)$

$\qquad\qquad\qquad =-1.$ $\left(\because \dfrac{1}{n}\longrightarrow 0\right)$

[12] $\frac{0}{0}$ $\displaystyle\lim_{x\to 0}\frac{e^x-e^{-x}}{x}=\lim_{x\to 0}\frac{e^{2x}-1}{xe^x}$

$\qquad\qquad\qquad =\displaystyle\lim_{x\to 0}\frac{e^{2x}-1}{2x}\cdot\frac{2}{e^x}$

$\qquad\qquad\qquad =1\cdot 2=2.$

[13] $\dfrac{(n+1)^{1-n}-n^{1-n}}{n^{1-n}-(n-1)^{1-n}}$　どーしよーもないほど不定形

$1^{-\infty}$　　分子,分母をn^{1-n}で割る

$=\dfrac{\left(1+\dfrac{1}{n}\right)^{1-n}-1}{1-\left(1-\dfrac{1}{n}\right)^{1-n}}$ …①　$1^{-\infty}$型が2つできた！

ここで $n\longrightarrow\infty$ のとき

$\left(1+\dfrac{1}{n}\right)^{1-n}=\left(1+\dfrac{1}{n}\right)\left\{\left(1+\dfrac{1}{n}\right)^n\right\}^{-1}$

$\qquad\qquad\longrightarrow 1\cdot e^{-1}=\dfrac{1}{e}.$ $(\because ❷')$

$\left(1-\dfrac{1}{n}\right)^{1-n}=\left(1-\dfrac{1}{n}\right)\left(1+\dfrac{-1}{n}\right)^{-n}$　　　$\dfrac{-1}{n}\to 0$

$\qquad\qquad\longrightarrow 1\cdot e=e.$ $(\because ❶)$

これと①より

与式$=\dfrac{\dfrac{1}{e}-1}{1-e}=\dfrac{1-e}{e(1-e)}=\dfrac{1}{e}.$

[14] $\frac{0}{0}$ $\displaystyle\lim_{x\to 0}\frac{\log(1+2x)}{1-\dfrac{1}{e^x}}\qquad e^{-x}$

$=\displaystyle\lim_{x\to 0}\frac{\log(1+2x)}{2x}\cdot\frac{-x}{e^{-x}-1}\cdot 2$

$=1\cdot 1\cdot 2=2.$ $(\because ❸,❹)$

16

[1] $\displaystyle\lim_{x\to\infty}\frac{e^x}{x}$ 　指数関数：速い∞
　　　　　　　べき関数：遅い∞
$=\infty.$

[2] $\displaystyle\lim_{x\to\infty}\frac{\log x}{\sqrt{x}}$ 　対数関数：遅い∞
　　　　　　　べき関数：速い∞
$=0.$

[3] $\displaystyle\lim_{x\to\infty}\frac{x^2}{e^x}$ 　遅い∞
　　　　　　　速い∞
$=0.$

[4] $\displaystyle\lim_{x\to-\infty}\frac{x^2}{e^x}\begin{array}{l}\to\infty \\ \to 0(\text{符号は正})\end{array}\Big\}$不定形じゃない

$=\infty.$

[5] $\displaystyle\lim_{x\to +0}x^2\log x=0.$
速く0　遅く$-\infty$
に収束　に発散

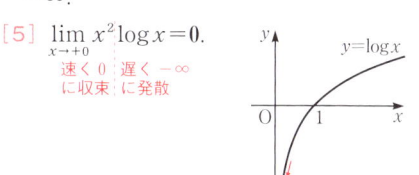

[6] $\displaystyle\lim_{x\to +0}\frac{\log x}{x^2}\begin{array}{l}\to-\infty \\ \to 0(\text{符号は正})\end{array}\Big\}$不定形じゃない

$=-\infty.$

[7] $\displaystyle\lim_{x\to\infty}\frac{(e^x-1)(e^x+2x)}{x^2-e^{2x}}$ 　□が主要部

$=\displaystyle\lim_{x\to\infty}\frac{(1-e^{-x})(1+2xe^{-x})}{x^2e^{-2x}-1}$　　部は0に収束

$=\dfrac{1\cdot 1}{0-1}=-1.$

補足

- 分子，分母それぞれの中で発散が一番速そうなのは $e^x \cdot e^x = e^{2x}$ です．そこで，分子，分母を e^{2x} で割りました．
- ＿＿部が 0 に収束することは，たとえば
$\lim_{x\to\infty} x^2 \, e^{-2x} = 0$
 遅く∞　速く0
 に発散　に収束
のように考えています．もちろん
「$\lim_{x\to\infty} \dfrac{x^2}{e^{2x}} = 0$」と考えてもかまいませんが，
 遅い∞
 速い∞
繁分数を書かないで済ませられるようにしましょう．

[8] $\lim_{x\to+0} \dfrac{x\log x - \log x + 3x}{(\log x)^2 - 2x\log x}$　$\dfrac{\infty}{\infty}$ 型

のみ考える

$= \lim_{x\to+0} \dfrac{x - 1 + \dfrac{3x}{\log x}}{\log x - 2x} = 0.$

補足

- 例題(2)とまったく同じ関数ですが，「$x\to\infty$」が「$x\to+0$」に変わったので，主要部も変わります．
- ＿＿部はすべて "ゴミ" です．分子の $\log x$ と分母の $(\log x)^2$ を比べて，$(\log x)^2$ の方が発散が速いことが見抜ければ，「答えは0」とわかりますね．

17

[1] $\lim_{x\to\frac{\pi}{3}} \dfrac{3 - 4\sin^2 x}{2\cos x - 1}$　$\dfrac{0}{0}$ 型

$\dfrac{3 - 4\sin^2 x}{2\cos x - 1} = \dfrac{3 - 4(1 - \cos^2 x)}{2\cos x - 1}$

$= \dfrac{4\cos^2 x - 1}{2\cos x - 1}$　$(2\cos x)^2 - 1^2$

$= \dfrac{(2\cos x + 1)(2\cos x - 1)}{2\cos x - 1}$

$= 2\cos x + 1 \xrightarrow[x\to\frac{\pi}{3}]{} 2.$

[2] $\lim_{x\to\infty} x\sin\dfrac{1}{x} = \lim_{x\to\infty} \dfrac{\sin\dfrac{1}{x}}{\dfrac{1}{x}}$　$\dfrac{0}{0}$

$= 1.$　$\left(\because \dfrac{1}{x} \longrightarrow 0\right)$

補足

不定形の型というのは，式変形によって「$\infty \times 0$」が「$\dfrac{0}{0}$」に変わったりするんですね．

[3] $\lim_{x\to 0} x\sin\dfrac{1}{x}$
$0\times(-1\sim 1$で振動$)$　答えはたぶん「0」

$0 \leq \left|x\sin\dfrac{1}{x} - 0\right|$

$= |x|\left|\sin\dfrac{1}{x}\right| \leq |x| \xrightarrow[x\to 0]{} 0.$

よって "はさみうち" より，$x \longrightarrow 0$ のとき

$\left|x\sin\dfrac{1}{x} - 0\right| \longrightarrow 0$　i.e.　$x\sin\dfrac{1}{x} \longrightarrow 0.$
「収束」の定義

ITEM 9〔類題〕[1]

[4] $\lim_{x\to\infty}(\sin\sqrt{x+1} - \sin\sqrt{x})$
(振動)−(振動)
和積公式でまとめてみる

$= \lim_{x\to\infty} 2\cos\dfrac{\sqrt{x+1}+\sqrt{x}}{2} \sin\dfrac{\sqrt{x+1}-\sqrt{x}}{2}.$
振動　　　　　　　　　$\infty - \infty$
…①

ここで，

$\dfrac{\sqrt{x+1} - \sqrt{x}}{2} = \dfrac{1}{2(\sqrt{x+1}+\sqrt{x})} \xrightarrow[x\to\infty]{} 0$

だから，
つまり①は
「$(-2\sim 2$で振動$)\times 0$」

$\sin\dfrac{\sqrt{x+1}-\sqrt{x}}{2} \longrightarrow 0.$

$\therefore \left|2\cos\dfrac{\sqrt{x+1}+\sqrt{x}}{2} \sin\dfrac{\sqrt{x+1}-\sqrt{x}}{2}\right|$

$\leq 2\left|\sin\dfrac{\sqrt{x+1}-\sqrt{x}}{2}\right| \xrightarrow[x\to\infty]{} 0.$

よって,
$$\left|2\cos\frac{\sqrt{x+1}+\sqrt{x}}{2}\sin\frac{\sqrt{x+1}-\sqrt{x}}{2}\right|\xrightarrow[x\to\infty]{}0.$$
i.e. $\lim_{x\to\infty}(\sin\sqrt{x+1}-\sin\sqrt{x})=\boldsymbol{0}.$

補足
①式以降は[3]と同様ですので,[3]の薄字部分は書きませんでした.

[5] $\lim_{x\to\infty}e^{-x}\sin x$
　　　$0\times(-1\sim 1\text{ で振動})$

$|e^{-x}\sin x|=e^{-x}|\sin x|\leqq e^{-x}\xrightarrow[x\to\infty]{}0.$

∴ $|e^{-x}\sin x|\xrightarrow[x\to\infty]{}0.$

i.e. $e^{-x}\sin x\xrightarrow[x\to\infty]{}\boldsymbol{0}.$

[6] $\frac{0}{0}$ $\lim_{x\to 0}\frac{\log(\tan x+1)}{x}$

$=\lim_{x\to 0}\frac{\log(1+\tan x)}{\tan x}\cdot\frac{\tan x}{x}$

$=1\cdot 1=\boldsymbol{1}.$ （∵ $\tan x\longrightarrow 0$）

[7] $\lim_{x\to 0}x^2\log(1-\cos x)$
　　　$0\times ?$

$x\longrightarrow 0$ のとき,　　　よって全体は
　　　　　　　　　　　　　$0\times(-\infty)$
$1-\cos x\longrightarrow 0$ （符号は正）. …①

注意
$x^2\log(1-\cos x)\xrightarrow[x\to 0]{}0$
速く 0　遅く $-\infty$
に収束　に発散
としてはいけません！公式としてあるのは
　　　$\bigcirc^2$ とかでも同じ
　　　$\log\square\xrightarrow[\square\to 0]{}0$
　　　　　一致！
であり,2か所の $\square$ がそろっていなければ使えません.そこで…

$x^2\log(1-\cos x)$

$=(1-\cos x)\log(1-\cos x)\times\frac{x^2}{1-\cos x}.$

ここで $x\longrightarrow 0$ のとき,

$\frac{x^2}{1-\cos x}\longrightarrow\frac{1}{\frac{1}{2}}=2.$

また, $t=1-\cos x$ とおくと, ①より
　$\lim_{x\to 0}(1-\cos x)\log(1-\cos x)$
$=\lim_{t\to +0}t\log t=0.$

以上より, $\lim_{x\to 0}x^2\log(1-\cos x)=0\cdot 2=\boldsymbol{0}.$

[8] $\frac{0}{0}$ $\lim_{x\to 0}\frac{\log(2-\cos x)}{x^2}$ 　$\frac{\log(1+h)}{h}\xrightarrow[h\to 0]{}1$
　　　　　　　　　　　　　　　　　　を使いそう…

$=\lim_{x\to 0}\frac{\log\{1+(1-\cos x)\}}{1-\cos x}\cdot\frac{1-\cos x}{x^2}$

$=1\cdot\frac{1}{2}=\boldsymbol{\frac{1}{2}}.$ （∵ $1-\cos x\to 0$）

[9] $\lim_{n\to\infty}\log\cos\frac{1}{n}=\log 1=\boldsymbol{0}.$

補足
$\frac{1}{n}\longrightarrow 0.$ $\cos\square\longrightarrow 1.$ $\log\square\longrightarrow 0$
の順に考えました.

[10] 1^∞ $\lim_{n\to\infty}\left(\cos\frac{1}{n}\right)^{n^2}$ 　$(1+h)^{\frac{1}{h}}\xrightarrow[h\to 0]{}e$
　　　　　　　　　　　　　　　を使いそう…

$1+h=\cos\frac{1}{n}$ とおくと

$\left(\cos\frac{1}{n}\right)^{n^2}=(1+h)^{n^2}=\left\{(1+h)^{\frac{1}{h}}\right\}^{hn^2}.$ …①

ここで $n\longrightarrow\infty$ のとき,

$h=\cos\frac{1}{n}-1\longrightarrow 0$ であり,

$(1+h)^{\frac{1}{h}}\longrightarrow e.$

また, $hn^2=\left(\cos\frac{1}{n}-1\right)n^2$
　　　　　　　　　　　$0\times\infty$

$=-\frac{1-\cos\frac{1}{n}}{\left(\frac{1}{n}\right)^2}$ 　$\frac{0}{0}$

$\xrightarrow[n\to\infty]{}-\frac{1}{2}$ （∵ $\frac{1}{n}\longrightarrow 0$）.

よって①より, $\lim_{n\to\infty}\left(\cos\frac{1}{n}\right)^{n^2}=e^{-\frac{1}{2}}=\boldsymbol{\frac{1}{\sqrt{e}}}.$

[11] $\overset{\infty}{\infty}$ $\lim_{n\to\infty}\dfrac{\log(n+1)}{\log n}$ "ゴミ"

$\log(n+1)=\log n\left(1+\dfrac{1}{n}\right)$

$=\underline{\log n}_{\text{主要部}}+\underline{\log\left(1+\dfrac{1}{n}\right)}_{\text{ゴミ}}.$

$\therefore\ \dfrac{\log(n+1)}{\log n}=1+\dfrac{\log\left(1+\dfrac{1}{n}\right)}{\log n}\xrightarrow[n\to\infty]{}\mathbf{1}.$

補足 ここで用いた主要部とゴミへの分離法は，経験がないとちょっとムリでしょう．

別解
1 は無視できるから答えは「1」じゃないか？と予想が立てば…

$\left|\dfrac{\log(n+1)}{\log n}-1\right|=\dfrac{\log\left(1+\dfrac{1}{n}\right)}{\log n}\xrightarrow[n\to\infty]{}0.$

i.e. $\dfrac{\log(n+1)}{\log n}\longrightarrow\mathbf{1}.$ ←「収束」の定義

[12] $\overset{\infty}{\infty}$ $\lim_{n\to\infty}\dfrac{\log(2n-1)}{\log(n+1)}$

$\log(2n-1)=\log\left\{(n+1)\cdot\dfrac{2n-1}{n+1}\right\}$

$=\log(n+1)+\log\dfrac{2n-1}{n+1}.$

$\therefore\ \dfrac{\log(2n-1)}{\log(n+1)}=1+\dfrac{\log\left(2-\dfrac{3}{n+1}\right)}{\log(n+1)}$

$\xrightarrow[n\to\infty]{}\mathbf{1}.$

補足 分子，分母をそれぞれ「$\log n+$（ゴミ）」の形に分解してもできます．

[13] $\displaystyle\sum_{k=1}^{n}\dfrac{e^{\frac{k}{n}}}{n}=\dfrac{1}{n}\sum_{k=1}^{n}\left(e^{\frac{1}{n}}\right)^{k}$ Σ 計算では $\begin{cases}n:\text{定数}\\k:\text{変数}\end{cases}$

$\phantom{\displaystyle\sum_{k=1}^{n}\dfrac{e^{\frac{k}{n}}}{n}}=\dfrac{1}{n}\cdot e^{\frac{1}{n}}\cdot\dfrac{1-\left(e^{\frac{1}{n}}\right)^{n}}{1-e^{\frac{1}{n}}}$

$\phantom{\displaystyle\sum_{k=1}^{n}\dfrac{e^{\frac{k}{n}}}{n}}=\underset{0}{\dfrac{1}{n}}\cdot\underset{1}{e^{\frac{1}{n}}}\cdot\underset{*0}{\dfrac{1-e}{1-e^{\frac{1}{n}}}}$

ココに不定形がある ｜ $\dfrac{e^t-1}{t}\xrightarrow[t\to 0]{}1$ を使いそう…

$\phantom{\displaystyle\sum_{k=1}^{n}\dfrac{e^{\frac{k}{n}}}{n}}=(e-1)e^{\frac{1}{n}}\cdot\dfrac{\frac{1}{n}}{e^{\frac{1}{n}}-1}$

$\xrightarrow[n\to\infty]{}(e-1)\cdot 1\cdot 1\quad\left(\because\dfrac{1}{n}\longrightarrow 0\right)$

$=\mathbf{e-1}.$

別解 区分求積法でもできます．

$\displaystyle\lim_{n\to\infty}\sum_{k=1}^{n}\dfrac{e^{\frac{k}{n}}}{n}=\lim_{n\to\infty}\sum_{k=1}^{n}e^{\frac{k}{n}}\cdot\dfrac{1}{n}$

$\phantom{\displaystyle\lim_{n\to\infty}\sum_{k=1}^{n}\dfrac{e^{\frac{k}{n}}}{n}}=\int_{0}^{1}e^x\,dx$

$\phantom{\displaystyle\lim_{n\to\infty}\sum_{k=1}^{n}\dfrac{e^{\frac{k}{n}}}{n}}=\left[e^x\right]_{0}^{1}=\mathbf{e-1}.$

（類題 40 [3] に同問があります．）

[14] $0<\theta<\dfrac{\pi}{2}$ より $0<\cos\theta<1$ だから

$\displaystyle\sum_{n=0}^{N}\sin^2\theta\cos^n\theta$

$=\sin^2\theta\cdot\dfrac{1-(\cos\theta)^{N+1}}{1-\cos\theta}$ 項数

$\xrightarrow[N\to\infty]{}\dfrac{\sin^2\theta}{1-\cos\theta}\ (\because|\cos\theta|<1).$

$\therefore\ \displaystyle\lim_{\theta\to 0}\sum_{n=0}^{\infty}\sin^2\theta\cos^n\theta$

$=\displaystyle\lim_{\theta\to 0}\dfrac{\sin^2\theta}{1-\cos\theta}\qquad \dfrac{0}{0}$

$=\displaystyle\lim_{\theta\to 0}(1+\cos\theta)$

$=\mathbf{2}.$ $\sin^2\theta=1-\cos^2\theta=(1+\cos\theta)(1-\cos\theta)$

18A

以下の解において
  x：定数，h（および X）：変数
であることを忘れずに.

[1]
$$y' = \lim_{h \to 0} \frac{\{(x+h)^3 + 3(x+h)^2\} - (x^3 + 3x^2)}{h} \quad \frac{0}{0}$$
$$= \lim_{h \to 0} \left\{ \frac{(x+h)^3 - x^3}{h} + 3 \cdot \frac{(x+h)^2 - x^2}{h} \right\} \cdots ①$$
$$= \lim_{h \to 0} \{(3x^2 + 3xh + h^2) + 3(2x + h)\}$$
$$= 3x^2 + 3 \cdot 2x = \boldsymbol{3x^2 + 6x}.$$

> **補足**
> ○ ①を見ると，結局「x^3」と「x^2」をそれぞれ別々に微分すればよいことがわかりますね．
> ○ 微分係数，導関数をその定義にもとづいて求めるときには，必ず $\frac{0}{0}$ 型の不定形となります．

[2] 二項定理を用いる．
$$y' = \lim_{h \to 0} \frac{(x+h)^n - x^n}{h} \quad \frac{0}{0}$$
$$= \lim_{h \to 0} \frac{(x^n + nx^{n-1}h + {}_nC_2 x^{n-2}h^2 + \cdots + h^n) - x^n}{h}$$
$$= \lim_{h \to 0} \{nx^{n-1} + h \times (x,\ h \text{ の多項式})\}$$
$$= \boldsymbol{nx^{n-1}}.$$

別解   数学 I・A・II・B ITEM 18 公式 ❼
$$y' = \lim_{X \to x} \frac{X^n - x^n}{X - x} \quad \frac{0}{0}$$
$$= \lim_{X \to x} \frac{(X - x)(X^{n-1} + X^{n-2}x + X^{n-3}x^2 + \cdots + x^{n-1})}{X - x}$$
$$= \lim_{X \to x} (X^{n-1} + X^{n-2}x + X^{n-3}x^2 + \cdots + x^{n-1})$$
$$= \underbrace{x^{n-1} + x^{n-1} + x^{n-1} + \cdots + x^{n-1}}_{n \text{ 個}} = \boldsymbol{nx^{n-1}}.$$

> **補足**
> こちらの表し方にも慣れておいてください．

[3]
$$y' = \lim_{h \to 0} \frac{\frac{1}{x+h} - \frac{1}{x}}{h} \quad \frac{0}{0}$$
$$= \lim_{h \to 0} \frac{1}{h} \cdot \frac{x - (x+h)}{(x+h)x}$$
$$= \lim_{h \to 0} \frac{-1}{(x+h)x} = -\frac{1}{\boldsymbol{x^2}}.$$

[4]
$$y' = \lim_{h \to 0} \frac{\sqrt{x+h} - \sqrt{x}}{h} \quad \frac{0}{0}$$
$$= \lim_{h \to 0} \frac{1}{h} \cdot \frac{h}{\sqrt{x+h} + \sqrt{x}}$$
$$= \lim_{h \to 0} \frac{1}{\sqrt{x+h} + \sqrt{x}} = \frac{1}{2\sqrt{\boldsymbol{x}}}.$$

[5]
$$y' = \lim_{h \to 0} \frac{\cos(x+h) - \cos x}{h} \quad \frac{0}{0}$$
$$= \lim_{h \to 0} \frac{-2\sin\left(x + \frac{h}{2}\right)\sin\frac{h}{2}}{h}$$
$$= \lim_{h \to 0} \left\{ -\sin\left(x + \frac{h}{2}\right) \cdot \frac{\sin\frac{h}{2}}{\frac{h}{2}} \right\}$$
$$= -\sin x \times 1 = \boldsymbol{-\sin x}.$$

[6]
$$y' = \lim_{h \to 0} \frac{e^{x+h} - e^x}{h} \quad \frac{0}{0}$$
$$= \lim_{h \to 0} e^x \cdot \frac{e^h - 1}{h} = e^x \times 1 = \boldsymbol{e^x}.$$

18B

$$\left(f'(x) = \lim_{h \to 0} \frac{f(x+h) - f(x)}{h} \text{ であること を念頭に} \cdots \right)$$
この形の式を目指す

$$\{f(x)g(x)\}'$$
$$= \lim_{h \to 0} \frac{f(x+h)g(x+h) - f(x)g(x)}{h}$$
$$= \lim_{h \to 0} \frac{\{f(x+h) - f(x)\}g(x+h) + f(x)g(x+h) - f(x)g(x)}{h}$$
$$= \lim_{h \to 0} \left\{ \frac{f(x+h) - f(x)}{h} \cdot g(x+h) + f(x) \cdot \frac{g(x+h) - g(x)}{h} \right\}$$
$$= f'(x)g(x) + f(x)g'(x). \ \square$$

> [補足]
> もちろん，$f'(x)$ や $g'(x)$ が存在するという前提のもとで考えています．

19A

[1] $(\cos x)' = \left\{\sin\left(\dfrac{\pi}{2}-x\right)\right\}'$
$= \cos\left(\dfrac{\pi}{2}-x\right) \times (-1)$
　　　　　□でビ分　□をビ分
$= -\sin x.$　□

[2] $x>0$ のとき
$(\log|x|)' = (\log x)' = \dfrac{1}{x}.$

$x<0$ のとき
$(\log|x|)' = \{\log(-x)\}' = \dfrac{1}{-x}\cdot(-1) = \dfrac{1}{x}.$
　　　　　　　　　　　□でビ分　□をビ分

以上より，$(\log|x|)' = \dfrac{1}{x}.$　□

[3] $(2^x)' = \{e^{(\log 2)x}\}'$
$= (\log 2)e^{(\log 2)x} = (\log 2)2^x.$　□

[4] $(\log_2 x)' = \left(\dfrac{\log x}{\log 2}\right)' = \dfrac{1}{(\log 2)x}.$　□

> [注意]
> 本問だけは合成関数の微分法を使っていません．

[5] $(x^\alpha)' = (e^{\alpha\log x})' = e^{\alpha\log x} \times \dfrac{\alpha}{x}$
$= x^\alpha \cdot \dfrac{\alpha}{x} = \alpha x^{\alpha-1}.$　□

[6] $\left\{\dfrac{f(x)}{g(x)}\right\}'$
$= \left\{f(x)\cdot\dfrac{1}{g(x)}\right\}'$
$= f'(x)\times\dfrac{1}{g(x)} + f(x)\times\dfrac{-1}{g(x)^2}\cdot g'(x)$
　　　　　　　　　　　　　　　□でビ分　□をビ分
$= \dfrac{f'(x)g(x) - f(x)g'(x)}{g(x)^2}.$　□

19B

[1] $\left(\dfrac{1}{2x+1}\right)' = \dfrac{-1}{(2x+1)^2}\cdot 2 = \dfrac{-2}{(2x+1)^2}.$
　　　　　　　　　　□で　□を
　　　　　　　　　　ビ分　ビ分

[2] $\left(\dfrac{1}{x^2+1}\right)' = \dfrac{-1}{(x^2+1)^2}\cdot 2x = \dfrac{-2x}{(x^2+1)^2}.$
　　　　　　　　　　　□で　□を
　　　　　　　　　　　ビ分　ビ分

[3] $y = \dfrac{1}{\sqrt{x^2-1}} = (x^2-1)^{-\frac{1}{2}}$ だから
$y' = -\dfrac{1}{2}(x^2-1)^{-\frac{3}{2}}\cdot 2x$
　　　　　　□で　□を
　　　　　　ビ分　ビ分
$= -\dfrac{1}{2}\cdot\dfrac{2x}{(x^2-1)^{\frac{3}{2}}} = \dfrac{-x}{(x^2-1)^{\frac{3}{2}}}.$

[4] $(\sqrt{3-2x})' = \dfrac{-2}{2\sqrt{3-2x}} = \dfrac{-1}{\sqrt{3-2x}}.$

> [補足]
> 慣れてきたら，□をビ分したものは，初めから分子に乗せてしまいましょう．

[5] $(\sqrt{2-x^2})' = \dfrac{-2x}{2\sqrt{2-x^2}} = \dfrac{-x}{\sqrt{2-x^2}}.$

[6] $(\cos 2x)' = -\sin 2x \times 2$
$= -2\sin 2x.$

[7] $(\sin^2 x)' = 2\sin x\cos x.$

[別解]
$y = \dfrac{1-\cos 2x}{2}$ より
$y' = -\dfrac{1}{2}\cdot(-\sin 2x)\cdot 2 = \sin 2x.$

[8] $(\cos^3 x)' = 3\cos^2 x(-\sin x)$
$= -3\cos^2 x \sin x.$

[9] $(e^{-2x})' = e^{-2x}\cdot(-2) = -2e^{-2x}.$

[10] $\left(e^{-\frac{x^2}{2}}\right)' = e^{-\frac{x^2}{2}}\cdot(-x) = -xe^{-\frac{x^2}{2}}.$

[11] $y = \log(3x) = \log x + \log 3$ より
$y' = \dfrac{1}{x}.$

[補足]
$$y' = \{\log(3x)\}' = \frac{1}{3x} \cdot 3 = \frac{1}{x}$$
とするのは遠回り．

[12] $\{(\log x)^2\}' = 2(\log x) \cdot \frac{1}{x} = \dfrac{2\log x}{x}$.

[13] $y = \log x(1-x) = \log x + \log(1-x)$ 　…①

より
$$y' = \frac{1}{x} + \frac{-1}{1-x} = \frac{1}{x} + \frac{1}{x-1}.$$

[注意]
真数：$x(1-x) > 0$ より $0 < x < 1$ なので，①の2つの対数の真数は，いずれも正です．

[別解]
$y = \log x(1-x) = \log(x - x^2)$ より
$$y' = \frac{1}{x - x^2} \cdot (1 - 2x) = \frac{1-2x}{x-x^2}.$$

[14] $\{\log(x^2 + x + 1)\}'$
$$= \frac{1}{x^2+x+1} \cdot (2x+1) = \frac{2x+1}{x^2+x+1}.$$

[15] $(\log|\cos x|)'$
$$= \frac{1}{\cos x} \cdot (-\sin x) = -\tan x.$$

[参考]
この結果から，
$\int \tan x \, dx = -\log|\cos x| + C$ とわかります．

20A

$(\tan x)' = \left(\dfrac{\sin x}{\cos x}\right)'$
$$= \frac{(\sin x)'\cos x - \sin x(\cos x)'}{(\cos x)^2}$$
$$= \frac{\cos^2 x + \sin^2 x}{\cos^2 x} = \frac{1}{\cos^2 x}. \quad \square$$

20B

[1] $\{(x-2)^4 \times (2x+1)\}'$
$= \{(x-2)^4\}'(2x+1) + (x-2)^4(2x+1)'$ 　…①
$= 4(x-2)^3(2x+1) + (x-2)^4 \cdot 2$
$= 2(x-2)^3\{2(2x+1) + (x-2)\}$
$= 10x(x-2)^3$.

[補足]
○ ①式はゼッタイに書かないで済ますこと．（今後は完全に省きます）
○「積の微分法」を使う中で「$(x-2)^4$」を微分する際，「合成関数の微分法」を軽～く使っています．

[2] $y = 2 \cdot \dfrac{x}{x-1}$ より　「×1」は書かない
$$y' = 2 \cdot \frac{1 \cdot (x-1) - x \cdot 1}{(x-1)^2} = \frac{-2}{(x-1)^2}.$$

[注意]
定数2は前に出しておいて微分すること！！

[別解]
$y = \dfrac{2x}{x-1} = 2 + \dfrac{2}{x-1}$.　分子の低次化
$\therefore y' = \dfrac{-2}{(x-1)^2}.$

[3] $\left\{\dfrac{x^2+1}{(x-3)^2}\right\}'$
$$= \frac{2x(x-3)^2 - (x^2+1) \cdot 2(x-3)}{(x-3)^4}$$
$$= 2 \cdot \frac{x(x-3) - (x^2+1)}{(x-3)^3} = -2 \cdot \frac{3x+1}{(x-3)^3}.$$

[4] $y = \dfrac{2x^2+x+8}{x^2+3} = 2 + \dfrac{x+2}{x^2+3}$ より
$$y' = \frac{x^2+3 - (x+2) \cdot 2x}{(x^2+3)^2} = \frac{-x^2-4x+3}{(x^2+3)^2}.$$

[5] $(x \times \sqrt{4-x})' = \sqrt{4-x} + x \cdot \dfrac{-1}{2\sqrt{4-x}}$

$\qquad = \dfrac{2(4-x) - x}{2\sqrt{4-x}}$

$\qquad = \dfrac{8-3x}{2\sqrt{4-x}}.$

[6] $y = \dfrac{(x+1)\sqrt{x+1}}{x^2} = \dfrac{(x+1)^{\frac{3}{2}}}{x^2}$ より

$y' = \dfrac{\frac{3}{2}(x+1)^{\frac{1}{2}} \cdot x^2 - (x+1)^{\frac{3}{2}} \cdot 2x}{x^4}$

$\quad = \dfrac{\sqrt{x+1}\{3x - 4(x+1)\}}{2x^3}$

$\quad = -\dfrac{(x+4)\sqrt{x+1}}{2x^3}.$

(別解)

$y = x^{-2} \times (x+1)^{\frac{3}{2}}$ とみなして

$y' = -2x^{-3}(x+1)^{\frac{3}{2}} + x^{-2} \cdot \dfrac{3}{2}(x+1)^{\frac{1}{2}}$

$\quad = \dfrac{\sqrt{x+1}}{2x^3}\{-4(x+1) + 3x\}$

$\quad = -\dfrac{(x+4)\sqrt{x+1}}{2x^3}.$

[7] $y = \dfrac{1}{\tan x} = \dfrac{\cos x}{\sin x}$ より

$y' = \dfrac{-\sin^2 x - \cos^2 x}{\sin^2 x} = \dfrac{-1}{\sin^2 x}.$

(別解)

類題20Aの結果を用いると

$\left(\dfrac{1}{\tan x}\right)' = \dfrac{-1}{\tan^2 x} \cdot \dfrac{1}{\cos^2 x}$

$\qquad = -\left(\dfrac{\cos x}{\sin x}\right)^2 \cdot \dfrac{1}{\cos^2 x} = \dfrac{-1}{\sin^2 x}.$

[8] $(\sin 3x \times \cos 2x)'$

$= (\cos 3x) \cdot 3 \times \cos 2x$
$\qquad\qquad + (\sin 3x) \times (-\sin 2x) \cdot 2$

$= 3\cos 3x \cos 2x - 2\sin 3x \sin 2x.$

[9] $\left(\dfrac{\cos x}{1+\sin x}\right)'$

$= \dfrac{-\sin x(1+\sin x) - \cos^2 x}{(1+\sin x)^2}$

$= -\dfrac{1+\sin x}{(1+\sin x)^2} = \dfrac{-1}{1+\sin x}.$

[10] $\left(\dfrac{e^x}{e^x+1}\right)' = \dfrac{e^x(e^x+1) - e^x \cdot e^x}{(e^x+1)^2}$

$\qquad = \dfrac{e^x}{(e^x+1)^2}.$

(別解)

$y = \dfrac{e^x}{e^x+1} = 1 - \dfrac{1}{e^x+1}$ より

$y' = -\dfrac{-1}{(e^x+1)^2} \cdot e^x = \dfrac{e^x}{(e^x+1)^2}.$

[11] $\left(\dfrac{e^x - e^{-x}}{e^x + e^{-x}}\right)'$

$= \dfrac{(e^x + e^{-x})^2 - (e^x - e^{-x})^2}{(e^x + e^{-x})^2}$

$= \dfrac{2e^x \cdot 2e^{-x}}{(e^x + e^{-x})^2} = \dfrac{4}{(e^x + e^{-x})^2}.$

[12] $\left(\dfrac{\log x}{\sqrt{x}}\right)' = \dfrac{\frac{1}{x} \cdot \sqrt{x} - (\log x) \cdot \frac{1}{2\sqrt{x}}}{x}$

$\qquad = \dfrac{2 - \log x}{2x\sqrt{x}}.$

[13] $y = x \log(2x) = x(\log x + \log 2)$ より

$y' = 1 \cdot \log(2x) + x \cdot \dfrac{1}{x} = \log(2x) + 1.$

(補足)
対数の部分は、「そのまま」の所ではまとまりのよい「$\log(2x)$」、「ビ分」の所では「$\log x + \log 2$」の方を使っています。

[14] $y = \dfrac{2x-1}{e^x} = (2x-1) \times e^{-x}$ より

$y' = 2e^{-x} + (2x-1)(-e^{-x})$

$\quad = (3 - 2x)e^{-x}.$

(補足)
商の微分法は損です。

[15] $(e^{-x}\sin 3x)'$
$= -e^{-x}\sin 3x + e^{-x}\cdot 3\cos 3x$
$= e^{-x}(3\cos 3x - \sin 3x).$

21

[1] $(x\times\sqrt{2-x^2})'$
$= \sqrt{2-x^2} + x\cdot\dfrac{-2x}{2\sqrt{2-x^2}}$
$= \dfrac{2-x^2-x^2}{\sqrt{2-x^2}} = \dfrac{2(1-x^2)}{\sqrt{2-x^2}}.$

[補足]
「積の微分法」の中で「合成関数の微分法」を使っています。

[2] $\left(\dfrac{x}{\sqrt{x^2-4}}\right)' = \dfrac{\sqrt{x^2-4} - x\cdot\dfrac{2x}{2\sqrt{x^2-4}}}{x^2-4}$
$= \dfrac{x^2-4-x^2}{(x^2-4)\sqrt{x^2-4}}$
$= \dfrac{-4}{(x^2-4)^{\frac{3}{2}}}.$

[3] $y = \sqrt{\dfrac{1+x}{1-x}} = \sqrt{-1+\dfrac{2}{1-x}}$ より

$y' = \dfrac{1}{2\sqrt{\dfrac{1+x}{1-x}}}\cdot\dfrac{+2}{(1-x)^2}$ 「$1-x$」をビ分して符号が変わる

□でビ分　　をビ分

$= \sqrt{\dfrac{1-x}{1+x}\cdot\dfrac{1}{(1-x)^4}} = \dfrac{1}{\sqrt{(1+x)(1-x)^3}}.$

[4] $\left(\dfrac{x}{x+\sqrt{x^2+1}}\right)'$
$= \dfrac{x+\sqrt{x^2+1} - x\left(1+\dfrac{2x}{2\sqrt{x^2+1}}\right)}{(x+\sqrt{x^2+1})^2}$
$= \dfrac{x^2+1-x^2}{\sqrt{x^2+1}(x+\sqrt{x^2+1})^2}$
$= \dfrac{1}{\sqrt{x^2+1}(x+\sqrt{x^2+1})^2}.$

[5] $\{x\sqrt{x^2+4} + 4\log(x+\sqrt{x^2+4})\}'$
$= \sqrt{x^2+4} + x\cdot\dfrac{2x}{2\sqrt{x^2+4}}$
$\quad + 4\cdot\dfrac{1}{x+\sqrt{x^2+4}}\cdot\left(1+\dfrac{2x}{2\sqrt{x^2+4}}\right)$
$\qquad\qquad\qquad\qquad \dfrac{\sqrt{x^2+4}+x}{\sqrt{x^2+4}}$
$= \sqrt{x^2+4} + \dfrac{x^2+4}{\sqrt{x^2+4}} = 2\sqrt{x^2+4}.$

$\therefore\quad y' = \dfrac{1}{2}\cdot 2\sqrt{x^2+4} = \sqrt{x^2+4}.$

[参考]
つまり，本問の関数が $\sqrt{x^2+4}$ の原始関数です．

[6] $\left\{\dfrac{(1+x^2)^{\frac{3}{2}}}{x}\right\}'$
$= \dfrac{\dfrac{3}{2}\sqrt{1+x^2}\cdot 2x\times x - (1+x^2)^{\frac{3}{2}}}{x^2}$
$= \dfrac{\sqrt{1+x^2}}{x^2}\{3x^2 - (1+x^2)\}$
$= \dfrac{\sqrt{1+x^2}(2x^2-1)}{x^2}.$

[7] $y = \log\dfrac{1+\sqrt{1-x^2}}{x} - \sqrt{1-x^2}$
$= \log(1+\sqrt{1-x^2}) - \log x - \sqrt{1-x^2}$
$\qquad\qquad\qquad\qquad\qquad$ より

y'
$= \dfrac{1}{1+\sqrt{1-x^2}}\cdot\dfrac{-2x}{2\sqrt{1-x^2}} - \dfrac{1}{x} - \dfrac{-2x}{2\sqrt{1-x^2}}$
$= \dfrac{1-\sqrt{1-x^2}}{x^2}\cdot\dfrac{-x}{\sqrt{1-x^2}} - \dfrac{1}{x} + \dfrac{x}{\sqrt{1-x^2}}$
$\qquad\qquad\qquad\qquad\qquad\qquad \cdots ①$
$= \dfrac{-1+\sqrt{1-x^2}}{x\sqrt{1-x^2}} - \dfrac{1}{x} + \dfrac{x}{\sqrt{1-x^2}}$
$= \dfrac{-1+x^2}{x\sqrt{1-x^2}} = -\dfrac{\sqrt{1-x^2}}{x}.$　$+\dfrac{1}{x}$ と $-\dfrac{1}{x}$ が消える

補 足
①の有理化に気づかないと，なかなかキレイにまとまりません．

[8] $(\sin x \cos^3 x)'$
$= \cos x \cdot \cos^3 x + \sin x \cdot 3\cos^2 x(-\sin x)$
$= \cos^4 x - 3\sin^2 x \cos^2 x.$

[9] $\left(\dfrac{\sin x}{\sqrt{1-\cos x}}\right)'$

$= \dfrac{\cos x\sqrt{1-\cos x} - \sin x \cdot \dfrac{\sin x}{2\sqrt{1-\cos x}}}{1-\cos x}$

$1-\cos^2 x = (1+\cos x)(1-\cos x)$

$= \dfrac{2\cos x(1-\cos x) - \sin^2 x}{2(1-\cos x)^{\frac{3}{2}}}$

$= \dfrac{2\cos x - (1+\cos x)}{2\sqrt{1-\cos x}}$

$= \dfrac{\cos x - 1}{2\sqrt{1-\cos x}} = -\dfrac{\sqrt{1-\cos x}}{2}.$

[10] $\left(\log\left|\tan\dfrac{x}{2}\right|\right)' = \dfrac{1}{\tan\dfrac{x}{2}} \times \dfrac{1}{\cos^2\dfrac{x}{2}} \cdot \dfrac{1}{2}$

$\phantom{\left(\log\left|\tan\dfrac{x}{2}\right|\right)'} = \dfrac{1}{2\sin\dfrac{x}{2}\cos\dfrac{x}{2}} = \dfrac{1}{\sin x}.$

参 考 ITEM 39 例題
つまり，$\int \dfrac{1}{\sin x}dx = \log\left|\tan\dfrac{x}{2}\right| + C$ です．

[11] $(e^x \cos^2 x)'$
$= e^x \cdot \cos^2 x + e^x \cdot 2\cos x(-\sin x)$
$= e^x \cos x(\cos x - 2\sin x).$

[12] $y = \log\dfrac{1-\cos x}{1+\cos x}$
$ = \log(1-\cos x) - \log(1+\cos x)$
より
$y' = \dfrac{\sin x}{1-\cos x} - \dfrac{-\sin x}{1+\cos x}$
$ = \sin x\left(\dfrac{1}{1-\cos x} + \dfrac{1}{1+\cos x}\right)$

$= \sin x \cdot \dfrac{2}{(1-\cos x)(1+\cos x)}$

$= \dfrac{2\sin x}{\sin^2 x} = \dfrac{2}{\sin x}.$

参 考
つまり，$\int \dfrac{1}{\sin x}dx = \dfrac{1}{2}\log\dfrac{1-\cos x}{1+\cos x} + C$ です．
ちなみに

$\dfrac{1}{2}\log\dfrac{1-\cos x}{1+\cos x} = \dfrac{1}{2}\log\dfrac{2\sin^2\dfrac{x}{2}}{2\cos^2\dfrac{x}{2}}$

$\phantom{\dfrac{1}{2}\log\dfrac{1-\cos x}{1+\cos x}} = \log\left|\tan\dfrac{x}{2}\right|$

です．（→ [10] **参 考**）

22

[1] $x = \sin y$ より （$\cos y > 0$ より）

$\dfrac{dx}{dy} = \cos y = +\sqrt{1-\sin^2 y}$
$\phantom{\dfrac{dx}{dy}} = \sqrt{1-x^2}.$

$\therefore\ \dfrac{dy}{dx} = \dfrac{1}{\dfrac{dx}{dy}} = \dfrac{1}{\sqrt{1-x^2}}.$

[2] $\dfrac{dx}{d\theta}$
$= -\sin\theta\cos\theta + (1+\cos\theta)(-\sin\theta)$
$= -\sin\theta(2\cos\theta + 1).$

$\dfrac{dy}{d\theta} = -\sin\theta\sin\theta + (1+\cos\theta)\cos\theta$

$\cos^2\theta - 1 = (\cos\theta+1)(\cos\theta-1)$

$= (\cos\theta+1)(2\cos\theta-1).$

$\therefore\ \dfrac{dy}{dx} = \dfrac{\dfrac{dy}{d\theta}}{\dfrac{dx}{d\theta}}$

$\phantom{\dfrac{dy}{dx}} = -\dfrac{(\cos\theta+1)(2\cos\theta-1)}{\sin\theta(2\cos\theta+1)}.$

別 解
（実は，次のようにするとキレイにまとまります．）

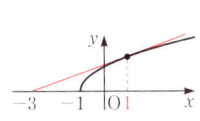

$x = \cos\theta + \cos^2\theta = \cos\theta + \dfrac{1+\cos 2\theta}{2}$ より

$\dfrac{dx}{d\theta} = -\sin\theta - \sin 2\theta = -2\sin\dfrac{3\theta}{2}\cos\dfrac{\theta}{2}.$

$y = \sin\theta + \sin\theta\cos\theta$
$ = \sin\theta + \dfrac{1}{2}\sin 2\theta$ より

$\dfrac{dy}{d\theta} = \cos\theta + \cos 2\theta = 2\cos\dfrac{3\theta}{2}\cos\dfrac{\theta}{2}.$

$\therefore\ \dfrac{dy}{dx} = \dfrac{\frac{dy}{d\theta}}{\frac{dx}{d\theta}} = \dfrac{2\cos\frac{3\theta}{2}\cos\frac{\theta}{2}}{-2\sin\frac{3\theta}{2}\cos\frac{\theta}{2}}$

$\phantom{\therefore\ \dfrac{dy}{dx}} = -\dfrac{\cos\frac{3\theta}{2}}{\sin\frac{3\theta}{2}}.$

(補足) もちろん，こんなことに気づかなくても，初めの解答で正解です。
ちなみにこの結果は，$\cos\dfrac{3\theta}{2} \neq 0$ のときには
$-\dfrac{1}{\tan\dfrac{3\theta}{2}}$ とも表せます。

[3] 両辺を，x の関数とみて x で微分すると
$\dfrac{2x}{9} + \dfrac{1}{4}\cdot 2y\cdot\dfrac{dy}{dx} = 0.$ $\therefore\ \dfrac{dy}{dx} = -\dfrac{4x}{9y}.$

(参考) このような計算により，楕円，双曲線の接線公式(→ITEM 57)が導かれます。

[4] 両辺(>0)の自然対数をとると
$\log y = \log x^x = x\log x.$
この両辺を x で微分すると
$\dfrac{1}{y}\cdot\dfrac{dy}{dx} = \log x + x\cdot\dfrac{1}{x}.$

$\therefore\ \dfrac{dy}{dx} = y(\log x + 1) = \boldsymbol{x^x(\log x + 1)}.$

(注意) べき関数 x^α (α は定数！)の微分公式を適用して「$(x^x)' = x\cdot x^{x-1}$」としてはいけません。

(別解) $y = x^x = (e^{\log x})^x = e^{x\log x}$ より
$\dfrac{dy}{dx} = e^{x\log x}\left(\log x + x\cdot\dfrac{1}{x}\right)$
$\phantom{\dfrac{dy}{dx}} = \boldsymbol{x^x(\log x + 1)}.$

23

[1] $f(x) = x\sin x$ とおくと，
$f(\pi) = 0.$ また
$f'(x) = \sin x + x\cos x.$
$\therefore\ l_1$ の傾き $= f'(\pi) = -\pi.$
以上より
$l_1: y - 0 = -\pi(x - \pi).$
i.e. $\boldsymbol{y = -\pi x + \pi^2}.$

[2] $(\sqrt{x+1})'$
$= \dfrac{1}{2\sqrt{x+1}}$ より，

曲線 $y = \sqrt{x+1}$ の $x = t$ における接線は
$y - \sqrt{t+1} = \dfrac{1}{2\sqrt{t+1}}(x - t).$ …①

これが点$(-3, 0)$を通る条件は
$0 - \sqrt{t+1} = \dfrac{1}{2\sqrt{t+1}}(-3 - t).$
$2(t+1) = 3 + t.$ $\therefore\ t = 1.$

よって求める接線 l_2 は，傾き $\dfrac{1}{2\sqrt{2}}$ で点$(-3, 0)$を通るから
$l_2: \boldsymbol{y = \dfrac{1}{2\sqrt{2}}(x+3)}.$

(注意) 「$t = 1$」を①に代入するのは遠回りです。

[3] $(\log x)' = \dfrac{1}{x}$

より，曲線 $y = \log x$ の $x = t$ における接線 m の傾きは $\dfrac{1}{t}$．つまり，m の方向ベクトルの1つは

$\begin{pmatrix} 1 \\ \frac{1}{t} \end{pmatrix} /\!/ \begin{pmatrix} t \\ 1 \end{pmatrix}$．　コレが l_3 の法線ベクトル

$\therefore\ l_3 : \begin{pmatrix} t \\ 1 \end{pmatrix} \cdot \begin{pmatrix} x-t \\ y-\log t \end{pmatrix} = 0$．

$t(x-t) + (y - \log t) = 0$．

i.e.　$tx + y = t^2 + \log t$．

別解

(本問では接線 m の傾き $\dfrac{1}{t}$ が 0 になることはないので，法線 l_3 も必ず「傾き」で表せます．)

$l_3 \perp m$ より，l_3 の傾きは $-t$．

$\therefore\ l_3 : y - \log t = -t(x-t)$．　$? \times \dfrac{1}{t} = -1$

i.e.　$y = -tx + t^2 + \log t$．

24

[1] $f'(x)$
$= 4(x+2)^3(x-3)^3 + (x+2)^4 \cdot 3(x-3)^2$
$= (x+2)^3(x-3)^2 \{4(x-3) + 3(x+2)\}$
$= (x-3)^2(x+2)^3(7x-6)$　　積の形
　　　　$\geqq 0$

よって次表を得る．

x	$\cdots$	-2	$\cdots$	$\dfrac{6}{7}$	$\cdots$	3	$\cdots$
$f'(x)$	$+$	0	$-$	0	$+$	0	$+$
$f(x)$	↗	極大 0	↘	極小	↗	0	↗

補足

$f'(x)$ の符号を調べるのに使った図は，数学 Ⅰ・A・Ⅱ・B　ITEM 40「高次＆分数不等式」で使ったのと同じものです．

注意

極値を求めることは本 ITEM の目標ではありません．簡単に求まるなら求めてかまいませんが，メンドウなら求めなくてかまいません．

[2] $f'(x)$
$= \dfrac{(x^2-2x+5) - (x-1)(2x-2)}{(x^2-2x+5)^2}$　…①
$= \dfrac{-x^2+2x+3}{(x^2-2x+5)^2}$

積や商の形 → $\dfrac{-(x+1)(x-3)}{(x^2-2x+5)^2}$．　符号決定部　正

よって次表を得る．

x	$\cdots$	-1	$\cdots$	3	$\cdots$
$f'(x)$	$-$	0	$+$	0	$-$
$f(x)$	↘	極小	↗	極大	↘

補足

○ $f(x)$ の分母 $= x^2 - 2x + 5 = (x-1)^2 + 4$ は 0 になることはありません．

○ $f'(x)$ の分母 $= (x^2-2x+5)^2$ は正の定符号であり，$f'(x)$ の符号変化には関係ありません．よって①のあと，「$f'(x)$ は分子と同符号であり…（＊）」などと断って分子のみ変形して行くという方法もあります．（実際には，（＊）のコトバを書くのがメンドウだったりしますが…）

まずは分子を低次化

[3] $f(x) = \dfrac{x^2+2x+6}{x^2+x+3} = 1 + \dfrac{x+3}{x^2+x+3}$．

$\therefore\ f'(x) = \dfrac{(x^2+x+3) - (x+3)(2x+1)}{(x^2+x+3)^2}$

$$=\frac{-x^2-6x}{(x^2+x+3)^2}=\underline{\frac{-x(x+6)}{(x^2+x+3)^2}}_{\text{正}}$$

よって次表を得る.

x	$\cdots$	-6	$\cdots$	0	$\cdots$
$f'(x)$	$-$	0	$+$	0	$-$
$f(x)$	↘	極小	↗	極大	↘

[4] $f'(t)$
$$=2t+\frac{2t(t-1)^2-t^2\cdot 2(t-1)}{(t-1)^4}$$
$$=2t+2t\cdot\frac{(t-1)-t}{(t-1)^3}$$
$$=\frac{2t}{(t-1)^3}\{(t-1)^3-1^3\} \quad \cdots ①$$
$$=\frac{2t}{(t-1)^3}(t-2)\{(t-1)^2+(t-1)+1\}$$
$$=2\underline{\{(t-1)^2+(t-1)+1\}}_{\text{正}}\cdot\frac{t(t-2)}{(t-1)^3}.$$

よって次表を得る.

極大じゃないよ！

t	$\cdots$	0	$\cdots$	(1)	$\cdots$	2	$\cdots$
$f'(t)$	$-$	0	$+$	×	$-$	0	$+$
$f(t)$	↘	極小	↗	×	↘	極小	↗

補足
$(t-1)^2+(t-1)+1>0$ であることは，左辺
$=\left\{(t-1)+\dfrac{1}{2}\right\}^2+\dfrac{3}{4}$ と変形するとわかります．あるいは①の$\{\ \}$内の符号を，$t-1$ と 1 の大小関係によってつかんでしまうこともできます．

[5] $f'(x)=\dfrac{2x}{2\sqrt{x^2+1}}-\dfrac{1}{2}$
$$=\frac{2x-\sqrt{x^2+1}}{2\sqrt{x^2+1}}.$$

$f'(x)$ はこの分子 $g(x)$ と同符号であり，
$x\leqq 0$ のとき $g(x)<0$.

$x>0$ のとき 有理化
$$g(x)=2x-\sqrt{x^2+1}=\underline{\frac{3x^2-1}{2x+\sqrt{x^2+1}}}_{\text{正}}$$

以上より次表を得る.

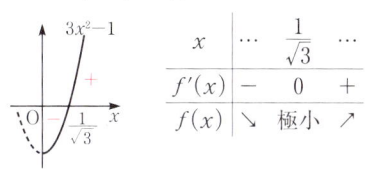

x	$\cdots$	$\dfrac{1}{\sqrt{3}}$	$\cdots$
$f'(x)$	$-$	0	$+$
$f(x)$	↘	極小	↗

補足
$g(x)$ の符号は，双曲線(の上半分) $y=\sqrt{x^2+1}$ と直線 $y=2x$ の上下関係を利用して調べることもできます．上図の交点の x 座標 α は，方程式 $g(x)=0$ (つまり $f'(x)=0$) を解くことで得られます．

[6] $f'(x)$
$$=\frac{2x}{2\sqrt{x^2+1}}+\frac{-2(1-x)}{2\sqrt{(1-x)^2+4}}$$
$$=\frac{x\sqrt{(1-x)^2+4}-(1-x)\sqrt{x^2+1}}{\sqrt{x^2+1}\sqrt{(1-x)^2+4}}.$$

$f'(x)$ はこの分子 $g(x)$ と同符号であり，
$$g(x)=\underline{x}_{\text{正}}\sqrt{(1-x)^2+4}-\underline{(1-x)}_{\text{正}}\sqrt{x^2+1}$$
有理化
$$=\underline{\frac{x^2\{(1-x)^2+4\}-(1-x)^2(x^2+1)}{x\sqrt{(1-x)^2+4}+(1-x)\sqrt{x^2+1}}}_{\text{正}}.$$

$g(x)$ はさらにこの分子 $h(x)$ と同符号であり，
$$h(x)=x^2\{(1-x)^2+4\}-(1-x)^2(x^2+1)$$
$$=\underbrace{4x^2}_{(2x)^2}-(1-x)^2=\underbrace{(x+1)(3x-1)}_{(+)}.$$

以上より，次表を得る.

x	(0)	$\cdots$	$\dfrac{1}{3}$	$\cdots$	(1)
$f'(x)$		$-$	0	$+$	
$f(x)$		↘	極小	↗	

[7] $f'(x) = -2\sin x + 2\cos 2x$
$= 2(-\sin x + 1 - 2\sin^2 x)$
$= 2(\sin x + 1)(-2\sin x + 1)$
$= 4\underset{\geqq 0}{(1+\sin x)}\left(\dfrac{1}{2} - \sin x\right)$.

よって次表を得る.

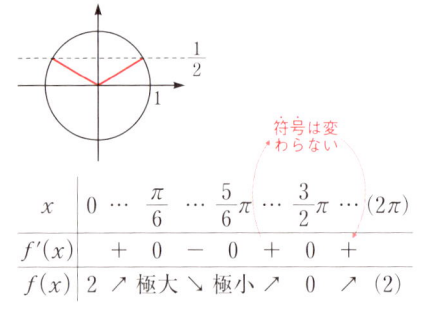

x	0	$\cdots$	$\dfrac{\pi}{6}$	$\cdots$	$\dfrac{5}{6}\pi$	$\cdots$	$\dfrac{3}{2}\pi$	$\cdots$	(2π)
$f'(x)$		$+$	0	$-$	0	$+$	0	$+$	
$f(x)$	2	↗	極大	↘	極小	↗	0	↗	(2)

符号は変わらない

[8] $f'(\theta) = -\sin^2\theta + (1+\cos\theta)\cos\theta$
$\underset{\cos^2\theta - 1 = (\cos\theta+1)(\cos\theta-1)}{}$
$= 2\underset{正}{(\cos\theta+1)}\left(\cos\theta - \dfrac{1}{2}\right)$.

よって次表を得る.

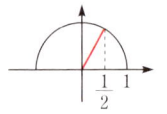

θ	0	$\cdots$	$\dfrac{\pi}{3}$	$\cdots$	π
$f'(\theta)$		$+$	0	$-$	
$f(\theta)$	0	↗	極大	↘	0

補足 $\boxed{\cos\theta - \dfrac{1}{2}}$ の符号変化の向きは, $0 \leqq \theta \leqq \pi$ においてこれが単調減少であることからわかります. あとは符号の変わり目を求めるだけです.（もちろん, 単位円でもわかります.）

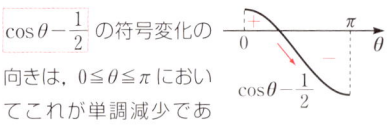

[9] $f'(x)$
$= -2\sin x + 2\sin x + (2x-\pi)\cos x$
$= 2\left(x - \dfrac{\pi}{2}\right)\cos x$.

よって次表を得る.

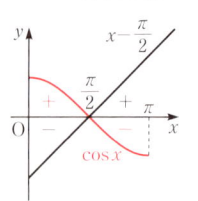

x	0	$\cdots$	$\dfrac{\pi}{2}$	$\cdots$	π
$f'(x)$		$-$	0	$-$	
$f(x)$	2	↘	0	↘	-2

補足 $x - \dfrac{\pi}{2}$, $\cos x$ が, $x = \dfrac{\pi}{2}$ において同時に符号を変えるため, $f'(x)$ 全体においては符号変化が起こりません.

[10] $f'(x)$
$= -e^{-x}(x^2 + 3x + 1) + e^{-x}(2x + 3)$
$= e^{-x}(-x^2 - x + 2)$
$= e^{-x}\underset{正}{(-x+1)(x+2)}$.

よって次表を得る.

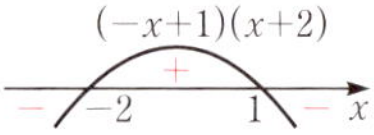

x	$\cdots$	-2	$\cdots$	1	$\cdots$
$f'(x)$	$-$	0	$+$	0	$-$
$f(x)$	↘	極小	↗	極大	↘

[11] $f'(x)$
$= e^x - e^{x-1} - 1$
$= \left(1 - \dfrac{1}{e}\right)e^x - 1 = \left(1 - \dfrac{1}{e}\right)\underset{正}{\left(e^x - \dfrac{e}{e-1}\right)}$.

よって次表を得る.

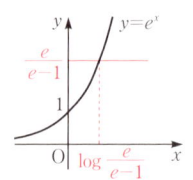

x	$\cdots$	$\log\dfrac{e}{e-1}$	$\cdots$
$f'(x)$	$-$	0	$+$
$f(x)$	↘	極小	↗

[12] $f(x)=\log(1-x)-\log x$.
真数 >0 より $1-x>0$, $x>0$.
∴ $0<x<1$.
$f'(x)=\underbrace{\dfrac{-1}{1-x}}_{\text{負}}-\underbrace{\dfrac{1}{x}}_{\text{負}}<0$

よって $f(x)$ は $0<x<1$ において**単調減少**.

補足
実は,「$\log(1-x)$」,「$-\log x$」がともに減少関数ですから, これらの和である $f(x)$ も単調減少に決まっていたのでした.（ホントは微分法の出番なしです）

[13] $f(x)$
$=\log\dfrac{x+1}{x}-\dfrac{1}{x}$ 　真数は正
$=\log(x+1)-\log x-\dfrac{1}{x}$ 　$(\because x>0)$.
∴ $f'(x)=\dfrac{1}{x+1}-\dfrac{1}{x}+\dfrac{1}{x^2}$ 　通分して商の形に
$=\dfrac{x^2-x(x+1)+(x+1)}{x^2(x+1)}$
$=\dfrac{1}{x^2(x+1)}>0$.

よって, $f(x)$ は**単調増加**.

25

[1] $f(x)=x^4-2x^3=x^3(x-2)$
よりグラフは右の色の部分にあり, $(0,0)$, $(2,0)$ を通る. これと $f(x)\xrightarrow[x\to\pm\infty]{}\infty$ より, おおよそ右図のようになりそう…　〈らくがき〉

極小？

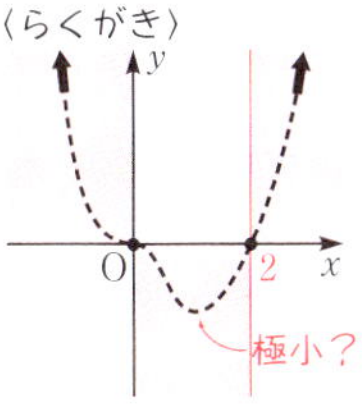

$f'(x)=4x^3-6x^2=\underbrace{4x^2}_{\geqq 0}\left(x-\dfrac{3}{2}\right)$ より, 次の表と図を得る.

x	$-\infty$	$\cdots$	0	$\cdots$	$\dfrac{3}{2}$	$\cdots$	∞
$f'(x)$		$-$	0	$-$	0	$+$	
$f(x)$	∞	↘	0	↘	$-\dfrac{27}{16}$	↗	∞

$f\left(\dfrac{3}{2}\right)=\left(\dfrac{3}{2}\right)^3\left(\dfrac{3}{2}-2\right)$

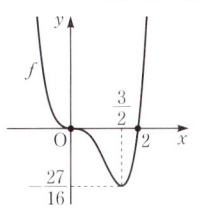

補足
○ だいたい〈らくがき〉で予想したとおりのグラフになっていることを確認してください.
○ 方程式 $f(x)=0$ が $x=0$ を重解としてもつことから, グラフが $x=0$ において x 軸と接することも見抜けます.（→数学Ⅰ・A・Ⅱ・B ITEM 74）
○ 整関数の $x\to\infty$, $x\to-\infty$ のときの極限は, 最高次の項のみで決まるのでしたね.（→類題12[3]）

[2] $f(x)=(x+1)^3\underbrace{(x-4)^2}_{\geqq 0}$

のグラフは右の色の〈らくがき〉部分にあり, $x=-1$, 4 で x 軸に接する.

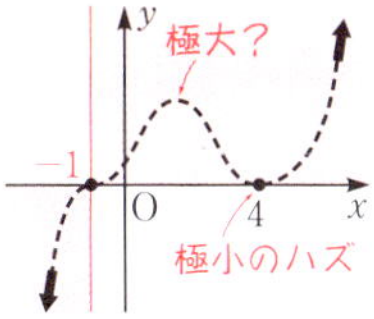

極大？
極小のハズ

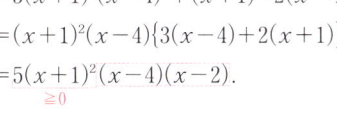

[1]の補足より
$f'(x)$
$=3(x+1)^2(x-4)^2+(x+1)^3\cdot 2(x-4)$
$=(x+1)^2(x-4)\{3(x-4)+2(x+1)\}$
$=5\underbrace{(x+1)^2}_{\geqq 0}(x-4)(x-2)$.

よって次の表と図を得る.

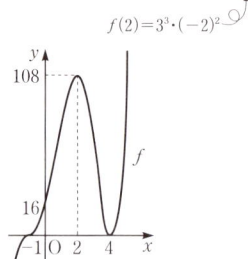

x	$-\infty$	$\cdots$	-1	$\cdots$	2	$\cdots$	4	$\cdots$	∞
$f'(x)$		$+$	0	$+$	0	$-$	0	$+$	
$f(x)$	$-\infty$	↗	0	↗	108	↘	0	↗	∞

$f(2)=3^3\cdot(-2)^2$

〔補足〕
「108」という値の大きさを正確に表す必要はありません．

[3] $f(x)=x+\dfrac{1}{x}\ (x\neq 0)$ は奇関数．

$\cdots(*)$

そこで $x>0$ について考える．$f(x)$ の値は，x と $\dfrac{1}{x}$ を加えたものだから，これら2つのグラフを利用すると，おおよそ右のようになりそう…

〈らくがき〉

$f(x)-x=\dfrac{1}{x}\xrightarrow[x\to\infty]{}0$ より，

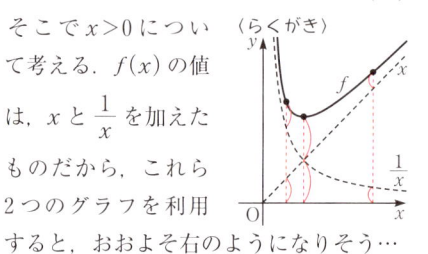

直線 $y=x$ は漸近線（$x>0$ では $f(x)>x$）．

$f'(x)=1-\dfrac{1}{x^2}=\dfrac{x^2-1}{x^2}=\dfrac{x+1}{x^2}(x-1)$．

正

よって次表が得られ，(*)よりグラフが得られる．

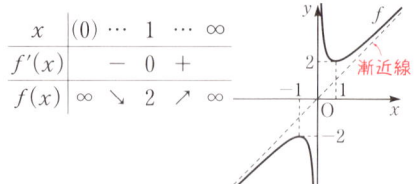

x	(0)	$\cdots$	1	$\cdots$	∞
$f'(x)$		$-$	0	$+$	
$f(x)$	∞	↘	2	↗	∞

漸近線

〔参考〕
実は，この曲線をベクトル $\begin{pmatrix}1\\3\end{pmatrix}$ だけ平行移動したのが，例題の曲線です．

[4] $f(x)=\dfrac{2x+1}{(x+1)^2}\ (x\neq-1)$

正

のグラフは，分子の符号を考えると図の色の部分にある．

$\left(\left(-\dfrac{1}{2},\ 0\right)$ を通る$\right)$

〈らくがき1〉

$(x+1)^2$ $2x+1$

$x\to\pm\infty$ のとき

低次… $\dfrac{2x+1}{(x+1)^2}\to 0$．
高次…

$x\to -1$ のとき

$\dfrac{2x+1}{(x+1)^2}\to -\infty$．

-1
$0(正)$

ここまでのギロンにより，おおよそ右のようになりそう…

〈らくがき2〉
極大？
f？

$f'(x)$
$=\dfrac{2\cdot(x+1)^2-(2x+1)\cdot 2(x+1)}{(x+1)^4}\quad\cdots$①
$=2\cdot\dfrac{(x+1)-(2x+1)}{(x+1)^3}\quad\cdots$②
$=2\cdot\dfrac{-x}{(x+1)^3}$．

以上より，次の表と図を得る．

x	$-\infty$	$\cdots$	(-1)	$\cdots$	0	$\cdots$	∞
$f'(x)$		$-$	×	$+$	0	$-$	
$f(x)$	(0)	↘	$-\infty$	$-\infty$ ↗	1	↘	(0)

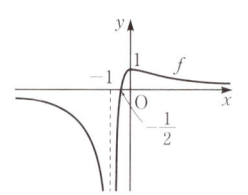

[補足]
- 「何かを調べたから〈らくがき〉ができる」というより，「〈らくがき〉しながら何かを調べる」というカンジで進めて行きます．(これ以降も同様)
- 極限を求める作業は，「$f'(x)$」ではなく，「$f(x)$そのもの」を見て行われていることに気付いてください．

[注意]
「商の微分法」を用いると，分母は必ず「($\sim\sim$)^2」となり，正の定符号です．本問でも，①では分母 >0 なのですが，「$x+1$」を約分した②では，分母が「$(x+1)^3$」(奇数乗)となり，いつの間にか符号を変えるものに変わっています．
①の後は，約分しないで分子のみ抜き出して考える方が合理的と言えますね．(ただし，「$f'(x)$は分子と同符号で…」云々を述べるのがメンドウなので…)

[5] $f(x) = \dfrac{x}{x^2-1}$ ($x \neq \pm 1$) は奇関数．

そこで $x \geq 0$ ($x \neq 1$) について考える．
グラフは図の色の部分にあり，原点を通る．
$x \to \infty$ のとき $f(x) \to 0$．
$x \to 1+0$ のとき
$\dfrac{x}{x^2-1} \xrightarrow[0(正)]{*1} +\infty$．

$x \to 1-0$ のとき
$\dfrac{x}{x^2-1} \xrightarrow[0(負)]{*1} -\infty$．

よってだいたい右のようになりそう…

$f'(x) = \dfrac{(x^2-1) - x \cdot 2x}{(x^2-1)^2} = \dfrac{-x^2-1}{(x^2-1)^2} < 0$．

以上より，次の表と図を得る．

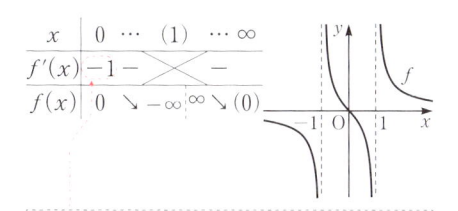

x	0	$\cdots$	(1)	$\cdots$	∞
$f'(x)$	-1	$-$	×	$-$	
$f(x)$	0	↘	$-\infty$ ∞	↘	(0)

[補足]
対称性を利用してグラフを描くときは，右半分 ($x \geq 0$) と左半分 ($x \leq 0$) の"つなぎ目" ($x = 0$) における接線の傾きも調べておきましょう．

[6] $f(x) = \dfrac{x^3 - 2x^2 + x + 4}{x^2 - 2x + 1}$
$= x + \dfrac{4}{(x-1)^2}$．

$f(x) - x = \dfrac{4}{(x-1)^2} \xrightarrow[x \to \infty]{} 0$ より，

直線 $y = x$ は漸近線 ($f(x) > x$)．
$x \to 1$ のとき，
$f(x) \to \infty$．
グラフはおおよそ右のようになりそう…

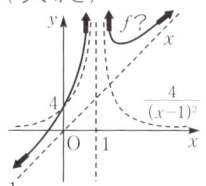

$f'(x) = 1 + 4 \cdot (-2)\dfrac{1}{(x-1)^3}$
$= \dfrac{(x-1)^3 - 2^3}{(x-1)^3}$．

$x-1$ と 2 の大小によって分子の符号を考えると，次の表と図を得る．

x	$-\infty$	$\cdots$	(1)	$\cdots$	3	$\cdots$	∞
$f'(x)$		$+$	×	$-$	0	$+$	
$f(x)$	$-\infty$	↗	∞ ∞	↘	4	↗	∞

$f(3) = 3 + \dfrac{4}{2^2}$

> **補足**
> ○ $f'(x)$ の分子の符号は
> $(x-1)^3-2^3$
> $=(x-3)\{\underbrace{(x-1)^2+2(x-1)+2^2}_{正}\}$
> と因数分解して調べてもよいですね。
> ○ $f(-1)=0$ を見落としても，大した減点ではないでしょう。

[7] $f(x)=x\sqrt{3-x}$ $(x\leq 3)$．

$y=x$，$y=\sqrt{3-x}$ の〈らくがき〉グラフをもとに考えると，f のグラフはだいたい右のようになりそう…

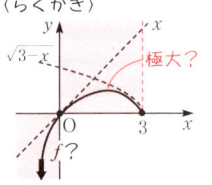

$f'(x)=\sqrt{3-x}+x\cdot\dfrac{-1}{2\sqrt{3-x}}$

$=\dfrac{2(3-x)-x}{2\sqrt{3-x}}=\dfrac{3}{2\sqrt{3-x}}(2-x)$．
$\quad\underset{正}{}$

よって次の表とグラフを得る．

x	$-\infty$	$\cdots$	2	$\cdots$	3
$f'(x)$		$+$	0	$-$	$-\infty$
$f(x)$	$-\infty$	↗	2	↘	0

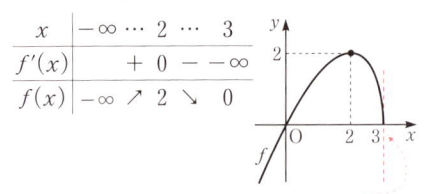

> **補足** このようにグラフに端点があるときは，接点が端点に近づくときに接線の傾きがどのようになるかを（できれば）調べておきましょう．本問では
> $\lim\limits_{x\to 3-0}f'(x)=-\infty$
> なので，接線は y 軸方向に近づいて行きます．

[8] $f(x)=x\sqrt{1-x^2}$ $(-1\leq x\leq 1)$ は奇関数．…(＊)

そこで $0\leq x\leq 1$ について考える．

$y=x$，$y=\sqrt{1-x^2}$（半円）のグラフをもとに考えると，f のグラフはおおよそ右のようになりそう…

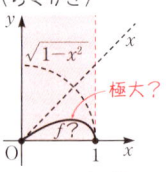

$f'(x)=\sqrt{1-x^2}+x\cdot\dfrac{-2x}{2\sqrt{1-x^2}}=\dfrac{1-2x^2}{\sqrt{1-x^2}}$
$\qquad\qquad\qquad\qquad\qquad\underset{正}{}$

よって次の表が得られ，(＊)よりグラフが得られる．

x	0	$\cdots$	$\dfrac{1}{\sqrt{2}}$	$\cdots$	1
$f'(x)$	1	$+$	0	$-$	$-\infty$
$f(x)$	0	↗	$\dfrac{1}{2}$	↘	0

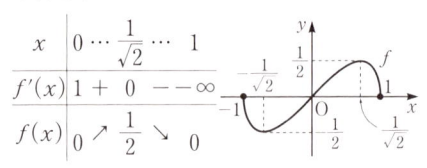

[9] $f(x)=x+\sqrt{4-x^2}$ $(-2\leq x\leq 2)$．

$y=x$，$y=\sqrt{4-x^2}$ のグラフをもとに考える．$f(x)$ の値は，x を"ベース"に，$\sqrt{4-x^2}$ を加えて得られるので，おおよそ右のようになりそう…

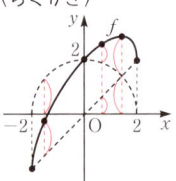

$f'(x)=1+\dfrac{-2x}{2\sqrt{4-x^2}}$

$=\dfrac{\sqrt{4-x^2}-x}{\sqrt{4-x^2}}$
$\qquad\qquad\underset{正}{}$

$f'(x)$ は分子と同符号であり，$\sqrt{4-x^2}$ と x の大小関係を右図で考えることにより，次の表とグラフを得る．

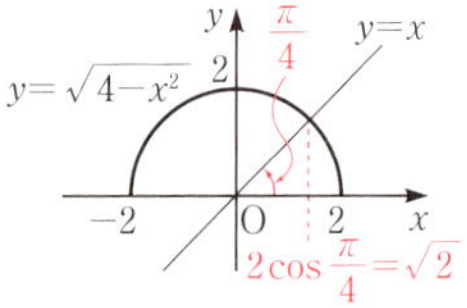

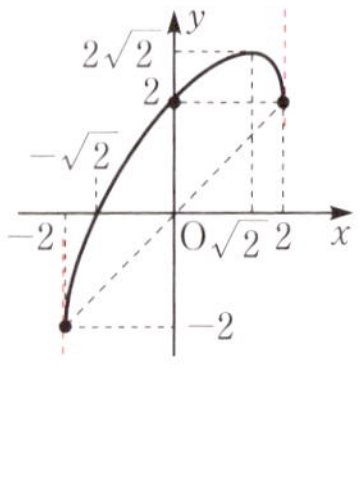

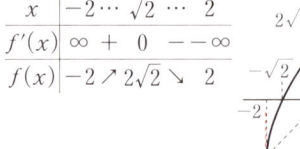

x	-2	$\cdots$	$\sqrt{2}$	$\cdots$	2
$f'(x)$	∞	$+$	0	$-$	$-\infty$
$f(x)$	-2	↗	$2\sqrt{2}$	↘	2

| 補足 | $f'(x)$ の符号を，有理化を用いた式変形によっても調べられるようにしておいてください．→類題24[5] |

26

[1] $f(x) = \dfrac{e^x + e^{-x}}{2}$

の値は，e^x と e^{-x} の相加平均だから，グラフはだいたい右のようになりそう…

〈らくがき〉

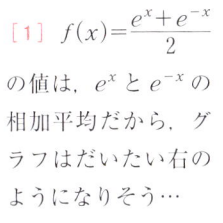

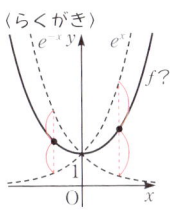

$f'(x) = \dfrac{e^x - e^{-x}}{2}$ の符号を，

e^x と e^{-x} の大小をもとに調べて，次の表とグラフを得る．

x	$-\infty$	$\cdots$	0	$\cdots$	∞
$f'(x)$		$-$	0	$+$	
$f(x)$	∞	$\searrow$	1	$\nearrow$	∞

| 補足 | ○ $f(x)$ は偶関数です．
○「カテナリー」と呼ばれる有名曲線です． |

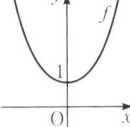

[2] $f(x) = \dfrac{e^x}{x}$ （$x \neq 0$） 正

$f(x)$ は x と同符号だから，グラフは次の色の部分にある．

$x \longrightarrow 0$ のとき $e^x \longrightarrow 1$ だから

$\dfrac{e^x}{x} \underset{x \to +0}{\longrightarrow} \infty$, $\dfrac{e^x}{x} \underset{x \to -0}{\longrightarrow} -\infty$.

また，

速い∞

$x \longrightarrow \infty$ のとき，$\dfrac{e^x}{x} \longrightarrow \infty$ 〈らくがき〉

遅い∞

$x \longrightarrow -\infty$ のとき，$\dfrac{e^x}{x} = 0$.

よってだいたい右のようになりそう…

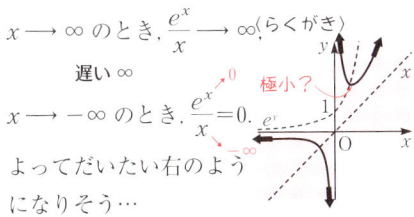

$f'(x) = \dfrac{e^x \cdot x - e^x}{x^2} = \dfrac{e^x}{x^2}(x-1)$ より次の表と図を得る．
　　　　　　　　　　　　　　　正

x	$-\infty$	$\cdots$	(0)	$\cdots$	1	∞
$f'(x)$		$-$	×	$-$	0	$+$
$f(x)$	(0)	$\searrow$	$-\infty$	$\infty\searrow$	e	$\nearrow\infty$

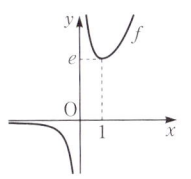

[3] $f(x) = (2x-1)e^{-x}$ は $2x-1$ と同符号 $\left(\left(\dfrac{1}{2}, 0\right) を通る\right)$．

$x \longrightarrow \infty$ のとき，$(2x-1)e^{-x} \longrightarrow 0$，
　　　　　　　　　　　　　　遅く∞　速く0
　　　　　　　　　　　　　　に発散　に収束

$x \longrightarrow -\infty$ のとき，〈らくがき〉

$(2x-1)e^{-x} \longrightarrow -\infty$．
$-\infty \cdot \infty$

よってグラフはだいたい右のようになりそう…

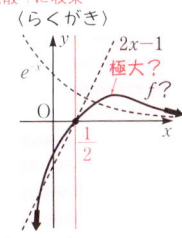

$f'(x) = 2e^{-x} + (2x-1)(-e^{-x})$
　　　 $= e^{-x}(3-2x)$．
　　　　正

よって次の表とグラフを得る．

x	$-\infty$	$\cdots$	$\dfrac{3}{2}$	$\cdots$	∞
$f'(x)$		$+$	0	$-$	
$f(x)$	$-\infty$	$\nearrow$	$\dfrac{2}{e\sqrt{e}}$	$\searrow$	(0)

$f\left(\dfrac{3}{2}\right) = 2e^{-\frac{3}{2}}$

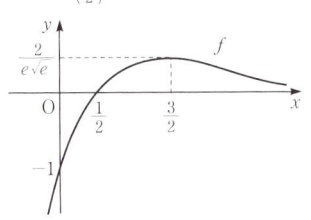

[4] $f(x)=x\log x$ $(x>0)$ は $\log x$ と同
符号 $((1, 0)$ を通る$)$.
$x \longrightarrow \infty$ のとき, $x\log x \longrightarrow \infty$,
$x \longrightarrow +0$ のとき,
$x\log x \longrightarrow 0$.

速く 0 : 遅く $-\infty$
に収束 : に発散

〈らくがき〉

よってグラフはだい
たい右のようになり
そう…

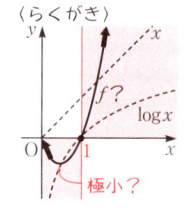

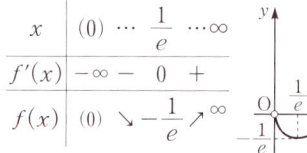

$f'(x)=\log x+x\cdot\dfrac{1}{x}=\log x+1$.

よって次の表と図を得る.

x	(0)	…	$\dfrac{1}{e}$	…∞
$f'(x)$		$-\infty$	0	$+$
$f(x)$	(0)	↘	$-\dfrac{1}{e}$	↗ ∞

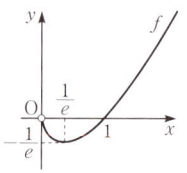

[5] $f(x)$
$=2\log x+\log(2-x)$ $(0<x<2)$ …①
$=\log x^2(2-x)$ …②

曲線 $y=2\log x$ は, 曲線 $y=\log x$ を y 軸
方向に 2 倍に拡大したもの.
曲線 $y=\log(2-x)=\log\{-(x-2)\}$ は,
曲線 $y=\log(-x)$ $(y=\log x$ とは y 軸対
称$)$ を x 方向に 2 だけ平行移動したもの.
よってグラフ
はおおよそ右
のようになり
そう…

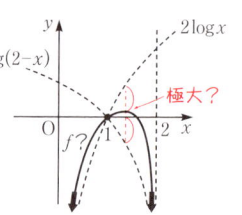

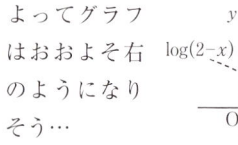

①より
$f'(x)=\dfrac{2}{x}+\dfrac{-1}{2-x}$
$=\dfrac{2(2-x)-x}{x(2-x)}=\dfrac{4-3x}{x(2-x)}$

より, 次の表とグラフを得る.

x	(0)	…	$\dfrac{4}{3}$	…	(2)
$f'(x)$		$+$	0	$-$	
$f(x)$	$-\infty$	↗	$\log\dfrac{32}{27}$	↘	$-\infty$

②より $f\left(\dfrac{4}{3}\right)=\log\left(\dfrac{4}{3}\right)^2\dfrac{2}{3}$

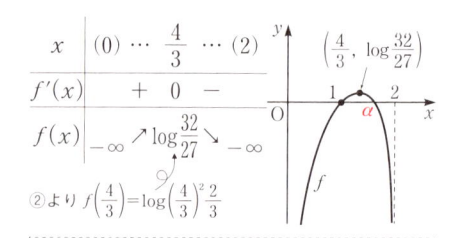

補足
図中の α (x 軸との交点の座標)は, 次のよう
にすれば求まります.
$f(x)=0$ のとき, ②より
$x^2(2-x)=1$.
$x^3-2x^2+1=0$.
$(x-1)(x^2-x-1)=0$.
$x=1,\ \dfrac{1\pm\sqrt{5}}{2}$.

```
1 | 1  -2   0   1
  |      1  -1  -1
  | 1  -1  -1 | 0
```

これと $1<\alpha<2$ より,
$\alpha=\dfrac{1+\sqrt{5}}{2}\fallingdotseq\dfrac{1+2.2}{2}=1.6$

(絶対に求めねばならないということはない
ですが.)

[6] $f(x)=x+2\sin x$ $(0\leqq x\leqq 2\pi)$.
直線 $y=x$ を "ベー
ス" に, $2\sin x$ の値を
加えて考えることに
より, f のグラフは
おおよそ右のように
なりそう…

〈らくがき〉

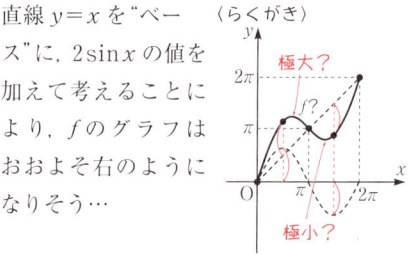

$f'(x)=1+2\cos x$
$=2\left(\cos x-\dfrac{-1}{2}\right)$

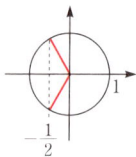

よって次の表と図を得る.

x	0	…	$\dfrac{2}{3}\pi$	…	$\dfrac{4}{3}\pi$	…	2π
$f'(x)$	3	$+$	0	$-$	0	$+$	3
$f(x)$	0	↗	$\dfrac{2\pi}{3}+\sqrt{3}$	↘	$\dfrac{4\pi}{3}-\sqrt{3}$	↗	2π

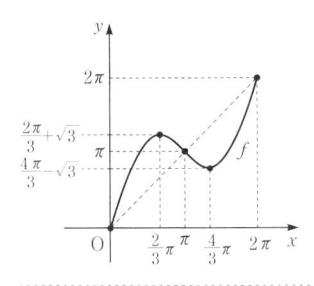

x	0	$\cdots$	$\dfrac{\pi}{4}$	$\cdots$	$\dfrac{\pi}{2}$	$\cdots$	$\dfrac{3}{4}\pi$	$\cdots$	π
$f'(x)$		$+$	0	$-$	0	$+$	0	$-$	
$f(x)$	0	$\nearrow$	$\dfrac{2\sqrt{2}}{3}$	$\searrow$	$\dfrac{2}{3}$	$\nearrow$	$\dfrac{2\sqrt{2}}{3}$	$\searrow$	0

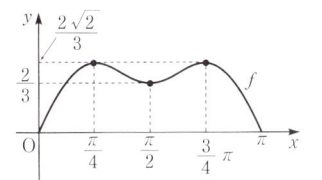

〔補足〕
〈らくがき〉の段階で，グラフが直線 $x=\dfrac{\pi}{2}$ に関して対称であることが見抜けるかもしれません．それを示すには

$f(\pi-t)$
$=\sin(\pi-t)$
$\quad+\dfrac{1}{3}\sin 3(\pi-t)$
$=\sin t+\dfrac{1}{3}\sin 3t=f(t)$

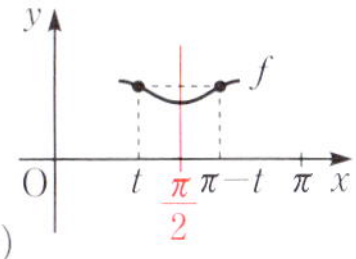

であることを述べます．
初めにこれを示しておけば，増減表は $0\leqq x\leqq\dfrac{\pi}{2}$ の範囲のみでOKです．

〔補足〕
実は，点 (π,π) に関して対称なグラフです．

[7] $f(x)=\sin x+\dfrac{1}{3}\sin 3x$ $(0\leqq x\leqq\pi)$．

曲線 $y=\sin 3x$ は，$y=\sin x$ を x 軸方向に $\dfrac{1}{3}$ 倍に"圧縮"したもので，
$y=\dfrac{1}{3}\sin 3x$ はさらにそれを y 軸方向に $\dfrac{1}{3}$ 倍したもの．

これと $\sin x$ を加えることにより，f のグラフはだいたい下のようになりそう…

〈らくがき〉

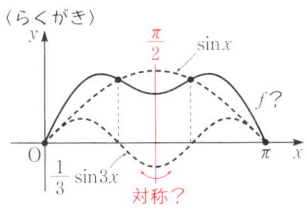

$f'(x)=\cos x+\cos 3x$
$\qquad =2\cos 2x\cos x$．

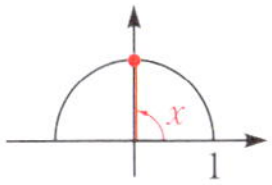

これは $x=\dfrac{\pi}{2}$ および
$2x=\dfrac{\pi}{2},\ \dfrac{3}{2}\pi$ 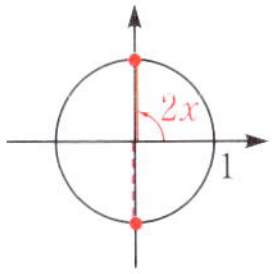
i.e. $x=\dfrac{\pi}{4},\ \dfrac{3}{4}\pi$ のとき
符号を変え，次の表と図を得る．

[8] $y=\cos\dfrac{2\pi}{x^2+1}$ は偶関数なので，$x\geqq 0$ のみ考える．また，この関数は
$t=\dfrac{2\pi}{x^2+1}$ と $y=\cos t$ の合成関数
とみることができる．　いずれも
基本関数（→ITEM 3）

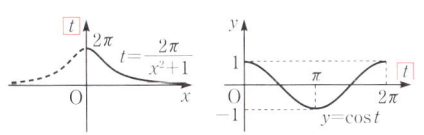

よって，$x\geqq 0$ のときの y の変化は，おおよそ次のようになりそう…

$t=\pi$ から逆算して $x=1$ を求めた

x	0	$\cdots$	1	$\cdots$	∞
t	2π	$\cdots$	π	$\cdots$	(0)
y	1	$\searrow$	-1	$\nearrow$	(1)

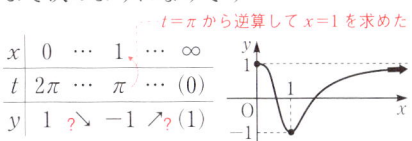

$$f'(x) = -\left(\sin\frac{2\pi}{x^2+1}\right) \times 2\pi \cdot \frac{-2x}{(x^2+1)^2}$$
$$= \underbrace{\frac{4\pi x}{(x^2+1)^2}}_{\geqq 0} \boxed{\sin\frac{2\pi}{x^2+1}}$$

$f'(x)>0$ となるのは,$x>0$, $\sin\frac{2\pi}{x^2+1}>0$

より $0<\frac{2\pi}{x^2+1}<\pi$ i.e. $x>1$ のとき.

同様に $f'(x)<0$ となるのは $0<x<1$ のとき.

以上より,次の表と図を得る.

x	0	$\cdots$	1	$\cdots$	∞
$f'(x)$	0	$-$	0	$+$	
$f(x)$	1	$\searrow$	-1	$\nearrow$	(1)

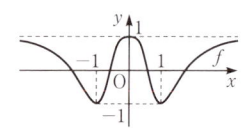

[補足]
合成関数そのものの扱いに慣れてくると,微分法なしでもグラフは描けます.

[9] $f(x) = \underset{正}{e^{-x}}\sin x$ は $\sin x$ と同符号であり,グラフはおおよそ次のようになりそう…

〈らくがき〉

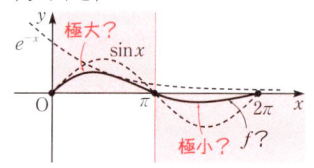

$f'(x) = -e^{-x}\sin x + e^{-x}\cos x$
$\quad\ = e^{-x}(\cos x - \sin x)$

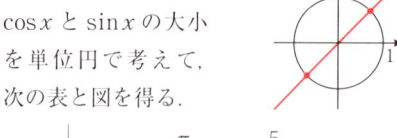

$\cos x$ と $\sin x$ の大小を単位円で考えて,次の表と図を得る.

x	0	$\cdots$	$\frac{\pi}{4}$	$\cdots$	$\frac{5}{4}\pi$	$\cdots$	2π
$f'(x)$		$+$	0	$-$	0	$+$	
$f(x)$	0	$\nearrow$	極大	$\searrow$	極小	$\nearrow$	0

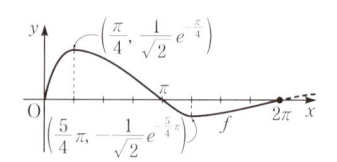

グラフ:頂点 $\left(\frac{\pi}{4}, \frac{1}{\sqrt{2}}e^{-\frac{\pi}{4}}\right)$ と $\left(\frac{5}{4}\pi, -\frac{1}{\sqrt{2}}e^{-\frac{5}{4}\pi}\right)$

[参考]
$x\geqq 0$ の範囲におけるほんとに大雑把な概形としては…

$\begin{cases} \sin x \text{ が } +,\ -,\ +,\ -,\ \cdots \text{と符号を変えなが} \\ \text{ら"振動"し},\ e^{-x}(>0) \text{は 0 に近づいて行く} \end{cases}$

ことにより,次図のようになります.(俗に"減衰振動"などと呼ばれます)

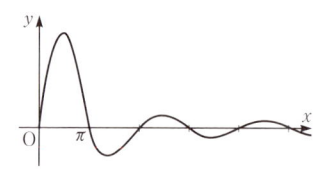

27

[1] $f(x) = x^3 - 3x^2 = x^2(x-3)$

から $f(x)$ の符号を考えると,おおよそ右のようになりそう…

〈らくがき〉

$f'(x) = 3x^2 - 6x = 3x(x-2)$

より,増減は下のようになる.

x	$-\infty$	$\cdots$	0	$\cdots$	2	$\cdots$	∞
$f'(x)$		$+$	0	$-$	0	$+$	
$f(x)$	$-\infty$	$\nearrow$	0	$\searrow$	-4	$\nearrow$	$+\infty$

$f''(x) = 6x - 6 = 6(x-1)$

より,凹凸は右のようになる.

x	$\cdots$	1	$\cdots$
$f''(x)$	$-$	0	$+$
$f(x)$	$\frown$	-2	$\smile$

以上より,右図を得る.

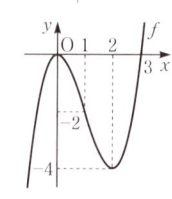

補足
- ホントは，$f''(x)$ を求めなくても $f'(x)$ の増減はわかります．右のようにグラフで考えれば"デキアガリ"です．
- 一般に，3次関数のグラフは，その変曲点に関して対称です．
（→数学Ⅰ・A・Ⅱ・B ITEM 73）

[2] $f(x)=\dfrac{1}{x^2+3}$ は偶関数．そこで $x\geqq 0$ のみ考えると $f(x)$ は単調減少．
$x\longrightarrow\infty$ のとき，$f(x)\longrightarrow 0$．
よってグラフはだいたい右のようになりそう…

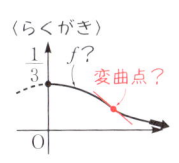

$f'(x)=\dfrac{-2x}{(x^2+3)^2}=-2\cdot\dfrac{x}{(x^2+3)^2}$．

$f''(x)=-2\cdot\dfrac{(x^2+3)^2-x\cdot 2(x^2+3)\cdot 2x}{(x^2+3)^4}$

$=-2\cdot\dfrac{(x^2+3)-4x^2}{(x^2+3)^3}$

$=\dfrac{6}{(x^2+3)^3}(x^2-1)$．

よって次の凹凸表と図を得る．

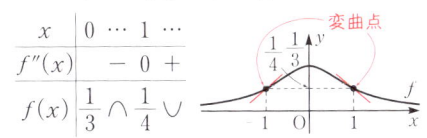

x	0	…	1	…
$f''(x)$		−	0	+
$f(x)$	$\dfrac{1}{3}$	⌢	$\dfrac{1}{4}$	⌣

補足
$x\geqq 0$ の部分と $x\leqq 0$ の部分の"つなぎ目" $x=0$ において，$f'(0)=0$ よりグラフはなめらかにつながります．また，$f(0)$ が極大値であることをお見逃しなく．

[3] $f(x)=\dfrac{x^3}{x^2-3}$ $(x\neq\pm\sqrt{3})$ は奇関数．
そこで $x\geqq 0$ $(x\neq\sqrt{3})$ のみ考える．
$f(x)=x+\dfrac{3x}{x^2-3}$ …① より

$f(x)-x=\dfrac{3x}{x^2-3}\xrightarrow[x\to\infty]{}0$．

よって直線 $y=x$ は漸近線で，
$f(x)>x\ (x>\sqrt{3})$．
$f(x)$ の符号は x^2-3 でほぼ決まり，

$x\longrightarrow\infty$ のとき，$\dfrac{x^3}{x^2-3}\xrightarrow[\text{低次}]{\text{高次}}\infty$．

$x\longrightarrow\sqrt{3}+0$ のとき，$\dfrac{x^3}{x^2-3}\xrightarrow[\to 0(正)]{\to 3\sqrt{3}}+\infty$．

$x\longrightarrow\sqrt{3}-0$ のとき，$\dfrac{x^3}{x^2-3}\xrightarrow[\to 0(負)]{\to 3\sqrt{3}}-\infty$．

よってグラフはおおよそ右のようになりそう…

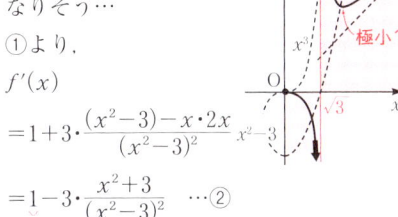

① より，
$f'(x)$
$=1+3\cdot\dfrac{(x^2-3)-x\cdot 2x}{(x^2-3)^2}$
$=1-3\cdot\dfrac{x^2+3}{(x^2-3)^2}$ …②
$=\dfrac{(x^2-3)^2-3(x^2+3)}{(x^2-3)^2}$
$=\dfrac{x^2}{(x^2-3)^2}(x^2-9)$．

よって増減は下表のとおり．

x	0	…	$(\sqrt{3})$	…	3	…	∞
$f'(x)$	0	−	×	−	0	+	
$f(x)$	0	↘	$-\infty$	$+\infty$ ↘	$\dfrac{9}{2}$	↗	∞

次に，② より 　　定数1が消える！
$f''(x)$
$=-3\cdot\dfrac{2x(x^2-3)^2-(x^2+3)\cdot 2(x^2-3)\cdot 2x}{(x^2-3)^4}$．

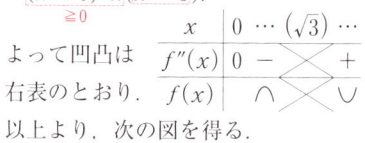

これは次と同符号：
$$-\{x(x^2-3)^2-2x(x^2+3)(x^2-3)\}$$
$$=x(x^2-3)\{-(x^2-3)+2(x^2+3)\}$$
$$=\underset{\geqq 0}{(x^2+9)}\cdot x(x^2-3).$$

よって凹凸は
右表のとおり．

x	0	$\cdots$	$(\sqrt{3})$	$\cdots$
$f''(x)$	0	$-$	×	$+$
$f(x)$		$\cap$	×	$\cup$

以上より，次の図を得る．

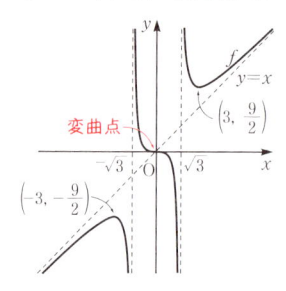

(グラフ：変曲点，$y=x$，$\left(3, \dfrac{9}{2}\right)$，$\left(-3, -\dfrac{9}{2}\right)$，$\pm\sqrt{3}$)

補足
○ "つなぎ目"での接線の傾きは，$f'(0)=0$ です．
○ "つなぎ目"である原点が変曲点となります．

[4] $f(x)=\dfrac{x^3-x+1}{x^2}\quad (x\neq 0)$

$\qquad =x+\dfrac{-x+1}{x^2}\quad\cdots\text{①}$ より

$f(x)-x=\dfrac{-x+1}{x^2}\xrightarrow[x\to\pm\infty]{}0.$

よって直線 $y=x$ は漸近線．
また，$f(x)$ と x の大小関係は
$f(x)\begin{cases}>x\ (x<1),\\<x\ (x>1).\end{cases}$

$x\longrightarrow 0$ のとき，$\underset{0}{x}+\underset{0(\text{正})}{\dfrac{-x+1}{x^2}}\xrightarrow{\ \ 1\ \ }\infty.$

よってグラフは
おおよそ右の
ようになりそう…　〈らくがき〉

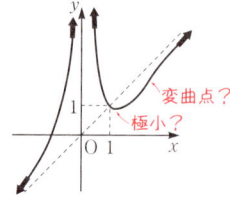

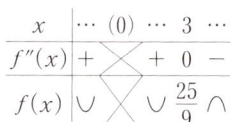

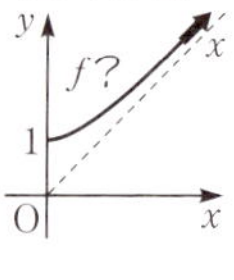

(グラフ：変曲点？，極小？)

①より，
$f'(x)=1+\dfrac{-x^2-(-x+1)\cdot 2x}{x^4}$

$\qquad =1+\dfrac{x-2}{x^3}\quad\cdots\text{②}$

$\qquad =\dfrac{x^3+x-2}{x^3}$

$\qquad =\underset{\text{正}}{(x^2+x+2)}\cdot\dfrac{x-1}{x^3}.$

1	1	0	-2
	1	1	2
1	1	2	0

ここで，$x^2+x+2=\left(x+\dfrac{1}{2}\right)^2+\dfrac{7}{4}>0$

だから，増減は右表のとおり．

x	$-\infty\cdots$	(0)	$\cdots$	1	$\cdots\infty$
$f'(x)$	$+$	×	$-$	0	$+$
$f(x)$	$-\infty\nearrow\infty$	×	$\infty\searrow$	1	$\nearrow\infty$

②より，$f''(x)=\dfrac{x^3-(x-2)\cdot 3x^2}{x^6}$

$\qquad =\dfrac{x-3(x-2)}{x^4}$

$\qquad =\dfrac{2}{\underset{\text{正}}{x^4}}(3-x).$

よって凹凸は
右表のとおり．

x	$\cdots$	(0)	$\cdots$	3	$\cdots$
$f''(x)$	$+$	×	$+$	0	$-$
$f(x)$	$\cup$	×	$\cup$	$\dfrac{25}{9}$	$\cap$

以上より，右図を得る．

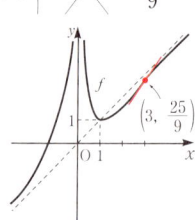

(グラフ：f，$\left(3, \dfrac{25}{9}\right)$)

[5] $f(x)=\sqrt{x^2+1}$ は偶関数．そこで $x\geqq 0$ のみ考えると，$f(x)$ は単調増加．
また，$x\longrightarrow\infty$ のとき
$\sqrt{x^2+1}-x=\dfrac{1}{\sqrt{x^2+1}+x}\longrightarrow 0.$
　主要部　ゴミ？
　　　　ほぼ等しい？

よって直線 $y=x$ は漸近線で，〈らくがき〉
$f(x)>x.$
ここまでで，グラフはだい
たい右のようになりそう…

(グラフ：f？)

$f'(x) = \dfrac{2x}{2\sqrt{x^2+1}}.$

$f''(x) = \dfrac{\sqrt{x^2+1} - x\cdot\dfrac{x}{\sqrt{x^2+1}}}{x^2+1}$

$\quad = \dfrac{1}{(x^2+1)^{\frac{3}{2}}} > 0.$

よって，グラフは下に凸である．
以上より，右図を得る．

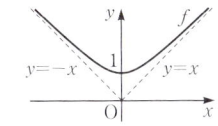

参 考

○ $y = \pm\sqrt{x^2+1} \iff x^2 - y^2 = -1$ …① なので，①で表される曲線(双曲線)は右のような形であることがわかったわけです。
(+ or −)

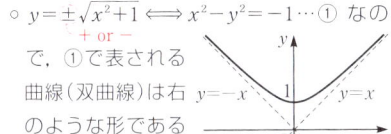

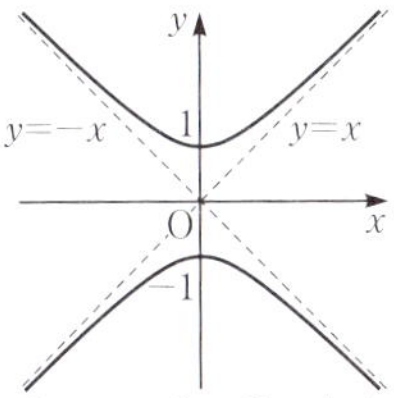

○ 一般に，$\dfrac{x^2}{a^2} - \dfrac{y^2}{b^2} = -1\,(a, b > 0)$ …② で表される曲線(双曲線)の形状を調べたければ，

② $\iff y = \pm\dfrac{b}{a}\sqrt{x^2+a^2}$

なので，関数 $y = \dfrac{b}{a}\sqrt{x^2+a^2}$ のグラフを本問と同じようにして描いてみればよいのです．結果としては，2直線

$y = \pm\dfrac{b}{a}x$

を漸近線とする右図のような曲線であることがわかります．
(→ITEM 54)

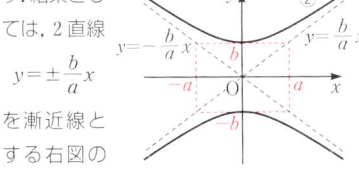

双曲線 $\dfrac{x^2}{a^2} - \dfrac{y^2}{b^2} = 1$ についても同様です．

[6] $f(x) = \dfrac{x}{\sqrt{x^2+1}}$ は奇関数なので，
$x \geq 0$ のみ考える．

$f(x)$ は x と同符号(原点を通る)．
$x \longrightarrow \infty$ のとき，$\dfrac{x}{\sqrt{x^2+1}} \longrightarrow 1$.
　　　　　　　　　　　主要部

よってグラフはおおよそ右のようになりそう… 〈らくがき〉

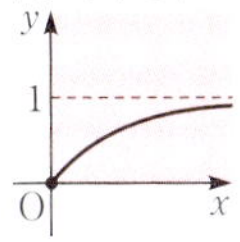

$f'(x) = \dfrac{\sqrt{x^2+1} - x\cdot\dfrac{2x}{2\sqrt{x^2+1}}}{x^2+1}$

$\quad = \dfrac{1}{(x^2+1)^{\frac{3}{2}}}.$

$f''(x) = -\dfrac{3}{2}\cdot\dfrac{2x}{(x^2+1)^{\frac{5}{2}}} < 0\,(x > 0).$

よって $x \geq 0$ では上に凸．
以上より右図を得る．

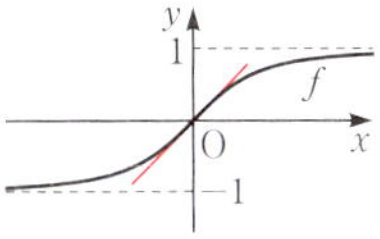

補 足

○ $f'(0) = 1$ です．
○ 原点が変曲点．

[7] $f(x) = \dfrac{e^x - e^{-x}}{e^x + e^{-x}}$ は

$f(-t) = \dfrac{e^{-t} - e^t}{e^{-t} + e^t} = -f(t)$

より奇関数．そこで $x \geq 0$ のみ考える．
$x > 0$ では，$e^x > 1 > e^{-x}$ より $f(x) > 0$．

$f(x) = \dfrac{e^x - e^{-x}}{e^x + e^{-x}} = 1 - \dfrac{2e^{-x}}{e^x + e^{-x}}$
　　　　　　　　　　主要部
$\quad = 1 - \dfrac{2}{e^{2x}+1}$ …①

よって $f(x)$ は単調増加．
また，$f(x) \xrightarrow[x\to\infty]{} 1\,(f(x) < 1)$．
よってグラフはおおよそ右のようになりそう… 〈らくがき〉

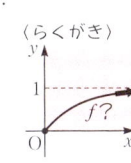

①より

$f'(x) = -2\cdot\dfrac{-2e^{2x}}{(e^{2x}+1)^2} = 4\cdot\dfrac{e^{2x}}{(e^{2x}+1)^2}.$

$f''(x)$
$$=4\cdot\frac{2e^{2x}(e^{2x}+1)^2-e^{2x}\cdot 2(e^{2x}+1)\cdot 2e^{2x}}{(e^{2x}+1)^4}.$$
これは次と同符号：
$(e^{2x}+1)-2e^{2x}=1-e^{2x}<0(x>0).$
よってグラフは $x≧0$ において上に凸．
以上より，右図を得る．

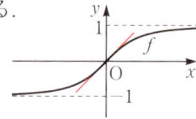

> [補足]
> ○ $f'(0)=1$.
> ○ 原点は変曲点.

[8] $f(x)=\dfrac{1}{1+e^{-x}}$ の

x	$-\infty$	$\cdots$	∞
$f(x)$	(0)	$\nearrow$	(1)

増減は右表．
よっておおよそ右の〈らくがき〉
ようになりそう…
$f'(x)=\dfrac{+e^{-x}}{(1+e^{-x})^2}.$
$f''(x)$
$$=\frac{-e^{-x}(1+e^{-x})^2-e^{-x}\cdot 2(1+e^{-x})(-e^{-x})}{(1+e^{-x})^4}$$
は次と同符号：
$-(1+e^{-x})+2e^{-x}=e^{-x}-1.$
よって凹凸は
右表のとおり．

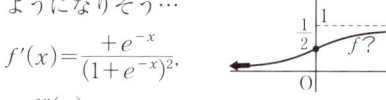

x	$\cdots$	0	$\cdots$
$f''(x)$	$+$	0	$-$
$f(x)$	$\cup$	$\frac{1}{2}$	$\cap$

以上より，右図を得る．

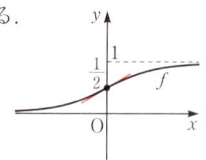

> [補足]
> $f'(0)=\dfrac{1}{4}$ です．

> [参考] 答えを見ると，なんとなく変曲点 $\left(0,\dfrac{1}{2}\right)$ に関して対称っぽいですね．実際，変曲点が原点にくるように平行移動して考えると
> $$f(x)-\frac{1}{2}=\frac{1}{1+e^{-x}}-\frac{1}{2}$$
> $$=\frac{2-(1+e^{-x})}{2(1+e^{-x})}$$
> $$=\frac{1}{2}\cdot\frac{1-e^{-x}}{1+e^{-x}}=\frac{1}{2}\cdot\frac{e^{\frac{x}{2}}-e^{-\frac{x}{2}}}{e^{\frac{x}{2}}+e^{-\frac{x}{2}}}$$
> となり，[7]の関数(奇関数)とほとんど同じものになっていますね．

[9] $f(x)=e^{-\frac{x^2}{2}}$ は偶関数．
そこで $x≧0$ のみ考える

x	0	$\cdots$	∞
$f(x)$	1	$\searrow$	(0)

と，$f(x)$ の増減は右表．
よってグラフはおおよそ
右のようになりそう… 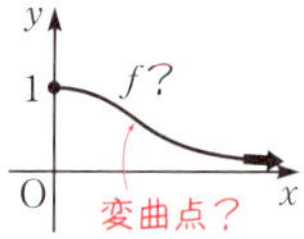
$f'(x)=-xe^{-\frac{x^2}{2}}.$
$f''(x)=-e^{-\frac{x^2}{2}}-x\left(-xe^{-\frac{x^2}{2}}\right)$
$=\underset{正}{e^{-\frac{x^2}{2}}}(x^2-1).$

x	0	$\cdots$	1	$\cdots$
$f''(x)$		$-$	0	$+$
$f(x)$	1	$\cap$	$\frac{1}{\sqrt{e}}$	$\cup$

よって凹凸は
右表のとおり．
以上より，右
図を得る．

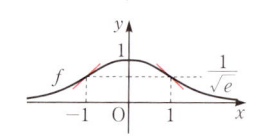

> [補足] $f(0)=1$ は極大値．

[10] $f(x)=xe^{-\frac{x^2}{2}}$ は奇関数．
そこで $x≧0$ のみ考える．
$x\longrightarrow\infty$ のとき
$\underset{\text{遅く}\infty\text{に発散}}{x}e^{-\frac{x^2}{2}}\underset{\text{速く}0\text{に収束}}{\longrightarrow}0$
より，グラフはだいたい右のようになりそう…

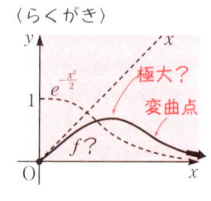

$$f'(x) = e^{-\frac{x^2}{2}} + x\left(-xe^{-\frac{x^2}{2}}\right)$$

$$= \underline{e^{-\frac{x^2}{2}}}_{正}(1-x^2)$$

より，増減は右表．

x	0	$\cdots$	1	$\cdots$	∞
$f'(x)$	1	$+$	0	$-$	
$f(x)$	0	↗	$\frac{1}{\sqrt{e}}$	↘	(0)

$$f''(x) = -2xe^{-\frac{x^2}{2}} + (1-x^2)\left(-xe^{-\frac{x^2}{2}}\right)$$

$$= \underline{e^{-\frac{x^2}{2}}}_{\geqq 0} \cdot x(x^2-3)$$

より，凹凸は右表．

x	0	$\cdots$	$\sqrt{3}$	$\cdots$
$f''(x)$	0	$-$	0	$+$
$f(x)$	0	∩	$\sqrt{3}e^{-\frac{3}{2}}$	∪

以上より，右図を得る．

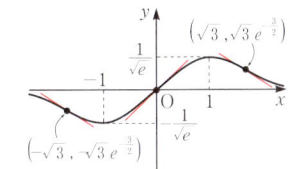

(グラフ: $y=f(x)$, 点 $(\sqrt{3}, \sqrt{3}e^{-\frac{3}{2}})$, $(-\sqrt{3}, -\sqrt{3}e^{-\frac{3}{2}})$, 最大値 $\frac{1}{\sqrt{e}}$ at $x=1$)

補足
- $f'(0) = 1$．
- 原点も変曲点．

[11] $f(x) = e^{\frac{1}{x}}$ $(x \neq 0)$ の符号は正．

$x \longrightarrow +0$ のとき，

$$\frac{1}{x} \longrightarrow \infty \text{ より } e^{\frac{1}{x}} \longrightarrow \infty.$$

$x \longrightarrow -0$ のとき，

$$\frac{1}{x} \longrightarrow -\infty \text{ より } e^{\frac{1}{x}} \longrightarrow 0.$$

$x \longrightarrow \pm\infty$ のとき，

$$\frac{1}{x} \longrightarrow 0 \text{ より } e^{\frac{1}{x}} \longrightarrow 1.$$

また，$f(x) \begin{cases} > 1 \ (x>0), \\ < 1 \ (x<0). \end{cases}$

〈らくがき〉

よってグラフはおおよそ右のようになりそう…

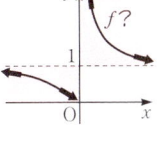

$$f'(x) = e^{\frac{1}{x}} \cdot \frac{-1}{x^2} = -x^{-2}e^{\frac{1}{x}} < 0$$

より，$f(x)$ は $x<0$, $0<x$ でそれぞれ単調減少．　ビ分しなくてもわかりますが…

$$f''(x) = 2x^{-3}e^{\frac{1}{x}} - x^{-2} \cdot \frac{-1}{x^2}e^{\frac{1}{x}}$$

$$= \underline{\frac{e^{\frac{1}{x}}}{x^4}}_{正}(2x+1).$$

よって凹凸は右表のとおり．

x	$\cdots$	$-\frac{1}{2}$	$\cdots$	(0)	$\cdots$
$f''(x)$	$-$	0	$+$	×	$+$
$f(x)$	∩	$\frac{1}{e^2}$	∪	×	∪

以上より，次図を得る．

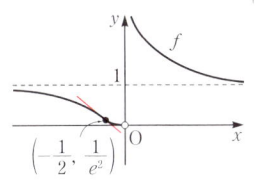

(グラフ: 点 $\left(-\frac{1}{2}, \frac{1}{e^2}\right)$, $y=1$ 漸近線)

補足
- $x \longrightarrow +0$, $x \longrightarrow -0$ のときの極限については，ITEM 12 例題(2)で詳しく調べましたね．
- 左から原点に近づくときの接線の傾きの様子，つまり $\lim_{x \to -0} f'(x)$ について調べてみます．$f'(x) = -\frac{e^{\frac{1}{x}}}{x^2}$ において，$t = -\frac{1}{x}$ とおくと，$x \longrightarrow -0$ のとき $t \longrightarrow +\infty$ なので

$$\lim_{x \to -0} f'(x) = \lim_{t \to \infty} (-t^2 e^{-t}) = 0.$$
  遅く $-\infty$ に発散　速く 0 に収束

つまり，$y=f(x)$ のグラフは，x 軸とほぼ平行な向きから原点 O に近づいて行きます．

[12] $f(x) = \log(x + \sqrt{x^2+1})$．

$\sqrt{x^2+1} > \sqrt{x^2} = |x| \geqq -x$ より，

$\sqrt{x^2+1} + x > 0$．

よって定義域は実数全体．

$x \longrightarrow \infty$ のとき，$f(x) \longrightarrow \infty$．

$x \longrightarrow -\infty$ のとき,
$\underset{-\infty+\infty}{x+\sqrt{x^2+1}}$
$= \dfrac{1}{\sqrt{x^2+1}-x} \longrightarrow 0$(符号は正).
$\therefore f(x) \longrightarrow -\infty$.
(う〜ん.ちょっとコレだけでは〈らくがき〉できないなあ…)
$f'(x) = \dfrac{1}{x+\sqrt{x^2+1}}\left(1+\dfrac{2x}{2\sqrt{x^2+1}}\right)$
$ = \dfrac{1}{\sqrt{x^2+1}} > 0$
より,$f(x)$ は単調増加.
$f''(x) = -\dfrac{1}{2}\cdot\dfrac{2x}{(x^2+1)^{\frac{3}{2}}}$

x	$\cdots$	0	$\cdots$
$f''(x)$	$+$	0	$-$
$f(x)$	$\cup$	0	$\cap$

より,凹凸は右表.
以上より,右図を得る.

変曲点

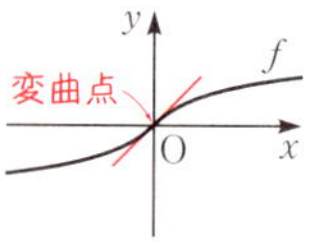

補足

- $f'(0)=1$ です.
- 実は,原点に関して対称なグラフです.実際,
 $f(-t) = \log(-t+\sqrt{t^2+1})$
 $ = \log\dfrac{1}{t+\sqrt{t^2+1}}$ 〔有理化〕
 $ = -\log(t+\sqrt{t^2+1}) = -f(t)$
 となりますね.
- それもそのはず,$f(x)$ は,有名な奇関数 $y=\dfrac{e^x-e^{-x}}{2}$ …① の逆関数ですから,①のグラフを直線 $y=x$ に関して対称移動したグラフをもつわけです.(→類題3[16],類題5[8])

28

x,y を,それぞれ $x(t),y(t)$ などとも表すことにします.

[1] θ に "きりのいい" 値:$0,\dfrac{\pi}{2},\pi$ を代入した点 (x,y) を xy 平面上にとってみると,右図のようなカンジ.(これで,θ の増加にともなう点 (x,y) の動きがなんとなく見えてきた.)

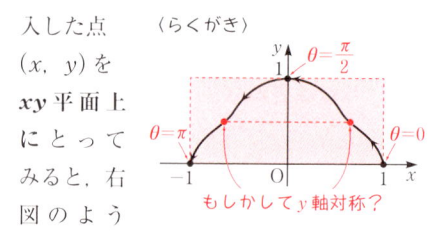

〈らくがき〉
もしかして y 軸対称?
「時刻」のイメージ

どうやらこの曲線 C の $0 \leqq \theta \leqq \dfrac{\pi}{2}$,
$\dfrac{\pi}{2} \leqq \theta \leqq \pi$ の部分は y 軸対称っぽいので,
それを示す.

$0 \leqq t \leqq \dfrac{\pi}{2}$ のとき 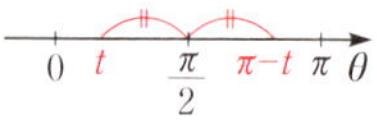
$\dfrac{\pi}{2} \leqq \pi-t \leqq \pi$ であり,
$\begin{cases} x(\pi-t)=\cos^3(\pi-t)=-x(t), \\ y(\pi-t)=\sin^3(\pi-t)=y(t). \end{cases}$
よって,
点 $(x(t),y(t))$ と
点 $(x(\pi-t),y(\pi-t))$ とは
y 軸対称だから,C の $0 \leqq \theta \leqq \dfrac{\pi}{2}$,
$\dfrac{\pi}{2} \leqq \theta \leqq \pi$ の部分は,
y 軸に関して対称である.

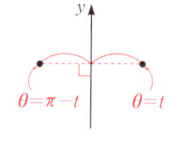

そこで,$0 \leqq \theta \leqq \dfrac{\pi}{2}$ のみ考えると,θ に対する増減は右表のとおり. **微分法は不要**

θ	0	$\cdots$	$\dfrac{\pi}{2}$
x	1	$\searrow$	0
y	0	$\nearrow$	1

点 (x,y) は左上向きに動く

以上より,C は次図のようになる.

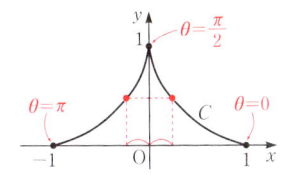

補足

- 接線の傾きを調べてみると（→ITEM 22 例題(2)）

$$\frac{dy}{dx} = \frac{\dfrac{dy}{d\theta}}{\dfrac{dx}{d\theta}} = \frac{3\sin^2\theta\cos\theta}{3\cos^2\theta(-\sin\theta)}$$

$$= -\tan\theta \quad \left(\theta \neq 0, \frac{\pi}{2}, \pi\right).$$

よって C の接線は，接点が点 $(\pm 1, 0)$ に近づくと x 軸方向に近づき，接点が点 $(0, 1)$ に近づくと y 軸方向に近づきます。

- パラメタ曲線の対称性は，〈らくがき〉のようにある程度曲線の形が見えて初めて気づけることが多いです。（式を見ただけではなかなかわかりません。）

なお，パラメタ曲線の対称性を示す作業は，そんなに精密に書かなくても大目に見てもらえるかも…．あまり神経質になりすぎないでね。

- 実は θ の範囲を $0 \leq \theta < 2\pi$ にしたときのこの曲線は，「アステロイド」と呼ばれる右図のような有名曲線です。本問では曲線の凹凸を調べてはいませんが，このような有名曲線の概形は，ある程度覚えておいた方がトクです。

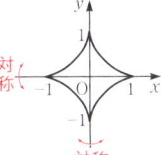

- ちなみにパラメタを消去すると

$$x^{\frac{2}{3}} + y^{\frac{2}{3}} = 1$$

となります．これを利用すると「対称性」はすぐ示せますね．

[2] t に対する x, y の変化は右図のとおり．

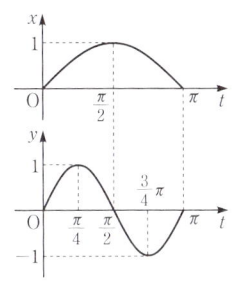

そこで，$t = 0, \dfrac{\pi}{4}, \dfrac{\pi}{2}, \dfrac{3}{4}\pi, \pi$ に対応する（区間の端や増減の変わり目）点 (x, y) を xy 平面上にとってみると右下のようなカンジ．〈らくがき〉

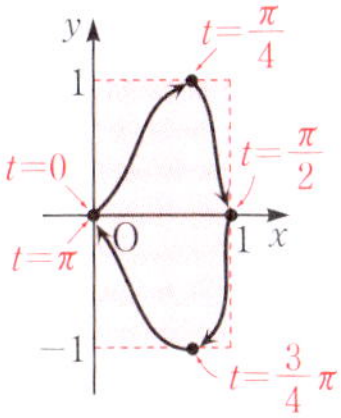

どうやらこの曲線 C の $0 \leq t \leq \dfrac{\pi}{2}$,

$\dfrac{\pi}{2} \leq t \leq \pi$ の部分は x 軸対称っぽいので，それを示す．

$0 \leq t_1 \leq \dfrac{\pi}{2}$ のとき

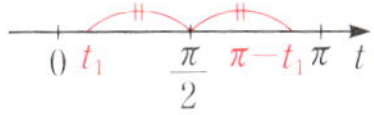

$\dfrac{\pi}{2} \leq \pi - t_1 \leq \pi$ であり，

$$\begin{cases} x(\pi - t_1) = \sin(\pi - t_1) = x(t_1), \\ y(\pi - t_1) = \sin(2\pi - 2t_1) = -y(t_1). \end{cases}$$

よって，
点 $(x(t_1), y(t_1))$ と
点 $(x(\pi - t_1), y(\pi - t_1))$
とは x 軸対称だから，

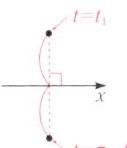

C の $0 \leq t \leq \dfrac{\pi}{2}$, $\dfrac{\pi}{2} \leq t \leq \pi$ の部分は x 軸に関して対称である．

$0 \leq t \leq \dfrac{\pi}{2}$ における増減は次の表のとおり．
以上より，C の概形は次のようになる．

t	0	$\cdots$	$\dfrac{\pi}{4}$	$\cdots$	$\dfrac{\pi}{2}$
x	0	↗	$\dfrac{1}{\sqrt{2}}$	↗	1
y	0	↗	1	↘	0

右上向き に動く　　右下向き に動く

〔補足〕

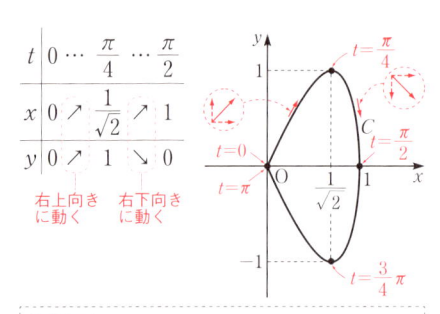

○ 本音を言うと，〈らくがき〉の段階ですでに C の概形は（ほぼ完璧に）描けています．「対称性」に言及することなく，そのまま清書して「答え」としてしまうのが一番手早いと思われます．（もちろん，答えはちゃんと x 軸対称に見えるよう描かねばなりませんが）

○ パラメタ t を消去する方法も考えられます．
$$y^2 = \sin^2 2t$$
$$= (2\sin t \cos t)^2$$
$$= 4\sin^2 t (1-\sin^2 t) = 4x^2(1-x^2).$$
これと $x \geqq 0$ より，$y = \pm 2x\sqrt{1-x^2}$.
あとは類題25[8]とほぼ同じです．

[3] $\begin{cases} x = t^2 - 1 \\ y = (t-1)^2 + 1 \end{cases}$

のグラフは右図のようになる．

そこで，$t = -1, 0, 1$ に対応する点 (x, y) を xy 平面上にとってみると，右のとおり．
t に対する x, y の変化も考えて，次図のようになる．

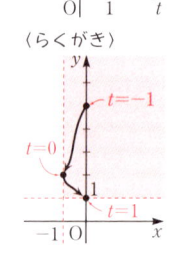

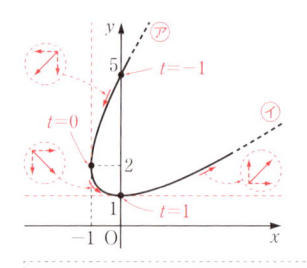

〈らくがき〉

〔補足〕

○ t に対する x, y の増減を表にまとめると下のようになります．

t	$-\infty$	$\cdots$	0	$\cdots$	1	$\cdots$	∞
x	∞	↘	-1	↗	0	↗	∞
y	∞	↘	2	↘	1	↗	∞

でも正直なところ，こうして「表」にまとめるより，xy 平面上で点の動きそのものを

右
下　　右下向き

などと表す方がわかりやすくないですか？

「表」を書く，書かないはどちらでもかまいませんが，とにかく xy 平面上での点の動きそのものを考えるという気持ちだけは忘れないでくださいね．

○ ウルサイことを言うと，曲線を図の㋐，㋑の向きに伸ばして行ったとき，両者が再び交わることはないのか？…も調べた方がよいかもしれませんが，パラメタ曲線の場合，そういうことを言い出すとキリがありませんから，「必要を感じたら調べておく」という態度で OK です．

○ 実はこの曲線，（斜めに傾いた）放物線です．

[4] 何も考えずに t で微分したりしちゃオシマイです．
まずは関数そのものを見て…
$$\begin{cases} x = \cos^2 t = \dfrac{1 + \cos 2t}{2}, \\ y = \sin t \cos t = \dfrac{1}{2}\sin 2t. \end{cases}$$

i.e. $\begin{cases} \cos 2t = 2x-1, \\ \sin 2t = 2y. \end{cases}$

パラメタ t を消去して
$(2x-1)^2 + (2y)^2 = 1.$

i.e. $\left(x-\dfrac{1}{2}\right)^2 + y^2 = \left(\dfrac{1}{2}\right)^2.$

よってこの曲線は右図の円である．

> 注意
> パラメタ消去による描き方も忘れないでね
> …という軽い注意でした．

29

[1] $f(x) = x^2 + \sqrt{1-x^2}$ $(1-x^2 \geqq 0)$ において

$t = x^2$ とおくと，t の変域は $0 \leqq t \leqq 1$ であり

$f(x) = t + \sqrt{1-t}\ (= g(t)$ とおく).

$g'(t) = 1 + \dfrac{-1}{2\sqrt{1-t}}$

$= \dfrac{2\sqrt{1-t}-1}{2\sqrt{1-t}}$

$= \dfrac{4(1-t)-1}{2\sqrt{1-t}(2\sqrt{1-t}+1)}$

$= \dfrac{3-4t}{2\sqrt{1-t}(2\sqrt{1-t}+1)}.$

よって右表を得る．求める最大値は

t	0	$\cdots$	$\dfrac{3}{4}$	$\cdots$	1
$g'(t)$		$+$	0	$-$	
$g(t)$		↗	最大	↘	

$g\left(\dfrac{3}{4}\right) = \dfrac{3}{4} + \sqrt{\dfrac{1}{4}} = \dfrac{5}{4}.$

[2] $f(x) = \dfrac{x+1}{\sqrt{x}+1}$ $(x \geqq 0)$ において

──この $\sqrt{\ }$ がジャマ

$t = \sqrt{x}$ とおくと，
t の変域は $t \geqq 0$ であり

$f(x) = \dfrac{t^2+1}{t+1} = t - 1 + \dfrac{2}{t+1}$

$\quad (= g(t)$ とおく).

$\begin{array}{r|rrr}-1 & 1 & 0 & 1 \\ & & -1 & 1 \\ \hline & 1 & -1 & 2\end{array}$

$g'(t) = 1 + \dfrac{-2}{(t+1)^2}$

$= \dfrac{(t+1)^2 - 2}{(t+1)^2}$ $(\sqrt{2})^2$

$= \dfrac{(t+1+\sqrt{2})(t+1-\sqrt{2})}{(t+1)^2}.$

よって右表を得る．求める最小値は

t	0	$\cdots$	$\sqrt{2}-1$	$\cdots$
$g'(t)$		$-$	0	$+$
$g(t)$		↘	最小	↗

$g(\sqrt{2}-1) = \sqrt{2} - 2 + \dfrac{2}{\sqrt{2}} = \mathbf{2\sqrt{2} - 2}.$

> 補足
> 「x」のままで微分してみると，「$\sqrt{\ }$」があちこちに残ってイヤになります．

[3] $f(x) = \dfrac{x - 2\sqrt{x} + 5}{\sqrt{1+x}}$ $(x \geqq 0)$ において，

$t = \sqrt{x}$ とおくと，t の変域は $t \geqq 0$ であり

$f(x) = \dfrac{t^2 - 2t + 5}{\sqrt{1+t^2}}\ (= g(t)$ とおく).

$g'(t)$

$= \dfrac{(2t-2)\sqrt{1+t^2} - (t^2-2t+5)\cdot\dfrac{2t}{2\sqrt{1+t^2}}}{1+t^2}.$

これは次と同符号：

$(2t-2)(1+t^2) - t(t^2-2t+5)$

$= t^3 - 3t - 2$

$= (t+1)^2(t-2).$
正

$\begin{array}{r|rrrr}-1 & 1 & 0 & -3 & -2 \\ & & -1 & 1 & 2 \\ \hline & 1 & -1 & -2 & 0\end{array}$

よって右表を得る．求める最小値は

t	0	$\cdots$	2	$\cdots$
$g'(t)$		$-$	0	$+$
$g(t)$		↘	最小	↗

$g(2) = \dfrac{5}{\sqrt{5}} = \mathbf{\sqrt{5}}.$

[4] $f(x)$

$= \sin 2x \cos x + 4\cos 2x \sin x$

$= 2\sin x \cos^2 x + 4(1 - 2\sin^2 x)\sin x.$

$\sin x$ だけで表せそう

そこで，$t=\sin x$ とおくと，$0\leqq x\leqq \pi$ より t の変域は $0\leqq t\leqq 1$ であり，
$$f(x)=2t(1-t^2)+4(1-2t^2)t$$
$$=-10t^3+6t$$
$$=2(-5t^3+3t)(=g(t) \text{ とおく}).$$
$$g'(t)=2(-15t^2+3)$$
$$=6(1-5t^2).$$
よって右表を得る．

t	0	$\cdots$	$\dfrac{1}{\sqrt{5}}$	$\cdots$	1
$g'(t)$		$+$	0	$-$	
$g(t)$		↗	最大	↘	

求める最大値は
$$g\!\left(\dfrac{1}{\sqrt{5}}\right)=2\!\left(-5\cdot\dfrac{1}{5\sqrt{5}}+3\cdot\dfrac{1}{\sqrt{5}}\right)=\dfrac{4}{\sqrt{5}}.$$

[5] $f(\theta)=\dfrac{\sqrt{5-4\cos\theta}}{\sin\theta}$ $(0<\theta<\pi)$ は正だから，
$$f(\theta)^2=\dfrac{5-4\cos\theta}{\sin^2\theta}=\dfrac{5-4\cos\theta}{1-\cos^2\theta}$$
の最小値を考える．
$t=\cos\theta$ とおくと，$0<\theta<\pi$ より t の変域は $-1<t<1$ であり，
$$f(\theta)^2=\dfrac{5-4t}{1-t^2}=\dfrac{4t-5}{t^2-1}(=g(t) \text{ とおく}).$$
$$g'(t)=\dfrac{4(t^2-1)-(4t-5)\cdot 2t}{(t^2-1)^2}.$$
これは分子と同符号で，
分子 $=-4t^2+10t-4$
　　$=-2(2t^2-5t+2)$
　　$=-2(2t-1)(t-2)$
　　$=2(2-t)(2t-1)$.

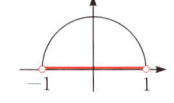

よって右表を得る．

t	(-1)	$\cdots$	$\dfrac{1}{2}$	$\cdots$	(1)
$g'(t)$		$-$	0	$+$	
$g(t)$		↘	最小	↗	

求める最小値は
$$\sqrt{g\!\left(\dfrac{1}{2}\right)}=\sqrt{\dfrac{3}{\dfrac{3}{4}}}=2.$$

〔補足〕
$f(\theta)=\sqrt{\dfrac{5-4\cos\theta}{\sin^2\theta}}$ $(\because \sin\theta>0)$ と変形して $\sqrt{}$ 内の最小値を考えても同じことです．

〔注意〕
最後で「$\sqrt{}$」をつけ忘れないように！

[6] $f(x)=\dfrac{e^x}{(1+e^{2x})^{\frac{3}{2}}}$ は正だから，

　　　　　実質的には「$\sqrt{}$」

$$f(x)^2=\dfrac{e^{2x}}{(1+e^{2x})^3}$$ の最大値を考える．

$t=e^{2x}$ とおくと，t の変域は $t>0$ であり，
$$f(x)^2=\dfrac{t}{(1+t)^3}(=g(t) \text{ とおく}).$$
$$g'(t)=\dfrac{(1+t)^3-t\cdot 3(1+t)^2}{(1+t)^6}$$
$$=\dfrac{1-2t}{(1+t)^4}.$$

t	(0)	$\cdots$	$\dfrac{1}{2}$	$\cdots$
$g'(t)$		$+$	0	$-$
$g(t)$		↗	最大	↘

よって右表を得る．
求める最大値は
$$\sqrt{g\!\left(\dfrac{1}{2}\right)}=\sqrt{\dfrac{\dfrac{1}{2}}{\left(\dfrac{3}{2}\right)^3}}=\sqrt{\dfrac{2^2}{3^3}}=\dfrac{2}{3\sqrt{3}}$$
$$=\dfrac{2\sqrt{3}}{9}.$$

30

[1] $\int \sqrt{x}\,dx = \int x^{\frac{1}{2}}\,dx$

$= \boxed{?}\, x^{\frac{3}{2}} + C$ 　　$\left(x^{\frac{3}{2}}\right)' = \frac{3}{2}x^{\frac{1}{2}}$ だから…

$= \dfrac{2}{3} x^{\frac{3}{2}} + C.$

[2] $\int_0^1 x^2\sqrt{x}\,dx = \int_0^1 x^{\frac{5}{2}}\,dx$

$= \left[\boxed{?}\, x^{\frac{7}{2}}\right]_0^1$ 　　$\left(x^{\frac{7}{2}}\right)' = \frac{7}{2} x^{\frac{5}{2}}$ だから…

$= \left[\dfrac{2}{7} x^{\frac{7}{2}}\right]_0^1 = \dfrac{2}{7}.$

[3] $\int \dfrac{1}{2\sqrt{x}}\,dx = \sqrt{x} + C.$

$(\sqrt{x})' = \dfrac{1}{2\sqrt{x}}$ の逆ヨミで一気！

[4] $\int \dfrac{1}{x^2}\,dx = -\dfrac{1}{x} + C.$

$\left(\dfrac{1}{x}\right)' = -\dfrac{1}{x^2}$ の逆ヨミ（符号を調整）

[5] $\int_{\frac{\pi}{6}}^{\frac{\pi}{3}} \dfrac{1}{\sin^2\theta}\,d\theta = \left[-\dfrac{1}{\tan\theta}\right]_{\frac{\pi}{6}}^{\frac{\pi}{3}}$ 　「−」は，積分区間を逆さにして消す

ビ分する

$= \left[+\dfrac{1}{\tan\theta}\right]_{\frac{\pi}{3}}^{\frac{\pi}{6}}$

$= \dfrac{1}{\tan\frac{\pi}{6}} - \dfrac{1}{\tan\frac{\pi}{3}}$

$= \sqrt{3} - \dfrac{1}{\sqrt{3}} = \dfrac{2}{\sqrt{3}}.$

[6] $\int_1^2 \dfrac{1}{x}\,dx = \Big[\log|x|\Big]_1^2$

ビ分する

$= \log 2 - \log 1 = \log 2.$

補足　積分区間を見て x が正の値しかとらないことが読めれば，$\Big[\log x\Big]_1^2$ と書いてしまってもOKです。

[7] $\int_0^{\frac{\pi}{3}} (\cos x - 2\sin x)\,dx$

$= \int_0^{\frac{\pi}{3}} \cos x\,dx - 2\int_0^{\frac{\pi}{3}} \sin x\,dx$ 　…①

$= \Big[\sin x\Big]_0^{\frac{\pi}{3}} - 2\Big[-\cos x\Big]_0^{\frac{\pi}{3}}$ 　…②

$= \Big[\sin x + 2\cos x\Big]_0^{\frac{\pi}{3}}$

$= \left(\dfrac{\sqrt{3}}{2} + 2\cdot\dfrac{1}{2}\right) - 2 = \dfrac{\sqrt{3}}{2} - 1.$

補足　＋や−で結ばれた関数は，それぞれバラバラに積分してよく，定数倍は前に出して考えてよいことの確認です。もちろん実際には，①や②は絶対に紙には書きません。

[8]

注意　次の公式を思い出しておきましょう．（→数学Ⅰ・A・Ⅱ・B ITEM 75）

$\int_{-\_}^{\_} (奇関数)\,dx = 0,$

$\int_{-\_}^{\_} (偶関数)\,dx = 2\int_0^{\_} (同じ関数)\,dx.$

$\int_{-\frac{\pi}{2}}^{\frac{\pi}{2}} (\underbrace{x^2}_{偶関数} - \underbrace{\sin x}_{奇関数})\,dx = 2\int_0^{\frac{\pi}{2}} x^2\,dx$

$= 2\left[\dfrac{x^3}{3}\right]_0^{\frac{\pi}{2}} = \dfrac{2}{3}\left(\dfrac{\pi}{2}\right)^3$

$= \dfrac{\pi^3}{12}.$

31

[1] $\int (x^3 + 3x^2 + 3x + 1)\,dx$

$= \int (x+1)^3\,dx = \dfrac{(x+1)^4}{4} + C.$

[補足]
- 1次式のカタマリにおける x の係数が「+1」のときは，定数倍の微調整がいらないのでラクですね。
- もちろん，項ごとに積分したものを加えてもできますが，まとまりのよい式で求めた方が何かとトクです。

[2] $\int_2^3 \dfrac{1}{1-x} dx$

$= \left[\boxed{?} \log|1-x| \right]_2^3$ 　　$(\log|1-x|)' = \dfrac{1}{1-x} \cdot (-1)$

$= \left[-\log|1-x| \right]_2^3$

$= \left[+\log|1-x| \right]_3^2 = \log 1 - \log 2$

$= -\log 2.$

[3] $\int \sqrt[3]{(3x-1)^2} dx$

$= \int (3x-1)^{\frac{2}{3}} dx$

$= \boxed{?}(3x-1)^{\frac{5}{3}} + C$ 　　$\left\{(3x-1)^{\frac{5}{3}}\right\}' = \dfrac{5}{3}(3x-1)^{\frac{2}{3}} \cdot 3$

$= \dfrac{1}{5}(3x-1)^{\frac{5}{3}} + C.$

[補足] "積分の公式"にベッタリ頼って

$\int (3x-1)^{\frac{2}{3}} dx = \dfrac{1}{3} \cdot \dfrac{(3x-1)^{\frac{2}{3}+1}}{\frac{2}{3}+1} + C = \cdots$

としてできますが…，〜〜を紙に書いているとちょっと遅いかも…

[4] $\int_1^2 \dfrac{1}{(2x-1)\sqrt{2x-1}} dx$

$= \int_1^2 (2x-1)^{-\frac{3}{2}} dx$

$= \left[\boxed{?}(2x-1)^{-\frac{1}{2}} \right]_1^2$ 　　$\left\{(2x-1)^{-\frac{1}{2}}\right\}' = -\dfrac{1}{2}(2x-1)^{-\frac{3}{2}} \cdot 2$

$= \left[-(2x-1)^{-\frac{1}{2}} \right]_1^2$

$= \left[\dfrac{1}{\sqrt{2x-1}} \right]_2^1 = 1 - \dfrac{1}{\sqrt{3}}.$

[5] $\int \sin \pi x\, dx = \boxed{?} \cos \pi x + C$ 　　$(\cos \pi x)' = (-\sin \pi x) \cdot \pi$

$= -\dfrac{1}{\pi} \cos \pi x + C.$

[補足] 「$\int \sin \pi x\, dx = -\boxed{?} \cos \pi x + C$」と，「$-$」まで先に書いてしまってもかまいません。とにかく定数倍の微調整は，いつでもお好きなときにどうぞ。

[6] $\int_0^{\frac{3}{2}\pi} \cos 2x\, dx = \left[\dfrac{1}{2} \sin 2x \right]_0^{\frac{3}{2}\pi}$

$= 0 - 0 = 0.$

[7] $\int \dfrac{1}{\cos^2 \frac{x}{2}} dx = \boxed{?} \tan \dfrac{x}{2} + C$ 　　$\left(\tan \dfrac{x}{2}\right)' = \dfrac{1}{\cos^2 \frac{x}{2}} \cdot \dfrac{1}{2}$

$= 2 \tan \dfrac{x}{2} + C.$

[8] $\int_0^2 e^x \sqrt{e^x}\, dx = \int_0^2 e^{\frac{3}{2}x} dx$

$= \left[\dfrac{2}{3} e^{\frac{3}{2}x} \right]_0^2 = \dfrac{2}{3}(e^3 - 1).$

[9] $\int 2^x dx = \int e^{(\log 2)x} dx$

$= \dfrac{1}{\log 2} e^{(\log 2)x} + C$

$= \dfrac{2^x}{\log 2} + C.$

[補足] 底が「e」以外の指数関数はめったに出ませんから，こうして e に帰着して計算できるようにしておきましょう。

[10]

[注意] 本書の流れでは，まだ公式

$\int \log x\, dx = x \log x - x + C$

を導いてはいませんが，ここでは公式として使います。

$\int_0^1 \log(x+1)dx$
$= \left[(x+1)\log(x+1)-(x+1)\right]_0^1$
$= 2\log 2 - 1.$

> 補足　最後のカタマリにおける定数 $+1$ は書かない方がトクです。

$= \frac{1}{2}\left[\log(2+x)-\log(2-x)\right]_0^1$ …①
$= \frac{1}{2}\left[\log\frac{2+x}{2-x}\right]_0^1$ …②
$= \frac{1}{2}(\log 3 - \log 1) = \frac{1}{2}\log 3.$

> 注意　①の段階で数値を代入しないこと．②のように１つの log に x を集めてから！

32

[1] $\int_0^1 (1-\sqrt{x})^2 dx$
$= \int_0^1 (1-2\sqrt{x}+x)dx$
$= \left[x - \frac{4}{3}x^{\frac{3}{2}} + \frac{x^2}{2}\right]_0^1$
$= 1 - \frac{4}{3} + \frac{1}{2} = -\frac{1}{3} + \frac{1}{2} = \frac{1}{6}.$

[2] $\int \frac{3x}{2x+1}dx$
$= 3\int\left(\frac{1}{2} - \frac{\frac{1}{2}}{2x+1}\right)dx$
$= \frac{3}{2}\int\left(1 - \frac{1}{2x+1}\right)dx$
$= \frac{3}{2}\left(x - \frac{1}{2}\log|2x+1|\right) + C.$

[3] $\int \frac{x^2}{x-1}dx$
$= \int \frac{(x-1)(x+1)+1}{x-1}dx$
$= \int\left(x+1+\frac{1}{x-1}\right)dx$
$= \frac{(x+1)^2}{2} + \log|x-1| + C.$

[4] $\int_{-1}^1 \frac{1}{4-x^2}dx$　偶関数
$= 2\int_0^1 \frac{1}{(2+x)(2-x)}dx$
$= 2\int_0^1 \frac{1}{4}\left(\frac{1}{2+x} + \frac{1}{2-x}\right)dx$

[5] $\int \frac{1}{\sqrt{x}+\sqrt{x+2}}dx$　有理化
$= \int \frac{\sqrt{x+2}-\sqrt{x}}{2}dx$
$= \frac{1}{2}\left\{\frac{2}{3}(x+2)^{\frac{3}{2}} - \frac{2}{3}x^{\frac{3}{2}}\right\} + C$
$= \frac{1}{3}\left\{(x+2)^{\frac{3}{2}} - x^{\frac{3}{2}}\right\} + C.$

[6] $\int_0^1 \frac{1-x}{\sqrt{x}+1}dx$　分子は $(\sqrt{x}+1)(\sqrt{x}-1)$
$= -\int_0^1 \frac{(\sqrt{x})^2-1}{\sqrt{x}+1}dx$
$= \int_0^1 (1-\sqrt{x})dx$
$= \left[x - \frac{2}{3}x^{\frac{3}{2}}\right]_0^1 = 1 - \frac{2}{3} = \frac{1}{3}.$

[7] $\int_3^5 x(x-3)^2 dx$
代入すると □ $=0$　　$x-3$ だけで表す
$= \int_3^5 \{(x-3)+3\}(x-3)^2 dx$
$= \int_3^5 \{(x-3)^3 + 3(x-3)^2\}dx$
$= \left[\frac{(x-3)^4}{4} + (x-3)^3\right]_3^5$
$= \frac{2^4}{4} + 2^3 = 12.$

> 補足
> ○ 数学Ⅰ・A・Ⅱ・B ITEM 75でもほぼ同様な計算を行いましたね．
> ○ 部分積分法でもできます．（→類題38 [2]）

[8] 分子の低次化を行う．

x^3-4x^2-x-2
$=(x^2-5x+4)(x+1)-6$

より

$\int \dfrac{x^3-4x^2-x-2}{x^2-5x+4}dx$

$=\int\left\{x+1-\dfrac{6}{(x-1)(x-4)}\right\}dx$

$=\int\left\{x+1+2\left(\dfrac{1}{x-1}-\dfrac{1}{x-4}\right)\right\}dx$

$=\dfrac{(x+1)^2}{2}+2(\log|x-1|-\log|x-4|)+C$

$=\dfrac{(x+1)^2}{2}+2\log\left|\dfrac{x-1}{x-4}\right|+C.$

```
        1   1
1 -5 4 )1 -4 -1 -2
        1 -5  4
        ────────
          1 -5 -2
          1 -5  4
          ────────
               -6
```

[9] $\dfrac{x+1}{x^2+x-2}$

$=\dfrac{x+1}{(x+2)(x-1)}=\dfrac{a}{x+2}+\dfrac{b}{x-1}$ …(∗)

を満たす a, b を求める．

右辺 $=\dfrac{a(x-1)+b(x+2)}{(x+2)(x-1)}$

だから，左辺と分子どうしの係数を比べて

$\begin{cases}a+b=1\\-a+2b=1\end{cases}$ ∴ $b=\dfrac{2}{3},\ a=\dfrac{1}{3}.$

したがって

$\int \dfrac{x+1}{x^2+x-2}dx$

$=\int\left(\dfrac{\frac{1}{3}}{x+2}+\dfrac{\frac{2}{3}}{x-1}\right)dx$

$=\dfrac{1}{3}\int\left(\dfrac{1}{x+2}+\dfrac{2}{x-1}\right)dx$

$=\dfrac{1}{3}(\log|x+2|+2\log|x-1|)+C$

$=\dfrac{1}{3}\log|x+2|(x-1)^2+C.$

(補足)

(∗)のように変形できることを，経験上知っているからこそできたわけです．試験では誘導がつくことも多いですが，覚えておきましょう．

[10] $\int_{\frac{\pi}{6}}^{\frac{\pi}{2}}\cos^2 x\,dx$

$=\int_{\frac{\pi}{6}}^{\frac{\pi}{2}}\dfrac{1+\cos 2x}{2}dx$

$=\dfrac{1}{2}\left[x+\dfrac{1}{2}\sin 2x\right]_{\frac{\pi}{6}}^{\frac{\pi}{2}}$

$=\dfrac{1}{2}\left\{\left(\dfrac{\pi}{2}-\dfrac{\pi}{6}\right)+\dfrac{1}{2}\left(0-\dfrac{\sqrt{3}}{2}\right)\right\}=\dfrac{\pi}{6}-\dfrac{\sqrt{3}}{8}.$

[11] $\int \sin x\cos x\,dx$

$=\int \dfrac{1}{2}\sin 2x\,dx=-\dfrac{1}{4}\cos 2x+C.$ …①

(補足)

ITEM 33の「置換積分法」を用いると

$\int \sin x\cos x\,dx=\dfrac{\sin^2 x}{2}+C$

と求まります．右辺を変形してみると

$\dfrac{1}{2}\cdot\dfrac{1-\cos 2x}{2}+C=-\dfrac{1}{4}\cos 2x+\dfrac{1}{4}+C$ …②

となり，一見すると①とくい違う答えが求まったように思えますが，積分定数「C」は，何かある特定の定数を指しているわけではなく，「何でもかまわない任意の定数」を意味するものです．②の「$\dfrac{1}{4}+C$」を改めて「C」と呼び直すことにすれば，①とピタリと一致しています．

[12] $\int_0^\pi (1+\cos\theta)^2\,d\theta$

$=\int_0^\pi (1+2\cos\theta+\cos^2\theta)\,d\theta$

$=\int_0^\pi\left(1+2\cos\theta+\dfrac{1+\cos 2\theta}{2}\right)d\theta$

$=\int_0^\pi\left(\dfrac{3}{2}+2\cos\theta+\dfrac{\cos 2\theta}{2}\right)d\theta$

$=\left[\dfrac{3}{2}\theta+2\sin\theta+\dfrac{\sin 2\theta}{4}\right]_0^\pi=\dfrac{3}{2}\pi.$

[補足]
- 「$\cos^2\theta$」と紙に書こうとした瞬間, 手が自動的に「$\dfrac{1+\cos 2\theta}{2}$」と書いている…そのくらい習熟してください.
- $\sin\theta$ や $\sin 2\theta$ に 0, π を代入した値はすべて 0 です.

[13] $\displaystyle\int_0^\pi (\sin\theta+\cos\theta)^2 d\theta$

$= \displaystyle\int_0^\pi (\sin^2\theta+2\sin\theta\cos\theta+\cos^2\theta)d\theta$

$= \displaystyle\int_0^\pi (1+\sin 2\theta)d\theta$

$= \left[\theta-\dfrac{1}{2}\cos 2\theta\right]_0^\pi$

$= \pi-\dfrac{1}{2}(1-1)=\boldsymbol{\pi}.$

[14] $\displaystyle\int_0^\pi \sin 5x\sin 2x\, dx$ $\quad\begin{matrix}c_{\alpha+\beta}=cc-ss\\ -\,)\,c_{\alpha-\beta}=cc+ss\end{matrix}$

$= \displaystyle\int_0^\pi \dfrac{-1}{2}(\cos 7x-\cos 3x)dx$

$= -\dfrac{1}{2}\left[\dfrac{\sin 7x}{7}-\dfrac{\sin 3x}{3}\right]_0^\pi = \boldsymbol{0}.$

[参考]
一般に, m と n が相異なる自然数のとき
$\displaystyle\int_0^\pi \sin mx\sin nx\,dx=0$
となることが有名です.（本類題と同様に示せます）

この公式を忘れたらオシマイ！

[15] $1+\tan^2 x=\dfrac{1}{\cos^2 x}$ より

$\displaystyle\int \tan^2 x\,dx = \int\left(\dfrac{1}{\cos^2 x}-1\right)dx$

$\qquad\qquad = \boldsymbol{\tan x - x + C}.$

[16] $\displaystyle\int\left(\dfrac{e^x+e^{-x}}{2}\right)^2 dx$

$= \dfrac{1}{4}\displaystyle\int (e^{2x}+2+e^{-2x})dx$

$= \dfrac{1}{4}\left(\dfrac{1}{2}e^{2x}+2x-\dfrac{1}{2}e^{-2x}\right)+\boldsymbol{C}.$

[17] $\displaystyle\int \dfrac{e^{2x}-1}{e^x-1}dx$ ⟵ $(e^x)^2$

$= \displaystyle\int \dfrac{(e^x+1)(e^x-1)}{e^x-1}dx$

$= \displaystyle\int (e^x+1)dx = \boldsymbol{e^x+x+C}.$

33

本 ITEM では, "カタマリを t とおく" 方法と "t とおかない" 方法をテキトーに使い分けます. べつに以下の解答にある方法の方が正しいやり方だと言っているわけではありませんので念のため.

[1] $\displaystyle\int x^2(x^3+1)^4 dx$

（微分する）

本問は 2 通りともやっておきます.

〔カタマリを t とおく〕

$t=x^3+1$ とおくと,

$dt=3x^2 dx.$ i.e. $x^2 dx=\dfrac{1}{3}dt.$

$\therefore\ \displaystyle\int (x^3+1)^4 x^2 dx$

$= \displaystyle\int t^4\cdot\dfrac{1}{3}dt = \dfrac{1}{3}\cdot\dfrac{t^5}{5}+C$

$= \dfrac{1}{15}(x^3+1)^5+\boldsymbol{C}.$

〔t とおかない〕 $\quad \{(x^3+1)^5\}'=5(x^3+1)^4\cdot 3x^2$

$\displaystyle\int x^2(x^3+1)^4 dx = \fbox{?}\,(x^3+1)^5+C$

$\qquad\qquad\qquad = \dfrac{1}{15}(x^3+1)^5+\boldsymbol{C}.$

[補足]
- 途中の式 0 行です.
- もちろん, 「$\fbox{?}\cdot\dfrac{(x^3+1)^5}{5}+C$」まで書いておいてから微分してもかまいません.
- 次のやり方もよく使われます.

$\displaystyle\int x^2(x^3+1)^4 dx$

$$= \frac{1}{3}\int (x^3+1)^4 \cdot 3x^2 dx$$
$$= \frac{1}{3}\int (x^3+1)^4 (x^3+1)' dx$$
$$= \frac{1}{3} \cdot \frac{(x^3+1)^5}{5} + C = \frac{1}{15}(x^3+1)^5 + C.$$

途中の式を紙に書くことになるのでメンドウですが…

[2]〔t とおかない〕

$$\int \frac{2x+1}{x^2+x+1} dx = \int \frac{1}{x^2+x+1}(2x+1) dx$$

x でビ分してみるとピッタシ！

$$= \log(x^2+x+1) + C.$$

補足

○一般に
$$\int \frac{f'(x)}{f(x)} dx = \int \frac{1}{f(x)} \cdot f'(x) dx$$
$$= \log|f(x)| + C$$

となります。この $\frac{f'(x)}{f(x)}$ 型の積分は有名ですが，あくまで「(合成関数)×(カタマリ')型」の1種にすぎないことを忘れずに．

○ $x^2+x+1 = \left(x+\frac{1}{2}\right)^2 + \frac{3}{4} > 0$ なので，絶対値記号は付けませんでした．

[3]〔カタマリを t とおく〕

$\int \frac{x}{\sqrt{3-x^2}} dx$ において $t = 3-x^2$ とおく

と，$dt = -2xdx$．i.e. $xdx = \frac{dt}{-2}$．

$$\therefore \int \frac{x}{\sqrt{3-x^2}} dx$$
$$= \int \frac{1}{\sqrt{t}} \cdot \frac{dt}{-2}$$
$$= -\int \frac{1}{2\sqrt{t}} dt \quad \boxed{?}' = \frac{1}{2\sqrt{t}} \text{ と考えて}$$
$$= -\sqrt{t} + C = -\sqrt{3-x^2} + C.$$

[4]〔t とおく〕

$$\int \frac{x^3}{\sqrt{x^2+1}} dx = \int \frac{x^2}{\sqrt{x^2+1}} \cdot x dx.$$

$\begin{pmatrix} t = x^2 \text{ とおいてもよいが，どうせなら} \\ \text{分母がカンタンに表された方がトクな} \\ \text{ので…} \end{pmatrix}$

$t = x^2+1$ とおくと，$dt = 2xdx$．

$$\therefore \int \frac{x^3}{\sqrt{x^2+1}} dx = \int \frac{t-1}{\sqrt{t}} \cdot \frac{dt}{2}$$
$$= \int \left(\frac{\sqrt{t}}{2} - \frac{1}{2\sqrt{t}}\right) dt$$
$$= \frac{1}{3} t^{\frac{3}{2}} - \sqrt{t} + C$$
$$= \frac{1}{3}(x^2+1)^{\frac{3}{2}} - \sqrt{x^2+1} + C.$$

補足 本類題は，〔t とおかない〕方法だとキツそう…

[5]〔t とおかない〕 $(\cos^3\theta)' = 3\cos^2\theta(-\sin\theta)$

$$\int \cos^2\theta \sin\theta d\theta = \boxed{?} \cos^3\theta + C$$
$$= -\frac{1}{3}\cos^3\theta + C.$$

補足

与式 $= -\int \cos^2\theta(-\sin\theta) d\theta$
$$= -\int \cos^2\theta(\cos\theta)' d\theta = -\frac{\cos^3\theta}{3} + C$$

とやってもよいですが…

[6]〔t とおかない〕

$$\int \tan x dx = \int \frac{\sin x}{\cos x} dx$$
$$= \int \frac{1}{\cos x} \cdot \sin x dx$$

$(\log|\cos x|)' = \frac{1}{\cos x}(-\sin x)$

$$= \boxed{?} \log|\cos x| + C$$
$$= -\log|\cos x| + C.$$

補足 この結果は公式として覚えましょう．（ド忘れしたら，いつでもこうやって導く）

[7]〔t とおかない〕

$$\int \frac{1}{\tan x}dx = \int \frac{\cos x}{\sin x}dx \quad \cdots ①$$
$$= \int \frac{1}{\sin x}\cdot \cos x\, dx \quad \cdots ②$$
$$= \log|\sin x| + C.$$

（微分する／微分するとピッタシ！）

[補足] ①のままで②の構造が見えるようにしましょうね。

[8]〔t とおく〕

$$\int \sin^3 \theta\, d\theta = \int (1-\cos^2\theta)\sin\theta\, d\theta \text{ において}$$

$t = \cos\theta$ とおくと，$-dt = +\sin\theta\, d\theta$.

$$\therefore \int \sin^3\theta\, d\theta = \int (1-t^2)(-dt)$$
$$= \frac{t^3}{3} - t + C$$
$$= \frac{\cos^3\theta}{3} - \cos\theta + C.$$

[9]〔t とおく〕

$$\int \frac{\sin x - \cos x}{\sin x + \cos x}dx \text{ において}$$

$t = \sin x + \cos x$ とおくと

$$dt = (\cos x - \sin x)dx.$$

i.e. $(\sin x - \cos x)dx = -dt$.

$$\therefore \int \frac{\sin x - \cos x}{\sin x + \cos x}dx$$
$$= \int \frac{1}{t}(-dt)$$
$$= -\log|t| + C$$
$$= -\log|\sin x + \cos x| + C.$$

[10]〔t とおかない〕

$$\int \frac{e^x - e^{-x}}{e^x + e^{-x}}dx = \log(e^x + e^{-x}) + C.$$

（微分する／微分するとピッタシ！／正）

[11]〔t とおく〕

$$\int \frac{e^x}{(e^x+1)^2}dx \text{ において } t = e^x + 1 \text{ とおくと}$$

$dt = e^x dx.$

$$\therefore \int \frac{e^x}{(e^x+1)^2}dx = \int \frac{1}{t^2}dt$$
$$= -\frac{1}{t} + C$$
$$= -\frac{1}{e^x+1} + C.$$

[12]〔t とおかない〕

$$\int \frac{1}{x\log x}dx = \int \frac{1}{\log x}\cdot\frac{1}{x}dx$$
$$= \log|\log x| + C.$$

34

前 ITEM と同様，2つの方法を使い分けます。

[1] 本問では2通りともやっておきます。

〔t とおく〕

$$\int_0^2 \frac{x^2}{x^3+1}dx \text{ において } t = x^3 + 1 \text{ とおくと，}$$

$dt = 3x^2 dx$, $\begin{array}{c|ccc} x & 0 & \longrightarrow & 2 \\ \hline t & 1 & \longrightarrow & 9 \end{array}$.

$$\therefore \int_0^2 \frac{x^2}{x^3+1}dx = \int_1^9 \frac{1}{t}\cdot\frac{dt}{3}$$
$$= \frac{1}{3}\Big[\log t\Big]_1^9 = \frac{1}{3}\log 9$$
$$= \frac{2}{3}\log 3.$$

〔t とおかない〕　$(\log|x^3+1|)' = \frac{3x^2}{x^3+1}$

$$\int_0^2 \frac{x^2}{x^3+1}dt = \Big[\,?\,\log|x^3+1|\Big]_0^2$$
$$= \Big[\frac{1}{3}\log|x^3+1|\Big]_0^2$$
$$= \frac{1}{3}\log 9 = \frac{2}{3}\log 3.$$

（「x」に 0, 2 を代入する）

[2]〔t とおく〕

$$\int_0^1 x\sqrt{1-x^2}\, dx \text{ において } t = 1-x^2 \text{ とおくと}$$

$dt = -2x\,dx$, $\quad \begin{array}{c|ccc} x & 0 & \longrightarrow & 1 \\ \hline t & 1 & \longrightarrow & 0 \end{array}$.

$\therefore \displaystyle\int_0^1 x\sqrt{1-x^2}\,dx = \int_1^0 \sqrt{t}\,\dfrac{dt}{-2}$

$\qquad\qquad\qquad\qquad = \dfrac{1}{2}\int_0^1 \sqrt{t}\,dt$

$\qquad\qquad\qquad\qquad = \dfrac{1}{2}\left[\dfrac{2}{3}t^{\frac{3}{2}}\right]_0^1 = \dfrac{1}{3}$.

[3] 〔t とおかない〕

$\displaystyle\int_0^{\frac{\pi}{2}} \sin^3 x \cos^4 x\,dx$

$= \displaystyle\int_0^{\frac{\pi}{2}} \sin x(1-\cos^2 x)\cos^4 x\,dx$

$= \displaystyle\int_0^{\frac{\pi}{2}} \sin x(\cos^4 x - \cos^6 x)\,dx$ 　ビ分する

ビ分すると $(\cos^4 x - \cos^6 x)(-\sin x)$

$= ?\left[\dfrac{\cos^5 x}{5} - \dfrac{\cos^7 x}{7}\right]_0^{\frac{\pi}{2}}$

$= -\left[\dfrac{\cos^5 x}{5} - \dfrac{\cos^7 x}{7}\right]_0^{\frac{\pi}{2}}$

$= \left[\dfrac{\cos^5 x}{5} - \dfrac{\cos^7 x}{7}\right]_{\frac{\pi}{2}}^0 = \dfrac{1}{5} - \dfrac{1}{7} = \dfrac{2}{35}$.

> **補 足**
>
> 「$\cos x$」は $x=0$ のとき 1,$x=\dfrac{\pi}{2}$ のとき 0 ですから,$\left[\cdots\cdots\right]_{\frac{\pi}{2}}^0$ とする方が符号の間違いが起こりにくいです.

[4] 〔t とおく〕

$\displaystyle\int_{\frac{\pi}{6}}^{\frac{\pi}{2}} \dfrac{\cos\theta}{\sqrt{1+2\sin\theta}}\,d\theta$ ビ分する において

$t = 1 + 2\sin\theta$ とおくと,

$dt = 2\cos\theta\,d\theta$, $\quad \begin{array}{c|ccc} \theta & \frac{\pi}{6} & \longrightarrow & \frac{\pi}{2} \\ \hline t & 2 & \longrightarrow & 3 \end{array}$.

$\therefore \displaystyle\int_{\frac{\pi}{6}}^{\frac{\pi}{2}} \dfrac{\cos\theta}{\sqrt{1+2\sin\theta}}\,d\theta$

$\qquad = \displaystyle\int_2^3 \dfrac{1}{\sqrt{t}}\cdot\dfrac{dt}{2} = \left[\sqrt{t}\right]_2^3 = \sqrt{3}-\sqrt{2}$.

[5] 〔t とおかない〕

$\displaystyle\int_0^{\frac{\pi}{4}} \dfrac{(1+\tan x)^3}{\cos^2 x}\,dx$

$= \displaystyle\int_0^{\frac{\pi}{4}} (1+\tan x)^3 \cdot \dfrac{1}{\cos^2 x}\,dx$ ビ分する

$= \left[\dfrac{(1+\tan x)^4}{4}\right]_0^{\frac{\pi}{4}} = \dfrac{2^4-1}{4} = \dfrac{15}{4}$.

[6] 〔t とおく〕

$\displaystyle\int_{\frac{\pi}{4}}^{\frac{\pi}{3}} \dfrac{\sin^2 x}{\cos^4 x}\,dx = \int_{\frac{\pi}{4}}^{\frac{\pi}{3}} \tan^2 x \cdot \dfrac{1}{\cos^2 x}\,dx$ において　ビ分する

$t = \tan x$ とおくと,

$dt = \dfrac{1}{\cos^2 x}\,dx$, $\quad \begin{array}{c|ccc} x & \frac{\pi}{4} & \longrightarrow & \frac{\pi}{3} \\ \hline t & 1 & \longrightarrow & \sqrt{3} \end{array}$.

$\therefore \displaystyle\int_{\frac{\pi}{4}}^{\frac{\pi}{3}} \dfrac{\sin^2 x}{\cos^4 x}\,dx = \int_1^{\sqrt{3}} t^2\,dt$

$\qquad\qquad\qquad = \left[\dfrac{t^3}{3}\right]_1^{\sqrt{3}} = \dfrac{3\sqrt{3}-1}{3}$

$\qquad\qquad\qquad = \sqrt{3} - \dfrac{1}{3}$.

[7] 〔t とおかない〕 $\quad (e^{-x^2})' = e^{-x^2}(-2x)$

$\displaystyle\int_0^1 xe^{-x^2}\,dx = ?\left[e^{-x^2}\right]_0^1$ ビ分する

$\qquad\qquad = \dfrac{1}{-2}\left[e^{-x^2}\right]_0^1$

$\qquad\qquad = \dfrac{1}{2}\left[e^{-x^2}\right]_1^0 = \dfrac{1}{2}\left(1-\dfrac{1}{e}\right)$.

[8] 〔t とおく〕

$\displaystyle\int_e^{e^2} (\log x)\cdot\dfrac{1}{x}\,dx$ において $t=\log x$ とおくと,　ビ分する

$dt = \dfrac{1}{x}\,dx$, $\quad \begin{array}{c|ccc} x & e & \longrightarrow & e^2 \\ \hline t & 1 & \longrightarrow & 2 \end{array}$.

$\therefore \displaystyle\int_e^{e^2} \dfrac{\log x}{x}\,dx = \int_1^2 t\,dt = \left[\dfrac{t^2}{2}\right]_1^2 = \dfrac{3}{2}$.

[9] 〔t とおかない〕

$\displaystyle\int_0^1 \dfrac{x^5}{(x^2+1)^4}\,dx = \int_0^1 \dfrac{(x^2)^2}{(x^2+1)^4}\cdot x\,dx$ …… ビ分する

ちょっとキビシイですね.このように,カタマリの関数自体が単純な基本関数で

ない場合は，しっかり t とおいた方がよいでしょう．

[t とおく]　　　　**分母を単項式にする**

$\int_0^1 \dfrac{(x^2)^2}{(x^2+1)^4} \cdot x\,dx$ において $t=x^2+1$ とおくと

$dt = 2x\,dx,\quad \begin{array}{c|ccc} x & 0 & \longrightarrow & 1 \\ \hline t & 1 & \longrightarrow & 2 \end{array}$.

$\therefore \int_0^1 \dfrac{x^5}{(x^2+1)^4} dx$

$= \int_1^2 \dfrac{(t-1)^2}{t^4} \cdot \dfrac{dt}{2}$

$= \dfrac{1}{2} \int_1^2 \left(\dfrac{1}{t^2} - \dfrac{2}{t^3} + \dfrac{1}{t^4} \right) dt$

$= \dfrac{1}{2} \left[-\dfrac{1}{t} + \dfrac{1}{t^2} - \dfrac{1}{3t^3} \right]_1^2$

$= \dfrac{1}{2} \left\{ \left(-\dfrac{1}{2} + \dfrac{1}{4} - \dfrac{1}{24} \right) - \left(-1 + 1 - \dfrac{1}{3} \right) \right\}$

$= \dfrac{1}{48}$.

補足
本問のようにやや手の込んだ問題を，ITEM 39 でタップリ扱います．

35

[1]（$\sqrt{a^2-x^2}$ 型です）

$\int_0^{\frac{1}{\sqrt{2}}} \dfrac{dx}{\sqrt{1-x^2}}$ において，

$x = \sin\theta \left(-\dfrac{\pi}{2} \leqq \theta \leqq \dfrac{\pi}{2} \right)$ とおくと

$\sqrt{1-x^2} = \sqrt{\cos^2\theta} = |\cos\theta| = \cos\theta$,

$dx = \cos\theta\, d\theta$,

$\begin{array}{c|ccc} x & 0 & \longrightarrow & \frac{1}{\sqrt{2}} \\ \hline \theta & 0 & \longrightarrow & \frac{\pi}{4} \end{array}$.

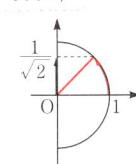

以上より

$\int_0^{\frac{1}{\sqrt{2}}} \dfrac{dx}{\sqrt{1-x^2}} = \int_0^{\frac{\pi}{4}} \dfrac{1}{\cos\theta} \cdot \cos\theta\, d\theta = \left[\theta \right]_0^{\frac{\pi}{4}} = \dfrac{\pi}{4}$.

[2]（$\dfrac{1}{a^2+x^2}$ 型です）

$\int_0^{\sqrt{3}} \dfrac{dx}{9+x^2}$ において，

$x = 3\tan\theta \left(-\dfrac{\pi}{2} < \theta < \dfrac{\pi}{2} \right)$ とおくと

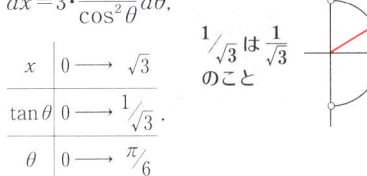

$9 + x^2 = 9(1 + \tan^2\theta) = \dfrac{9}{\cos^2\theta}\cdot \quad \dfrac{1+\tan^2\theta}{=\dfrac{1}{\cos^2\theta}}$

$dx = 3\cdot \dfrac{1}{\cos^2\theta} d\theta$,

$\dfrac{1}{\sqrt{3}}$ は $\dfrac{1}{\sqrt{3}}$ のこと

$\begin{array}{c|ccc} x & 0 & \longrightarrow & \sqrt{3} \\ \hline \tan\theta & 0 & \longrightarrow & \frac{1}{\sqrt{3}} \\ \hline \theta & 0 & \longrightarrow & \frac{\pi}{6} \end{array}$.

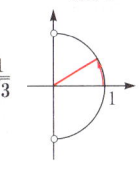

以上より

$\int_0^{\sqrt{3}} \dfrac{dx}{9+x^2} = \int_0^{\frac{\pi}{6}} \dfrac{\cos^2\theta}{9} \cdot \dfrac{3}{\cos^2\theta} d\theta$

$= \int_0^{\frac{\pi}{6}} \dfrac{1}{3} d\theta = \left[\dfrac{\theta}{3} \right]_0^{\frac{\pi}{6}} = \dfrac{\pi}{18}$.

[3] $\int_0^{\frac{\sqrt{2}}{4}} \dfrac{dx}{\sqrt{1-2x^2}} = \dfrac{1}{\sqrt{2}} \int_0^{\frac{\sqrt{2}}{4}} \dfrac{dx}{\sqrt{\dfrac{1}{2}-x^2}}$

において，$x = \dfrac{1}{\sqrt{2}} \sin\theta \left(-\dfrac{\pi}{2} \leqq \theta \leqq \dfrac{\pi}{2} \right)$ と

おくと

$\sqrt{\dfrac{1}{2} - x^2} = \sqrt{\dfrac{1}{2}(1 - \sin^2\theta)} = \dfrac{\cos\theta}{\sqrt{2}}$.

$dx = \dfrac{1}{\sqrt{2}} \cos\theta\, d\theta$,

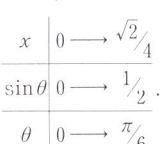

$\begin{array}{c|ccc} x & 0 & \longrightarrow & \frac{\sqrt{2}}{4} \\ \hline \sin\theta & 0 & \longrightarrow & \frac{1}{2} \\ \hline \theta & 0 & \longrightarrow & \frac{\pi}{6} \end{array}$.

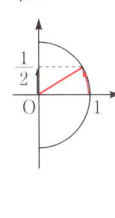

以上より

$\int_0^{\frac{\sqrt{2}}{4}} \dfrac{dx}{\sqrt{1-2x^2}} = \dfrac{1}{\sqrt{2}} \int_0^{\frac{\pi}{6}} \dfrac{\sqrt{2}}{\cos\theta} \cdot \dfrac{\cos\theta}{\sqrt{2}} d\theta = \dfrac{\pi}{6\sqrt{2}}$.

[4] $\int_1^{\sqrt{3}} \dfrac{dx}{(1+x^2)\sqrt{1+x^2}} = \int_1^{\sqrt{3}} \dfrac{dx}{(1+x^2)^{\frac{3}{2}}}$

において，$x=\tan\theta\left(-\dfrac{\pi}{2}<\theta<\dfrac{\pi}{2}\right)$ とおくと，

$(1+x^2)^{\frac{3}{2}}=(1+\tan^2\theta)^{\frac{3}{2}}=\left(\dfrac{1}{\cos^2\theta}\right)^{\frac{3}{2}}$
$\qquad=\dfrac{1}{\cos^3\theta}.$

$dx=\dfrac{1}{\cos^2\theta}d\theta,\quad \begin{array}{c|ccc}x & 1 & \longrightarrow & \sqrt{3}\\ \hline \theta & \pi/4 & \longrightarrow & \pi/3\end{array}.$

$\therefore\ \displaystyle\int_1^{\sqrt{3}}\dfrac{dx}{(1+x^2)^{\frac{3}{2}}}=\int_{\frac{\pi}{4}}^{\frac{\pi}{3}}\cos^3\theta\cdot\dfrac{1}{\cos^2\theta}d\theta$
$\qquad=\displaystyle\int_{\frac{\pi}{4}}^{\frac{\pi}{3}}\cos\theta\,d\theta$
$\qquad=\Big[\sin\theta\Big]_{\frac{\pi}{4}}^{\frac{\pi}{3}}=\boldsymbol{\dfrac{\sqrt{3}-\sqrt{2}}{2}}.$

[5] $\displaystyle\int_0^1\dfrac{x^2}{\sqrt{4-x^2}}dx$ において，

$x=2\sin\theta\left(-\dfrac{\pi}{2}\leqq\theta\leqq\dfrac{\pi}{2}\right)$ とおくと，

$\sqrt{4-x^2}=\sqrt{4(1-\sin^2\theta)}=2\cos\theta.$

$dx=2\cos\theta\,d\theta,\quad \begin{array}{c|ccc}x & 0 & \longrightarrow & 1\\ \hline \sin\theta & 0 & \longrightarrow & 1/2\\ \hline \theta & 0 & \longrightarrow & \pi/6\end{array}.$

以上より
$\displaystyle\int_0^1\dfrac{x^2}{\sqrt{4-x^2}}dx=\int_0^{\frac{\pi}{6}}\dfrac{4\sin^2\theta}{2\cos\theta}\cdot 2\cos\theta\,d\theta.$
$\qquad=2\displaystyle\int_0^{\frac{\pi}{6}}(1-\cos 2\theta)d\theta$
$\qquad=2\Big[\theta-\dfrac{1}{2}\sin 2\theta\Big]_0^{\frac{\pi}{6}}$
$\qquad=2\left(\dfrac{\pi}{6}-\dfrac{1}{2}\cdot\dfrac{\sqrt{3}}{2}\right)=\boldsymbol{\dfrac{\pi}{3}-\dfrac{\sqrt{3}}{2}}.$

[6]（2次関数は平方完成して x を1か所に集めてみる）

$\displaystyle\int_0^1\dfrac{dx}{x^2-2x+2}=\int_0^1\dfrac{dx}{(x-1)^2+1}$ において

$x-1=\tan\theta\left(-\dfrac{\pi}{2}<\theta<\dfrac{\pi}{2}\right)$ とおくと，

$(x-1)^2+1=\tan^2\theta+1=\dfrac{1}{\cos^2\theta}.$

$dx=\dfrac{1}{\cos^2\theta}d\theta,\quad \begin{array}{c|ccc}x & 0 & \longrightarrow & 1\\ \hline \tan\theta & -1 & \longrightarrow & 0\\ \hline \theta & -\pi/4 & \longrightarrow & 0\end{array}.$

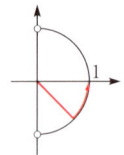

以上より
$\displaystyle\int_0^1\dfrac{dx}{x^2-2x+1}=\int_{-\frac{\pi}{4}}^0\cos^2\theta\cdot\dfrac{d\theta}{\cos^2\theta}=\boldsymbol{\dfrac{\pi}{4}}.$

[7] $\displaystyle\int_0^1\sqrt{2x-x^2}\,dx=\int_0^1\sqrt{1-(x-1)^2}\,dx$

において，$x-1=\sin\theta\left(-\dfrac{\pi}{2}\leqq\theta\leqq\dfrac{\pi}{2}\right)$ とおくと，

$\sqrt{1-(x-1)^2}=\sqrt{1-\sin^2\theta}=\cos\theta.$

$dx=\cos\theta\,d\theta,\quad \begin{array}{c|ccc}x & 0 & \longrightarrow & 1\\ \hline \sin\theta & -1 & \longrightarrow & 0\\ \hline \theta & -\pi/2 & \longrightarrow & 0\end{array}.$

以上より
$\displaystyle\int_0^1\sqrt{2x-x^2}\,dx=\int_{-\frac{\pi}{2}}^0\cos\theta\cdot\cos\theta\,d\theta$
$\qquad=\displaystyle\int_{-\frac{\pi}{2}}^0\dfrac{1+\cos 2\theta}{2}d\theta$
$\qquad=\dfrac{1}{2}\Big[\theta+\dfrac{1}{2}\sin 2\theta\Big]_{-\frac{\pi}{2}}^0=\boldsymbol{\dfrac{\pi}{4}}.$

補足

「定積分を計算せよ」でなく，単に値を求めさえすればよいなら，次のように面積を利用しちゃいます．

$y=\sqrt{1-(x-1)^2}\iff (x-1)^2+y^2=1\,(y\geqq 0)$ より

$\displaystyle\int_0^1\sqrt{1-(x-1)^2}\,dx=\dfrac{\pi}{4}.$

[8] ($\sqrt{\ }$ 1次式 があるので…)
$t=\sqrt{x+1}$ とおくと，$x=t^2-1$ より　　$x=g(t)$型
$dx=2t\,dt$.
$\therefore \int x\sqrt{x+1}\,dx$
$=\int(t^2-1)t\cdot 2t\,dt$　…①
$=2\int(t^4-t^2)dt$
$=2\left(\dfrac{t^5}{5}-\dfrac{t^3}{3}\right)+C$
$=\dfrac{2}{5}(x+1)^{\frac{5}{2}}-\dfrac{2}{3}(x+1)^{\frac{3}{2}}+C.$

補足
○ このように，$\sqrt{\ }$ 1次式 はいったん t とおいて，それを逆に解いて $x=(t\text{ の2次式})$ の形に持ち込みます．
○ $t=x+1$ とおいてもできますが，解答のようにやった方が $\sqrt{\ }$ のまったくない式（①）になるのでスッキリします．

[9] $\int_1^2 \dfrac{x^2}{\sqrt{2x-1}}dx$ において，

$t=\sqrt{2x-1}$ とおくと $x=\dfrac{t^2+1}{2}$.

よって $dx=t\,dt$, $\begin{array}{c|ccc}x & 1 & \longrightarrow & 2 \\ \hline t & 1 & \longrightarrow & \sqrt{3}\end{array}$.

$\therefore \int_1^2 \dfrac{x^2}{\sqrt{2x-1}}dx$
$=\int_1^{\sqrt{3}}\dfrac{1}{t}\cdot\left(\dfrac{t^2+1}{2}\right)^2\cdot t\,dt$
$=\dfrac{1}{4}\int_1^{\sqrt{3}}(t^4+2t^2+1)dt$
$=\dfrac{1}{4}\left[\dfrac{t^5}{5}+\dfrac{2}{3}t^3+t\right]_1^{\sqrt{3}}$
$=\dfrac{1}{4}\left\{\left(\dfrac{9\sqrt{3}}{5}+2\sqrt{3}+\sqrt{3}\right)-\left(\dfrac{1}{5}+\dfrac{2}{3}+1\right)\right\}$
$=\dfrac{6}{5}\sqrt{3}-\dfrac{7}{15}.$

[10] $\int_1^2 \dfrac{dx}{1+\sqrt{x-1}}$ において，

$t=\sqrt{x-1}$ とおくと $x=t^2+1$.
よって $dx=2t\,dt$, $\begin{array}{c|ccc}x & 1 & \longrightarrow & 2 \\ \hline t & 0 & \longrightarrow & 1\end{array}$.

$\therefore \int_1^2 \dfrac{dx}{1+\sqrt{x-1}}=\int_0^1 \dfrac{1}{1+t}\cdot 2t\,dt$
$=2\int_0^1\left(1-\dfrac{1}{1+t}\right)dt$
$=2\Big[t-\log|1+t|\Big]_0^1$
$=2(1-\log 2).$

[11] (「e^x で作られた式」では…)

$\int \dfrac{1}{1+e^x}dx$ において，$t=e^x$ とおくと

$x=\log t$. よって $dx=\dfrac{1}{t}dt$ だから，

$\int \dfrac{1}{1+e^x}dx=\int \dfrac{1}{1+t}\cdot\dfrac{1}{t}dt$
$=\int\left(\dfrac{1}{t}-\dfrac{1}{t+1}\right)dt$
$=\log|t|-\log|t+1|+C$
$=\log e^x-\log(e^x+1)+C$
$=x-\log(e^x+1)+C.$

補足
$\int\dfrac{1}{t}dt$ の部分は，$dx=\dfrac{1}{t}dt$ より
$\int 1\,dx=x+C$ と求めることもできます．

別解
$t=g(x)$ 型の置換積分に持ち込むこともできます．

$\int\dfrac{1}{1+e^x}dx=\int\dfrac{e^x}{(1+e^x)e^x}dx.$　ビ分する

そこで $t=e^x$ とおくと，$dt=e^x dx$.

$\therefore \int\dfrac{1}{1+e^x}dx=\int\dfrac{1}{(1+t)t}dt$ (以下同じ…)

[12] $\int\dfrac{e^x+1}{e^x-e^{-x}}dx$ において，$t=e^x$ とおくと $x=\log t$.

よって $dx = \dfrac{1}{t}dt$ だから,

$\displaystyle\int \dfrac{e^x+1}{e^x-e^{-x}}dx = \int \dfrac{t+1}{t-\dfrac{1}{t}} \cdot \dfrac{1}{t}dt$

$\quad\quad\quad\quad\quad = \displaystyle\int \dfrac{t+1}{t^2-1}dt$

$\quad\quad\quad\quad\quad = \displaystyle\int \dfrac{1}{t-1}dt \quad \begin{array}{l}=(t+1)(t-1)\\ \text{だから…}\end{array}$

$\quad\quad\quad\quad\quad = \log|t-1|+C$

$\quad\quad\quad\quad\quad = \log|e^x-1|+C.$

(補足) 初めから
$\dfrac{e^x+1}{e^x-e^{-x}} = \dfrac{(e^x+1)e^x}{(e^x)^2-1} = \dfrac{e^x}{e^x-1}$ ← ビ分する
に気づけばよかったのですが…なかなかそうは行かないかも…

[13] $\displaystyle\int_0^{\frac{1}{2}} x(1-2x)^n dx$ において,

$t=1-2x$ とおくと $x=\dfrac{1-t}{2}$.

よって, $dx=-\dfrac{1}{2}dt$, $\begin{array}{c|ccc} x & 0 & \longrightarrow & \frac{1}{2} \\ \hline t & 1 & \longrightarrow & 0 \end{array}$.

$\therefore \displaystyle\int_0^{\frac{1}{2}} x(1-2x)^n dx = \int_1^0 \dfrac{1-t}{2} t^n \left(-\dfrac{1}{2}\right) dt$

$\quad\quad\quad\quad\quad\quad\quad = \dfrac{1}{4}\displaystyle\int_0^1 (t^n-t^{n+1})dt$

$\quad\quad\quad\quad\quad\quad\quad = \dfrac{1}{4}\left(\dfrac{1}{n+1}-\dfrac{1}{n+2}\right)$

$\quad\quad\quad\quad\quad\quad\quad = \dfrac{1}{4(n+1)(n+2)}.$

(補足) 「$1-2x$」は,ただの1次式のカタマリにすぎませんから,置換積分などせずそのままカタマリ $1-2x$ とみなして計算することもできます(→類題32[7]).でも,本類題レベルになるとちゃんと t とおいた方がラクです.

36

[1] $\displaystyle\int \overset{f}{x} \overset{g'}{e^x} dx = \overset{f}{x} \overset{g}{e^x} - \int \overset{f'}{1} \cdot \overset{g}{e^x} dx$

矢印は「ビ分する」の向き

$\quad\quad\quad\quad\quad = xe^x - \displaystyle\int e^x dx$

$\quad\quad\quad\quad\quad = xe^x - e^x + C$

$\quad\quad\quad\quad\quad = (x-1)e^x + C.$

[2] $\displaystyle\int \overset{f}{x} \overset{g'}{\cos 2x}\, dx$

$\quad\quad\quad\quad\quad = \overset{f}{x} \cdot \overset{g}{\tfrac{1}{2}\sin 2x} - \displaystyle\int \overset{f'}{1} \cdot \overset{g}{\tfrac{1}{2}\sin 2x}\,dx \quad \cdots ①$

$\quad\quad\quad\quad\quad = \dfrac{x}{2}\sin 2x - \dfrac{1}{2}\displaystyle\int \sin 2x\, dx \quad \cdots ②$

$\quad\quad\quad\quad\quad = \dfrac{x}{2}\sin 2x + \dfrac{1}{4}\cos 2x + C.$

(補足) ▢の下書きをしとけば,①は絶対省けますし,ちょっと慣れれば②もいらなくなるかも.ぜひ,「途中の式0行」を目指してください.

[3] $\displaystyle\int \overset{}{x}\overset{}{\log x}\,dx$
$\quad\quad \overset{\frac{x^2}{2}}{} \quad \overset{\frac{1}{x}}{}$

$\quad\quad = \dfrac{x^2}{2}\log x - \displaystyle\int \dfrac{x^2}{2}\cdot \dfrac{1}{x}dx \quad \cdots ①$

$\quad\quad = \dfrac{x^2}{2}\log x - \dfrac{1}{2}\displaystyle\int x\,dx$

$\quad\quad = \dfrac{x^2}{2}\log x - \dfrac{x^2}{4} + C.$

(注意) これ以降は,①にあたる式を省きます.

[4] $\displaystyle\int 1 \cdot (\log x)^2 dx$
$\quad\quad \overset{}{x} \quad 2(\log x)\cdot \dfrac{1}{x}$

$\quad\quad = x(\log x)^2 - 2\displaystyle\int \log x\, dx$

$\quad\quad = x(\log x)^2 - 2(x\log x - x) + C$

$\quad\quad = x(\log x)^2 - 2x\log x + 2x + C.$

[5] $\int \underset{1}{(x+1)} \underset{-\cos x}{\sin x}\, dx$

　$= -(x+1)\cos x + \int \cos x\, dx$

　$= -(x+1)\cos x + \sin x + C.$

補足　$\int (x\sin x + \sin x)\, dx$ と分けてやるのは遠回り．

[6] $\int \underset{1}{(x-1)} \underset{-e^{-x}}{e^{-x}}\, dx = (1-x)e^{-x} + \int e^{-x}\, dx$

　　　　　　　$= (1-x)e^{-x} - e^{-x} + C$

　　　　　　　$= -xe^{-x} + C.$

補足　積の微分法に習熟してくると，「原始関数はだいたい xe^{-x} ?」と読めるようになってきます．そしたら，それを微分してみて符号を調整するだけです．

[7] $\int \underset{2x}{x^2} \underset{-e^{-x}}{e^{-x}}\, dx$

　$= -x^2 e^{-x} + 2\int \underset{1}{x} \underset{-e^{-x}}{e^{-x}}\, dx$

　$= -x^2 e^{-x} + 2\left(-xe^{-x} + \int e^{-x}\, dx\right)$

　$= -x^2 e^{-x} + 2(-xe^{-x} - e^{-x}) + C$

　$= -(x^2 + 2x + 2)e^{-x} + C.$

補足　[1], [6], [7] を見るとわかるように，「$\int (整式) \times e^{-x}\, dx$」型の不定積分は，結果も $(整式) \times e^{-x}$ の形にまとまります．

[8] $\int \underset{2x}{x^2} \underset{-\frac{1}{\pi}\cos \pi x}{\sin \pi x}\, dx$

　$= -\frac{x^2}{\pi}\cos \pi x + \frac{2}{\pi}\int \underset{1}{x} \underset{\frac{1}{\pi}\sin \pi x}{\cos \pi x}\, dx$ …①

　$= -\frac{x^2}{\pi}\cos \pi x$

　　$+ \frac{2}{\pi}\left(\frac{x}{\pi}\sin \pi x - \frac{1}{\pi}\int \sin \pi x\, dx\right)$ …②

　$= -\frac{x^2}{\pi}\cos \pi x$

　　$+ \frac{2}{\pi}\left(\frac{x}{\pi}\sin \pi x + \frac{1}{\pi^2}\cos \pi x\right) + C$

　$= \left(\frac{2}{\pi^3} - \frac{x^2}{\pi}\right)\cos \pi x + \frac{2}{\pi^2}x\sin \pi x + C.$

補足　②式を紙に書いてしまう場合は，「$-\dfrac{x^2}{\pi}\cos \pi x$」を 3 度も繰り返し書く羽目になるので，①から $\int x\cos \pi x\, dx$ のみ抜き出して計算した方がよいかもしれません．

[9] $\int \underset{\frac{x^3}{3}}{x^2} \underset{\frac{1}{x}}{\log x}\, dx = \frac{x^3}{3}\log x - \frac{1}{3}\int x^2\, dx$

　　　　　　　　　$= \frac{x^3}{3}\log x - \frac{x^3}{9} + C.$

補足　部分積分法において，「$\log x$」は必ずと言っていいほど微分する側です．

[10] $\int \underset{\frac{x^2}{2}}{x} \underset{2(\log x) \cdot \frac{1}{x}}{(\log x)^2}\, dx$

　$= \frac{x^2}{2}(\log x)^2 - \int \underset{\frac{x^2}{2}}{x} \underset{\frac{1}{x}}{\log x}\, dx$

　$= \frac{x^2}{2}(\log x)^2 - \left(\frac{x^2}{2}\log x - \frac{1}{2}\int x\, dx\right)$

　$= \frac{x^2}{2}(\log x)^2 - \left(\frac{x^2}{2}\log x - \frac{x^2}{4}\right) + C$

　$= \frac{x^2}{2}\left\{(\log x)^2 - \log x + \frac{1}{2}\right\} + C.$

[11] （かなり途中の式を省きますよー）

$\int \underset{3x^2}{x^3} \underset{e^x}{e^x}\, dx = x^3 e^x - 3\underbrace{\int \underset{2x}{x^2} \underset{e^x}{e^x}\, dx}_{I\, とおく}$ …①

ここで

$I = x^2 e^x - 2\int \underset{1}{x} \underset{e^x}{e^x}\, dx$

　$= x^2 e^x - 2(xe^x - e^x) + C$

これを①へ代入して，
$$\int x^3 e^x dx = e^x\{x^3 - 3(x^2 - 2x + 2)\} + C$$
$$= (x^3 - 3x^2 + 6x - 6)e^x + C.$$

[補足]
やっぱり，「(整関数)×e^x」型にまとまりました．

[12] このような「(指数関数)×(三角関数)」型の積分は，独特な方法を使いますので，パターンとして暗記してください．
（sin or cos）

与式をIとおくと
$$I = \int \underset{e^x}{e^x} \underset{-\sin x}{\cos x}\, dx \quad \cdots 1°$$

$$= e^x \cos x + \int \underset{e^x}{e^x} \underset{\cos x}{\sin x}\, dx \quad \cdots 2°$$

（Iの方程式）
$$= e^x \cos x + e^x \sin x - \underbrace{\int e^x \cos x\, dx}_{I}.$$

$$\therefore\ I = \frac{1}{2} e^x (\cos x + \sin x) + C.$$

[注意]
このように部分積分法を2度繰り返し用いるわけですが，その際，1度目(1°)と2度目(2°)でいずれも
指数関数…積分する，三角関数…微分する
と，「微分する」と「積分する」の向きが同じになっていることに注目してください．これを守らないと…

$$I = \int \underset{e^x}{e^x} \underset{-\sin x}{\cos x}\, dx$$

$$= e^x \cos x + \int \underset{e^x}{e^x} \underset{-\cos x}{\sin x}\, dx$$

（向きがアベコベ）

$$= e^x \cos x - e^x \cos x + \int e^x \cos x\, dx = I$$

と，もとにもどってしまいます．
なお，1度目と2度目がいずれも
指数関数…微分する，三角関数…積分する
でもかまいません．

[補足]
○積分定数Cは，式の中に「$\int\sim\sim$」が1つもなくなったときに書きます．
○次のようなやり方もよく知られています．
$(e^x \sin x)' = e^x(\sin x + \cos x)$, …①
$(e^x \cos x)' = e^x(\cos x - \sin x)$, …②
①＋②より
$\{e^x(\sin x + \cos x)\}' = 2e^x \cos x.$
$\therefore \int e^x \cos x\, dx$
$= \frac{1}{2} e^x(\sin x + \cos x) + C.$

部分積分で途中の式を何行も書いてやってる人にとっては，このやり方が「速い」と感じられるらしいんですけど…

[13] 与式をIとおくと
$$I = \int \underset{2e^{2x}}{e^{2x}} \underset{-\frac{1}{3}\cos 3x}{\sin 3x}\, dx$$

$$= -\frac{1}{3} e^{2x} \cos 3x + \frac{2}{3} \int \underset{2e^{2x}}{e^{2x}} \underset{\frac{1}{3}\sin 3x}{\cos 3x}\, dx$$

$$= -\frac{1}{3} e^{2x} \cos 3x$$
$$+ \frac{2}{3}\left(\frac{1}{3} e^{2x} \sin 3x - \frac{2}{3} \int e^{2x} \sin 3x\, dx\right)$$

$$= -\frac{1}{3} e^{2x} \cos 3x + \frac{2}{3}\left(\frac{1}{3} e^{2x} \sin 3x - \frac{2}{3} I\right)$$

$$= -\frac{1}{3} e^{2x} \cos 3x + \frac{2}{9} e^{2x} \sin 3x - \frac{4}{9} I.$$

$$\therefore\ I = \frac{9}{13} \cdot \frac{e^{2x}}{9}(-3\cos 3x + 2\sin 3x) + C$$

$$= \frac{1}{13} e^{2x}(2\sin 3x - 3\cos 3x) + C.$$

[1] $\int_0^1 \underset{1}{x} \underset{-\frac{1}{\pi}\cos \pi x}{\sin \pi x}\, dx$

$$= \left[-\frac{x}{\pi}\cos\pi x\right]_0^1 + \frac{1}{\pi}\int_0^1 \cos\pi x\, dx$$
$$= \frac{1}{\pi} + \frac{1}{\pi^2}\left[\sin\pi x\right]_0^1 = \frac{1}{\pi}.$$

> [補足] ～部の「−」はジャマなので，$\left[+\dfrac{x}{\pi}\cos\pi x\right]_1^0$ と積分区間を逆さにして処理することも多いですが，この場合は x に 0 を代入すると 0 になって消えてくれますから，やはり $[\sim\sim\sim]_0^1$ のままにしておきます．積分区間の下端は代入して引かなくてはなりませんから，それが消えてくれると助かりますね．

[2] $\displaystyle\int_0^2 \underset{\underset{1\ \ -e^{-x}}{\uparrow}}{x e^{-x}}\, dx$

$= \left[-xe^{-x}\right]_0^2 + \int_0^2 e^{-x}\, dx$ ← ココを書かないで済ませたい

$= \left[-xe^{-x}\right]_0^2 + \left[-e^{-x}\right]_0^2$ ← 2 つに分けたまま代入するより…

$= \left[(-x-1)e^{-x}\right]_0^2$ ← 1 つにまとめてから代入したい

$= \left[(x+1)e^{-x}\right]_2^0 = 1 - \dfrac{3}{e^2}.$

> [補足] 実質的に，不定積分の計算が完了してから数値を代入していますね．（→例題(2)）

[3] $\displaystyle\int_0^{\pi/4} \underset{\underset{1\ \ \tan x}{\uparrow}}{x\cdot\dfrac{1}{\cos^2 x}}\, dx$

$= \left[x\tan x\right]_0^{\pi/4} - \int_0^{\pi/4}\tan x\, dx$

$= \dfrac{\pi}{4} + \left[\log|\cos x|\right]_0^{\pi/4}$

$= \dfrac{\pi}{4} + \log\dfrac{1}{\sqrt{2}} - \log 1 = \dfrac{\pi}{4} - \dfrac{1}{2}\log 2.$

> [補足] $(\tan x)' = \dfrac{1}{\cos^2 x}$ と $\left(\dfrac{1}{\tan x}\right)' = -\dfrac{1}{\sin^2 x}$ は，積分法においてその逆ヨミをよく使いますので，覚えておきましょう．

[4] $\displaystyle\int_1^e \underset{\underset{\frac{x^2}{2}\ \ \frac{1}{x}}{\uparrow}}{x\log(ex)}\, dx$

$= \left[\dfrac{x^2}{2}\log(ex)\right]_1^e - \dfrac{1}{2}\int_1^e x\, dx$

$= \dfrac{e^2}{2}\cdot 2 - \dfrac{1}{2} - \left[\dfrac{x^2}{4}\right]_1^e$

$= e^2 - \dfrac{1}{2} - \dfrac{e^2-1}{4} = \dfrac{3}{4}e^2 - \dfrac{1}{4}.$

[5] $\displaystyle\int_1^{e^2} \underset{\underset{2\sqrt{x}\ \ \frac{1}{x}}{\uparrow}}{\dfrac{1}{\sqrt{x}}\cdot\log x}\, dx$

$= \left[2\sqrt{x}\log x\right]_1^{e^2} - 2\int_1^{e^2}\dfrac{1}{\sqrt{x}}\, dx$

$= 2e\cdot 2 - 2\left[2\sqrt{x}\right]_1^{e^2} = 4e - 4(e-1) = 4.$

[6] $\displaystyle\int_0^1 \underset{\underset{\frac{x^2}{2}\ \ \frac{1}{x+1}}{\uparrow}}{x\log(x+1)}\, dx$

$= \left[\dfrac{x^2}{2}\log(x+1)\right]_0^1 - \dfrac{1}{2}\int_0^1 \dfrac{x^2}{x+1}\, dx$

$= \dfrac{1}{2}\log 2 - \dfrac{1}{2}\int_0^1\left(x-1+\dfrac{1}{x+1}\right)dx$ (∗)

$= \dfrac{1}{2}\log 2 - \dfrac{1}{2}\left[\dfrac{(x-1)^2}{2} + \log(x+1)\right]_0^1$

$= \dfrac{1}{2}\log 2 - \dfrac{1}{2}\left(\log 2 - \dfrac{1}{2}\right) = \dfrac{1}{4}.$

[別解] (∗)の処理を見越して，次のようにするとラクです．

$\displaystyle\int_0^1 \underset{\underset{\frac{x^2-1}{2}\ \ \frac{1}{x+1}}{\uparrow}}{x\log(x+1)}\, dx$

$= \left[\dfrac{x^2-1}{2}\log(x+1)\right]_0^1 - \dfrac{1}{2}\int_0^1 \dfrac{x^2-1}{x+1}\, dx$

$= -\dfrac{1}{2}\int_0^1 (x-1)\, dx + \dfrac{1}{2}\left[\dfrac{(x-1)^2}{2}\right]_0^1 = \dfrac{1}{4}.$

> [補足] 部分積分法の"下書き"として積分した式(上記の　　部)を書く際，都合のよい定数を付加してかまいません．

[7]「(整式)×(指数関数)」型は，まず不定積分を求めてしまうのでしたね．

$$\int \underset{\underset{2x+2}{\downarrow}}{(x^2+2x)} \underset{\underset{\frac{1}{2}e^{2x}}{\uparrow}}{e^{2x}} dx$$

$$= \left(\frac{x^2}{2}+x\right)e^{2x} - \int \underset{\underset{1}{\downarrow}}{(x+1)} \underset{\underset{\frac{1}{2}e^{2x}}{\uparrow}}{e^{2x}} dx$$

$$= \left(\frac{x^2}{2}+x\right)e^{2x} - \left(\frac{x+1}{2}e^{2x} - \frac{1}{2}\int e^{2x}dx\right)$$

$$= \left(\frac{x^2}{2}+x-\frac{x+1}{2}+\frac{1}{4}\right)e^{2x} + C$$

$$= \frac{1}{4}(2x^2+2x-1)e^{2x} + C.$$

$$\therefore \int_1^2 (x^2+2x)e^{2x}dx$$

$$= \frac{1}{4}\Big[(2x^2+2x-1)e^{2x}\Big]_1^2 = \frac{1}{4}(11e^4-3e^2).$$

[8] $\int_0^{\frac{\pi}{2}} \underset{\underset{2x}{\downarrow}}{x^2} \underset{\underset{\sin x}{\uparrow}}{\cos x} dx$

$$= \Big[x^2\sin x\Big]_0^{\frac{\pi}{2}} - 2\int_0^{\frac{\pi}{2}} \underset{\underset{1}{\downarrow}}{x} \underset{\underset{-\cos x}{\uparrow}}{\sin x} dx$$

$$= \frac{\pi^2}{4} - 2\left(\Big[-x\cos x\Big]_0^{\frac{\pi}{2}} + \int_0^{\frac{\pi}{2}} \cos x\, dx\right)$$

$$= \frac{\pi^2}{4} - 2\Big[\sin x\Big]_0^{\frac{\pi}{2}} = \frac{\pi^2}{4} - 2.$$

[9] 求める値を I とおくと

$$I = \int_0^{\frac{\pi}{2}} \underset{\underset{-e^{-x}}{\downarrow}}{e^{-x}} \underset{\underset{\frac{1}{2}\sin 2x}{\uparrow}}{\cos 2x} dx$$

$$= \Big[\frac{e^{-x}}{2}\sin 2x\Big]_0^{\frac{\pi}{2}} + \frac{1}{2}\int_0^{\frac{\pi}{2}} \underset{\underset{-e^{-x}}{\downarrow}}{e^{-x}} \underset{\underset{-\frac{1}{2}\cos 2x}{\uparrow}}{\sin 2x}\, dx \cdots ①$$

$$= \frac{1}{2}\left(\Big[+\frac{e^{-x}}{2}\cos 2x\Big]_0^{\frac{\pi}{2}} - \frac{1}{2}\underbrace{\int_0^{\frac{\pi}{2}} e^{-x}\cos 2x\, dx}_{I}\right)$$

$$*= \frac{1}{4}\left(1+e^{-\frac{\pi}{2}}\right) - \frac{1}{4}I. \qquad I\text{の方程式}$$

$$\therefore I = \frac{1}{5}\left(1+e^{-\frac{\pi}{2}}\right).$$

補 足

指数関数，三角関数のどちらを微分し，どちらを積分するかは（1度目と2度目の向きがそろっていさえすれば）自由でかまわないのですが，ここではちゃんと考えてやっています．「$\sin 2x$」は，0，$\frac{\pi}{2}$ のどちらを代入しても 0 になって消えてくれるので，1度目の部分積分をするとき，$\sin 2x$ を原始関数側にもってきて，①式の第1項が消えるように工夫したのです．

38

参考までに，各問ごとに $\boxed{1}$ ～ $\boxed{6}$ のどの手法を用いるかを示しておきます．

[1]〔手法$\boxed{4}$〕

$$\int \underset{\text{ビ分する}}{(x^2+2x+3)}(x+1)dx$$

$\{(x^2+2x+3)^2\}'$
$=2(x^2+2x+3)(2x+2)$
$\qquad\qquad\qquad 2(x+1)$

$$= \boxed{?}(x^2+2x+3)^2 + C$$

$$= \frac{1}{4}(x^2+2x+3)^2 + C.$$

[2]〔手法$\boxed{6}$〕

$$\int_\alpha^\beta \underset{\underset{\frac{1}{4}(x-\alpha)^4}{\downarrow}}{(x-\alpha)^3} \underset{\underset{-2(\beta-x)}{\uparrow}}{(\beta-x)^2} dx$$

$$= \Big[\frac{1}{4}(x-\alpha)^4(\beta-x)^2\Big]_\alpha^\beta$$

$$\qquad + \frac{1}{2}\int_\alpha^\beta \underset{\underset{\frac{1}{5}(x-\alpha)^5}{\downarrow}}{(x-\alpha)^4} \underset{\underset{-1}{\uparrow}}{(\beta-x)} dx$$

$$= \frac{1}{2}\left\{\Big[\frac{1}{5}(x-\alpha)^5(\beta-x)\Big]_\alpha^\beta + \frac{1}{5}\int_\alpha^\beta (x-\alpha)^5 dx\right\}$$

$$= \frac{1}{10}\Big[\frac{(x-\alpha)^6}{6}\Big]_\alpha^\beta = \frac{1}{60}(\beta-\alpha)^6.$$

〔別解〕：手法$\boxed{3}$

$\displaystyle\int_\alpha^\beta (x-\alpha)^3 \underset{(x-\beta)^2}{(\beta-x)^2} dx$

$= \displaystyle\int_\alpha^\beta (x-\alpha)^3 (x-\alpha + \alpha - \beta)^2 dx$

$= \displaystyle\int_\alpha^\beta \{(x-\alpha)^5 + 2(\alpha-\beta)(x-\alpha)^4$
$\qquad\qquad\qquad + (\alpha-\beta)^2 (x-\alpha)^3\} dx$

$= \left[\dfrac{(x-\alpha)^6}{6} - 2(\beta-\alpha)\cdot\dfrac{(x-\alpha)^5}{5}\right.$
$\qquad\qquad\qquad \left. + (\beta-\alpha)^2\cdot\dfrac{(x-\alpha)^4}{4}\right]_\alpha^\beta$

$= \left(\dfrac{1}{6} - \dfrac{2}{5} + \dfrac{1}{4}\right)(\beta-\alpha)^6 = \boldsymbol{\dfrac{1}{60}(\beta-\alpha)^6}.$

〔補足〕 どちらの解法も，「$x-\alpha$」のみで表すことでスマートに解決しています．

[3]〔手法$\boxed{3}$〕

$\displaystyle\int \dfrac{x-2}{x^2-4x+3} dx$

$= \displaystyle\int \dfrac{x-2}{(x-1)(x-3)} dx$

$= \displaystyle\int \dfrac{1}{2}\left(\dfrac{1}{x-1} + \dfrac{1}{x-3}\right) dx$

$= \dfrac{1}{2}(\log|x-1| + \log|x-3|) + C$

$= \boldsymbol{\dfrac{1}{2}\log|(x-1)(x-3)| + C}.$

〔別解〕：手法$\boxed{4}$

$\displaystyle\int \dfrac{x-2}{x^2-4x+3} dx \qquad \dfrac{(\log|x^2-4x+3|)'}{\ }= \dfrac{2(x-2)}{x^2-4x+3}$
（ビ分する）

$= \dfrac{?}{\ }\log|x^2-4x+3| + C$

$= \boldsymbol{\dfrac{1}{2}\log|x^2-4x+3| + C}.$

[4] 分母は（実数係数では）因数分解できないので，[3]のような部分分数展開は使えません．

〔手法$\boxed{5}$〕

$\displaystyle\int_2^3 \dfrac{x}{x^2-4x+5} dx = \int_2^3 \dfrac{x}{(x-2)^2+1} dx$

において，

$x - 2 = \tan\theta \left(-\dfrac{\pi}{2} < \theta < \dfrac{\pi}{2}\right)$ とおくと，

$(x-2)^2 + 1 = \tan^2\theta + 1 = \dfrac{1}{\cos^2\theta}.$

$dx = \dfrac{1}{\cos^2\theta} d\theta.$

x	$2 \longrightarrow 3$
$\tan\theta$	$0 \longrightarrow 1$
θ	$0 \longrightarrow \pi/4$

以上より

$\displaystyle\int_2^3 \dfrac{x}{(x-2)^2+1} dx$

$= \displaystyle\int_0^{\pi/4} (\tan\theta + 2)\cdot \cos^2\theta \cdot \dfrac{d\theta}{\cos^2\theta}$

$= \left[-\log|\cos\theta| + 2\theta\right]_0^{\pi/4}$

$= -\log\dfrac{1}{\sqrt{2}} + \dfrac{\pi}{2} = \boldsymbol{\dfrac{\pi}{2} + \dfrac{1}{2}\log 2}.$

[5]〔手法$\boxed{3}$〕

$\displaystyle\int \dfrac{x^3+1}{x^2-4} dx$

$= \displaystyle\int \left(x + \dfrac{4x+1}{x^2-4}\right) dx$

$= \dfrac{x^2}{2} + \underbrace{\displaystyle\int \dfrac{4x+1}{(x+2)(x-2)} dx}_{I とおく}. \quad \cdots ①$

ここで，$\dfrac{4x+1}{(x+2)(x-2)} = \dfrac{a}{x+2} + \dfrac{b}{x-2}$ を

満たす a, b を求める．

右辺 $= \dfrac{a(x-2) + b(x+2)}{(x+2)(x-2)}$ と左辺で分子

どうしの係数を比べて

$\begin{cases} a + b = 4, \\ -2a + 2b = 1. \end{cases} \therefore\ b = \dfrac{9}{4},\ a = \dfrac{7}{4}.$

$\therefore\ I = \displaystyle\int \dfrac{1}{4}\left(\dfrac{7}{x+2} + \dfrac{9}{x-2}\right) dx$

$\qquad = \dfrac{1}{4}(7\log|x+2| + 9\log|x-2|) + C.$

これを①に代入して，

与式
$= \boldsymbol{\dfrac{x^2}{2} + \dfrac{7}{4}\log|x+2| + \dfrac{9}{4}\log|x-2| + C}.$

〔別解〕：手法4 I は次のように求める方がラクかも．

$I = \int \dfrac{4x+1}{x^2-4} dx$ ←微分すると $2x$

$= 2\int \dfrac{2x}{x^2-4} dx + \int \dfrac{1}{(x+2)(x-2)} dx$ ←微分する

$= 2\log|x^2-4| + \int \dfrac{1}{4}\left(\dfrac{1}{x-2} - \dfrac{1}{x+2}\right) dx$

$= 2(\log|x+2| + \log|x-2|)$
$\quad + \dfrac{1}{4}(\log|x-2| - \log|x+2|) + C$

$= \dfrac{7}{4}\log|x+2| + \dfrac{9}{4}\log|x-2| + C.$

…以下同じ…

[6] 〔手法5〕

$\int_0^{\frac{1}{2}} \dfrac{x+1}{\sqrt{1-x^2}} dx$ において，

$x = \sin\theta \left(-\dfrac{\pi}{2} \leqq \theta \leqq \dfrac{\pi}{2}\right)$ とおくと，

$\sqrt{1-x^2} = \sqrt{1-\sin^2\theta} = \cos\theta,$

$dx = \cos\theta d\theta,$

x	0	$\longrightarrow$	$1/2$
θ	0	$\longrightarrow$	$\pi/6$

$\therefore \int_0^{\frac{1}{2}} \dfrac{x+1}{\sqrt{1-x^2}} dx$

$= \int_0^{\frac{\pi}{6}} \dfrac{\sin\theta+1}{\cos\theta} \cdot \cos\theta d\theta$

$= \left[-\cos\theta + \theta\right]_0^{\frac{\pi}{6}} = -\dfrac{\sqrt{3}}{2} + 1 + \dfrac{\pi}{6}.$

〔補足〕 $\int_0^{\frac{1}{2}} \dfrac{x}{\sqrt{1-x^2}} dx + \int_0^{\frac{1}{2}} \dfrac{1}{\sqrt{1-x^2}} dx$ と分け，前者を手法4で処理することもできますが，まとめて5でやる方が速いでしょう．

[7]〔手法3〕

$\int_0^{\sqrt{3}} \dfrac{x}{\sqrt{x^2+1} - x} dx$ ←有理化

$= \int_0^{\sqrt{3}} x(\sqrt{x^2+1} + x) dx$

$= \int_0^{\sqrt{3}} (x\sqrt{x^2+1} + x^2) dx$ ←微分する

$= \left[? (x^2+1)^{\frac{3}{2}} + \dfrac{x^3}{3}\right]_0^{\sqrt{3}}$ $\quad \{(x^2+1)^{\frac{3}{2}}\}'$

$= \left[\dfrac{1}{3}(x^2+1)^{\frac{3}{2}} + \dfrac{x^3}{3}\right]_0^{\sqrt{3}}$ $= \dfrac{3}{2}\sqrt{x^2+1} \cdot 2x$

$= \dfrac{1}{3}(4^{\frac{3}{2}} - 1) + \dfrac{3\sqrt{3}}{3} = \dfrac{7}{3} + \sqrt{3}.$

[8]〔手法3〕

$\int \sin^2\theta \cos^2\theta d\theta$

$= \dfrac{1}{4}\int (2\sin\theta\cos\theta)^2 d\theta$

$= \dfrac{1}{4}\int \sin^2 2\theta d\theta$

$= \dfrac{1}{4}\int \dfrac{1-\cos 4\theta}{2} d\theta = \dfrac{1}{8}\left(\theta - \dfrac{1}{4}\sin 4\theta\right) + C.$

[9]〔手法4〕

$\int \sin^3\theta \cos^2\theta d\theta$

$= \int \sin\theta(1-\cos^2\theta)\cos^2\theta d\theta$

$= \int \sin\theta(\cos^2\theta - \cos^4\theta) d\theta$ ←微分する

$\quad\quad$ 微分すると
$\quad\quad (\cos^2\theta - \cos^4\theta)(-\sin\theta)$

$= ? \left(\dfrac{\cos^3\theta}{3} - \dfrac{\cos^5\theta}{5}\right) + C$

$= -\dfrac{\cos^3\theta}{3} + \dfrac{\cos^5\theta}{5} + C.$

[10]〔手法3〕

$\int_0^{\frac{\pi}{2}} \cos^4 x dx$
$\quad (\cos^2 x)^2$

$= \int_0^{\frac{\pi}{2}} \left(\dfrac{1+\cos 2x}{2}\right)^2 dx$

$= \dfrac{1}{4}\int_0^{\frac{\pi}{2}} (1 + 2\cos 2x + \cos^2 2x) dx$

$= \dfrac{1}{4}\int_0^{\frac{\pi}{2}} \left(1 + 2\cos 2x + \dfrac{1+\cos 4x}{2}\right) dx$

「$\cos^2 2x$」を頭でイメージすると同時に紙には「$\dfrac{1+\cos 4x}{2}$」と書く

$= \frac{1}{4}\int_0^{\frac{\pi}{2}}\left(\frac{3}{2}+2\cos 2x+\frac{1}{2}\cos 4x\right)dx$

$= \frac{1}{4}\left[\frac{3}{2}x+\sin 2x+\frac{1}{8}\sin 4x\right]_0^{\frac{\pi}{2}}$

$= \frac{1}{4}\cdot\frac{3}{2}\cdot\frac{\pi}{2} = \frac{3}{16}\pi$.

[11]〔手法④〕

$\int_0^{\frac{\pi}{2}}\cos^5 x\,dx = \int_0^{\frac{\pi}{2}}(\cos^2 x)^2\cos x\,dx$

$\hspace{4em} = \int_0^{\frac{\pi}{2}}(1-\sin^2 x)^2\cos x\,dx$.

そこで $t = \sin x$ とおくと,

$dt = \cos x\,dx$, $\begin{array}{c|ccc}x & 0 & \longrightarrow & \frac{\pi}{2}\\\hline t & 0 & \longrightarrow & 1\end{array}$.

$\therefore \int_0^{\frac{\pi}{2}}\cos^5 x\,dx = \int_0^1 (1-t^2)^2\,dt$

$\hspace{6em} = \int_0^1 (1-2t^2+t^4)\,dt$

$\hspace{6em} = 1 - \frac{2}{3} + \frac{1}{5}$

$\hspace{6em} = \frac{1}{3} + \frac{1}{5} = \frac{8}{15}$.

（補足）$\int \cos^n x\,dx$ や $\int \sin^n x\,dx$ (n：自然数)は, n の奇・偶によってやることがまるで違うんですね.

（参考⬆）$I_n = \int_0^{\frac{\pi}{2}}\sin^n x\,dx$ や $J_n = \int_0^{\frac{\pi}{2}}\cos^n x\,dx$ ($n = 0, 1, 2, \cdots$)は, 次のような漸化式を満たします.

$n \geqq 2$ のとき

$I_n = \int_0^{\frac{\pi}{2}}\underset{\downarrow}{\sin x}\cdot\underset{\downarrow}{\sin^{n-1} x}\,dx$
$\hspace{3em}{-\cos x}\;\;(n-1)\sin^{n-2}x\cos x$

$\hspace{2em} = \left[-\cos x\sin^{n-1}x\right]_0^{\frac{\pi}{2}}$

$\hspace{4em} + (n-1)\int_0^{\frac{\pi}{2}}\sin^{n-2}x\cos^2 x\,dx$
$\hspace{20em} 1-\sin^2 x$

$= (n-1)(I_{n-2} - I_n)$.

$\therefore I_n = \frac{n-1}{n}I_{n-2}$. ($J_n$ は, $x = \frac{\pi}{2} - t$ と置換すれば I_n と等しいとわかる)

これを用いると, たとえば[11]の「J_5」は

$J_5 = I_5 = \frac{4}{5}I_3 = \frac{4}{5}\cdot\frac{2}{3}I_1 = \frac{8}{15}\cdot 1 = \frac{8}{15}$

と求まります. (実戦の場でワザワザ漸化式を作りにかかるかどうかは状況次第ですが…)

[12]〔手法③〕

$\int \sin^2 3\theta \cos 2\theta\,d\theta$

$= \int \frac{1-\cos 6\theta}{2}\cos 2\theta\,d\theta \hspace{2em} c_{\alpha+\beta} = cc - ss$
$\hspace{14em} +)\,c_{\alpha-\beta} = cc + ss$

$= \frac{1}{2}\int(\cos 2\theta - \cos 6\theta\cos 2\theta)\,d\theta$

$= \frac{1}{2}\int\left\{\cos 2\theta - \frac{1}{2}(\cos 8\theta + \cos 4\theta)\right\}d\theta$

$= \frac{1}{4}\sin 2\theta - \frac{1}{32}\sin 8\theta - \frac{1}{16}\sin 4\theta + C$.

[13]〔手法④〕 $\hspace{3em} (\log|1+\cos\theta|)' = \frac{-\sin\theta}{1+\cos\theta}$

$\int_0^{\frac{\pi}{2}}\frac{\sin\theta}{1+\cos\theta}d\theta = \left[?\log|1+\cos\theta|\right]_0^{\frac{\pi}{2}}$

$\hspace{6em} = \left[+\log|1+\cos\theta|\right]_{\frac{\pi}{2}}^{0}$

$\hspace{6em} = \log 2$.

[14]〔手法③〕

$\int_0^{\frac{\pi}{2}}\frac{\sin^2\theta}{1+\cos\theta}d\theta$

$= \int_0^{\frac{\pi}{2}}\frac{(1+\cos\theta)(1-\cos\theta)}{1+\cos\theta}d\theta$

$= \left[\theta - \sin\theta\right]_0^{\frac{\pi}{2}} = \frac{\pi}{2} - 1$.

[15]〔手法③〕

$\int_0^{\pi}\left(\sin x - \frac{1}{2}\sin 2x\right)^2 dx \hspace{2em} c_{\alpha+\beta} = cc - ss$
$\hspace{16em} -)\,c_{\alpha-\beta} = cc + ss$

$= \int_0^{\pi}\left(\sin^2 x - \sin x \sin 2x + \frac{1}{4}\sin^2 2x\right)dx$

$$= \int_0^\pi \left(\frac{1-\cos 2x}{2} + \frac{\cos 3x - \cos x}{2} + \frac{1-\cos 4x}{8} \right) dx$$

$$= \left[\frac{5}{8}x - \frac{\sin 2x}{4} + \frac{\sin 3x}{6} - \frac{\sin x}{2} - \frac{\sin 4x}{32} \right]_0^\pi$$

$$= \frac{5}{8}\pi.$$

> (注意) 次のように角をそろえる方針は方向違いです。
> $$\left(\sin x - \frac{1}{2}\sin 2x \right)^2$$
> $$= (\sin x - \sin x \cos x)^2$$
> $$= \sin^2 x (1-\cos x)^2$$
> $$= (1-\cos^2 x)(1-\cos x)^2$$
> $$= -\cos^4 x + 2\cos^3 x - 2\cos^2 x + 1$$
> 次数が高くなってしまいましたね。

[16]〔手法4〕

$$\int \frac{\tan x}{\cos x} dx = \int \frac{\sin x}{\cos^2 x} dx \text{ において}$$

（ビ分する）

$t = \cos x$ とおくと $-dt = +\sin x \, dx$.

$$\therefore \int \frac{\sin x}{\cos^2 x} dx = \int \frac{1}{t^2}(-dt)$$

$$= \frac{1}{t} + C = \frac{1}{\cos x} + C.$$

> (補足) もちろん、「t とおかないで」やってもOKです。

[17]〔手法4〕

$$\int \frac{1}{\cos^4 x} dx = \int \frac{1}{\cos^2 x} \cdot \frac{1}{\cos^2 x} dx$$

$$= \int (1 + \tan^2 x) \cdot \frac{1}{\cos^2 x} dx$$

（ビ分する）

$$= \tan x + \frac{\tan^3 x}{3} + C.$$

ビ分するとピッタシ

[18]〔手法5〕

$t = e^x$ とおくと $x = \log t$.

よって $dx = \frac{1}{t} dt$ だから

$$\int \frac{1}{1+e^{-x}} dx = \int \frac{1}{1+\frac{1}{t}} \cdot \frac{1}{t} dt$$

$$= \int \frac{1}{t+1} dt$$

$$= \log|t+1| + C$$

$$= \log(e^x + 1) + C.$$

別解〔手法4〕⬆

e^{-x} は $\frac{1}{e^x}$ という分数形ですから…

（ビ分する）

$$\int \frac{1}{1+\frac{1}{e^x}} dx = \int \frac{e^x}{e^x + 1} dx$$

$$= \log(e^x + 1) + C.$$

[19]〔手法3〕

$(e^x)^3$

$$\int \frac{e^{3x}-1}{e^x - 1} dx = \int \frac{(e^x - 1)(e^{2x} + e^x + 1)}{e^x - 1} dx$$

$$= \frac{1}{2}e^{2x} + e^x + x + C.$$

[20] 途中までは[19]と同じようにも進められますが、分母に「$e^x + 1$」が残ってしまいますので…

〔手法5〕

$t = e^x$ とおくと $x = \log t$ より $dx = \frac{1}{t} dt$.

$$\therefore \int \frac{e^{3x} - 1}{e^{2x} - 1} dx$$

$$= \int \frac{t^3 - 1}{t^2 - 1} \cdot \frac{1}{t} dt$$

$$= \int \frac{(t-1)(t^2 + t + 1)}{(t-1)(t+1)} \cdot \frac{1}{t} dt$$

$$= \int \frac{t^2 + t + 1}{t(t+1)} dt$$

$$= \int \left\{ 1 + \frac{1}{t(t+1)} \right\} dt$$

$$= \int \left(1 + \frac{1}{t} - \frac{1}{t+1} \right) dt$$

$$= t + \log|t| - \log|t+1| + C$$

$$= e^x + x - \log(e^x + 1) + C.$$

[21] 〔手法6〕

$$\int \sqrt{x}\log\sqrt{x}\,dx = \int \frac{1}{2}\sqrt{x}\cdot\log x\,dx$$

$$\phantom{\int \sqrt{x}\log\sqrt{x}\,dx} \underset{\frac{1}{3}x^{\frac{3}{2}}}{} \underset{\frac{1}{x}}{}$$

$$= \frac{1}{3}x^{\frac{3}{2}}\log x - \frac{1}{3}\int \sqrt{x}\,dx$$

$$= \boldsymbol{\frac{1}{3}x^{\frac{3}{2}}\log x - \frac{2}{9}x^{\frac{3}{2}} + C}.$$

[22] 〔手法3〕

$$\int_1^2 \log\frac{x+1}{2x}\,dx$$

$$= \int_1^2 \{\log(x+1) - \log x - \log 2\}\,dx$$

$$(\because x > 0)$$

$$= \Big[\{(x+1)\log(x+1) - x\}$$
$$\qquad - (x\log x - x) - (\log 2)x\Big]_1^2$$

$$= 3\log 3 - 2\log 2 - 2\log 2 - \log 2$$

$$= 3\log 3 - 5\log 2 = \boldsymbol{\log\frac{27}{32}}.$$

[23] 〔手法："何を微分したか？"〕

(部分積分っぽい形ですが…) おしいけど失敗

$(e^{-x}\sin x)' = -e^{-x}\sin x + e^{-x}\cos x$

$(e^{-x}\cos x)' = -e^{-x}\cos x + e^{-x}(-\sin x)$

$$= -e^{-x}(\sin x + \cos x).$$

∴ $\int e^{-x}(\sin x + \cos x)\,dx$

$$= \boldsymbol{-e^{-x}\cos x + C}.$$

[24] 〔手法："何を微分したか？"〕

$(x\cos x)' = \cos x - x\sin x.$

∴ $\int (\cos x - x\sin x)\,dx = \boldsymbol{x\cos x + C}.$

39

[1] $\dfrac{1}{(x-2)(x+1)^2} = \dfrac{a}{x-2} + \dfrac{b}{x+1} + \dfrac{c}{(x+1)^2}$

を満たす a, b, c を求める．

右辺 $= \dfrac{a(x+1)^2 + b(x-2)(x+1) + c(x-2)}{(x-2)(x+1)^2}$

だから，左辺と分子どうしの係数を比べて

$$\begin{cases} a+b=0, \\ 2a-b+c=0, \\ a-2b-2c=1. \end{cases} \quad \begin{cases} b=-a, \\ 3a+c=0, \\ 3a-2c=1. \end{cases}$$

∴ $c = -\dfrac{1}{3},\ a = \dfrac{1}{9},\ b = -\dfrac{1}{9}.$

したがって

$$\int \frac{1}{(x-2)(x+1)^2}\,dx$$

$$= \frac{1}{9}\int\left\{\frac{1}{x-2} - \frac{1}{x+1} - \frac{3}{(x+1)^2}\right\}dx$$

$$= \frac{1}{9}\left(\log|x-2| - \log|x+1| + \frac{3}{x+1}\right) + C$$

$$= \frac{1}{9}\log\left|\frac{x-2}{x+1}\right| + \frac{1}{3(x+1)} + C.$$

[2] $\dfrac{12}{x^3-8} = \dfrac{a}{x-2} + \dfrac{bx+c}{x^2+2x+4}$ を満たす

a, b, c を求める．

右辺 $= \dfrac{a(x^2+2x+4) + (x-2)(bx+c)}{x^3-8}$

だから，左辺と分子どうしの係数を比べて

$$\begin{cases} a+b=0, \\ 2a-2b+c=0, \\ 4a-2c=12. \end{cases} \quad \begin{cases} b=-a, \\ 4a+c=0, \\ 4a-2c=12. \end{cases}$$

∴ $\begin{cases} c=-4, \\ a=1, \\ b=-1. \end{cases}$

したがって

$$\int_{-1}^0 \frac{12}{x^3-8}\,dx$$

$$= \underbrace{\int_{-1}^0 \frac{1}{x-2}\,dx}_{I\text{とおく．}} - \underbrace{\int_{-1}^0 \frac{x+4}{x^2+2x+4}\,dx}_{J\text{とおく．}} \quad \cdots ①$$

ここで，

$$I = \Big[\log|x-2|\Big]_{-1}^0$$

$$= \log 2 - \log 3 = \log\frac{2}{3}. \quad \cdots ②$$

J を $(x^2+2x+4)'=2(x+1)$ に注意して変形すると

$$J=\int_{-1}^{0}\underbrace{\frac{x+1}{x^2+2x+4}}_{\text{ビ分する}}dx$$
$$+3\underbrace{\int_{-1}^{0}\frac{1}{(x+1)^2+3}dx}_{K\,とおく}\quad\cdots(*)$$

$$=\frac{1}{2}\Big[\log(x^2+2x+4)\Big]_{-1}^{0}+3K$$

$$=\frac{1}{2}(\log 4-\log 3)+3K$$

$$=\frac{1}{2}\log\frac{4}{3}+3K.\quad\cdots\text{③}$$

K において

$x+1=\sqrt{3}\tan\theta\left(-\frac{\pi}{2}<\theta<\frac{\pi}{2}\right)$ とおくと

$(x+1)^2+3=3(\tan^2\theta+1)=\dfrac{3}{\cos^2\theta}.$

$dx=\dfrac{\sqrt{3}}{\cos^2\theta}d\theta,$

x	-1	$\longrightarrow$	0
$\tan\theta$	0	$\longrightarrow$	$1/\sqrt{3}$
θ	0	$\longrightarrow$	$\pi/6$

$\therefore\quad K=\int_{0}^{\frac{\pi}{6}}\dfrac{\cos^2\theta}{3}\cdot\dfrac{\sqrt{3}}{\cos^2\theta}d\theta=\dfrac{\pi}{6\sqrt{3}}.$

これと①〜③より

$$\int_{-1}^{0}\frac{12}{x^3-8}dx=\log\frac{2}{3}-\left(\frac{1}{2}\log\frac{4}{3}+\frac{\pi}{2\sqrt{3}}\right)$$
$$=-\frac{1}{2}\log 3-\frac{\sqrt{3}}{6}\pi.$$

[別解]

(*)で行った,「$\int\dfrac{f'(x)}{f(x)}dx$」型の部分を分離する手法は有名なものですが,ここではそんなことをしなくても…

$J=\int_{-1}^{0}\dfrac{x+4}{(x+1)^2+3}dx$ において

$x+1=\sqrt{3}\tan\theta\left(-\frac{\pi}{2}<\theta<\frac{\pi}{2}\right)$

とおくと

　　　⋮　(K の部分の解答と同様にして)

$$J=\int_{0}^{\frac{\pi}{6}}(\sqrt{3}\tan\theta+3)\cdot\frac{\cos^2\theta}{3}\cdot\frac{\sqrt{3}}{\cos^2\theta}d\theta$$

$$=\int_{0}^{\frac{\pi}{6}}(\tan\theta+\sqrt{3})d\theta$$

$$=\Big[-\log|\cos\theta|+\sqrt{3}\theta\Big]_{0}^{\frac{\pi}{6}}$$

$$=-\log\frac{\sqrt{3}}{2}+\sqrt{3}\cdot\frac{\pi}{6}.$$

これと①, ②より

$$\int_{-1}^{0}\frac{12}{x^3-8}dx=\log\frac{2}{3}+\log\frac{\sqrt{3}}{2}-\frac{\sqrt{3}}{6}\pi$$
$$=-\frac{1}{2}\log 3-\frac{\sqrt{3}}{6}\pi.$$

[3] $\int_{0}^{1}\dfrac{x^5+2x^2}{(1+x^3)^3}dx=\int_{0}^{1}\underbrace{\dfrac{x^3+2}{(1+x^3)^3}}_{\text{ビ分する}}x^2 dx$

において $t=1+x^3$ とおくと,

$\underset{3}{dt}=3x^2 dx,$　$\begin{array}{c|ccc}x & 0 & \longrightarrow & 1\\ \hline t & 1 & \longrightarrow & 2\end{array}.$

$\therefore\quad \int_{0}^{1}\dfrac{x^3+2}{(1+x^3)^3}x^2 dx$

$$=\int_{1}^{2}\frac{t+1}{t^3}\cdot\frac{dt}{3}$$

$$=\frac{1}{3}\int_{1}^{2}\left(\frac{1}{t^2}+\frac{1}{t^3}\right)dt$$

$$=\frac{1}{3}\left[-\frac{1}{t}-\frac{1}{2t^2}\right]_{1}^{2}$$

$$=\frac{1}{3}\left[\frac{1}{t}+\frac{1}{2t^2}\right]_{2}^{1}$$

$$=\frac{1}{3}\left\{\left(1+\frac{1}{2}\right)-\left(\frac{1}{2}+\frac{1}{8}\right)\right\}=\frac{7}{24}.$$

[4] $\int_{0}^{1}\dfrac{\sqrt{1+2x}}{1+x}dx$ において $t=\sqrt{1+2x}$

とおくと $x=\dfrac{t^2-1}{2}$ となるから,

$dx=t\,dt,$　$\begin{array}{c|ccc}x & 0 & \longrightarrow & 1\\ \hline t & 1 & \longrightarrow & \sqrt{3}\end{array}.$

$\therefore\quad \int_{0}^{1}\dfrac{\sqrt{1+2x}}{1+x}dx$

$$=\int_{1}^{\sqrt{3}}\frac{t}{\frac{t^2+1}{2}}\cdot t\,dt$$

$$=2\int_1^{\sqrt{3}} \frac{t^2}{t^2+1}dt$$
$$=2\int_1^{\sqrt{3}}\left(1-\frac{1}{t^2+1}\right)dt$$
$$=2(\sqrt{3}-1)-2\underbrace{\int_1^{\sqrt{3}}\frac{1}{t^2+1}dt}_{I\text{とおく}}.\quad\cdots\text{①}$$

I において $t=\tan\theta\left(-\dfrac{\pi}{2}<\theta<\dfrac{\pi}{2}\right)$ とおくと

$$t^2+1=\tan^2\theta+1=\frac{1}{\cos^2\theta}.$$

$$dt=\frac{d\theta}{\cos^2\theta}.\quad \begin{array}{c|ccc} t & 1 & \longrightarrow & \sqrt{3} \\ \hline \theta & \dfrac{\pi}{4} & \longrightarrow & \dfrac{\pi}{3} \end{array}$$

$$\therefore\ I=\int_{\frac{\pi}{4}}^{\frac{\pi}{3}}\cos^2\theta\cdot\frac{d\theta}{\cos^2\theta}=\frac{\pi}{3}-\frac{\pi}{4}=\frac{\pi}{12}.$$

これと①より,与式 $=2(\sqrt{3}-1)-\dfrac{\pi}{6}.$

[別解] ⬆

結局,$t=\sqrt{1+2x}$,$t=\tan\theta$ と2回置換しています.この流れを見通して,「t」を経ず一気に置換してしまう手があります.
$\tan\theta=\sqrt{1+2x}\left(-\dfrac{\pi}{2}<\theta<\dfrac{\pi}{2}\right)$ とおくと
$x=\dfrac{\tan^2\theta-1}{2}$ となるから

$$dx=\tan\theta\cdot\frac{1}{\cos^2\theta}d\theta.\quad\begin{array}{c|ccc} x & 0 & \longrightarrow & 1 \\ \hline \tan\theta & 1 & \longrightarrow & \sqrt{3} \\ \hline \theta & \pi/4 & \longrightarrow & \pi/3 \end{array}$$

$$\therefore\ \int_0^1\frac{\sqrt{1+2x}}{1+x}dx$$
$$=\int_{\frac{\pi}{4}}^{\frac{\pi}{3}}\frac{\tan\theta}{\frac{\tan^2\theta+1}{2}}\tan\theta\cdot\frac{1}{\cos^2\theta}d\theta$$
$$=2\int_{\frac{\pi}{4}}^{\frac{\pi}{3}}\tan^2\theta\, d\theta\quad\left(\because \tan^2\theta+1=\frac{1}{\cos^2\theta}\right)$$
$$=2\int_{\frac{\pi}{4}}^{\frac{\pi}{3}}\left(\frac{1}{\cos^2\theta}-1\right)d\theta\quad(\text{再び上式より})$$
$$=2\Big[\tan\theta-\theta\Big]_{\frac{\pi}{4}}^{\frac{\pi}{3}}=2(\sqrt{3}-1)-\frac{\pi}{6}.$$

[補足] 完全に先が見抜けてないとこうはできませんが…

[5] $\displaystyle\int\frac{\sqrt{x^2+1}}{x}dx=\int\frac{\sqrt{x^2+1}}{x^2}\cdot x\, dx$ ($=I$ とおく)において (ビ分する)

$t=x^2$ とおくと,$dt=2x\,dx.$

$\therefore\ I=\displaystyle\int\frac{\sqrt{t+1}}{t}\cdot\frac{dt}{2}(=J\text{とおく}).$

そこで,$u=\sqrt{t+1}$ とおくと $t=u^2-1$ となるから,$dt=2u\,du.$

$$\therefore\ J=\int\frac{u}{u^2-1}\cdot\frac{2u}{2}du$$
$$=\int\frac{u^2}{u^2-1}du$$
$$=\int\left(1+\frac{1}{u^2-1}\right)du$$
$$=\int\left\{1+\frac{1}{(u+1)(u-1)}\right\}du$$
$$=\int\left\{1+\frac{1}{2}\left(\frac{1}{u-1}-\frac{1}{u+1}\right)\right\}du$$
$$=u+\frac{1}{2}(\log|u-1|-\log|u+1|)+C$$
$$=u+\frac{1}{2}\log\left|\frac{u-1}{u+1}\right|+C$$

$(u=\sqrt{t+1}=\sqrt{x^2+1}$ より$\cdots)$
$$=\sqrt{x^2+1}+\frac{1}{2}\log\left|\frac{\sqrt{x^2+1}-1}{\sqrt{x^2+1}+1}\right|+C$$
(有理化)
$$=\sqrt{x^2+1}+\frac{1}{2}\log\left|\frac{(\sqrt{x^2+1}-1)^2}{x^2}\right|+C.$$
$$=\sqrt{x^2+1}+\log\frac{\sqrt{x^2+1}-1}{|x|}+C.$$

[別解1] ⬆

結局,$t=x^2$,$u=\sqrt{t+1}$ と2回置換しています.この流れを読んで,「t」を経ず一気に
$$u=\sqrt{x^2+1}$$
と置換すると,$u^2=x^2+1.$ 両辺を x で微分して

$2u\dfrac{du}{dx}=2x$ i.e. $u\,du=x\,dx.$

したがって
$$I=\int \dfrac{u}{u^2-1}u\,du$$
$$=\int\left(1+\dfrac{1}{u^2-1}\right)du$$
$$=\cdots(\text{以下同様})\cdots$$

別解2

「$\sqrt{x^2+1}$」があるので

$x=\tan\theta\left(-\dfrac{\pi}{2}<\theta<\dfrac{\pi}{2}\right)$と置換すると

$$\sqrt{x^2+1}=\sqrt{\tan^2\theta+1}$$
$$=\sqrt{\dfrac{1}{\cos^2\theta}}$$
$$=\dfrac{1}{\cos\theta}\quad\left(\because-\dfrac{\pi}{2}<\theta<\dfrac{\pi}{2}\right).\quad\cdots①$$

また，$dx=\dfrac{1}{\cos^2\theta}d\theta$ だから

$$I=\int\dfrac{1}{\cos\theta\tan\theta}\cdot\dfrac{1}{\cos^2\theta}d\theta$$
$$=\int\dfrac{1}{\cos^2\theta\sin\theta}d\theta$$
$$=\int\dfrac{\sin\theta}{\cos^2\theta(1-\cos^2\theta)}d\theta$$
$$=\int\left(\dfrac{\sin\theta}{\cos^2\theta}+\dfrac{\sin\theta}{1-\cos^2\theta}\right)d\theta$$
$$=\dfrac{1}{\cos\theta}+\dfrac{1}{2}\int\left(\dfrac{\sin\theta}{1-\cos\theta}+\dfrac{\sin\theta}{1+\cos\theta}\right)d\theta$$
$$=\dfrac{1}{\cos\theta}$$
$$\quad+\dfrac{1}{2}(\log|1-\cos\theta|-\log|1+\cos\theta|)+C$$
$$=\sqrt{x^2+1}+\dfrac{1}{2}\log\left|\dfrac{1-\dfrac{1}{\sqrt{x^2+1}}}{1+\dfrac{1}{\sqrt{x^2+1}}}\right|+C\,(\because ①)$$
$$=\sqrt{x^2+1}+\dfrac{1}{2}\log\left|\dfrac{\sqrt{x^2+1}-1}{\sqrt{x^2+1}+1}\right|+C$$
$$=\sqrt{x^2+1}+\log\dfrac{\sqrt{x^2+1}-1}{|x|}+C.$$

[6] $\int\dfrac{1}{\sqrt{x^2+1}}dx$ において

$t=x+\sqrt{x^2+1}\,(>0)$ とおくと，

$(t-x)^2=x^2+1.$ $t^2-2tx=1.$

よって $x=\dfrac{1}{2}\left(t-\dfrac{1}{t}\right)$ だから

$$\sqrt{x^2+1}=t-x=t-\dfrac{1}{2}\left(t-\dfrac{1}{t}\right)=\dfrac{1}{2}\left(t+\dfrac{1}{t}\right).$$

$$dx=\dfrac{1}{2}\left(1+\dfrac{1}{t^2}\right)dt=\dfrac{1}{2}\left(t+\dfrac{1}{t}\right)\cdot\dfrac{1}{t}dt.$$

以上より

$$\int\dfrac{1}{\sqrt{x^2+1}}dx$$
$$=\int\dfrac{1}{\dfrac{1}{2}\left(t+\dfrac{1}{t}\right)}\cdot\dfrac{1}{2}\left(t+\dfrac{1}{t}\right)\cdot\dfrac{1}{t}dt$$
$$=\int\dfrac{1}{t}dt$$
$$=\log|t|+C=\boldsymbol{\log(x+\sqrt{x^2+1})+C}.$$

別解

$t=x+\sqrt{x^2+1}\,(>0)$ とおくと，

$$\dfrac{dt}{dx}=1+\dfrac{2x}{2\sqrt{x^2+1}}=\dfrac{\sqrt{x^2+1}+x}{\sqrt{x^2+1}}=\dfrac{t}{\sqrt{x^2+1}}.$$

$\therefore\ \dfrac{1}{t}dt=\dfrac{1}{\sqrt{x^2+1}}dx.$

したがって
$$\int\dfrac{1}{\sqrt{x^2+1}}dx=\int\dfrac{1}{t}dt$$
$$=\log|t|+C$$
$$=\boldsymbol{\log(x+\sqrt{x^2+1})+C}$$

補足 ITEM 21 例題(2)の結果：

$\{\log(x+\sqrt{x^2+1})\}'=\dfrac{1}{\sqrt{x^2+1}}\quad\cdots(*)$

を覚えていれば，即

$\int\dfrac{1}{\sqrt{x^2+1}}dx=\log(x+\sqrt{x^2+1})+C$

が言えますね。

[7]（前問と似た関数ですから，同じ手法で．）
$t = x + \sqrt{x^2+1}$ (>0) とおくと，
$(t-x)^2 = x^2+1$ より $x = \dfrac{1}{2}\left(t - \dfrac{1}{t}\right)$.
よって
$\sqrt{x^2+1} = t - x = t - \dfrac{1}{2}\left(t - \dfrac{1}{t}\right) = \dfrac{1}{2}\left(t + \dfrac{1}{t}\right)$.
$dx = \dfrac{1}{2}\left(1 + \dfrac{1}{t^2}\right)dt$.
以上より
$\displaystyle\int \sqrt{x^2+1}\,dx$
$= \displaystyle\int \dfrac{1}{2}\left(t + \dfrac{1}{t}\right)\dfrac{1}{2}\left(1 + \dfrac{1}{t^2}\right)dt$
$= \dfrac{1}{4}\displaystyle\int \left(t + \dfrac{2}{t} + \dfrac{1}{t^3}\right)dt$
$= \dfrac{1}{4}\left(\dfrac{t^2}{2} + 2\log|t| - \dfrac{1}{2}\cdot\dfrac{1}{t^2}\right) + C$
$= \dfrac{1}{2}\cdot\dfrac{1}{2}\left(t + \dfrac{1}{t}\right)\cdot\dfrac{1}{2}\left(t - \dfrac{1}{t}\right) + \dfrac{1}{2}\log|t| + C$
$= \dfrac{1}{2}\{x\sqrt{x^2+1} + \log(x+\sqrt{x^2+1})\} + C$.

[補足]
○ 前問の結果を利用できるなら，次のようにもできます．
$I = \displaystyle\int \sqrt{x^2+1}\,dx$ とおくと
$I = \displaystyle\int 1\cdot\sqrt{x^2+1}\,dx$
    ↑   ↓
    x $\dfrac{2x}{2\sqrt{x^2+1}}$
$= x\sqrt{x^2+1} - \displaystyle\int \dfrac{x^2}{\sqrt{x^2+1}}\,dx$
$= x\sqrt{x^2+1} - \displaystyle\int \dfrac{x^2+1-1}{\sqrt{x^2+1}}\,dx$
$= x\sqrt{x^2+1} - \underbrace{\displaystyle\int \sqrt{x^2+1}\,dx}_{I} + \displaystyle\int \dfrac{dx}{\sqrt{x^2+1}}$.
これと前問の結果より
∴ $I = \dfrac{1}{2}\{x\sqrt{x^2+1} + \log(x+\sqrt{x^2+1})\} + C$.

○ 本問の答えを微分すると「$\sqrt{x^2+1}$」になるわけです．ほぼ同内容の微分計算を類題21[5]で扱いました．

[8] $\displaystyle\int (\sin^4\theta + \cos^4\theta)\,d\theta$
$= \displaystyle\int \{(\sin^2\theta + \cos^2\theta)^2 - 2\sin^2\theta\cos^2\theta\}\,d\theta$
$= \displaystyle\int \left\{1 - \dfrac{1}{2}(2\sin\theta\cos\theta)^2\right\}d\theta$
$= \displaystyle\int \left(1 - \dfrac{1}{2}\sin^2 2\theta\right)d\theta$
$= \displaystyle\int \left(1 - \dfrac{1-\cos 4\theta}{4}\right)d\theta$
$= \dfrac{1}{4}\displaystyle\int (3 + \cos 4\theta)\,d\theta$
$= \dfrac{1}{4}\left(3\theta + \dfrac{1}{4}\sin 4\theta\right) + C$.

[9] $\displaystyle\int x\sin x\cos x\,dx$
$= \displaystyle\int x\cdot\dfrac{\sin 2x}{2}\,dx$
    ↓   ↑
    1 $-\dfrac{1}{4}\cos 2x$
$= -\dfrac{x}{4}\cos 2x + \dfrac{1}{4}\displaystyle\int \cos 2x\,dx$
$= -\dfrac{x}{4}\cos 2x + \dfrac{1}{8}\sin 2x + C$.

[10] $\displaystyle\int x\sin^2 x\,dx$
$= \displaystyle\int x\cdot\dfrac{1-\cos 2x}{2}\,dx$
$= \dfrac{x^2}{4} - \dfrac{1}{2}\underbrace{\displaystyle\int x\cos 2x\,dx}_{I\,とおく}$. ……①
ここで
$I = \displaystyle\int x\cos 2x\,dx$
    ↓   ↑
    1 $\dfrac{1}{2}\sin 2x$
$= \dfrac{x}{2}\sin 2x - \dfrac{1}{2}\displaystyle\int \sin 2x\,dx$
$= \dfrac{x}{2}\sin 2x + \dfrac{1}{4}\cos 2x + C$.

これと①より
$$\int x\sin^2 x\,dx$$
$$=\frac{x^2}{4}-\frac{x}{4}\sin 2x-\frac{1}{8}\cos 2x+C.$$

[11] 3倍角公式：
$\cos 3x=4\cos^3 x-3\cos x$ より
$$\int x\cos^3 x\,dx=\int x\cdot\frac{\cos 3x+3\cos x}{4}dx$$
$$\underset{1}{\downarrow}\quad \underset{\frac{1}{4}\left(\frac{1}{3}\sin 3x+3\sin x\right)}{\uparrow}$$
$$=\frac{x}{4}\left(\frac{1}{3}\sin 3x+3\sin x\right)$$
$$\qquad-\frac{1}{4}\int\left(\frac{1}{3}\sin 3x+3\sin x\right)dx$$
$$=\frac{x}{4}\left(\frac{1}{3}\sin 3x+3\sin x\right)$$
$$\qquad+\frac{1}{4}\left(\frac{1}{9}\cos 3x+3\cos x\right)+C.$$

[別解]
$$\int x\cos^3 x\,dx=\int x\cdot(1-\sin^2 x)\cos x\,dx$$
$$\underset{1}{\downarrow}\quad \underset{\sin x-\frac{\sin^3 x}{3}}{\uparrow}$$
$$=x\left(\sin x-\frac{\sin^3 x}{3}\right)-\int\left(\sin x-\frac{\sin^3 x}{3}\right)dx$$
$$=x\left(\sin x-\frac{\sin^3 x}{3}\right)$$
$$\qquad+\cos x+\frac{1}{3}\int(1-\cos^2 x)\sin x\,dx$$
$$=x\left(\sin x-\frac{\sin^3 x}{3}\right)+\frac{2}{3}\cos x+\frac{\cos^3 x}{9}+C.$$

[補足] 2つの解法の結果を比べると，見た目はずいぶん違いますが，実はまったく同じ関数です．

[12] $\int x\tan^2 x\,dx$
$$=\int x\left(\frac{1}{\cos^2 x}-1\right)dx$$
$$=\int x\cdot\frac{1}{\cos^2 x}dx-\frac{x^2}{2}$$
$$\underset{1}{\downarrow}\quad \underset{\tan x}{\uparrow}$$

$$=x\tan x-\int\tan x\,dx-\frac{x^2}{2}$$
$$=x\tan x+\log|\cos x|-\frac{x^2}{2}+C.$$

[13] $\dfrac{1}{\cos x}=\dfrac{\cos x}{\cos^2 x}$
$$=\frac{\cos x}{(1-\sin x)(1+\sin x)}$$
$$=\frac{1}{2}\left(\frac{\cos x}{1-\sin x}+\frac{\cos x}{1+\sin x}\right).$$
$\therefore\ \int\dfrac{1}{\cos x}dx$
$$=\frac{1}{2}\int\left(\frac{\cos x}{1-\sin x}+\frac{\cos x}{1+\sin x}\right)dx$$
$$=\frac{1}{2}(-\log|1-\sin x|+\log|1+\sin x|)+C$$
$$=\frac{1}{2}\log\frac{1+\sin x}{1-\sin x}+C.$$

[補足] 例題の結果：
$$\int\frac{1}{\sin x}dx=\log\left|\tan\frac{x}{2}\right|+C \quad\cdots(*)$$
を利用できるなら
$$\int\frac{1}{\cos x}dx=\int\frac{1}{\sin\left(x+\frac{\pi}{2}\right)}dx$$
$$=\log\left|\tan\frac{1}{2}\left(x+\frac{\pi}{2}\right)\right|+C$$
$$=\log\left|\tan\left(\frac{x}{2}+\frac{\pi}{4}\right)\right|+C.$$

[14] $\int\dfrac{1}{\sin x\cos x}dx=\int\dfrac{\cos x}{\sin x}\cdot\dfrac{1}{\cos^2 x}dx$
$$=\int\frac{1}{\tan x}\cdot\frac{1}{\cos^2 x}dx$$
（ビ分する）
$$=\log|\tan x|+C.$$

[補足]
$$\int\frac{1}{\sin x\cos x}dx=\int\frac{2}{\sin 2x}dx$$
として，前記$(*)$に帰着させることもできますが…．（いまの解法は，例題の 解法2 そのものですね．）

[15] $\sqrt{1+\cos x} = \sqrt{1+\cos\left(2\cdot\dfrac{x}{2}\right)}$

$\qquad\qquad\quad = \sqrt{1+\left(2\cos^2\dfrac{x}{2}-1\right)}$ ← 2倍角公式

$\qquad\qquad\quad = \sqrt{2}\sqrt{\cos^2\dfrac{x}{2}}$

$\qquad\qquad\quad = \sqrt{2}\left|\cos\dfrac{x}{2}\right| = \sqrt{2}\cos\dfrac{x}{2}$

$\qquad\qquad\qquad\left(\because 0 \leqq \dfrac{x}{2} \leqq \dfrac{\pi}{2}\right).$

$\therefore \displaystyle\int_0^\pi \sqrt{1+\cos x}\,dx$

$= \displaystyle\int_0^\pi \sqrt{2}\cos\dfrac{x}{2}\,dx = \sqrt{2}\left[2\sin\dfrac{x}{2}\right]_0^\pi = \mathbf{2\sqrt{2}}.$

注意
半角公式 $\cos^2\dfrac{x}{2} = \dfrac{1+\cos x}{2}$ を用いて

$\sqrt{1+\cos x} = \sqrt{2\cos^2\dfrac{x}{2}}$

$\qquad\qquad\quad = \sqrt{2}\sqrt{\cos^2\dfrac{x}{2}} = \cdots$

と変形してもよい.

前問と同様な計算による

[16] $\displaystyle\int \dfrac{dx}{1+\cos x} = \int \dfrac{dx}{2\cos^2\dfrac{x}{2}}$

$\qquad\qquad\qquad = \mathbf{\tan\dfrac{x}{2} + C}.$

[17] $\dfrac{1}{1-\sin x} = \dfrac{1+\sin x}{(1-\sin x)(1+\sin x)}$

$\qquad\qquad\left(\because 0 \leqq x \leqq \dfrac{\pi}{3} \text{ より } \sin x \neq -1\right)$

$\qquad\qquad = \dfrac{1+\sin x}{\cos^2 x}.$

$\therefore \displaystyle\int_0^{\frac{\pi}{3}} \dfrac{dx}{1-\sin x} = \int_0^{\frac{\pi}{3}} \left(\dfrac{1}{\cos^2 x} + \dfrac{\sin x}{\cos^2 x}\right)dx$

$\qquad\qquad\quad = \left[\tan x + \dfrac{1}{\cos x}\right]_0^{\frac{\pi}{3}}$

$\qquad\qquad\quad = \sqrt{3} + 2 - 1$

$\qquad\qquad\quad = \mathbf{\sqrt{3} + 1}.$

別解1

$\dfrac{1}{1-\sin x} = \dfrac{1}{1+\cos\left(x+\dfrac{\pi}{2}\right)}$

$\qquad\qquad = \dfrac{1}{2\cos^2\left(\dfrac{x}{2}+\dfrac{\pi}{4}\right)}.$ ← 前問と同様な計算による

$\displaystyle\int_0^{\frac{\pi}{3}} \dfrac{dx}{1-\sin x} = \int_0^{\frac{\pi}{3}} \dfrac{1}{2\cos^2\left(\dfrac{x}{2}+\dfrac{\pi}{4}\right)}\,dx$

$\qquad\qquad = \left[\tan\left(\dfrac{x}{2}+\dfrac{\pi}{4}\right)\right]_0^{\frac{\pi}{3}}$

$\qquad\qquad = \tan\left(\dfrac{\pi}{6}+\dfrac{\pi}{4}\right) - 1$

$\qquad\qquad = \dfrac{\dfrac{1}{\sqrt{3}}+1}{1-\dfrac{1}{\sqrt{3}}\cdot 1} - 1$

$\qquad\qquad = \dfrac{4+2\sqrt{3}}{2} - 1$

$\qquad\qquad = \mathbf{\sqrt{3} + 1}.$

別解2 ⬆

解答や 別解1 のような巧妙な変形が思い浮かばないとき, $\cos x$, $\sin x$ で表された式の積分計算では

$t = \tan\dfrac{x}{2} \qquad \cdots (\ast)$

とおくのが"最後の手段"です.

まず, $\sin x$ を t で表すと

$\sin x = \sin\left(2\cdot\dfrac{x}{2}\right)$

$\qquad = 2\sin\dfrac{x}{2}\cos\dfrac{x}{2}$

$\qquad = 2\cdot\dfrac{\sin\dfrac{x}{2}}{\cos\dfrac{x}{2}}\cos^2\dfrac{x}{2}$

$\qquad = \dfrac{2t}{1+t^2}.$ ← 公式 $1+\tan^2\theta = \dfrac{1}{\cos^2\theta}$ より

$\therefore \dfrac{1}{1-\sin x} = \dfrac{1}{1-\dfrac{2t}{1+t^2}} = \dfrac{1+t^2}{t^2-2t+1}.$

次に，dt と dx の関係を作る．（＊）より
$$\frac{dt}{dx}=\frac{1}{2\cos^2\frac{x}{2}}=\frac{1}{2}\left(1+\tan^2\frac{x}{2}\right)=\frac{1+t^2}{2}$$
より $dx=\dfrac{2}{1+t^2}dt$.

これと

x	0	$\longrightarrow$	$\frac{\pi}{3}$
t	0	$\longrightarrow$	$\frac{1}{\sqrt{3}}$

より，

$$\int_0^{\frac{\pi}{3}}\frac{dx}{1-\sin x}=\int_0^{\frac{1}{\sqrt{3}}}\frac{1+t^2}{t^2-2t+1}\cdot\frac{2}{1+t^2}dt$$
$$=2\int_0^{\frac{1}{\sqrt{3}}}\frac{1}{(t-1)^2}dt$$
$$=2\left[\frac{1}{1-t}\right]_0^{\frac{1}{\sqrt{3}}}$$
$$=2\left(\frac{1}{1-\frac{1}{\sqrt{3}}}-1\right)$$
$$=2\left(\frac{\sqrt{3}}{\sqrt{3}-1}\cdot\frac{\sqrt{3}+1}{\sqrt{3}+1}-1\right)$$
$$=\sqrt{3}+1.$$

〔補 足〕（→数学Ⅰ・A・Ⅱ・B類題49B[3]）
$\cos x$ も $\sin x$ と同様 $t=\tan\dfrac{x}{2}$ を用いて次のように表せます．
$$\cos x=\cos\left(2\cdot\frac{x}{2}\right)$$
$$=\cos^2\frac{x}{2}-\sin^2\frac{x}{2}$$
$$=\cos^2\frac{x}{2}\left(1-\frac{\sin^2\frac{x}{2}}{\cos^2\frac{x}{2}}\right)=\frac{1-t^2}{1+t^2}.$$

〔注 意〕
この手法（＊）は，あくまでも「他にウマイ手が見つからないとき」に使うべきものです．

[18] $\dfrac{\sin x}{\cos^2 x+4\sin^2 x}$
$$=\frac{\sin x}{\cos^2 x+4(1-\cos^2 x)}$$
$$=\frac{\sin x}{4-3\cos^2 x}$$
$$=\frac{\sin x}{(2+\sqrt{3}\cos x)(2-\sqrt{3}\cos x)}.$$

$\therefore \displaystyle\int\frac{\sin x}{\cos^2 x+4\sin^2 x}dx$
$$=\int\frac{1}{4}\left(\frac{\sin x}{2+\sqrt{3}\cos x}+\frac{\sin x}{2-\sqrt{3}\cos x}\right)dx$$
$$=\frac{1}{4}\left(-\frac{1}{\sqrt{3}}\log|2+\sqrt{3}\cos x|\right.$$
$$\left.+\frac{1}{\sqrt{3}}\log|2-\sqrt{3}\cos x|\right)+C$$
$$=\frac{1}{4\sqrt{3}}\log\frac{2-\sqrt{3}\cos x}{2+\sqrt{3}\cos x}+C.$$

[19] $\displaystyle\int_0^{\frac{\pi}{4}}\frac{1}{\sin^2 x+3\cos^2 x}dx$
$$=\int_0^{\frac{\pi}{4}}\frac{1}{\tan^2 x+3}\cdot\frac{1}{\cos^2 x}dx\ (=I\ \text{とおく}).$$
そこで $t=\tan x$ とおくと，
$$dt=\frac{1}{\cos^2 x}dx,\quad \begin{array}{c|ccc} x & 0 & \longrightarrow & \frac{\pi}{4} \\ \hline t & 0 & \longrightarrow & 1 \end{array}.$$
$\therefore\ I=\displaystyle\int_0^1\frac{1}{t^2+3}dt.$

そこで $t=\sqrt{3}\tan\theta\ \left(-\dfrac{\pi}{2}<\theta<\dfrac{\pi}{2}\right)$ とおくと，
$$t^2+3=3(\tan^2\theta+1)=\frac{3}{\cos^2\theta}.$$
$$dt=\frac{\sqrt{3}}{\cos^2\theta}d\theta,\quad \begin{array}{c|ccc} t & 0 & \longrightarrow & 1 \\ \hline \tan\theta & 0 & \longrightarrow & \frac{1}{\sqrt{3}} \\ \hline \theta & 0 & \longrightarrow & \frac{\pi}{6} \end{array}.$$

$\therefore\ I=\displaystyle\int_0^1\frac{1}{t^2+3}dt$
$$=\int_0^{\frac{\pi}{6}}\frac{\cos^2\theta}{3}\cdot\frac{\sqrt{3}}{\cos^2\theta}d\theta=\frac{\sqrt{3}}{3}\cdot\frac{\pi}{6}$$
$$=\frac{\sqrt{3}}{18}\pi.$$

〔別 解〕
結局，$t=\tan x$，$t=\sqrt{3}\tan\theta$ と2回置換

しています．この流れを読んで，「t」を経ず一気に
$$\tan x = \sqrt{3}\tan\theta \quad \cdots (*)$$
と置換すると，
$$\tan^2 x + 3 = 3(\tan^2\theta + 1) = \frac{3}{\cos^2\theta}.$$
$(*)$ の両辺を θ で微分して
$$\frac{1}{\cos^2 x}\cdot\frac{dx}{d\theta} = \frac{\sqrt{3}}{\cos^2\theta}$$
i.e. $\dfrac{1}{\cos^2 x}dx = \dfrac{\sqrt{3}}{\cos^2\theta}d\theta.$

また，$\begin{array}{c|ccc} x & 0 & \longrightarrow & \frac{\pi}{4} \\ \hline \theta & 0 & \longrightarrow & \frac{\pi}{6} \end{array}$ と対応するから

$$I = \int_0^{\frac{\pi}{4}} \frac{1}{\tan^2 x + 3}\cdot\frac{1}{\cos^2 x}dx$$
$$\int_0^{\frac{\pi}{6}} \frac{\cos^2\theta}{3}\cdot\frac{\sqrt{3}}{\cos^2\theta}d\theta = \frac{\sqrt{3}}{18}\pi.$$

[20] $(3\cos\theta - \cos 3\theta)(\cos\theta - \cos 3\theta)$
$= 3\cos^2\theta - 4\cos 3\theta\cos\theta + \cos^2 3\theta$
$= 3\cdot\dfrac{1+\cos 2\theta}{2} - 2(\cos 4\theta + \cos 2\theta)$
$\qquad\qquad\qquad\qquad + \dfrac{1+\cos 6\theta}{2}$
$= 2 - \dfrac{1}{2}\cos 2\theta - 2\cos 4\theta + \dfrac{1}{2}\cos 6\theta$
より
$$\int_0^{\frac{\pi}{2}}(3\cos\theta - \cos 3\theta)(\cos\theta - \cos 3\theta)d\theta$$
$$= \left[2\theta - \frac{1}{4}\sin 2\theta - \frac{1}{2}\sin 4\theta + \frac{1}{12}\sin 6\theta\right]_0^{\frac{\pi}{2}}$$
$= \pi.$

> **注 意**
> 3倍角公式：$\cos 3\theta = 4\cos^3\theta - 3\cos\theta$ を用いるのは，次数が高くなってしまいますからよくありません．(類題38 [11] **参考** で述べた「漸化式」を用いれば一応できますが…)

[21] $\int_0^\pi \theta\sin\theta(\cos\theta + \theta\sin\theta)d\theta$
$= \int_0^\pi (\theta\sin\theta\cos\theta + \theta^2\sin^2\theta)d\theta$
$= \int_0^\pi \left(\theta\cdot\dfrac{\sin 2\theta}{2} + \theta^2\cdot\dfrac{1-\cos 2\theta}{2}\right)d\theta$
$= \dfrac{1}{2}\underbrace{\int_0^\pi \theta\sin 2\theta\, d\theta}_{I とおく} + \dfrac{\pi^3}{6}$
$\qquad\qquad\qquad - \underbrace{\int_0^\pi \dfrac{1}{2}\theta^2\cos 2\theta\, d\theta}_{J とおく}. \cdots ①$

ここで
$I = \int_0^\pi \underset{\underset{1}{\downarrow}}{\theta}\underset{\underset{-\frac{1}{2}\cos 2\theta}{\uparrow}}{\sin 2\theta}\, d\theta$
$= \left[-\dfrac{\theta}{2}\cos 2\theta\right]_0^\pi + \dfrac{1}{2}\int_0^\pi \cos 2\theta\, d\theta$
$= -\dfrac{\pi}{2} + \dfrac{1}{4}\left[\sin 2\theta\right]_0^\pi = -\dfrac{\pi}{2}. \quad \cdots ②$

$J = \int_0^\pi \underset{\underset{\theta}{\downarrow}}{\dfrac{\theta^2}{2}}\underset{\underset{\frac{1}{2}\sin 2\theta}{\uparrow}}{\cos 2\theta}\, d\theta$
$= \left[\dfrac{\theta^2}{4}\sin 2\theta\right]_0^\pi - \dfrac{1}{2}\int_0^\pi \theta\sin 2\theta\, d\theta$
$= -\dfrac{1}{2}I = \dfrac{\pi}{4}. \qquad \cdots ③$

①〜③より
$$\int_0^\pi \theta\sin\theta(\cos\theta + \theta\sin\theta)d\theta$$
$$= \dfrac{1}{2}\cdot\left(-\dfrac{\pi}{2}\right) + \dfrac{\pi^3}{6} - \dfrac{\pi}{4} = \dfrac{\pi^3}{6} - \dfrac{\pi}{2}.$$

[22] $\int \sin\sqrt{x}\, dx$ において $t = \underset{\sqrt{\ } 1次式}{\sqrt{x}}$ とおくと，$x = t^2$ より $dx = 2t\, dt.$

$\therefore \int \sin\sqrt{x}\, dx = \int (\underset{\underset{-\cos t}{\downarrow}}{\sin t})\cdot\underset{\underset{2}{\uparrow}}{2t}\, dt$
$= -2t\cos t + 2\int \cos t\, dt$
$= -2t\cos t + 2\sin t + C$
$= -2\sqrt{x}\cos\sqrt{x} + 2\sin\sqrt{x} + C.$

[23] $\int \dfrac{2e^x+1}{e^x-e^{-x}}dx$ において $t=e^x$ とおく

（e^x からなる式）

と，$x=\log t$ より $dx=\dfrac{1}{t}dt$.

$\therefore \int \dfrac{2e^x+1}{e^x-e^{-x}}dx = \int \dfrac{2t+1}{t-\dfrac{1}{t}}\cdot\dfrac{1}{t}dt$

$= \int \dfrac{2t+1}{(t+1)(t-1)}dt$.

ここで，$\dfrac{2t+1}{(t+1)(t-1)}=\dfrac{a}{t+1}+\dfrac{b}{t-1}$ を満たす a, b を求める．

右辺 $=\dfrac{a(t-1)+b(t+1)}{(t+1)(t-1)}$ と左辺とで分子の係数どうしを比べて

$\begin{cases} a+b=2, \\ -a+b=1. \end{cases} \quad \therefore \quad a=\dfrac{1}{2}, \ b=\dfrac{3}{2}.$

$\therefore \int \dfrac{2t+1}{(t+1)(t-1)}dt$

$=\dfrac{1}{2}\int\left(\dfrac{1}{t+1}+\dfrac{3}{t-1}\right)dt$

$=\dfrac{1}{2}(\log|t+1|+3\log|t-1|)+C$

$=\dfrac{1}{2}\log(e^x+1)|e^x-1|^3+C.$

[24] $1+\left(\dfrac{e^x-e^{-x}}{2}\right)^2=\dfrac{4+e^{2x}-2+e^{-2x}}{4}$

$=\dfrac{e^{2x}+2+e^{-2x}}{4}=\left(\dfrac{e^x+e^{-x}}{2}\right)^2.$

$\therefore \int_0^1 \sqrt{1+\left(\dfrac{e^x-e^{-x}}{2}\right)^2}dx$

$=\int_0^1 \dfrac{e^x+e^{-x}}{2}dx$

$=\dfrac{1}{2}\left[e^x-e^{-x}\right]_0^1=\dfrac{1}{2}\left(e-\dfrac{1}{e}\right).$

> 補足
> $\left(\dfrac{e^x+e^{-x}}{2}\right)^2-\left(\dfrac{e^x-e^{-x}}{2}\right)^2=1$ が成り立つことは有名です．（左辺を計算してみるとすぐわかります．）

[25] $\int x^3 e^{x^2}dx = \int x\cdot x^2 e^{x^2}dx$ において

（微分する）

$t=x^2$ とおくと，$dt=2xdx$.

$\therefore \int x^3 e^{x^2}dx = \int te^t\cdot\dfrac{dt}{2}$

$=\dfrac{1}{2}\left(te^t-\int e^t dt\right)$

$=\dfrac{1}{2}(t-1)e^t+C$

$=\dfrac{1}{2}(x^2-1)e^{x^2}+C.$

[26] $\int \sqrt{1+e^x}dx$ において $t=\sqrt{1+e^x}$ とおくと $x=\log(t^2-1)$ より $dx=\dfrac{2t}{t^2-1}dt$.

$\therefore \int \sqrt{1+e^x}dx$

$=\int t\cdot\dfrac{2t}{t^2-1}dt$

$=2\int\left(1+\dfrac{1}{t^2-1}\right)dt$

$=2t+\int\dfrac{2}{(t-1)(t+1)}dt$

$=2t+\int\left(\dfrac{1}{t-1}-\dfrac{1}{t+1}\right)dt$

$=2t+\log|t-1|-\log|t+1|+C$

$=2\sqrt{1+e^x}+\log\dfrac{\sqrt{1+e^x}-1}{\sqrt{1+e^x}+1}+C.$

[27] $\int 1\cdot\log(x^2-4)dx$

$=x\log(x^2-4)-2\int\dfrac{x^2}{x^2-4}dx$

$=x\log(x^2-4)-2\int\left(1+\dfrac{4}{x^2-4}\right)dx$

$=x\log(x^2-4)-2x$

$\quad -2\underbrace{\int\dfrac{4}{(x-2)(x+2)}dx}_{I\ とおく}.$

ここで

$$I = \int\left(\frac{1}{x-2} - \frac{1}{x+2}\right)dx$$
$$= \log|x-2| - \log|x+2| + C.$$

以上より

$$\int \log(x^2-4)dx$$
$$= x\log(x^2-4) - 2x - 2\log\left|\frac{x-2}{x+2}\right| + C.$$
(*)

別解
$$\log(x^2-4) = \log(x+2)(x-2)$$
$$= \log|x+2| + \log|x-2| \text{ より}$$

$$\int \log(x^2-4)dx$$
$$= \int 1 \cdot \log|x+2|dx + \int 1 \cdot \log|x-2|dx$$
$$\uparrow x+2 \quad \downarrow \frac{1}{x+2} \quad \uparrow x-2 \quad \downarrow \frac{1}{x-2}$$
$$= (x+2)\log|x+2| - x$$
$$\quad + (x-2)\log|x-2| - x + C$$
$$= x\log(x^2-4) + 2\log\left|\frac{x+2}{x-2}\right| - 2x + C.$$
(*)と同じです

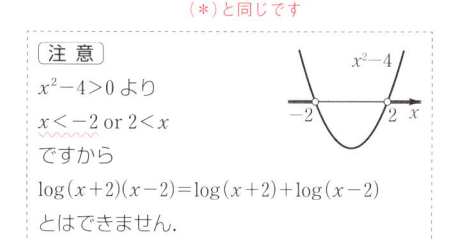

注意
$x^2-4 > 0$ より
$x < -2$ or $2 < x$
ですから
$\log(x+2)(x-2) = \log(x+2) + \log(x-2)$
とはできません。

40

[1] $\displaystyle\lim_{n\to\infty}\sum_{k=1}^{n}\frac{k^3}{n^4} = \lim_{n\to\infty}\sum_{k=1}^{n}\left(\frac{k}{n}\right)^3 \cdot \frac{1}{n}$ どちらも同じ面積を表すことを確認！
$$= \int_0^1 x^3 \, dx$$
$$= \left[\frac{x^4}{4}\right]_0^1 = \frac{1}{4}.$$

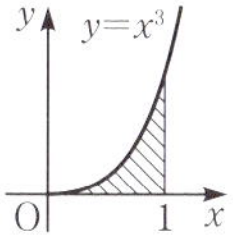

[2] 与式 $= \displaystyle\lim_{n\to\infty}\frac{1}{n^3}\sum_{k=1}^{n}k\sqrt{n^2-k^2}$

$$= \lim_{n\to\infty}\sum_{k=1}^{n}\frac{k}{n}\sqrt{1-\left(\frac{k}{n}\right)^2} \cdot \frac{1}{n}$$
$$= \int_0^1 x\sqrt{1-x^2}\,dx$$
$$= \left[+\frac{1}{3}(1-x^2)^{\frac{3}{2}}\right]_0^1 = \frac{1}{3}.$$

[3] $\displaystyle\lim_{n\to\infty}\frac{1}{n}\left(e^{\frac{1}{n}} + e^{\frac{2}{n}} + e^{\frac{3}{n}} + \cdots + e^{\frac{n}{n}}\right)$

$$= \lim_{n\to\infty}\sum_{k=1}^{n}e^{\frac{k}{n}} \cdot \frac{1}{n}$$
$$= \int_0^1 e^x\,dx = \left[e^x\right]_0^1 = e-1.$$

補足 類題 17 [13] と同じ問題です。

[4] $\displaystyle\lim_{n\to\infty}\sum_{k=0}^{n-1}\frac{k}{n^2+k^2}$

$$= \lim_{n\to\infty}\sum_{k=0}^{n-1}\frac{\frac{k}{n}}{1+\left(\frac{k}{n}\right)^2} \cdot \frac{1}{n} \quad \cdots ①$$
$$= \int_0^1 \frac{x}{1+x^2}\,dx \quad \cdots ②$$
$$= \left[\frac{1}{2}\log(1+x^2)\right]_0^1 = \frac{1}{2}\log 2.$$

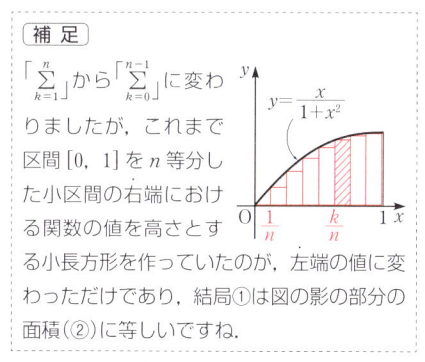

補足
「$\sum_{k=1}^{n}$」から「$\sum_{k=0}^{n-1}$」に変わりましたが、これまで区間 $[0, 1]$ を n 等分した小区間の右端における関数の値を高さとする小長方形を作っていたのが、左端の値に変わっただけであり、結局①は図の影の部分の面積（②）に等しいですね。

[5] $\displaystyle\lim_{n\to\infty}\sum_{k=1}^{n-1}\frac{n^2+nk+k^2}{n^3}$

$$= \lim_{n\to\infty}\sum_{k=1}^{n-1}\left\{1 + \frac{k}{n} + \left(\frac{k}{n}\right)^2\right\} \cdot \frac{1}{n} \quad \cdots ①$$
$$= \lim_{n\to\infty}\sum_{k=0}^{n-1}\left\{1 + \frac{k}{n} + \left(\frac{k}{n}\right)^2\right\} \cdot \frac{1}{n} - 1 \cdot \frac{1}{n} \quad \cdots ②$$

$$= \int_0^1 (1+x+x^2)\,dx - 0$$
$$= \left[x + \frac{x^2}{2} + \frac{x^3}{3}\right]_0^1 = 1 + \frac{1}{2} + \frac{1}{3} = \frac{11}{6}.$$

> **補足**
>
> ○ ①では「$\sum_{k=1}^{n-1}$」ですから，区間 $[0,\ 1]$ を n 等分して作られる小長方形が $n-1$ 個しかありません．区分求積法の基本ルールは，「区間を n 等分して作った小長方形を n 個集める」ことになっていますから，②でムリヤリ「$\sum_{k=0}^{n-1}$」と n 個にし，そこで余計に加えた $k=0$ のときの値：$1\cdot\frac{1}{n}$ を後ろで引いたわけです．
>
> ただ，区分求積法において作られる小長方形 ▨ 1 個の面積は，横幅が「$\frac{1}{n}$」なので 0 に収束します．よって結果としては，小長方形が 1 個不足した①のままで，イキナリ「$\int_0^1$」としてしまっても結果は正しく求まるのです．
>
> ○ 本類題は $\sum_{k=1}^{n-1} k^2$ の公式などを用い，和を具体的に求めてもできますが…区分求積法の方が速いです．

[6] $\lim_{n\to\infty} \sum_{k=1}^{2n} \log\left(\frac{n+k}{n}\right)^{\frac{1}{n}}$

$= \lim_{n\to\infty} \sum_{k=1}^{2n} \log\left(1+\frac{k}{n}\right)\cdot\frac{1}{n}$ …①

$= \int_0^2 \log(1+x)\,dx$

$= \Big[(1+x)\log(1+x) - x\Big]_0^2$

$= 3\log 3 - 2.$

> **補足**
>
> ○ ①のあと，とりあえず「$\int_0^1$」と書いてしまってもべつにかまいません．ただ，k が 1 か

ら $2n$ まで変化するので，図を描いてみると「$\int_0^2$」だとわかるので修正を加えます．

○ 「$\sum_{k=1}^n \log\left(1+\frac{k}{n}\right)\cdot\frac{1}{n}$」は，詳しく書くと

$$\sum_{k=1}^n \left\{\left[\log\left(1+\frac{k}{n}\right)\right]\cdot\frac{1}{n}\right\}$$

となります．少しクドイので，上記ではサラッと書いてしまっています．

[7] $\lim_{N\to\infty} \sum_{i=1}^N \frac{i}{N^2}\sin\left(\frac{i}{N}\pi\right)$

$= \lim_{N\to\infty} \sum_{i=1}^N \frac{i}{N}\sin\left(\frac{i}{N}\pi\right)\cdot\frac{1}{N}$

$= \int_0^1 x\sin(\pi x)\,dx$
　　　　↓　　↑
　　　　1　$-\frac{1}{\pi}\cos\pi x$

$= \left[-\frac{x}{\pi}\cos\pi x\right]_0^1 + \frac{1}{\pi}\int_0^1 \cos\pi x\,dx$

$= \frac{1}{\pi} + \frac{1}{\pi^2}\Big[\sin\pi x\Big]_0^1 = \frac{1}{\pi}.$

もちろんこの解答でかまいませんが，$\sin(\pi x)$ の「π」がない方が少しラクですから…

別解

与式 $= \lim_{N\to\infty} \sum_{i=1}^N \frac{1}{\pi^2}\left(\frac{i}{N}\pi\right)\sin\left(\frac{i}{N}\pi\right)\cdot\frac{\pi}{N}$

$= \int_0^\pi \frac{1}{\pi^2} x\sin x\,dx$
　　　　　　↓　　↑
　　　　　　1　$-\cos x$

$= \frac{1}{\pi^2}\left(\Big[-x\cos x\Big]_0^\pi + \int_0^\pi \cos x\,dx\right)$

$= \frac{1}{\pi^2}\left(\pi + \Big[\sin x\Big]_0^\pi\right) = \frac{1}{\pi}.$

> **補足**
>
> 要するに，区間 $[0,\ 1]$ ではなく，区間 $[0,\ \pi]$ を n 等分して n 個の小長方形を集めたわけです．

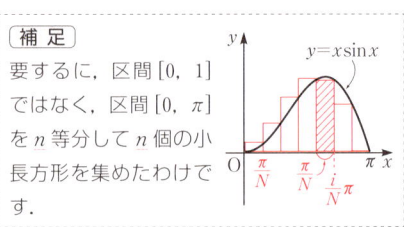

[8] $\lim_{n\to\infty}\sum_{k=0}^{n-1}\dfrac{\sqrt{2k+1}}{n\sqrt{n}}$

$=\lim_{n\to\infty}\sqrt{2}\sum_{k=0}^{n-1}\sqrt{\dfrac{k+\dfrac{1}{2}}{n}}\cdot\dfrac{1}{n}$

$=\sqrt{2}\int_0^1\sqrt{x}\,dx$

$=\sqrt{2}\left[\dfrac{2}{3}x^{\frac{3}{2}}\right]_0^1=\dfrac{2\sqrt{2}}{3}.$

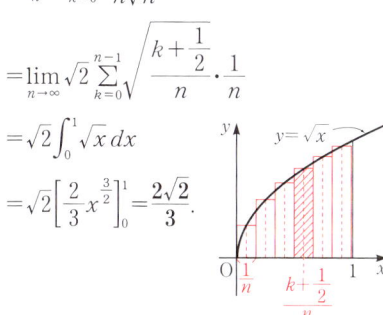

(補足) 区間 [0, 1] を n 等分した n 個の小区間それぞれにおいて，その"中央"における $\sqrt{x}$ の値を高さとする小長方形を作っています．小区間の右端，左端（[4]），中央のどれを使おうと，結局は同じ図形の面積に収束することが直観的にわかりますね．

41

[1]

(注意) グラフを描くために微分するのは無駄ですよ．

y の符号を考えると
右図のようになるから

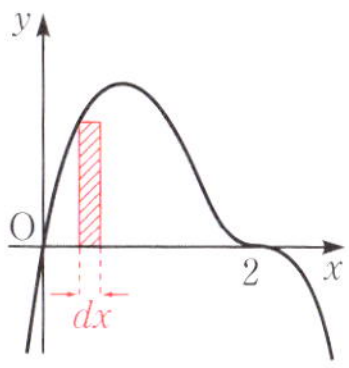

$S=\int_0^2 x(2-x)^3\times dx$
　　　$1\ \ -\dfrac{1}{4}(2-x)^4$

$=\left[-\dfrac{x}{4}(2-x)^4\right]_0^2+\dfrac{1}{4}\int_0^2(2-x)^4\,dx$

$=+\dfrac{1}{20}\left[(2-x)^5\right]_0^2=\dfrac{2^5}{20}=\dfrac{8}{5}.$

[2]

(注意) 2曲線をマジメに描こうとするとタイヘンです．

$x^3-(7x^2-15x+9)$
$=x^3-7x^2+15x-9$
$=(x-1)(x-3)^2.$

```
1 | 1  -7   15  -9
  |      1  -6   9
  | 1  -6    9 | 0
```

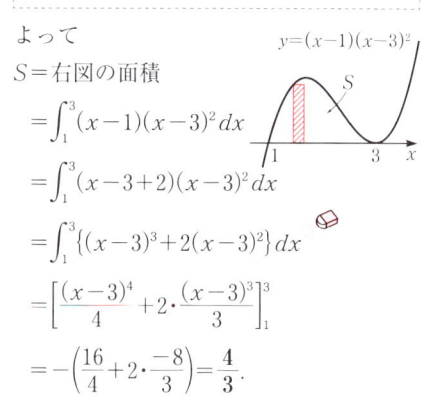

よって
$S=$ 右図の面積
$=\int_1^3(x-1)(x-3)^2\,dx$
$=\int_1^3(x-3+2)(x-3)^2\,dx$
$=\int_1^3\{(x-3)^3+2(x-3)^2\}\,dx$
$=\left[\dfrac{(x-3)^4}{4}+2\cdot\dfrac{(x-3)^3}{3}\right]_1^3$
$=-\left(\dfrac{16}{4}+2\cdot\dfrac{-8}{3}\right)=\dfrac{4}{3}.$

(補足) 一般に，2曲線 $y=f(x)$, $y=g(x)$ が区間 $[a, b]$ ではさむ部分の面積は，
$$\int_a^b|f(x)-g(x)|\,dx$$
ですから，曲線 $y=f(x)-g(x)$ と x 軸で囲まれる部分を考えてもよいわけです．（いつもそうするべきとは限りませんが）

[3] 2式を連立すると 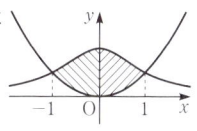
$\dfrac{1}{1+x^2}=\dfrac{x^2}{2}.$
$x^4+x^2-2=0.$
$(x^2+2)(x^2-1)=0.$ ∴ $x=\pm 1.$

また，2曲線はいずれも y 軸対称で上図のようになるから

∴ $S=2\int_0^1\left(\dfrac{1}{1+x^2}-\dfrac{x^2}{2}\right)dx$
　　　　　　大(上)　小(下)
　　　　　　0以上

$=2\int_0^1\dfrac{1}{1+x^2}\,dx-\dfrac{1}{3}=\cdots=\dfrac{\pi}{2}-\dfrac{1}{3}.$

(補足)
$\int_0^1 \frac{1}{1+x^2}dx$ の計算は →ITEM 35例題(1)

[4] $(\log x)' = \frac{1}{x}$ より

$l: y-1 = \frac{1}{e}(x-e)$.

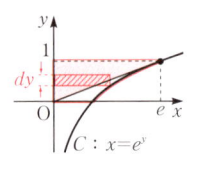

i.e. $y = \frac{1}{e}x$.

よって右上図のようになり，$C: x = e^y$ だから

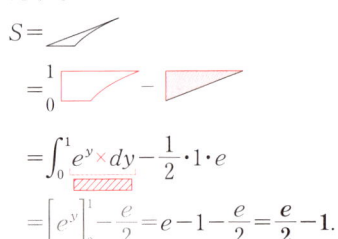

$S = $ ▱

$= $ ▭$\Big|_0^1 - $ ◣

$= \int_0^1 e^y \times dy - \frac{1}{2}\cdot 1\cdot e$

$= \Big[e^y\Big]_0^1 - \frac{e}{2} = e - 1 - \frac{e}{2} = \frac{e}{2} - 1$.

(補足)
$y = \log x$ より，それを逆に表した $x = e^y$ の方が積分計算がカンタンです．

[5] $(\sin x)'' = (\cos x)' y$
$= -\sin x$ より，曲線 $y = \sin x \left(0 \le x \le \frac{\pi}{2}\right)$
は上に凸だから右図のようになる．

∴ $S = $ ◢ $-$ ◣

$= \int_0^{\frac{\pi}{2}} \sin x\, dx - \frac{1}{2}\cdot\frac{\pi}{2}\cdot 1$

$= \Big[+\cos x\Big]_{\frac{\pi}{2}}^{0} - \frac{\pi}{4} = 1 - \frac{\pi}{4}$.

[6] $\frac{x^2}{4} + y^2 = 1$ を y について解くと

$y = \pm\sqrt{1 - \frac{x^2}{4}}$.

よって右図より

$S = 2\int_1^2 \sqrt{1 - \frac{x^2}{4}}\, dx$

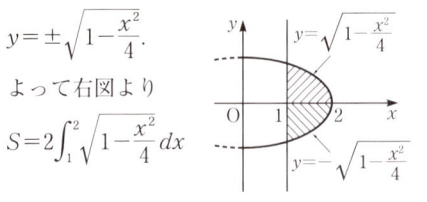

$= \int_1^2 \sqrt{4 - x^2}\, dx$

$x = 2\sin\theta$ とおいてもよいが…

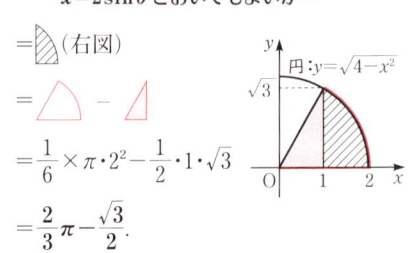

$= $ ◿ （右図）

$= $ ◣ $- $ ◣

$= \frac{1}{6}\times\pi\cdot 2^2 - \frac{1}{2}\cdot 1\cdot\sqrt{3}$

$= \frac{2}{3}\pi - \frac{\sqrt{3}}{2}$.

(補足) ↑
$S = $ ▱ ↗円 となることは，実はITEM 52
基本確認「円と楕円」からもわかります．

[7] $C: y^2 = x^2(1-x^2)$ は x 軸，y 軸に関して対称であり，

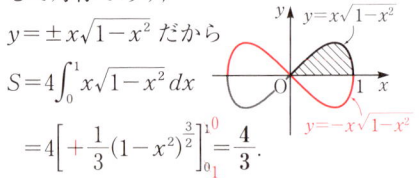

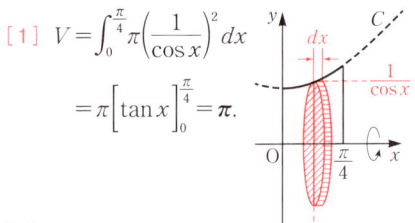

$y = \pm x\sqrt{1-x^2}$ だから

$S = 4\int_0^1 x\sqrt{1-x^2}\, dx$

$= 4\Big[+\frac{1}{3}(1-x^2)^{\frac{3}{2}}\Big]_1^0 = \frac{4}{3}$.

42

[1] $V = \int_0^{\frac{\pi}{4}} \pi\left(\frac{1}{\cos x}\right)^2 dx$

$= \pi\Big[\tan x\Big]_0^{\frac{\pi}{4}} = \pi$.

[2]
(ここでは例題(1)②式の方の考え方：
「立体どうしの関係を考える」により，
円錐が利用できることがわかります．

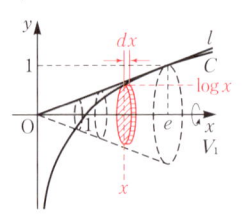

$V_1 =$ [図] $-$ [図]

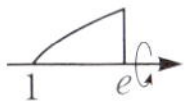

$= \dfrac{1}{3} \times \pi \cdot 1^2 \times e - \displaystyle\int_1^e \pi(\log x)^2 dx$

$= \dfrac{1}{3}\pi e - \pi \underbrace{\displaystyle\int_1^e (\log x)^2 dx}_{I とおく.}$ $\cdots$ ①

ここで

$I = \displaystyle\int_1^e \underset{\underset{x}{\uparrow}}{1} \cdot \underset{\underset{2(\log x)\cdot \frac{1}{x}}{\downarrow}}{(\log x)^2} dx$

$= \Big[x(\log x)^2\Big]_1^e - 2\displaystyle\int_1^e \log x\, dx$

$= e - 2\Big[x\log x - x\Big]_1^e = e - 2.$

これと①より

$V_1 = \dfrac{1}{3}\pi e - \pi(e-2) = \left(2 - \dfrac{2}{3}e\right)\pi.$

次に,$C : x = e^y$ だから

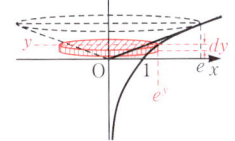

[図]

$V_2 =$ [図] $-$ [図]

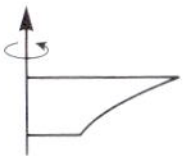

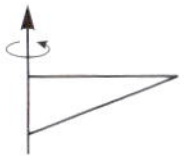

$= \displaystyle\int_0^1 \pi(e^y)^2 dy - \dfrac{1}{3}\times \pi e^2 \times 1$

$= \dfrac{\pi}{2}\Big[e^{2y}\Big]_0^1 - \dfrac{1}{3}\pi e^2$

$= \dfrac{\pi}{2}(e^2-1) - \dfrac{1}{3}\pi e^2 = \left(\dfrac{e^2}{6} - \dfrac{1}{2}\right)\pi.$

|補足|

$(\log x)' = \dfrac{1}{x}$ だから,点 $(e, 1)$ における C の接線 l の方程式は

$y - 1 = \dfrac{1}{e}(x - e)$ i.e. $y = \dfrac{1}{e}x.$

[3] $C : y = -x^2 - 2x + 3 = -(x+1)^2 + 4$ $\cdots$ ①

より,右図のようになる.①と $0 \leq x \leq 1$ より

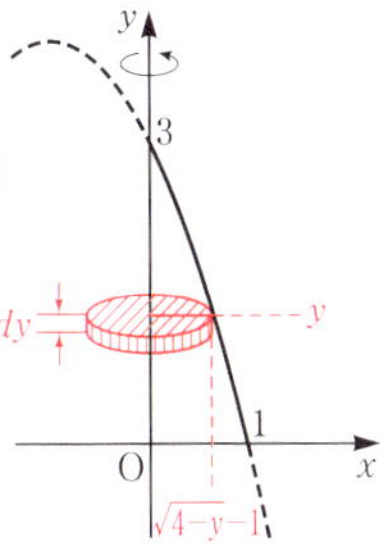

$(x+1)^2 = 4 - y.$

$x + 1 = +\sqrt{4-y}$

$(\because x + 1 > 0).$

$x = \sqrt{4-y} - 1.$

$\therefore\ V = \displaystyle\int_0^3 \pi(\sqrt{4-y} - 1)^2 dy$

$= \pi \displaystyle\int_0^3 (5 - y - 2\sqrt{4-y}) dy$

$= \pi\left[5y - \dfrac{y^2}{2} + \dfrac{4}{3}(4-y)^{\frac{3}{2}}\right]_0^3$

$= \pi\left\{15 - \dfrac{9}{2} + \dfrac{4}{3}(1-8)\right\} = \dfrac{7}{6}\pi.$

|別解|

$y = -x^2 - 2x + 3$ $(0 \leq x \leq 1)$ のもとで,

$V = \displaystyle\int_0^3 \pi x^2 dy.$

ここで,

$dy = (-2x-2)dx,$ $\begin{array}{c|ccc} y & 0 & \longrightarrow & 3 \\ \hline x & 1 & \longrightarrow & 0 \end{array}.$

よって

$V = \pi \displaystyle\int_1^0 x^2(-2x-2) dx$

$= 2\pi \displaystyle\int_0^1 (x^3 + x^2) dx$

$= 2\pi\left(\dfrac{1}{4} + \dfrac{1}{3}\right)$

$= \dfrac{7}{6}\pi.$

[4] $e^{2x} - (e^x + 2) = (e^x)^2 - e^x - 2 = \underbrace{(e^x + 1)}_{正}(e^x - 2)$

より,右図のようになる.

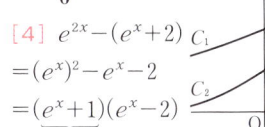

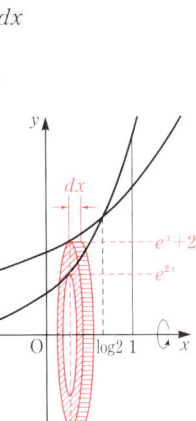

よって
$$V = \int_0^{\log 2} \{\pi(e^x+2)^2 - \pi(e^{2x})^2\}dx$$
$$+ \int_{\log 2}^1 \{\pi(e^{2x})^2 - \pi(e^x+2)^2\}dx.$$

$f(x) = (e^x+2)^2 - (e^{2x})^2$
$\quad = -e^{4x} + e^{2x} + 4e^x + 4$ とおくと

$\int f(x)dx = \underbrace{-\dfrac{e^{4x}}{4} + \dfrac{e^{2x}}{2} + 4e^x + 4x + C}_{F(x) \text{ とおく.}}$

$\dfrac{V}{\pi} = \int_0^{\log 2} f(x)dx + \int_{\log 2}^1 \{-f(x)\}dx$

$= \Big[F(x)\Big]_0^{\log 2} + \Big[+F(x)\Big]_1^{\log 2}$

$= 2F(\log 2) - F(0) - F(1).$

ココに入るのが $\log_e 2$
$e^{\boxed{}} = 2$

ここで, $e^{\log 2} = 2$ に注意すると

$\dfrac{V}{\pi} = 2\left(-\dfrac{2^4}{4} + \dfrac{2^2}{2} + 4\cdot 2 + 4\log 2\right)$
$\quad - \left(-\dfrac{1}{4} + \dfrac{1}{2} + 4\right) - \left(-\dfrac{e^4}{4} + \dfrac{e^2}{2} + 4e + 4\right).$

$V = \left(\dfrac{e^4}{4} - \dfrac{e^2}{2} - 4e + 8\log 2 + \dfrac{15}{4}\right)\pi.$

43A

[1] $\dfrac{dx}{dt} = e^t \cos t - e^t \sin t.$

$\dfrac{dy}{dt} = e^t \sin t + e^t \cos t$ より, 求めるPの速度 $\vec{v}$ は

$\vec{v} = \begin{pmatrix} dx/dt \\ dy/dt \end{pmatrix} = e^t \begin{pmatrix} \cos t - \sin t \\ \sin t + \cos t \end{pmatrix}.$

[2] 求める速さは

$|\vec{v}| = |e^t|\sqrt{(\cos t - \sin t)^2 + (\sin t + \cos t)^2}$
$\quad = e^t \sqrt{2(\cos^2 t + \sin^2 t)} = \sqrt{2}\,e^t.$

[3] 求める道のりは

$\int_0^{2\pi} |\vec{v}|dt = \int_0^{2\pi} \sqrt{2}\,e^t dt = \sqrt{2}\Big[e^t\Big]_0^{2\pi}$
$\quad = \sqrt{2}(e^{2\pi} - 1).$

参考

○ 時刻 t における点Pは, 右図のように
$OP = e^t$, 偏角 $= t$
となっています.
つまりPの軌跡は, 極方程式(ITEM 58)で表すと
$r = e^\theta$
となり, 右のような"らせん形"となります.

○ ⬆ 速度ベクトル $\vec{v}$ は

$\vec{v} = e^t \begin{pmatrix} \sqrt{2}\cos\left(t+\dfrac{\pi}{4}\right) \\ \sqrt{2}\sin\left(t+\dfrac{\pi}{4}\right) \end{pmatrix} = \sqrt{2}\,e^t \begin{pmatrix} \cos\left(t+\dfrac{\pi}{4}\right) \\ \sin\left(t+\dfrac{\pi}{4}\right) \end{pmatrix}$

と変形できます.(加法定理を使って確かめてみてください.)

ベクトル $\begin{pmatrix} \cos\left(t+\dfrac{\pi}{4}\right) \\ \sin\left(t+\dfrac{\pi}{4}\right) \end{pmatrix}$ は単位ベクトルですから, $|\vec{v}| = \sqrt{2}\,e^t$ が即座に得られます.

また, 時刻 t における点Pの位置ベクトル $\overrightarrow{OP} = e^t \begin{pmatrix} \cos t \\ \sin t \end{pmatrix}$ に比べて偏角が常に $\dfrac{\pi}{4}$ だけ大きくなっていますから, $\overrightarrow{OP}$ と $\vec{v}$ は上図のように常に等角 $\left(\dfrac{\pi}{4}\right)$ をなします. なので, Pが描くこの曲線は「等角らせん」と呼ばれます.

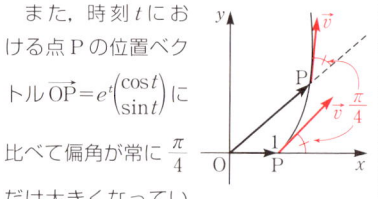

43B

[1] $\dfrac{dx}{dt} = -\sin t \cos t + (1+\cos t)(-\sin t)$

$= -\sin t - \sin 2t$,

「t」が「時刻」なら，これらが「速度ベクトル」の x, y 成分

$\dfrac{dy}{dt} = -\sin t \sin t + (1+\cos t)\cos t$

$= \cos t + \cos 2t$.

$\therefore \sqrt{\left(\dfrac{dx}{dt}\right)^2 + \left(\dfrac{dy}{dt}\right)^2}$

$= \sqrt{(-\sin t - \sin 2t)^2 + (\cos t + \cos 2t)^2}$

$= \sqrt{2 + 2(\cos 2t \cos t + \sin 2t \sin t)}$

$= \sqrt{2 + 2\cos t}$

$= 2\sqrt{\dfrac{1+\cos t}{2}}$

$= 2\sqrt{\cos^2 \dfrac{t}{2}}$

$= 2\left|\cos \dfrac{t}{2}\right| = 2\cos \dfrac{t}{2} \quad \left(\because 0 \leqq \dfrac{t}{2} \leqq \dfrac{\pi}{2}\right)$.

これが「速さ」

よって求める長さは

$\displaystyle\int_0^\pi 2\cos \dfrac{t}{2} dt = 4\left[\sin \dfrac{t}{2}\right]_0^\pi = 4.$ 「道のり」

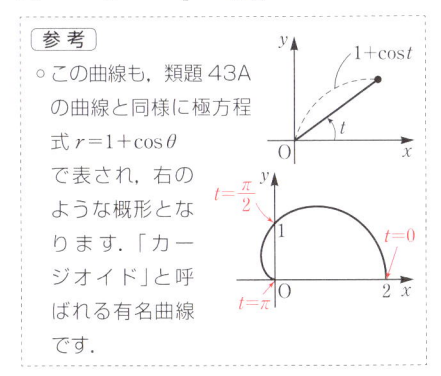

参考
- この曲線も，類題43Aの曲線と同様に極方程式 $r = 1 + \cos\theta$ で表され，右のような概形となります。「カージオイド」と呼ばれる有名曲線です．

[2] $\dfrac{dx}{d\theta} = -3\sin\theta - 3\sin 3\theta$,

$\dfrac{dy}{d\theta} = 3\cos\theta - 3\cos 3\theta$.

$\therefore \begin{pmatrix} dx/d\theta \\ dy/d\theta \end{pmatrix} = 3\begin{pmatrix} -\sin\theta - \sin 3\theta \\ \cos\theta - \cos 3\theta \end{pmatrix}$

$(= \vec{v}$ とおく$)$.

$|\vec{v}| = 3\sqrt{(-\sin\theta - \sin 3\theta)^2 + (\cos\theta - \cos 3\theta)^2}$

$= 3\sqrt{2 - 2(\cos 3\theta \cos\theta - \sin 3\theta \sin\theta)}$

$= 3\sqrt{2(1 - \cos 4\theta)}$

$= 6\sqrt{\dfrac{1 - \cos 4\theta}{2}}$

$= 6\sqrt{\sin^2 2\theta}$

$= 6|\sin 2\theta|$

$= 6\sin 2\theta \quad (\because 0 \leqq 2\theta \leqq \pi)$.

よって求める長さは

$\displaystyle\int_0^{\frac{\pi}{2}} 6\sin 2\theta \, d\theta = 3\left[+\cos 2\theta\right]_{\frac{\pi}{2}}^0 = \mathbf{6}.$

別解

3倍角公式を用いると

$\begin{cases} x = 3\cos\theta + (4\cos^3\theta - 3\cos\theta) = 4\cos^3\theta, \\ y = 3\sin\theta - (3\sin\theta - 4\sin^3\theta) = 4\sin^3\theta. \end{cases}$

$\therefore \dfrac{dx}{d\theta} = 12\cos^2\theta(-\sin\theta)$,

$\dfrac{dy}{d\theta} = 12\sin^2\theta \cos\theta$.

$\begin{pmatrix} dx/d\theta \\ dy/d\theta \end{pmatrix} = 12\sin\theta\cos\theta\begin{pmatrix} -\cos\theta \\ \sin\theta \end{pmatrix}$

$(= \vec{v}$ とおく$)$.

$|\vec{v}| = |6\sin 2\theta| \cdot 1 = 6\sin 2\theta$

$(\because 0 \leqq 2\theta \leqq \pi)$.

∴ (以下同様)

参考
この曲線も「アステロイド」という有名曲線です．

[3] $y = 2x^{\frac{3}{2}}$ より $y' = 3\sqrt{x}$ だから，求める長さは

$$\int_0^1 \sqrt{1+(3\sqrt{x})^2}\,dx = \int_0^1 \sqrt{1+9x}\,dx$$
$$= \left[\frac{2}{27}(1+9x)^{\frac{3}{2}}\right]_0^1$$
$$= \frac{2}{27}(10\sqrt{10}-1).$$

[4] $1+y'^2 = 1+\left(\dfrac{e^x - e^{-x}}{2}\right)^2$
$$= \frac{4+(e^x)^2 - 2 + (e^{-x})^2}{4}$$
$$= \left(\frac{e^x + e^{-x}}{2}\right)^2.$$

よって求める長さは
$$\int_0^a \sqrt{1+y'^2}\,dx = \int_0^a \frac{e^x + e^{-x}}{2}\,dx$$
$$= \left[\frac{e^x - e^{-x}}{2}\right]_0^a$$
$$= \frac{e^a - e^{-a}}{2}.$$

44

[1] $z = 2 - i$.　[2] $\bar{z} = 2 + i$.
[3] $-z = -2 + i$.
[4] $z + \bar{z} = 4$.　… $4 + 0i$
[5] $z - \bar{z} = -2i$.　… $0 - 2i$

これらが表すベクトルは下図の通り．

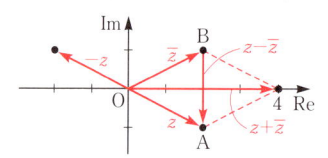

(図)

補足
$O(0)$, $A(z)$, $B(\bar{z})$ とすると, [1]〜[5] はそれぞれ次のベクトルを表している．
[1] $\overrightarrow{OA}$　[2] $\overrightarrow{OB}$　[3] $-\overrightarrow{OA}$
[4] $\overrightarrow{OA} + \overrightarrow{OB}$　[5] $\overrightarrow{OA} - \overrightarrow{OB} = \overrightarrow{BA}$

[6] $3z = 6 - 3i$.　[7] $3z + \bar{z} = 8 - 2i$.
[8] $3z - \bar{z} = 4 - 4i$.　[9] $\dfrac{3z + \bar{z}}{2} = 4 - i$.

これらが表すベクトルは下図の通り．

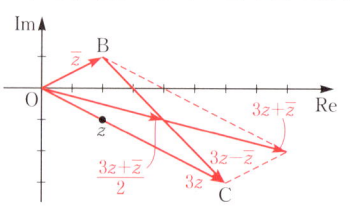

(図)

補足
$O(0)$, $C(3z)$, $B(\bar{z})$ として, [6]〜[9] はそれぞれ次のベクトルを表している．
[6] $\overrightarrow{OC}$　[7] $\overrightarrow{OC} + \overrightarrow{OB}$
[8] $\overrightarrow{OC} - \overrightarrow{OB} = \overrightarrow{BC}$
[9] 線分 BC の中点を M として, $\overrightarrow{OM}$.

45

[1] $i^3 = i^2 \cdot i = -i$.
[2] $i^4 = (i^2)^2 = (-1)^2 = 1$.
[3] $(1+2i)(i-3) = (-3-2) + (1-6)i$
$$= -5 - 5i.$$
[4] $i(\sqrt{2}i - 3) = -\sqrt{2} - 3i$.
[5] $(1+i)^2 = (1-1) + 2i = 2i$.
[6] $(1+i)^3 = 1 + 3i + 3i^2 + i^3 = -2 + 2i$.

補足
[1], [2], [5], [6] は, ITEM 47 の極形式を使って考えることもできます．

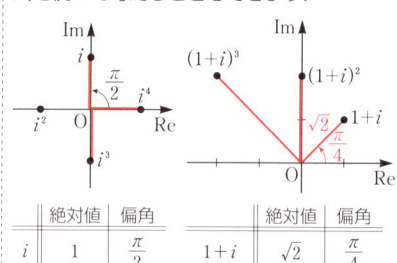

(図)

絶対値	偏角
i	1	$\dfrac{\pi}{2}$
i^3	1	$\dfrac{3}{2}\pi$
i^4	1	2π

絶対値	偏角
$1+i$	$\sqrt{2}$	$\dfrac{\pi}{4}$
$(1+i)^2$	2	$\dfrac{\pi}{2}$
$(1+i)^3$	$2\sqrt{2}$	$\dfrac{3}{4}\pi$

[7] $(3+4i)(3-4i) = 3^2 - (4i)^2$
$= 3^2 + 4^2 = \mathbf{25}.$

補足
このように，共役な複素数どうしの積は，それらの絶対値の2乗に等しくなります。（→ITEM 46）

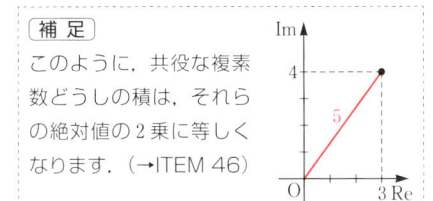

[8] $\dfrac{1+2i}{i-3} = \dfrac{1+2i}{-3+i}$　　$i-3 = -3+i$ と共役な複素数は $-3-i$
$= \dfrac{(1+2i)(-3-i)}{(-3+i)(-3-i)}$
$= \dfrac{(1+2i)(-3-i)}{10}$
$= \dfrac{-1-7i}{10}.$

[9] $\dfrac{-2+5i}{i} = \dfrac{(-2+5i)(-i)}{i(-i)}$　　「i」と共役な複素数は「$-i$」
$= (-2+5i)(-i)$
$= \mathbf{5+2i}.$

[10] $\dfrac{\sqrt{3}+i}{\sqrt{3}-i} = \dfrac{(\sqrt{3}+i)(\sqrt{3}+i)}{(\sqrt{3}-i)(\sqrt{3}+i)}$
$= \dfrac{(\sqrt{3}+i)^2}{4}$
$= \dfrac{2+2\sqrt{3}i}{4} = \dfrac{\mathbf{1+\sqrt{3}i}}{\mathbf{2}}.$

[11] $\dfrac{1-\sqrt{2}i}{1+\sqrt{2}i} = \dfrac{(1-\sqrt{2}i)^2}{3} = \dfrac{-1-2\sqrt{2}i}{3}.$

∴ $\left(\dfrac{1-\sqrt{2}i}{1+\sqrt{2}i}\right)^3 (1-2\sqrt{2}i)^3$
$= \left\{\dfrac{-1-2\sqrt{2}i}{3}(1-2\sqrt{2}i)\right\}^3$
$= \dfrac{-1}{27}\{(1+2\sqrt{2}i)(1-2\sqrt{2}i)\}^3$
$= \dfrac{-1}{27} \cdot 9^3 = \mathbf{-27}.$

[12] $(1+2i)(a+bi) = \mathbf{(a-2b)+(2a+b)i}.$

[13] $z^2 = (x+yi)^2 = \mathbf{(x^2-y^2)+2xyi}.$
$\dfrac{1}{z} = \dfrac{1}{x-yi} = \dfrac{1\cdot(x+yi)}{(x-yi)(x+yi)} = \dfrac{\mathbf{x+yi}}{\mathbf{x^2+y^2}}.$

参考
ITEM 46 で扱う絶対値に関する知識を使えば
$z\bar{z} = |z|^2.$ ∴ $\dfrac{1}{z} = \dfrac{z}{|z|^2} = \dfrac{x+yi}{x^2+y^2}$
と求まります。

[14] $\dfrac{1+ti}{1-ti} = \dfrac{(1+ti)^2}{1+t^2}$
$= \dfrac{1-t^2}{1+t^2} + \dfrac{2t}{1+t^2}i.$ 　…(∗)

参考
$t = \tan\theta$ とおけば，ITEM 47 で扱う極形式を用いて，以下のように計算することができます。

$\dfrac{1+ti}{1-ti} = \dfrac{1+(\tan\theta)i}{1-(\tan\theta)i}$ 　　$\tan\theta = \dfrac{\sin\theta}{\cos\theta}$
$= \dfrac{\cos\theta+i\sin\theta}{\cos\theta-i\sin\theta}$
$= (\cos\theta+i\sin\theta)^2$
$= \cos 2\theta + i\sin 2\theta.$

一方
$\dfrac{1-t^2}{1+t^2} + \dfrac{2t}{1+t^2}i$ 　　$t = \tan\theta = \dfrac{\sin\theta}{\cos\theta}$
$= \dfrac{\cos^2\theta - \sin^2\theta}{\cos^2\theta + \sin^2\theta} + \dfrac{2\sin\theta\cos\theta}{\cos^2\theta + \sin^2\theta}i$
$= \cos 2\theta + i\sin 2\theta.$

確かに，(∗) の両辺は等しいですね。

46

[1] $|\alpha\beta|$
$= |\alpha||\beta|$
$= \sqrt{3^2+(-4)^2}$
$\quad \times \sqrt{12^2+5^2}$
$= 5 \cdot 13 = \mathbf{65}.$ 　　直角三角形をイメージして…

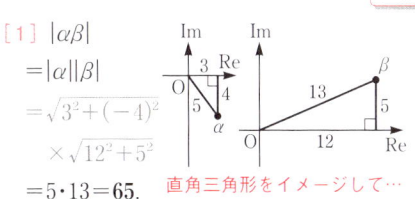

[2] $|\beta-\alpha|=\sqrt{5}$.
 　$|\beta-\alpha|^2=5$. …① **絶対値は2乗して**
ここで
左辺 $=(\beta-\alpha)\overline{(\beta-\alpha)}$
　　　$=(\beta-\alpha)(\bar\beta-\bar\alpha)$
　　　$=\beta\bar\beta-\bar\beta\alpha-\alpha\bar\beta+\alpha\bar\alpha$ **分解する**
　　　$=|\beta|^2-(\bar\alpha\beta+\alpha\bar\beta)+|\alpha|^2$.
これと $|\alpha|=2$, $|\beta|=1$ より，①は
$5-(\bar\alpha\beta+\alpha\bar\beta)=5$.
∴ $\bar\alpha\beta+\alpha\bar\beta=0$.

参考 結果が「0」になることの図形的意味を，[6]の **参考** で少し詳しく解説します。

[3] $|z|=2$. また,
$\left|z-\dfrac{4}{z}\right|=2$.
$\left|z-\dfrac{4}{z}\right|^2=4$.
$\left(z-\dfrac{4}{z}\right)\overline{\left(z-\dfrac{4}{z}\right)}=4$.
$\left(z-\dfrac{4}{z}\right)\left(\bar z-\dfrac{4}{\bar z}\right)=4$.
$|z|^2-4\left(\dfrac{z}{\bar z}+\dfrac{\bar z}{z}\right)+\dfrac{16}{|z|^2}=4$.
これと $|z|=2$ より
$4-4\left(\dfrac{z}{\bar z}+\dfrac{\bar z}{z}\right)+4=4$.
$\dfrac{z}{\bar z}+\dfrac{\bar z}{z}=1$.
これを用いると
$\left|z-\dfrac{2}{\bar z}\right|^2=\left(z-\dfrac{2}{\bar z}\right)\left(\bar z-\dfrac{2}{z}\right)$
　　　　$=|z|^2-2\left(\dfrac{z}{\bar z}+\dfrac{\bar z}{z}\right)+\dfrac{4}{|z|^2}$
　　　　$=4-2\cdot 1+\dfrac{4}{4}=3$.
∴ $\left|z-\dfrac{2}{\bar z}\right|=\sqrt 3$.

参考 次 ITEM で扱う極形式を用いると，本問のもつ図形的意味がわかります．$|z|=2$ より
$z=2(\cos\theta+i\sin\theta)$
とおけて，このとき
$\dfrac{4}{z}=2\{\cos(-\theta)+i\sin(-\theta)\}$.
よって，$A(z)$，$B\left(\dfrac{4}{z}\right)$ はどちらも右図の円周上にあり，しかも実軸に関し対称です．さらに 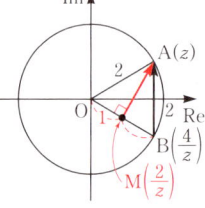
$\left|z-\dfrac{4}{z}\right|=|\overrightarrow{BA}|=2$
   こんなベクトル
ですから，△OAB は正三角形です．また，$M\left(\dfrac{2}{z}\right)$ とすると $\dfrac{2}{z}=\dfrac{1}{2}\cdot\dfrac{4}{z}$ より M は OB の中点ですから
$\left|z-\dfrac{2}{\bar z}\right|=|\overrightarrow{MA}|=\sqrt 3$
となる訳です．

[4] $z+\dfrac{1}{z}$ が純虚数となるための条件は，$z+\dfrac{1}{z}\ne 0$ のもとで 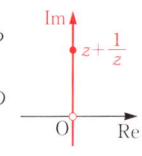
$\left(z+\dfrac{1}{z}\right)+\overline{\left(z+\dfrac{1}{z}\right)}=0$.   **$\mathrm{Re}\left(z+\dfrac{1}{z}\right)=0$**
$z+\dfrac{1}{z}+\bar z+\dfrac{1}{\bar z}=0$.
$(z+\bar z)+\dfrac{\bar z+z}{z\bar z}=0$.
$(z+\bar z)\left(1+\dfrac{1}{|z|^2}\right)=0$.
$1+\dfrac{1}{|z|^2}>0$ だから，
$z+\bar z=0$（かつ $z\ne 0$）．   **$\mathrm{Re}\,z=0$**
よって，z は純虚数となる．□

[5] z^4 が実数のとき 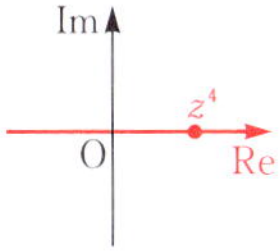
$z^4 = \overline{z^4}$.
$z^4 = (\overline{z})^4$.
$z^4 - (\overline{z})^4 = 0$.
$(z^2)^2 - \{(\overline{z})^2\}^2 = 0$.
$\{z^2 + (\overline{z})^2\}\{z^2 - (\overline{z})^2\} = 0$.
$(z^2 + \overline{z}^2)(z + \overline{z})(z - \overline{z}) = 0$.
z は虚数だから，$z \neq \overline{z}$, i.e. $z - \overline{z} \neq 0$.
したがって
$z + \overline{z} = 0$ or $z^2 + \overline{z}^2 = 0$.
これと $z \neq 0$, $z^2 \neq 0$ より
z は純虚数 or z^2 は純虚数. □

[6] $\overline{\alpha}\beta = (a - bi)(c + di)$
$= (ac + bd) + (ad - bc)i$.
$\therefore \begin{cases} \text{Re}(\overline{\alpha}\beta) = ac + bd, \\ \text{Im}(\overline{\alpha}\beta) = ad - bc. \end{cases}$

参考 xy 平面上のベクトル
$\vec{u} = \begin{pmatrix} a \\ b \end{pmatrix} \longleftrightarrow \alpha = a + bi$ と対応
$\vec{v} = \begin{pmatrix} c \\ d \end{pmatrix} \longleftrightarrow \beta = c + di$ と対応
を考えると **内積**
$\text{Re}(\overline{\alpha}\beta) = \vec{u} \cdot \vec{v}$. …㋐ 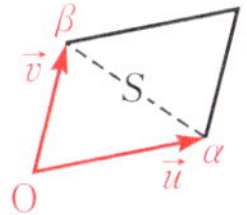
また，右図のような平行四辺形の面積を S として
$|\text{Im}(\overline{\alpha}\beta)| = S$ …㋑
(→数学Ⅰ・A・Ⅱ・B ITEM 59 ❻)
となっていることもわかります.
このことをもとに，[2]の図形的意味を解説します． 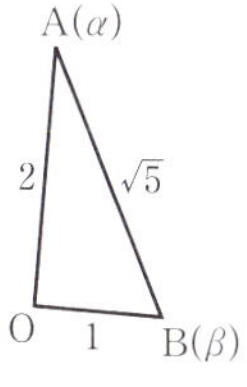
[2]で $A(\alpha)$, $B(\beta)$ とすると，O を原点として
$|\alpha| = |\overrightarrow{OA}| = 2$,
$|\beta| = |\overrightarrow{OB}| = 1$,
$|\beta - \alpha| = |\overrightarrow{AB}| = \sqrt{5}$.
こんなベクトル
よって $OA^2 + OB^2 = AB^2$ だから，
△OAB は $\angle AOB = \dfrac{\pi}{2}$ の直角三角形, つまり

$\overrightarrow{OA} \perp \overrightarrow{OB}$.
$\overrightarrow{OA} \cdot \overrightarrow{OB} = 0$.
これと上記㋐の関係により
$\text{Re}(\overline{\alpha}\beta) = 0$.
$\overline{\alpha}\beta + \overline{(\overline{\alpha}\beta)} = 0$.
$\therefore \overline{\alpha}\beta + \alpha\overline{\beta} = 0$.
なお，㋐と㋑は[類題 50C]において，別の視点から再検討します．

47A

[1] 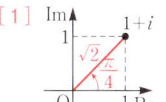
$1 + i = \sqrt{2}\left(\cos\dfrac{\pi}{4} + i\sin\dfrac{\pi}{4}\right)$.

[2] 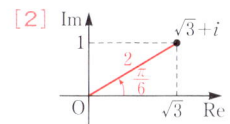
$\sqrt{3} + i = 2\left(\cos\dfrac{\pi}{6} + i\sin\dfrac{\pi}{6}\right)$.

[3] 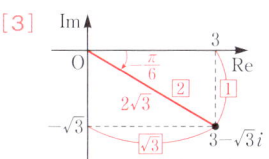
$\dfrac{11}{6}\pi$ でも可

$3 - \sqrt{3}i = 2\sqrt{3}\left\{\cos\left(-\dfrac{\pi}{6}\right) + i\sin\left(-\dfrac{\pi}{6}\right)\right\}$.

補足 $3 - \sqrt{3}i = \sqrt{3}(\sqrt{3} - i)$ と変形し，$\sqrt{3} - i$ の極形式を求めて $\sqrt{3}$ 倍しても OK. 以下，この方法と上記の方法を適宜使い分けます．

[4] 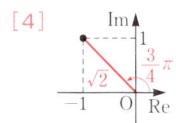
$\dfrac{-1 + i}{2} = \dfrac{\sqrt{2}}{2}\left(\cos\dfrac{3}{4}\pi + i\sin\dfrac{3}{4}\pi\right)$.

[5]

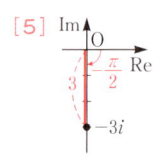

$$-3i = 3\left\{\cos\left(-\frac{\pi}{2}\right) + i\sin\left(-\frac{\pi}{2}\right)\right\}.$$

[6]

$$-2 = 2(\cos\pi + i\sin\pi).$$

[7] $\sqrt{6} + \sqrt{2}i = \sqrt{2}(\sqrt{3} + i)$.

よって [2] を利用して

$$\sqrt{6} + \sqrt{2}i = 2\sqrt{2}\left(\cos\frac{\pi}{6} + i\sin\frac{\pi}{6}\right).$$

$$\therefore \quad (\sqrt{6} + \sqrt{2}i)^2 \qquad \frac{\pi}{6} + \frac{\pi}{6}$$

$$= (2\sqrt{2})^2\left\{\cos\left(2\cdot\frac{\pi}{6}\right) + i\sin\left(2\cdot\frac{\pi}{6}\right)\right\}$$

$$= 8\left(\cos\frac{\pi}{3} + i\sin\frac{\pi}{3}\right).$$

（補足）
$$(\sqrt{6} + \sqrt{2}i)^2 = \{\sqrt{2}(\sqrt{3} + i)\}^2$$
$$= 2(2 + 2\sqrt{3}i)$$
$$= 4(1 + \sqrt{3}i)$$

としてから極形式にすることもできますが、上の解答のようにする方が、ふつうは速いでしょう。

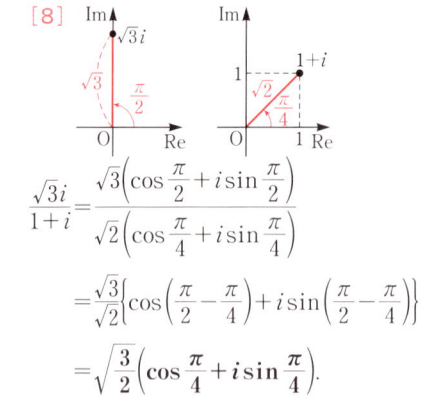

[8]

$$\frac{\sqrt{3}i}{1+i} = \frac{\sqrt{3}\left(\cos\frac{\pi}{2} + i\sin\frac{\pi}{2}\right)}{\sqrt{2}\left(\cos\frac{\pi}{4} + i\sin\frac{\pi}{4}\right)}$$

$$= \frac{\sqrt{3}}{\sqrt{2}}\left\{\cos\left(\frac{\pi}{2} - \frac{\pi}{4}\right) + i\sin\left(\frac{\pi}{2} - \frac{\pi}{4}\right)\right\}$$

$$= \sqrt{\frac{3}{2}}\left(\cos\frac{\pi}{4} + i\sin\frac{\pi}{4}\right).$$

（補足）
$$\frac{\sqrt{3}i}{1+i} = \frac{\sqrt{3}i(1-i)}{2} = \frac{\sqrt{3}}{2}(1+i)$$

と変形してから極形式にすることもできます。前問とちがい、今回はこちらでも簡単です。

[9]

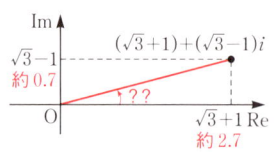

$\left(\begin{array}{l}(\sqrt{3}+1)+(\sqrt{3}-1)i \text{ の偏角を直接求め} \\ \text{るのは難しそうですね. そこで…}\end{array}\right)$

$$\{(\sqrt{3}+1)+(\sqrt{3}-1)i\}^2$$
$$= \{(\sqrt{3}+1)^2 - (\sqrt{3}-1)^2\} + 2(\sqrt{3}+1)(\sqrt{3}-1)i$$
$$= 4\sqrt{3} + 4i$$
$$= 4(\sqrt{3}+i)$$
$$= 4\cdot 2\left(\cos\frac{\pi}{6} + i\sin\frac{\pi}{6}\right)$$
$$= 8\left(\cos\frac{\pi}{6} + i\sin\frac{\pi}{6}\right).$$

[10]（前問の結果を利用しないで解答します.）

$$\{(\sqrt{3}+1)+(\sqrt{3}-1)i\}(1+i)$$
$$= (\sqrt{3}+1-\sqrt{3}+1) + (\sqrt{3}+1+\sqrt{3}-1)i$$
$$= 2 + 2\sqrt{3}i$$
$$= 2(1+\sqrt{3}i)$$
$$= 4\left(\cos\frac{\pi}{3} + i\sin\frac{\pi}{3}\right).$$

[11] $\sin\theta + i\cos\theta = \cos\left(\frac{\pi}{2} - \theta\right) + i\sin\left(\frac{\pi}{2} - \theta\right).$

[12] $1 + i\tan\theta = 1 + i\cdot\frac{\sin\theta}{\cos\theta}$

$$= \underbrace{\frac{1}{\cos\theta}}_{\text{これが絶対値}}(\cos\theta + i\sin\theta).$$

$$\left(\because -\frac{\pi}{2} < \theta < \frac{\pi}{2} \text{ より } \cos\theta > 0.\right)$$

補足

$|1+i\tan\theta| = \sqrt{1+\tan^2\theta} = \sqrt{\dfrac{1}{\cos^2\theta}} = \dfrac{1}{\cos\theta}$

ですね.

[13] $(1-\tan^2\theta) + i\cdot 2\tan\theta$

$= \left(1 - \dfrac{\sin^2\theta}{\cos^2\theta}\right) + i\cdot 2\cdot\dfrac{\sin\theta}{\cos\theta}$

$= \dfrac{1}{\cos^2\theta}\{(\cos^2\theta - \sin^2\theta) + i\cdot 2\sin\theta\cos\theta\}$

$= \dfrac{1}{\cos^2\theta}(\cos 2\theta + i\sin 2\theta)$. 正

参考

○ 前問の結果の両辺を2乗すると

$(1+i\tan\theta)^2 = \dfrac{1}{\cos^2\theta}(\cos\theta + i\sin\theta)^2$.

∴ $(1-\tan^2\theta) + i\cdot 2\tan\theta$

$= \dfrac{1}{\cos^2\theta}(\cos 2\theta + i\sin 2\theta)$.

⬆ ○ 等式 $\dfrac{1-\tan^2\theta}{1+\tan^2\theta} = \cos 2\theta$,

$\dfrac{2\tan\theta}{1+\tan^2\theta} = \sin 2\theta$

(→数学Ⅰ・A・Ⅱ・B 類題 49B[2])

が成り立つことを知っていれば,

与式 $= (1+\tan^2\theta)\left(\dfrac{1-\tan^2\theta}{1+\tan^2\theta} + i\cdot\dfrac{2\tan\theta}{1+\tan^2\theta}\right)$

$= \dfrac{1}{\cos^2\theta}(\cos 2\theta + i\sin 2\theta)$

となることがすぐにわかりますね.

47B

$z = r(\cos\theta + i\sin\theta)$
$\quad (r > 0)$.

$\bar{z} = r(\cos\theta - i\sin\theta)$

$= r\{\cos(-\theta) + i\sin(-\theta)\}$. …①

$\dfrac{1}{z} = \dfrac{1\cdot(\cos 0 + i\sin 0)}{r(\cos\theta + i\sin\theta)}$

$= \dfrac{1}{r}\{\cos(-\theta) + i\sin(-\theta)\}$.　　　0−θ

①より

$\dfrac{1}{z} = \dfrac{1\cdot(\cos 0 + i\sin 0)}{r\{\cos(-\theta) + i\sin(-\theta)\}}$

$= \dfrac{1}{r}(\cos\theta + i\sin\theta)$　　　0−(−θ)

補足

「$\dfrac{1}{z}$」は, ド・モアブルの定理を使って

$\dfrac{1}{z} = \dfrac{1}{r}(\cos\theta + i\sin\theta)^{-1}$

$= \dfrac{1}{r}\{\cos(-\theta) + i\sin(-\theta)\}$　　　−1・θ

と求めることもできます.

48

すべて, ド・モアブルの定理を用いる.

[1] $(1-\sqrt{3}i)^4$

$= \left\{2\left(\cos\left(-\dfrac{\pi}{3}\right) + i\sin\left(-\dfrac{\pi}{3}\right)\right)\right\}^4$

$= 2^4\left\{\cos\left(-\dfrac{\pi}{3}\cdot 4\right) + i\sin\left(-\dfrac{\pi}{3}\cdot 4\right)\right\}$

$= 16\left\{\cos\left(-\dfrac{4}{3}\pi\right) + i\sin\left(-\dfrac{4}{3}\pi\right)\right\}$

$= 16\left(-\dfrac{1}{2} + \dfrac{\sqrt{3}}{2}i\right)$

$= 8(-1 + \sqrt{3}i)$.

[2] $\left(\dfrac{i-1}{\sqrt{2}}\right)^6$

$= \left(\dfrac{-1}{\sqrt{2}} + \dfrac{1}{\sqrt{2}}i\right)^6$

$= \left(\cos\dfrac{3}{4}\pi + i\sin\dfrac{3}{4}\pi\right)^6$

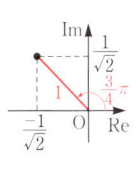

$=\cos\left(6\cdot\dfrac{3}{4}\pi\right)+i\sin\left(6\cdot\dfrac{3}{4}\pi\right)$

$=\cos\left(\dfrac{9}{2}\pi\right)+i\sin\left(\dfrac{9}{2}\pi\right)$

$=\cos\dfrac{\pi}{2}+i\sin\dfrac{\pi}{2}\quad\left(\because\dfrac{9}{2}\pi=2\cdot2\pi+\dfrac{\pi}{2}\right)$

$=\boldsymbol{i}.$

[3] $\left(\dfrac{1}{1+i}\right)^5$

$=\left\{\dfrac{1}{\sqrt{2}\left(\cos\dfrac{\pi}{4}+i\sin\dfrac{\pi}{4}\right)}\right\}^5$

$=\dfrac{1}{(\sqrt{2})^5}\left(\cos\dfrac{\pi}{4}+i\sin\dfrac{\pi}{4}\right)^{-5}$

$=\dfrac{1}{4\sqrt{2}}\Big\{\cos\left(-\dfrac{\pi}{4}\cdot5\right)$
$\qquad+i\sin\left(-\dfrac{\pi}{4}\cdot5\right)\Big\}$

$=\dfrac{1}{4\sqrt{2}}\left\{\cos\left(-\dfrac{5}{4}\pi\right)+i\sin\left(-\dfrac{5}{4}\pi\right)\right\}$

$=\dfrac{1}{4\sqrt{2}}\left(\dfrac{-1}{\sqrt{2}}+\dfrac{1}{\sqrt{2}}i\right)=\dfrac{\boldsymbol{-1+i}}{\boldsymbol{8}}.$

[4] $\left(1+\dfrac{1}{\sqrt{3}i}\right)^6$

$=\left(\dfrac{1+\sqrt{3}i}{\sqrt{3}i}\right)^6$

$=\left\{\dfrac{2\left(\cos\dfrac{\pi}{3}+i\sin\dfrac{\pi}{3}\right)}{\sqrt{3}\left(\cos\dfrac{\pi}{2}+i\sin\dfrac{\pi}{2}\right)}\right\}^6$

$=\left\{\dfrac{2}{\sqrt{3}}\left(\cos\dfrac{-\pi}{6}+i\sin\dfrac{-\pi}{6}\right)\right\}^6$

$=\left(\dfrac{2}{\sqrt{3}}\right)^6\left\{\cos\left(-\dfrac{\pi}{6}\cdot6\right)+i\sin\left(-\dfrac{\pi}{6}\cdot6\right)\right\}$

$=\dfrac{2^6}{3^3}\{\cos(-\pi)+i\sin(-\pi)\}$

$=-\dfrac{\boldsymbol{64}}{\boldsymbol{27}}.$

[5] $\begin{pmatrix}(\sqrt{6}-\sqrt{2})+(\sqrt{6}+\sqrt{2})i\text{ を直接極形}\\ \text{式で表すのは簡単ではなさそうで}\\ \text{す。}\end{pmatrix}$

$\{(\sqrt{6}-\sqrt{2})+(\sqrt{6}+\sqrt{2})i\}^2$

$=\{(\sqrt{6}-\sqrt{2})^2-(\sqrt{6}+\sqrt{2})^2\}$
$\qquad\qquad+2(\sqrt{6}-\sqrt{2})(\sqrt{6}+\sqrt{2})i$

$=-4\sqrt{6}\cdot\sqrt{2}+2(6-2)i$

$=8(-\sqrt{3}+i)$

$=8\cdot2\left(\cos\dfrac{5}{6}\pi+i\sin\dfrac{5}{6}\pi\right)$

$=2^4\left(\cos\dfrac{5}{6}\pi+i\sin\dfrac{5}{6}\pi\right).$

$\therefore\ \{(\sqrt{6}-2)+(\sqrt{6}+\sqrt{2})i\}^{10}$

$=[\{(\sqrt{6}-2)+(\sqrt{6}+\sqrt{2})i\}^2]^5$

$=\left\{2^4\left(\cos\dfrac{5}{6}\pi+i\sin\dfrac{5}{6}\pi\right)\right\}^5$

$=2^{20}\left\{\cos\left(5\cdot\dfrac{5}{6}\pi\right)+i\sin\left(5\cdot\dfrac{5}{6}\pi\right)\right\}$

$=2^{20}\left(\cos\dfrac{25}{6}\pi+i\sin\dfrac{25}{6}\pi\right)$

$=2^{20}\left(\cos\dfrac{\pi}{6}+i\sin\dfrac{\pi}{6}\right)\left(\because\dfrac{25}{6}\pi=2\cdot2\pi+\dfrac{\pi}{6}\right)$

$=2^{20}\left(\dfrac{\sqrt{3}}{2}+\dfrac{1}{2}i\right)$

$=\boldsymbol{2^{19}(\sqrt{3}+i)}.$

[補足]
2^{19} を計算して 524288 にしなくてもよいでしょう。

[6] $(\cos\theta-i\sin\theta)^n$

$=\{\cos(-\theta)+i\sin(-\theta)\}^n$

$=\cos(-n\theta)+i\sin(-n\theta)$

$=\boldsymbol{\cos n\theta-i\sin n\theta}.$

[別解]
共役複素数の性質を用いると
$(\cos\theta-i\sin\theta)^n$
$=\overline{(\cos\theta+i\sin\theta)}^n\qquad\overline{\alpha\alpha\cdots\alpha}$
$=\overline{(\cos\theta+i\sin\theta)^n}\qquad=\overline{\alpha}\,\overline{\alpha}\,\overline{\alpha}\cdots\overline{\alpha}$
$=\overline{\cos n\theta+i\sin n\theta}$
$=\boldsymbol{\cos n\theta-i\sin n\theta}.$

[7] $\cos\theta + i\sin\theta - 1$
$= -2 \cdot \dfrac{1-\cos\theta}{2} + i\sin\left(2\cdot\dfrac{\theta}{2}\right)$
$= -2\sin^2\dfrac{\theta}{2} + i\cdot 2\sin\dfrac{\theta}{2}\cos\dfrac{\theta}{2}$
$= 2\sin\dfrac{\theta}{2}\left(-\sin\dfrac{\theta}{2} + i\cos\dfrac{\theta}{2}\right)$
$= 2\sin\dfrac{\theta}{2}\left\{\cos\left(\dfrac{\theta}{2}+\dfrac{\pi}{2}\right) + i\sin\left(\dfrac{\theta}{2}+\dfrac{\pi}{2}\right)\right\}$ …㋐

$\therefore\ (\cos\theta + i\sin\theta - 1)^n$
$= \left(2\sin\dfrac{\theta}{2}\right)^n\left\{\cos\left(\dfrac{\theta+\pi}{2}n\right) + i\sin\left(\dfrac{\theta+\pi}{2}n\right)\right\}$ …㋑

補足

○ ㋐において，$2\sin\dfrac{\theta}{2}\geqq 0$ とは限りませんから，㋐を「$\cos\theta + i\sin\theta - 1$ の極形式」と呼ぶことはできません．しかし，｛ ｝の部分にド・モアブルの定理を適用することはできますから，等式㋑は成り立ちます．

○ $A(1)$, $P(\cos\theta + i\sin\theta)$ とすると，$(\cos\theta + i\sin\theta) - 1$ はベクトル $\overrightarrow{AP}$ を表します．$0 < \theta < \pi$ の場合は，右の図からも㋐のように変形できることがわかりますね．

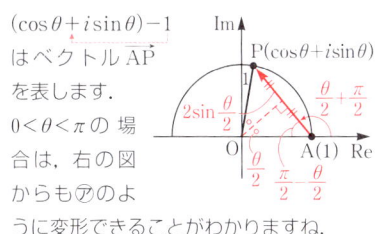

49A

[1] $z = r(\cos\theta + i\sin\theta)$ $(r > 0, 0 \leqq \theta < 2\pi)$ とおくと，与式は
$r^3(\cos 3\theta + i\sin 3\theta) = 1\cdot(\cos 0 + i\sin 0)$.
$\begin{cases} r^3 = 1\ (r > 0), \\ 3\theta = 0 + 2\pi \times k\ (k\text{ は整数},\ 0 \leqq 3\theta < 2\pi\times 3). \end{cases}$
$r = 1,\ \theta = \dfrac{2}{3}\pi \times k\ (k = 0,\ 1,\ 2)$.
$\therefore\ z = 1\cdot\left\{\cos\left(\dfrac{2}{3}\pi\times k\right) + i\sin\left(\dfrac{2}{3}\pi\times k\right)\right\}$
$(k = 0,\ 1,\ 2)$.

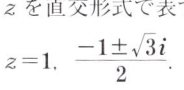

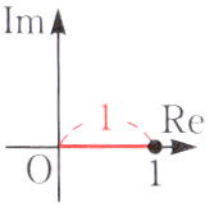

これら3解は，右図のとおり． 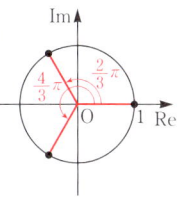
z を直交形式で表すと
$z = 1,\ \dfrac{-1\pm\sqrt{3}i}{2}$.

補足

○ $|z^3| = 1$ より $|z|^3 = 1$. これと $|z| \geqq 0$ より $|z| = 1$ と簡単にわかりますから，初めから $z = \cos\theta + i\sin\theta\ (0 \leqq \theta < 2\pi)$ とおいてもよいでしょう．

○ 本問程度なら，極形式を使わずに z を求めてしまうのもよいでしょう．
$z^3 - 1 = 0$.
$(z-1)(z^2 + z + 1) = 0$.
$z = 1\ \text{or}\ z^2 + z + 1 = 0$.
$\therefore\ z = 1,\ \dfrac{-1\pm\sqrt{3}i}{2}$. **直交形式**

これをもとに z を極形式で表すこともできますね．

[2] $z^6 = -1$.
$|z|^6 = |z^6| = |-1| = 1$ より $|z| = 1$ だから， 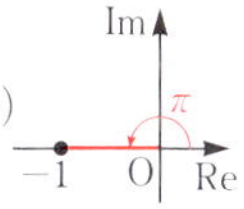
$z = \cos\theta + i\sin\theta\ (0 \leqq \theta < 2\pi)$
とおいて，与式は
$\cos 6\theta + i\sin 6\theta = \cos\pi + i\sin\pi$.
$6\theta = \pi + 2\pi\times k$
$(k\text{ は整数},\ 0 \leqq 6\theta < 2\pi\times 6)$.
$\theta = \dfrac{\pi}{6} + \dfrac{\pi}{3}\times k\ (k = 0, 1, 2, 3, 4, 5)$.
$\therefore\ z = \cos\left(\dfrac{\pi}{6} + \dfrac{\pi}{3}\times k\right) + i\sin\left(\dfrac{\pi}{6} + \dfrac{\pi}{3}\times k\right)$
$(k = 0, 1, 2, 3, 4, 5)$.

これら6解は，右図のとおり． 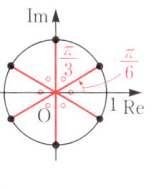
z を直交形式で表すと
$z = \dfrac{\sqrt{3}\pm i}{2},\ \pm i,\ \dfrac{-\sqrt{3}\pm i}{2}$.

[3] $2+2\sqrt{3}i=2(1+\sqrt{3}i)$. 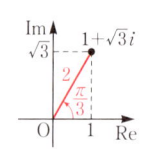
$z=r(\cos\theta+i\sin\theta)$
$(r>0, \ 0\leqq\theta<2\pi)$
とおくと，与式は
$r^4(\cos 4\theta+i\sin 4\theta)=4\left(\cos\dfrac{\pi}{3}+i\sin\dfrac{\pi}{3}\right)$.
$\begin{cases} r^4=4 \ (r>0), \\ 4\theta=\dfrac{\pi}{3}+2\pi\times k \ (0\leqq 4\theta<2\pi\times 4). \end{cases}$
$r=\sqrt{2}, \ \theta=\dfrac{\pi}{12}+\dfrac{\pi}{2}\times k \ (k=0, \ 1, \ 2, \ 3)$.
$\therefore \ z=\sqrt{2}\Big\{\cos\left(\dfrac{\pi}{12}+\dfrac{\pi}{2}\times k\right)$
$+i\sin\left(\dfrac{\pi}{12}+\dfrac{\pi}{2}\times k\right)\Big\}$
$(k=0, \ 1, \ 2, \ 3)$.

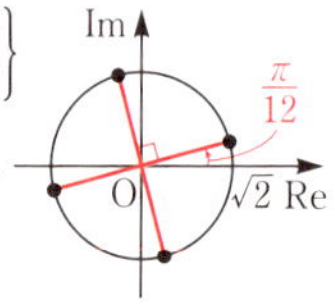

これら4解は，右図のとおり．

[4] $-16+16i=16(-1+i)$. 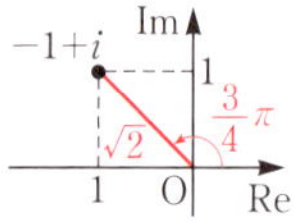
$z=r(\cos\theta+i\sin\theta)$
$(r>0, \ 0\leqq\theta<2\pi)$
とおくと，与式は
$r^9(\cos 9\theta+i\sin 9\theta)$
$=16\sqrt{2}\left(\cos\dfrac{3}{4}\pi+i\sin\dfrac{3}{4}\pi\right)$.
$\begin{cases} r^9=16\sqrt{2} \ (r>0), \\ 9\theta=\dfrac{3}{4}\pi+2\pi\times k \\ (k\text{ は整数}, \ 0\leqq 9\theta<2\pi\times 9). \end{cases}$
$r=\sqrt{2}, \ \theta=\dfrac{\pi}{12}+\dfrac{2}{9}\pi\times k$
$\phantom{r=\sqrt{2}, \ \theta=}{}_{15°} \ \ \ {}_{40°}$
$(k=0, \ 1, \ 2, \ \cdots, \ 8)$.
$\therefore \ z=\sqrt{2}\Big\{\cos\left(\dfrac{\pi}{12}+\dfrac{2}{9}\pi\times k\right)$
$+i\sin\left(\dfrac{\pi}{12}+\dfrac{2}{9}\pi\times k\right)\Big\}$
$(k=0, \ 1, \ 2, \ \cdots, \ 8)$.

これら9解は，右図のとおり．

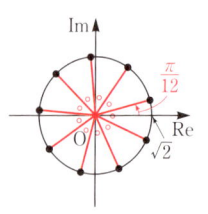

49B

$z^5+z^4+z^3+z^2+z+1=0 \quad \cdots ①$
[1] α は方程式①の1つの解だから，
$\alpha^5+\alpha^4+\alpha^3+\alpha^2+\alpha+1=0$.
[2] 上式より
$(\alpha-1)(\alpha^5+\alpha^4+\alpha^3+\alpha^2+\alpha+1)=0$.
$\alpha^6-1=0$. $\therefore \ \alpha^6=1$.
[3] [2]より，α は方程式
$\quad z^6=1 \quad \cdots ②$
の1つの解である．②のとき，$|z|=1$ だから $z=\cos\theta+i\sin\theta \ (0\leqq\theta<2\pi)$ とおけて，②は
$\cos 6\theta+i\sin 6\theta=\cos 0+i\sin 0$.
$6\theta=0+2\pi\times k \ (k\text{ は整数},0\leqq 6\theta<2\pi\times 6)$.
$\theta=\dfrac{\pi}{3}\times k \ (k=0, \ 1, \ 2, \ 3, \ 4, \ 5)$.
$\therefore \ z=\cos\left(\dfrac{\pi}{3}\times k\right)+i\sin\left(\dfrac{\pi}{3}\times k\right)$
$(k=0, \ 1, \ 2, \ 3, \ 4, \ 5)$.
これらは，第1象限にある解
$\alpha=\cos\dfrac{\pi}{3}+i\sin\dfrac{\pi}{3}$ 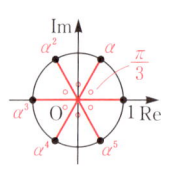
を用いて
$1, \ \alpha, \ \alpha^2, \ \alpha^3, \ \alpha^4, \ \alpha^5$
と表せる．
一方，②を変形すると
$z^6-1=0$.
$(z-1)(z^5+z^4+z^3+z^2+z+1)=0$.
$z=1$ または ①．

したがって，5次方程式①の5個の解は
$$\alpha, \ \alpha^2, \ \alpha^3, \ \alpha^4, \ \alpha^5.$$
つまり
$$z^5+z^4+z^3+z^2+z+1$$
$$=(z-\alpha)(z-\alpha^2)(z-\alpha^3)(z-\alpha^4)(z-\alpha^5)$$
と因数分解できる．両辺の z に 1 を代入すると
$$(1-\alpha)(1-\alpha^2)(1-\alpha^3)(1-\alpha^4)(1-\alpha^5)=6.$$

50A

全問とも「ベクトルの変換」とみなして解答します．

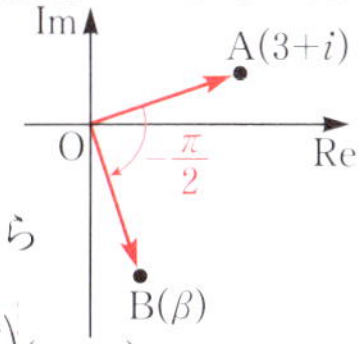

[1] $\overrightarrow{OB}$ は，$\overrightarrow{OA}$ を $-\dfrac{\pi}{2}$ 回転したものだから

$$\beta=\left(\cos\dfrac{-\pi}{2}+i\sin\dfrac{-\pi}{2}\right)(3+i)$$
  $\overrightarrow{OB}$ $\qquad\qquad\qquad\qquad\qquad\ \overrightarrow{OA}$
$$=-i(3+i)$$
$$=1-3i.$$

〔補足〕

$\overrightarrow{OA}=\begin{pmatrix}3\\1\end{pmatrix}$ に対して，$\begin{cases}|\overrightarrow{OB}|=|\overrightarrow{OA}|,\\ \overrightarrow{OB}\perp\overrightarrow{OA}\end{cases}$ であること からでも，$\overrightarrow{OB}$ が いずれも $\begin{pmatrix}3\\1\end{pmatrix}$ との内積が 0 $\begin{pmatrix}1\\-3\end{pmatrix}$, $\begin{pmatrix}-1\\3\end{pmatrix}$ のいずれか である所まではわかります．しかし，上記のいずれであるかを判断するには「図を目で見る」しかなく，成分に文字が入ってくるとわかりづらくなります．ですから上記解答のような

$-\dfrac{\pi}{2}$ 回転 → 偏角 $-\dfrac{\pi}{2}$ の複素数を掛ける

という方法論を，しっかり身に付けておいてください．

[2] $\overrightarrow{OB}$ は，$\overrightarrow{OA}$ を $\pm\dfrac{\pi}{3}$ 回転したものだから，複号同順として，

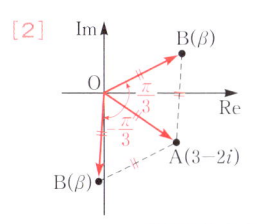

$$\beta=\left\{\cos\left(\pm\dfrac{\pi}{3}\right)+i\sin\left(\pm\dfrac{\pi}{3}\right)\right\}(3-2i)$$
$\overrightarrow{OB}$ $\qquad\qquad\qquad\qquad\qquad\qquad\quad\overrightarrow{OA}$
$$=\dfrac{1\pm\sqrt{3}i}{2}(3-2i)=\dfrac{3\pm2\sqrt{3}}{2}+\dfrac{-2\pm3\sqrt{3}}{2}i.$$

〔補足〕

複号同順だと計算しづらければ，「+」，「-」を別々に計算してくださいね．

[3]

$\begin{cases}A(\alpha),\ B(\beta)\ \text{のとき，比}:\dfrac{\beta}{\alpha}\ \text{の値が}\\ \qquad \dfrac{\beta}{\alpha}=k(\cos\theta+i\sin\theta)\ (k>0)\\ \text{とわかれば，}\\ \qquad \beta=k(\cos\theta+i\sin\theta)\cdot\alpha\\ \text{より，}\overrightarrow{OB}\ \text{は}\ \overrightarrow{OA}\ \text{を}\begin{cases}k\ \text{倍して}\\ \theta\ \text{回転}\end{cases}\text{したものだとわかりますね．}\end{cases}$

変換を表す $\dfrac{2+i}{3-i}=\dfrac{(2+i)(3+i)}{(3-i)(3+i)}$
$$=\dfrac{(2+i)(3+i)}{10}$$
$$=\dfrac{5+5i}{10}$$
$$=\dfrac{1+i}{2}$$ 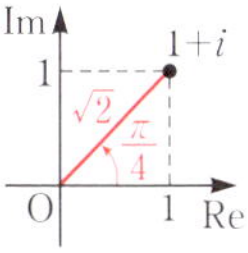
$$=\dfrac{1}{2}\cdot\sqrt{2}\left(\cos\dfrac{\pi}{4}+i\sin\dfrac{\pi}{4}\right)$$
$$=\dfrac{1}{\sqrt{2}}\left(\cos\dfrac{\pi}{4}+i\sin\dfrac{\pi}{4}\right).$$

i.e. $\underset{\overrightarrow{OB}}{2+i} = \dfrac{1}{\sqrt{2}}\left(\cos\dfrac{\pi}{4} + i\sin\dfrac{\pi}{4}\right) \cdot \underset{\overrightarrow{OA}}{(3-i)}$

よって，$\overrightarrow{OB}$ は $\overrightarrow{OA}$ を $\begin{cases} \dfrac{1}{\sqrt{2}} \text{倍して} \\ +\dfrac{\pi}{4} \text{回転} \end{cases}$ した

ものだから，△OAB は右図のような **直角二等辺三角形** である．

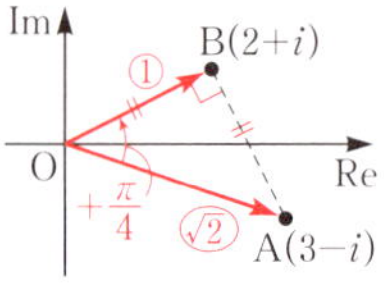

$\overrightarrow{AB}$ は $\overrightarrow{AC}$ を $\begin{cases} \dfrac{1}{\sqrt{2}} \text{倍して} \\ -\dfrac{\pi}{4} \text{回転} \end{cases}$ したものだから，

$\underset{\overrightarrow{AB}}{\overset{B\ \ \ A}{\beta - 3\sqrt{2}}} = \dfrac{1}{\sqrt{2}}\left(\cos\dfrac{-\pi}{4} + i\sin\dfrac{-\pi}{4}\right) \cdot \underset{\overrightarrow{AC}}{\overset{C\ \ \ \ \ A}{\{(\sqrt{2}+i) - 3\sqrt{2}\}}}$

$= \dfrac{1-i}{2}(-2\sqrt{2}+i)$

$= \left(\dfrac{1}{2} - \sqrt{2}\right) + \left(\dfrac{1}{2} + \sqrt{2}\right)i$

∴ $\beta = 3\sqrt{2} + \left(\dfrac{1}{2} - \sqrt{2}\right) + \left(\dfrac{1}{2} + \sqrt{2}\right)i$

$= \left(\dfrac{1}{2} + 2\sqrt{2}\right) + \left(\dfrac{1}{2} + \sqrt{2}\right)i$

50B

[1]

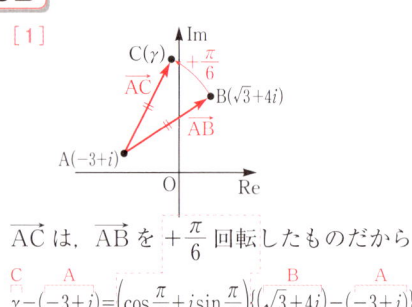

$\overrightarrow{AC}$ は，$\overrightarrow{AB}$ を $+\dfrac{\pi}{6}$ 回転したものだから

$\underset{\overrightarrow{AC}}{\overset{C\ \ \ \ \ A}{\gamma - (-3+i)}} = \left(\cos\dfrac{\pi}{6} + i\sin\dfrac{\pi}{6}\right)\underset{\overrightarrow{AB}}{\overset{B\ \ \ \ \ \ \ \ A}{\{(\sqrt{3}+4i) - (-3+i)\}}}$

$= \dfrac{\sqrt{3}+i}{2}\{(\sqrt{3}+3) + 3i\}$

$= \dfrac{1}{2}\{(3+3\sqrt{3}-3) + (3\sqrt{3}+\sqrt{3}+3)i\}$

$= \dfrac{3\sqrt{3}}{2} + \left(2\sqrt{3} + \dfrac{3}{2}\right)i$

∴ $\gamma = -3 + i + \dfrac{3\sqrt{3}}{2} + \left(2\sqrt{3} + \dfrac{3}{2}\right)i$

$= \left(\dfrac{3\sqrt{3}}{2} - 3\right) + \left(2\sqrt{3} + \dfrac{5}{2}\right)i$

[2]

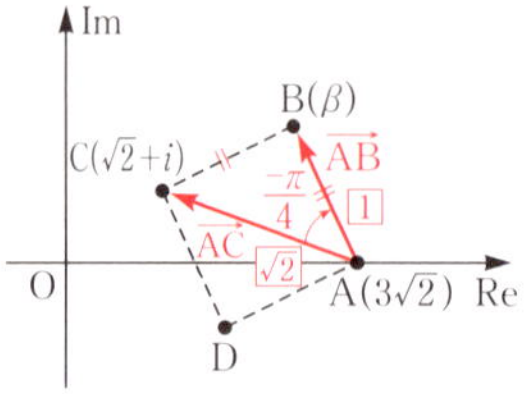

[3]

A(α), B(β), C(γ) のとき，

比：$\dfrac{\gamma - \alpha}{\beta - \alpha}$ の値が

$\dfrac{\gamma - \alpha}{\beta - \alpha} = k(\cos\theta + i\sin\theta) \ (k > 0)$

とわかれば，

$\underset{\overrightarrow{AC}}{\gamma - \alpha} = k(\cos\theta + i\sin\theta) \cdot \underset{\overrightarrow{AB}}{(\beta - \alpha)}$

より，$\overrightarrow{AC}$ は $\overrightarrow{AB}$ を $\begin{cases} k \text{倍して} \\ \theta \text{回転} \end{cases}$ したものだとわかりますね．

$\alpha = i,\ \beta = 2 + 2i,\ \gamma = (2-\sqrt{3}) + (2\sqrt{3}+2)i$

とおくと

A(α), B(β), C(γ) であり

変換を表す・$\dfrac{\gamma - \alpha}{\beta - \alpha} = \dfrac{(2-\sqrt{3}) + (2\sqrt{3}+1)i}{2+i}$

$= \dfrac{\{(2-\sqrt{3}) + (2\sqrt{3}+1)i\}(2-i)}{5}$

$= \dfrac{(4-2\sqrt{3}+2\sqrt{3}+1) + (-2+\sqrt{3}+4\sqrt{3}+2)i}{5}$

$= 1 + \sqrt{3}i$

$= 2\left(\cos\dfrac{\pi}{3} + i\sin\dfrac{\pi}{3}\right)$

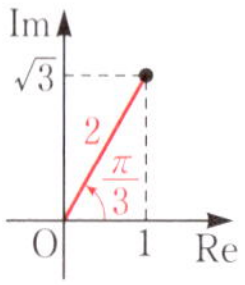

i.e. $\underset{\overrightarrow{AC}}{\underline{\overset{C\ \ A}{\gamma-\alpha}}}=2\left(\cos\dfrac{\pi}{3}+i\sin\dfrac{\pi}{3}\right)\cdot\underset{\overrightarrow{AB}}{\underline{\overset{B\ \ A}{(\beta-\alpha)}}}.$

よって, $\overrightarrow{AC}$ は $\overrightarrow{AB}$ を $\begin{cases}2\text{倍して}\\ +\dfrac{\pi}{3}\text{ 回転}\end{cases}$ した

ものだから, △ABC は右図のような直角三角形である.

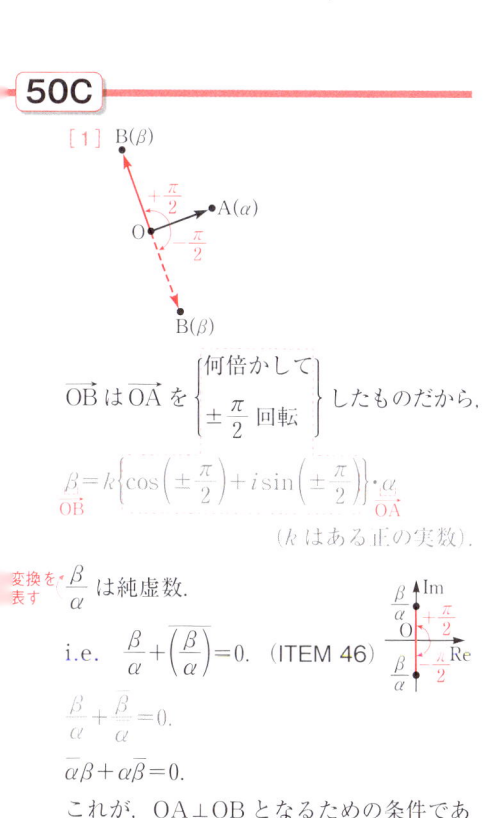

50C

[1] $\overrightarrow{OB}$ は $\overrightarrow{OA}$ を $\begin{cases}\text{何倍かして}\\ \pm\dfrac{\pi}{2}\text{ 回転}\end{cases}$ したものだから,

$\underset{\overrightarrow{OB}}{\underline{\beta}}=k\left\{\cos\left(\pm\dfrac{\pi}{2}\right)+i\sin\left(\pm\dfrac{\pi}{2}\right)\right\}\cdot\underset{\overrightarrow{OA}}{\underline{\alpha}}$

(k はある正の実数).

変換を表す・$\dfrac{\beta}{\alpha}$ は純虚数.

i.e. $\dfrac{\beta}{\alpha}+\overline{\left(\dfrac{\beta}{\alpha}\right)}=0.$ (ITEM 46)

$\dfrac{\beta}{\alpha}+\dfrac{\bar\beta}{\bar\alpha}=0.$

$\bar\alpha\beta+\alpha\bar\beta=0.$

これが, OA⊥OB となるための条件である. □

[2] $\overrightarrow{OA}$ から $\overrightarrow{OB}$ への回転角は 0 or π だから

変換を表す・$\dfrac{\beta}{\alpha}$ は実数.

i.e. $\dfrac{\beta}{\alpha}=\overline{\left(\dfrac{\beta}{\alpha}\right)}.$ (ITEM 46)

$\dfrac{\beta}{\alpha}=\dfrac{\bar\beta}{\bar\alpha}.$

$\bar\alpha\beta-\alpha\bar\beta=0.$

これが, OA∥OB となるための条件である.

参考

本問は, 類題 46 [6] 参考 をもとに考えることもできます. a, b, c, d を実数として

$\alpha=a+bi \overset{\text{対応}}{\longleftrightarrow} \vec u=\begin{pmatrix}a\\b\end{pmatrix}$

$\beta=c+di \overset{\text{対応}}{\longleftrightarrow} \vec v=\begin{pmatrix}c\\d\end{pmatrix}$

とすると,

$\bar\alpha\beta=\underset{\text{実部}}{(ac+bd)}+\underset{\text{虚部}}{(ad-bc)}i.$

内積 $\vec u\cdot\vec v$ ／ 絶対値は右の面積 S

これを用いると, OA⊥OB となるための条件は

$\vec u\cdot\vec v=0.$
Re$(\bar\alpha\beta)=0.$
$\bar\alpha\beta$ が純虚数.
$\bar\alpha\beta+\overline{(\bar\alpha\beta)}=0.$
$\bar\alpha\beta+\alpha\bar\beta=0.$

OA∥OB となるための条件は

$\vec u/\!/\vec v.$
$S=0.$
Im$(\bar\alpha\beta)=0.$
$\bar\alpha\beta$ は実数.
$\bar\alpha\beta=\overline{(\bar\alpha\beta)}.$
$\bar\alpha\beta-\alpha\bar\beta=0.$

51A

$z = (1-i)\left(t + \dfrac{1}{t}i\right).$

$x + yi = \left(t + \dfrac{1}{t}\right) + \left(-t + \dfrac{1}{t}\right)i.$

x, y, t は実数だから,

$\begin{cases} x = t + \dfrac{1}{t}, \\ y = -t + \dfrac{1}{t}. \end{cases}$ i.e. $\begin{cases} t = \dfrac{x-y}{2}, \quad \cdots ① \\ \dfrac{1}{t} = \dfrac{x+y}{2}. \quad \cdots ② \end{cases}$

①,②より

$\underset{t \cdot \frac{1}{t}}{1} = \dfrac{x-y}{2} \cdot \dfrac{x+y}{2}.$

よって,求める方程式は

$C : \dfrac{x^2}{2^2} - \dfrac{y^2}{2^2} = 1.$ $x^2 - y^2 = 4$ でもよい.

参考

○ C は ITEM 54 で扱う「双曲線」です.

⬆ ○ $w = t + \dfrac{1}{t}i$ の軌跡を C_0 とします.

$w = X + Yi$(X, Y は実数)とおくと

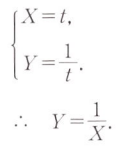

$\begin{cases} X = t, \\ Y = \dfrac{1}{t}. \end{cases}$

$\therefore\ Y = \dfrac{1}{X}.$

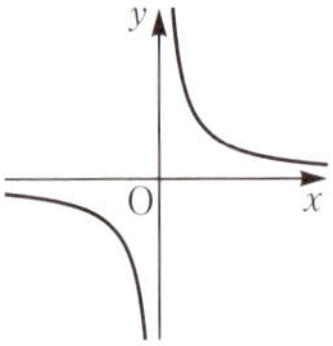

よって,C_0 は右図の「双曲線」です.この w に対して定まる z は

$z = (1-i)w$

$= \sqrt{2}\left(\cos\dfrac{-\pi}{4} + i\sin\dfrac{-\pi}{4}\right) \cdot w$

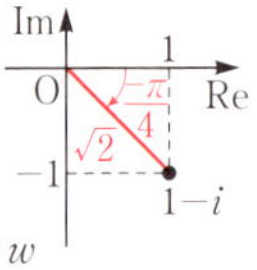

より,右のような位置関係になります.

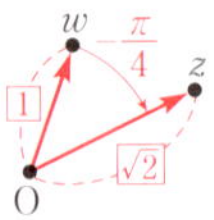

したがって,z の軌跡 C は,w の軌跡 C_0 を原点を中心として $-\dfrac{\pi}{4}$ 回転し,原点を中心として $\sqrt{2}$ 倍に拡大した図形であり,次図のような「双曲線」となる訳です.

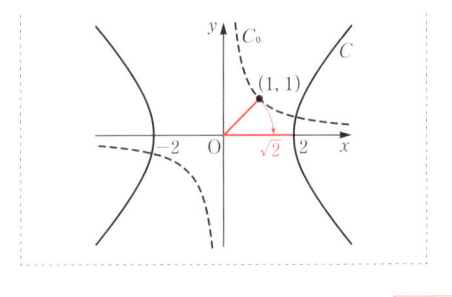

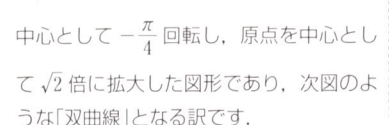

51B

[1] 線分 OA の中点を M とする.

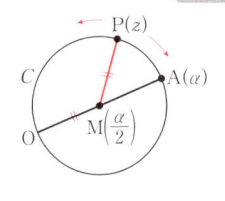

C は中心 $M\left(\dfrac{\alpha}{2}\right)$,

半径 $|\overrightarrow{OM}| = \left|\dfrac{\alpha}{2}\right|$ の

円である.よって,$P(z)$ が C 上にあるための条件は

$|\overrightarrow{MP}| = |\overrightarrow{OM}|.$

$\left|z - \dfrac{\alpha}{2}\right| = \left|\dfrac{\alpha}{2}\right|.$

$\left|z - \dfrac{\alpha}{2}\right|^2 = \left|\dfrac{\alpha}{2}\right|^2.$

$\left(z - \dfrac{\alpha}{2}\right)\overline{\left(z - \dfrac{\alpha}{2}\right)} = \left|\dfrac{\alpha}{2}\right|^2.$

$\left(z - \dfrac{\alpha}{2}\right)\left(\bar{z} - \dfrac{\bar{\alpha}}{2}\right) = \left|\dfrac{\alpha}{2}\right|^2.$

$|z|^2 - \dfrac{\bar{\alpha}}{2}z - \dfrac{\alpha}{2}\bar{z} + \dfrac{\alpha\bar{\alpha}}{4} = \left|\dfrac{\alpha}{2}\right|^2.$

以上より,求める方程式は

$C : |z|^2 - \dfrac{\bar{\alpha}}{2}z - \dfrac{\alpha}{2}\bar{z} = 0.$

別解

(上の解答では「距離」に注目しましたが,次のように「角」に注目してもできます.)

円 C 上の点 $P(z)$ は,$z \neq 0$,α のとき 「$\overrightarrow{OP}$ から $\overrightarrow{AP}$ へ測った角が $\pm\dfrac{\pi}{2}$」

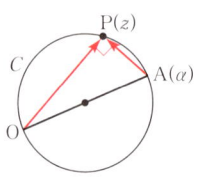

を満たす．よって

変換を表す $\dfrac{z-\alpha}{z}$ は純虚数．

$\dfrac{z-\alpha}{z}+\overline{\left(\dfrac{z-\alpha}{z}\right)}=0.$

$\dfrac{z-\alpha}{z}+\dfrac{\bar{z}-\bar{\alpha}}{\bar{z}}=0.$

$\bar{z}(z-\alpha)+z(\bar{z}-\bar{\alpha})=0$

（これは $z=0$, α も含む）．

∴ $C:2|z|^2-\bar{\alpha}z-\alpha\bar{z}=0.$

[2] $P(z)$ が直線 l 上にあるための条件は，$z\neq\dfrac{\alpha}{2}$ のとき，$M\left(\dfrac{\alpha}{2}\right)$ として $\overrightarrow{OA}$ から $\overrightarrow{MP}$ へ測った角が $\pm\dfrac{\pi}{2}$．

$\dfrac{z-\dfrac{\alpha}{2}}{\alpha}$ が純虚数．

$\dfrac{z-\dfrac{\alpha}{2}}{\alpha}+\dfrac{\bar{z}-\dfrac{\bar{\alpha}}{2}}{\bar{\alpha}}=0.$

$\bar{\alpha}\left(z-\dfrac{\alpha}{2}\right)+\alpha\left(\bar{z}-\dfrac{\bar{\alpha}}{2}\right)=0$

$\left(z=\dfrac{\alpha}{2}\ \text{もこれを満たす}\right).$

∴ $l:\bar{\alpha}z+\alpha\bar{z}=|\alpha|^2.$

[別解]

$P(z)$ が直線 l 上にあるための条件は

$|\overrightarrow{OP}|=|\overrightarrow{AP}|.$

$|z|=|z-\alpha|.$

$|z|^2=|z-\alpha|^2.$

$|z|^2=(z-\alpha)\overline{(z-\alpha)}.$

$|z|^2=(z-\alpha)(\bar{z}-\bar{\alpha}).$

$|z|^2=|z|^2-\bar{\alpha}z-\alpha\bar{z}+|\alpha|^2.$

∴ $l:\bar{\alpha}z+\alpha\bar{z}=|\alpha|^2.$

51C

[1] $|z|^2+iz-i\bar{z}=1.$

$z\bar{z}-\bar{i}z-i\bar{z}=1.\quad \bar{i}=-i.$

$(z-i)(\bar{z}-\bar{i})-i\bar{i}=1.$

$(z-i)\overline{(z-i)}-1=1.$

$|z-i|^2=2.$

$|z-i|=\sqrt{2}.$

$A(i)$ とすると

$|\overrightarrow{AP}|=\sqrt{2}.$

よって，P の軌跡は

中心 $A(i)$，半径 $\sqrt{2}$ の円．

[2] $(3+i)z+(3-i)\bar{z}=0.$

$\overline{(3-i)}z+(3-i)\bar{z}=0.$

$\alpha=3-i$ とおくと，

$\bar{\alpha}z+\alpha\bar{z}=0.$

両辺を $\alpha\bar{\alpha}$ で割る

$\dfrac{z}{\alpha}+\dfrac{\bar{z}}{\bar{\alpha}}=0.$

$\dfrac{z}{\alpha}+\overline{\left(\dfrac{z}{\alpha}\right)}=0.$

$\dfrac{z}{\alpha}$ が純虚数 or $z=0$．

$A(\alpha)$ とすると

$\overrightarrow{OA}$ から $\overrightarrow{OP}$ へ測った角が $\pm\dfrac{\pi}{2}$, or $z=0$．

よって，$P(z)$ の軌跡は右図の直線 l である．

[別解]

$z=x+yi$（x, y は実数）とおくと，与式は

$(3+i)(x+yi)+(3-i)(x-yi)=0.$

$(3x-y+3x-y)+(3y+x-3y-x)i=0.$

よって，求める軌跡は

直線 $y=3x$．

[補足]

むしろ [別解] の方が単純明快でしたね．面白味には欠けますが．

[3]（前問の 別解 の方法で．）

$z = x + yi$ (x, y は実数) とおくと，与式は
$(2-i)(x+yi) + (2+i)(x-yi) = 10$.
$(2x+y+2x+y) + (-x+2y+x-2y)i = 10$.
よって，求める軌跡は **直線 $y = -2x+5$**.

[4] $|z-3i| = 2|z|$.
$|z-3i|^2 = 4|z|^2$.
$(z-3i)\overline{(z-3i)} = 4|z|^2$.
$(z-3i)(\overline{z}+3i) = 4|z|^2$.
$|z|^2 + 3iz - 3i\overline{z} + 9 = 4|z|^2$
$|z|^2 - iz + i\overline{z} = 3$.
$(z+i)(\overline{z}-i) = 4$.
$(z+i)\overline{(z+i)} = 4$.
$|z+i|^2 = 4$.
$|z-(-i)| = 2$.
よって，求める軌跡は，
中心 $-i$, 半径 2 の円周.

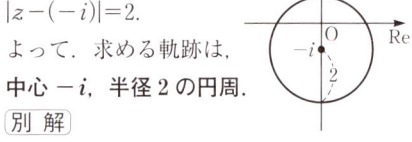

別解

$z = x+yi$ (x, y は実数) とおくと，与式は
$|x+(y-3)i| = 2|x+yi|$. ← 両辺を2乗
$x^2+(y-3)^2 = 4(x^2+y^2)$.
$3x^2 + 3y^2 + 6y = 9$.
$x^2 + y^2 + 2y = 3$.
$x^2 + (y+1)^2 = 2^2$.
よって，求める軌跡は **中心 $-i$, 半径 2 の円周**.
点 $(0, -1)$ に対応

参考 $A(3i)$ とすれば，与式は
$AP = 2OP$.
つまり，P は 2 点 O, A に至る距離の比が $1:2$ となる点です．このような条件を満たす点 P の軌跡は円になることが有名です．この円のことを「アポロニウスの円」といいます．

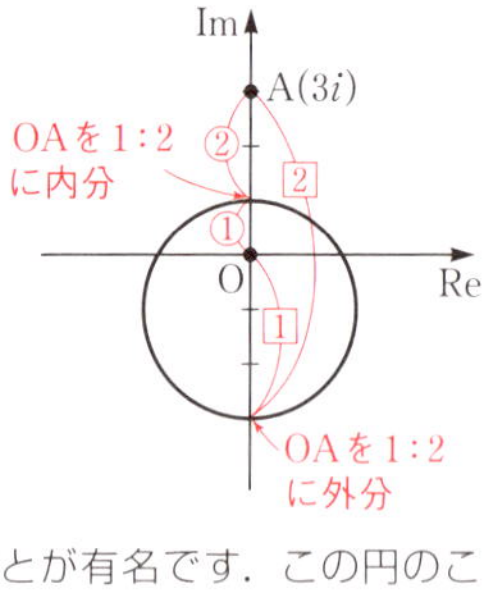

52A

[1] $\boxed{2}\dfrac{x^2}{\boxed{3}^2} + \dfrac{y^2}{\boxed{2}^2} = 1$

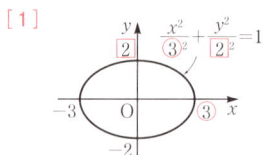

[2] 座標軸との交点を考えて，右のとおり．
[3], [4], [5] も同様にして描ける．

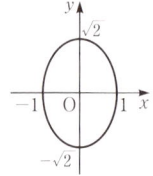

[3]　[4]　[5]

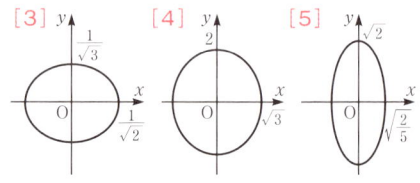

[6] 中心 $(0, 2)$,
ヨコ半径 $\sqrt{6}$,
タテ半径 2.

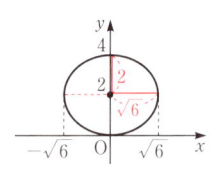

[7] 中心 $(2, 1)$,
ヨコ半径 $\sqrt{3}$,
タテ半径 $\sqrt{2}$.

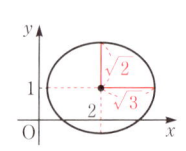

[8] $2x^2 + y^2 - 4x - y = 0$ …① を平方完成すると $2(x-1)^2 + \left(y - \dfrac{1}{2}\right)^2 = \dfrac{9}{4}$.

i.e. $\dfrac{(x-1)^2}{\dfrac{9}{8}} + \dfrac{\left(y-\dfrac{1}{2}\right)^2}{\dfrac{9}{4}} = 1$.

∴ 中心 $\left(1, \dfrac{1}{2}\right)$,
ヨコ半径 $\dfrac{3}{2\sqrt{2}}$,
タテ半径 $\dfrac{3}{2}$.

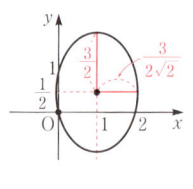

[補足] もとの方程式①における定数項が 0 であることから，原点 O を通る楕円であることがわかります．

[9] $y=\sqrt{1-\dfrac{x^2}{9}}$ を変形すると，

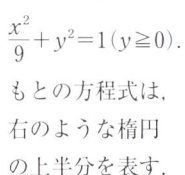

$\dfrac{x^2}{9}+y^2=1\,(y\geqq 0)$．

もとの方程式は，右のような楕円の上半分を表す．

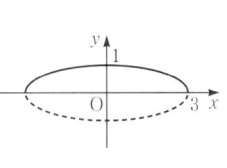

52B

[1] 中心 $(-\sqrt{5},\ 1)$，ヨコ半径 $\sqrt{5}$，タテ半径 1．

∴ $E:\dfrac{(x+\sqrt{5})^2}{(\sqrt{5})^2}+\dfrac{(y-1)^2}{1^2}=1$． …①

i.e. $\dfrac{(x+\sqrt{5})^2}{5}+(y-1)^2=1$．

[補足] ①のままで「答え」としてもかまいません．

[2] 中心 $(3,\ 0)$，ヨコ半径 3，タテ半径 4．

∴ $E:\dfrac{(x-3)^2}{3^2}+\dfrac{y^2}{4^2}=1$．

[3] 中心 $(0,\ 1)$，ヨコ半径 1，タテ半径 $\sqrt{2}$．

∴ $E:\dfrac{x^2}{1^2}+\dfrac{(y-1)^2}{(\sqrt{2})^2}=1$．

i.e. $x^2+\dfrac{(y-1)^2}{2}=1$．

53A

[1] 右図より，焦点の座標は
$(\pm\sqrt{5^2-3^2},\ 0)$
$=(\pm 4,\ 0)$．

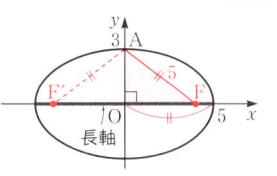

[補足] 2つの焦点 F，F'，および点 A を上図のようにとると，
 FA+F'A=10（長軸の長さ）より FA=5．
よって直角三角形 OAF に注目して OF の長さ（つまり F の x 座標）を求めることもできます．以下の解答も，答えは一応公式を使って求めますが，この直角三角形を図に描き入れておきます．徐々に慣れてください．

[2] 右図より，焦点の座標は
$(0,\ \pm\sqrt{4-3})$
$=(0,\ \pm 1)$．

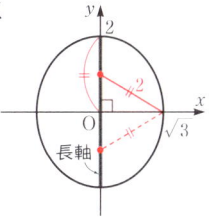

[注意] 長軸が y 軸上にありますから，焦点も y 軸上です．

[3] 与式を変形すると
$\dfrac{x^2}{(\sqrt{3})^2}+\dfrac{y^2}{1^2}=1$．

よって右図より，焦点の座標は 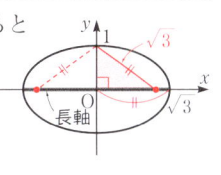
$(\pm\sqrt{(\sqrt{3})^2-1^2},\ 0)=(\pm\sqrt{2},\ 0)$．

[4] $a^2>a^2-c^2$ なので，長軸は x 軸上にある．
よって焦点の座標は 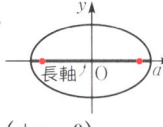
$(\pm\sqrt{a^2-(a^2-c^2)},\ 0)=(\pm c,\ 0)$．

[参考] このように，方程式
$\dfrac{x^2}{a^2}+\dfrac{y^2}{a^2-c^2}=1\ (a>c>0)$ …(∗)
長軸半径　焦点

には，焦点の座標そのものが現れているので，焦点が重要な役割を演じるときには，「$\dfrac{x^2}{a^2}+\dfrac{y^2}{b^2}=1$」よりむしろ（＊）の方が使い勝手がよくなります。
実をいうと，数学一般における本当の楕円の"標準形"とは，正にこの（＊）を指します。

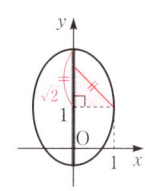

[5] $\begin{cases} 中心 (0,\ 1), \\ 長軸 (タテ) 半径 \sqrt{2}, \\ 短軸 (ヨコ) 半径 1. \end{cases}$

よって焦点の座標は
$(0,\ 1\pm\sqrt{(\sqrt{2})^2-1^2})$.
i.e. $(0,\ 2),\ (0,\ 0)$. 片方は実は原点

[6] $\dfrac{(x+1)^2}{\left(\dfrac{1}{\sqrt{2}}\right)^2}+\dfrac{y^2}{\left(\dfrac{1}{\sqrt{3}}\right)^2}=1$

について，
$\begin{cases} 中心 (-1,\ 0), \\ 長軸 (ヨコ) 半径 \dfrac{1}{\sqrt{2}}, \\ 短軸 (タテ) 半径 \dfrac{1}{\sqrt{3}}. \end{cases}$

よって焦点の座標は
$\left(-1\pm\sqrt{\left(\dfrac{1}{\sqrt{2}}\right)^2-\left(\dfrac{1}{\sqrt{3}}\right)^2},\ 0\right)$
$=\left(-1\pm\dfrac{1}{\sqrt{6}},\ 0\right)$.

[7] $x^2+4y^2-x+8y+\dfrac{5}{4}=0$ を平方完成すると，
$\left(x-\dfrac{1}{2}\right)^2+4(y+1)^2=3$.
$\dfrac{\left(x-\dfrac{1}{2}\right)^2}{(\sqrt{3})^2}+\dfrac{(y+1)^2}{\left(\dfrac{\sqrt{3}}{2}\right)^2}=1$.

よってこの楕円について，

$\begin{cases} 中心 \left(\dfrac{1}{2},\ -1\right), \\ 長軸 (ヨコ) 半径 \sqrt{3}, \\ 短軸 (タテ) 半径 \dfrac{\sqrt{3}}{2}. \end{cases}$

よって焦点の座標は
$\left(\dfrac{1}{2}\pm\sqrt{(\sqrt{3})^2-\left(\dfrac{\sqrt{3}}{2}\right)^2},\ -1\right)$.
i.e. $(2,\ -1),\ (-1,\ -1)$.

53B

類題53Aを通して，楕円の焦点がどこにあるかが目でわかるようになったと思いますので，類題53Bでは図形的な解法で行きます。

[1] AP＋BP＝6を満たす点Pの軌跡は，A，Bを焦点とし，長軸の長さが6の楕円 E である。
右図において直角三角形OBCに注目すると
$OC=\sqrt{3^2-1^2}=2\sqrt{2}$.
∴ $E:\dfrac{x^2}{3^2}+\dfrac{y^2}{(2\sqrt{2})^2}=1$.

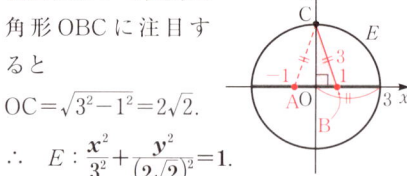

補足

○ $E:\dfrac{x^2}{3^2}+\dfrac{y^2}{b^2}=1$ …① とおいて，焦点に関する公式より
$\sqrt{3^2-b^2}=1$.　∴　$b^2=8$.
としてもよいですが，楕円の図形的性質がわかってくると，①のようにおくのがメンドウに感じられてくるハズです。

○類題53A[4]の方程式（ホンモノの標準形（＊））が頭に入っている人は，長軸（ヨコ）半径3，中心と焦点の距離1より，直接
$E:\dfrac{x^2}{3^2}+\dfrac{y^2}{3^2-1^2}=1$ （＊）において，$a=3,\ c=1$
と求めてしまうことができます。

[2] AP+BP=4 を満たす点 P の軌跡は，2点 A，B を焦点とし，長軸の長さが 4 の楕円 E である．右図において 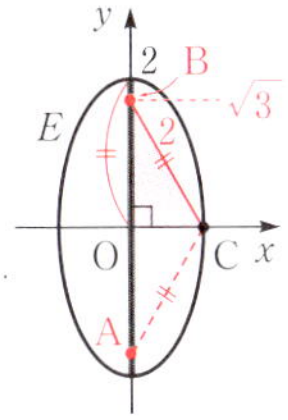
$OC = \sqrt{2^2 - (\sqrt{3})^2} = 1$.
∴ $E : \dfrac{x^2}{1^2} + \dfrac{y^2}{2^2} = 1$.

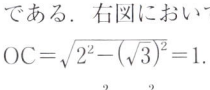

[3] OP+AP=5 を満たす点 P の軌跡は，2点 O，A を焦点とし，長軸の長さが 5 の楕円 E である．右図の E について，

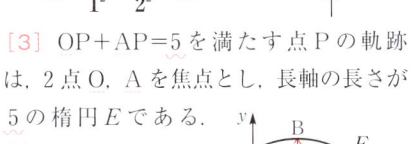

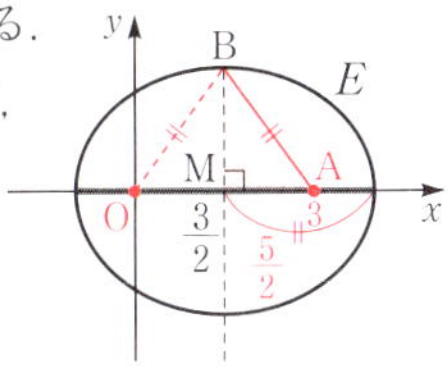

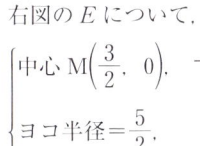

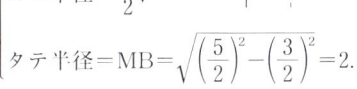

$\begin{cases} \text{中心 } M\left(\dfrac{3}{2}, 0\right), \\ \text{ヨコ半径} = \dfrac{5}{2}, \\ \text{タテ半径} = MB = \sqrt{\left(\dfrac{5}{2}\right)^2 - \left(\dfrac{3}{2}\right)^2} = 2. \end{cases}$

∴ $E : \dfrac{\left(x - \dfrac{3}{2}\right)^2}{\left(\dfrac{5}{2}\right)^2} + \dfrac{y^2}{2^2} = 1$.

[4] AP+BP=$2\sqrt{3}$ を満たす点 P の軌跡は，2点 A，B を焦点とし，長軸の長さが $2\sqrt{3}$ の楕円 E である．右図の E について，

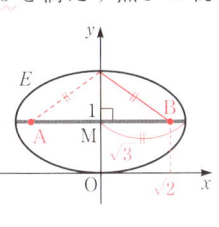

$\begin{cases} \text{中心 } M(0, 1), \\ \text{ヨコ半径} = \dfrac{2\sqrt{3}}{2} = \sqrt{3}, \\ \text{タテ半径} = \sqrt{(\sqrt{3})^2 - (\sqrt{2})^2} = 1. \end{cases}$

∴ $E : \dfrac{x^2}{(\sqrt{3})^2} + \dfrac{(y-1)^2}{1^2} = 1$.

[補足] E は，原点において x 軸に接しています．

54A

補助長方形がカギです．

[1] $\dfrac{x^2}{3^2} - \dfrac{y^2}{2^2} = 1$

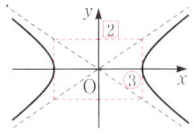

[補足] 漸近線の方程式も，補助長方形から $y = \pm \dfrac{2}{3} x$ とわかりますね．

[2] $\dfrac{x^2}{(\sqrt{2})^2} - \dfrac{y^2}{1^2} = -1$

"上&下タイプ"

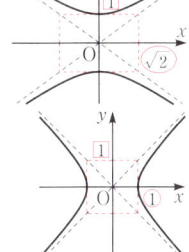

[3] $\dfrac{x^2}{1^2} - \dfrac{y^2}{1^2} = 1$

[4] $4y^2 - 3x^2 = 6$ を変形すると
$\dfrac{x^2}{(\sqrt{2})^2} - \dfrac{y^2}{\left(\dfrac{\sqrt{6}}{2}\right)^2} = -1$.

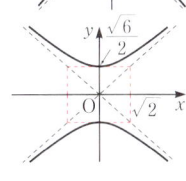

[5] $\dfrac{(x - \sqrt{3})^2}{(\sqrt{3})^2} - \dfrac{y^2}{1^2} = 1$

で表される双曲線について，

$\begin{cases} \text{中心 } (\sqrt{3}, 0), \\ \text{補助長方形は，} \\ \text{"ヨコ半分"} = \sqrt{3}, \\ \text{"タテ半分"} = 1. \end{cases}$

よって右のようになる．

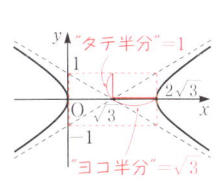

[6] $\dfrac{(x-1)^2}{1^2} - \dfrac{\left(y + \dfrac{1}{2}\right)^2}{\left(\dfrac{1}{2}\right)^2} = 1$

で表される双曲線について,
$\begin{cases} 中心\left(1, -\dfrac{1}{2}\right), \\ 補助長方形は, \\ "ヨコ半分"=1, \\ "タテ半分"=\dfrac{1}{2}. \end{cases}$

よって右のようになる.

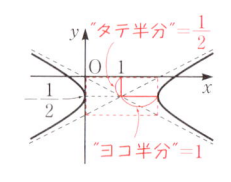

[7] $9x^2-8y^2+40y-32=0$ を平方完成すると
$$9x^2-8\left(y-\dfrac{5}{2}\right)^2=-18.$$
i.e. $\dfrac{x^2}{(\sqrt{2})^2}-\dfrac{\left(y-\dfrac{5}{2}\right)^2}{\left(\dfrac{3}{2}\right)^2}=-1.$

これが表す双曲線について
$\begin{cases} 中心\left(0, \dfrac{5}{2}\right), \\ 補助長方形は \\ "ヨコ半分"=\sqrt{2}, \\ "タテ半分"=\dfrac{3}{2}. \end{cases}$

よって右のようになる.

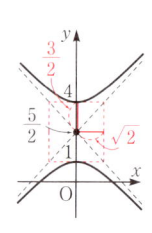

[8] $y=\dfrac{4}{3}\sqrt{x^2-9}$ ……①

$\iff \dfrac{x^2}{3^2}-\dfrac{y^2}{4^2}=1\ (y\geqq 0).$

もとの方程式は,右の双曲線の上半分を表す.

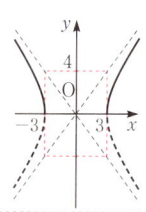

(参考) 関数①のグラフを,微分法を利用するなどして描いてみることによって,「双曲線」の概形がわかるのでしたね. (→類題27[5])

54B

[1] 補助長方形は右のようになるから
$H: \dfrac{x^2}{1^2}-\dfrac{y^2}{1^2}=-1.$

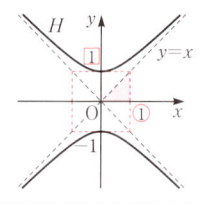

(補足) "上&下タイプ"なので,右辺は「-1」です.

[2] 補助長方形は右のようになるから
$H: \dfrac{x^2}{(\sqrt{3})^2}-\dfrac{y^2}{3^2}=1.$

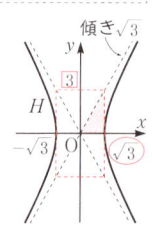

[3] Hの中心は $(0, 2)$. 補助長方形について
$\begin{cases} "ヨコ半分"=2, \\ "タテ半分"=2\cdot\dfrac{2}{3}=\dfrac{4}{3}. \end{cases}$

∴ $H: \dfrac{x^2}{2^2}-\dfrac{(y-2)^2}{\left(\dfrac{4}{3}\right)^2}=1.$

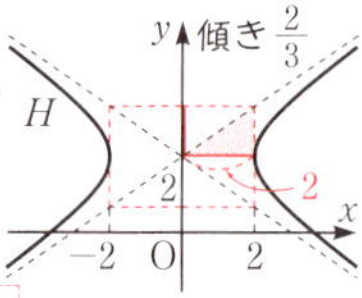

55A

[1] $\dfrac{x^2}{2^2}-\dfrac{y^2}{3^2}=1$ の焦点の座標は,右図より
$(\pm\sqrt{2^2+3^2},\ 0)$
$=(\pm\sqrt{13},\ 0).$

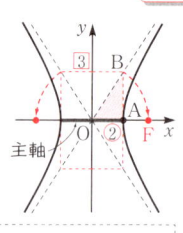

(補足) ○方程式の右辺が「$+1$」なので,"右&左タイプ"の双曲線です.よって「主軸」は x 軸上にあるので,焦点も x 軸上です.

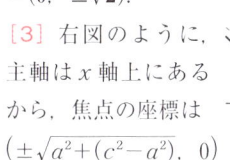

○図のようにA，B，F（Fは焦点）をとると，OF＝OB．これを利用すると，Fが簡単に作図でき，直角三角形OABに注目して焦点の座標も求まります（OB＝$\sqrt{2^2+3^2}$）．以下の解答において，答えは一応公式を使って求めますが，前記直角三角形も図に描き入れておきます．徐々に慣れてくださいね．

[2] $\dfrac{x^2}{1^2}-\dfrac{y^2}{1^2}=-1$ の焦点の座標は，右図より 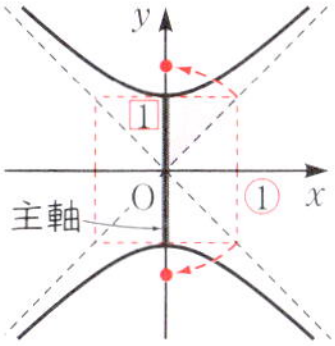
$\left(0,\ \pm\sqrt{1^2+1^2}\right)$
$=\left(0,\ \pm\sqrt{2}\right)$．

[3] 右図のように，主軸はx軸上にあるから，焦点の座標は 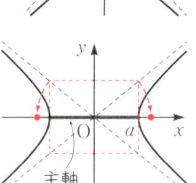
$\left(\pm\sqrt{a^2+(c^2-a^2)},\ 0\right)$
$=(\pm c,\ 0)$．

補足

類題53A [4] 参考 の（*）と同様，実はこの方程式
$\dfrac{x^2}{a^2}-\dfrac{y^2}{c^2-a^2}=1\ (c>a>0)$ …（**）

こそが，双曲線のホンモノの「標準形」です．ちなみに（**）を変形すると $\dfrac{x^2}{a^2}+\dfrac{y^2}{a^2-c^2}=1$ となり，（*）と完全に一致します．つまり，（*）と（**）の違いは，aとcの大小関係だけなのです．

[4] $2x^2-3y^2=5$ を変形すると
$\dfrac{x^2}{\frac{5}{2}}-\dfrac{y^2}{\frac{5}{3}}=1$．

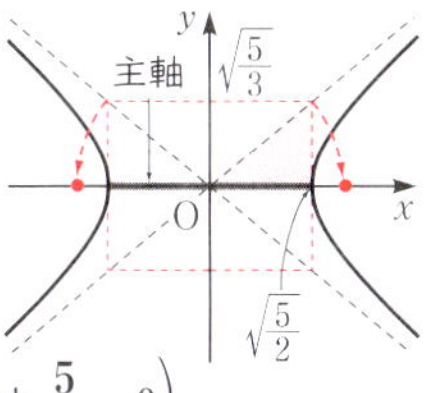

よって右図より，焦点の座標は
$\left(\pm\sqrt{\dfrac{5}{2}+\dfrac{5}{3}},\ 0\right)=\left(\pm\dfrac{5}{\sqrt{6}},\ 0\right)$．

[5] $\dfrac{x^2}{2^2}-\dfrac{(y-1)^2}{1^2}=-1$ について，

$\begin{cases}中心(0,\ 1)．\\ 補助長方形の \\ \text{"ヨコ半分"}=2, \\ \text{"タテ半分"}=1.\end{cases}$

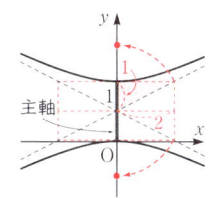

よって焦点の座標は
$(0,\ 1\pm\sqrt{2^2+1^2})=(0,\ 1\pm\sqrt{5})$．

[6] $3x^2-y^2+4y-7=0$ を平方完成すると，
$3x^2-(y-2)^2=3$．
$\dfrac{x^2}{1^2}-\dfrac{(y-2)^2}{(\sqrt{3})^2}=1$．

$\begin{cases}中心(0,\ 2)．\\ 補助長方形の \\ \text{"ヨコ半分"}=1, \\ \text{"タテ半分"}=\sqrt{3}.\end{cases}$

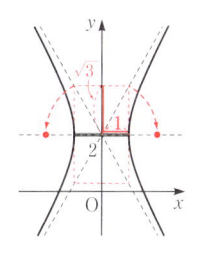

よって焦点の座標は
$\left(\pm\sqrt{1^2+(\sqrt{3})^2},\ 2\right)=(\pm 2,\ 2)$．

55B

[1] $|AP-BP|=2$ を満たす点Pの軌跡は，2点A，Bを焦点とし，主軸の長さ2の双曲線Hである．焦点A，Bはx軸上にあるので，Hの主軸もx軸上にあり，補助長方形は右図のようになるから 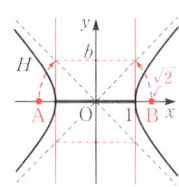
$H:\dfrac{x^2}{1^2}-\dfrac{y^2}{b^2}=+1$
とおける．焦点のx座標を考えると
$\sqrt{1^2+b^2}=\sqrt{2}$ より $b^2=1$．
∴ $H:\dfrac{x^2}{1^2}-\dfrac{y^2}{1^2}=1$

補足

例題（2） 別解 の流れで，補助長方形の"タ

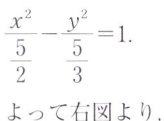

テ半分"を次の直角三角形に注目して
$\sqrt{(\sqrt{2})^2-1^2}=1$　　**直角二等辺三角形です**
と求めてしまえば，即座に答えが得られます．（これ以降の解答ではそうします）

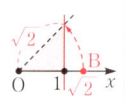

[2] $|AP-BP|=8$ を満たす点 P の軌跡は 2 点 A, B を焦点とし，主軸の長さ 8 の双曲線 H である．主軸は y 軸上にあり，補助長方形の"ヨコ半分"は，色のついた直角三角形に注目して
$\sqrt{5^2-4^2}=3$.　**3:4:5 の有名三角形です** 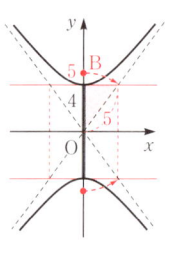

∴　$H:\dfrac{x^2}{3^2}-\dfrac{y^2}{4^2}=-1$.

[3] $|OP-AP|=1$ を満たす点 P の軌跡は，2 点 O, A を焦点とし，主軸の長さ 1 の双曲線 H である．主軸は x 軸上にあり 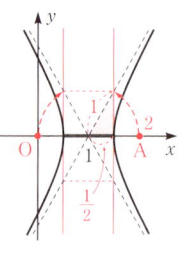
中心 $(1, 0)$.
補助長方形は
"ヨコ半分" $=\dfrac{1}{2}$,
"タテ半分" $=\sqrt{1^2-\left(\dfrac{1}{2}\right)^2}=\dfrac{\sqrt{3}}{2}$.

∴　$H:\dfrac{(x-1)^2}{\left(\dfrac{1}{2}\right)^2}-\dfrac{y^2}{\left(\dfrac{\sqrt{3}}{2}\right)^2}=1$.　**$1:\sqrt{3}:2$ の有名三角形**

56A

[1] $y^2=4\cdot 2x$ より，この放物線の軸は x 軸であり，
焦点 $(2, 0)$, 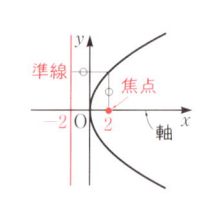
準線：$x=-2$.

[2] $x^2=4\cdot\dfrac{1}{2}y$ より，
軸は y 軸であり，
焦点 $\left(0, \dfrac{1}{2}\right)$.
準線：$y=-\dfrac{1}{2}$.

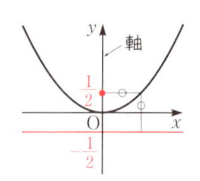

[3] $y=4x^2$
i.e. $x^2=4\cdot\dfrac{1}{16}y$ より，
焦点 $\left(0, \dfrac{1}{16}\right)$.
準線：$y=-\dfrac{1}{16}$.

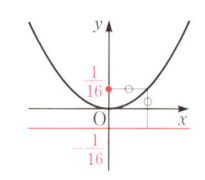

[4] $y^2=-x$
i.e. $y^2=4\left(-\dfrac{1}{4}\right)x$ より，
焦点 $\left(-\dfrac{1}{4}, 0\right)$.
準線：$x=\dfrac{1}{4}$.

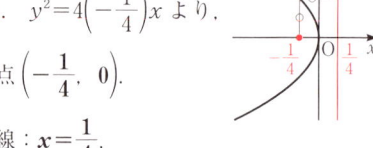

[5] $y^2=2x-1$
i.e. $y^2=4\cdot\dfrac{1}{2}\left(x-\dfrac{1}{2}\right)$.
よって右図のようになるから，
焦点 $(1, 0)$.
準線：$x=0$.

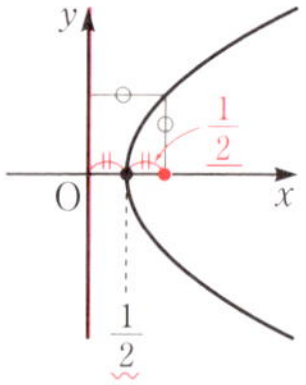

[6] $y=-3x^2+6x-3$
　　　$=-3(x-1)^2$
i.e. $(x-1)^2=-\dfrac{1}{3}y=4\left(-\dfrac{1}{12}\right)y$.
よって右図のようになるから
焦点 $\left(1, -\dfrac{1}{12}\right)$.
準線：$y=\dfrac{1}{12}$.

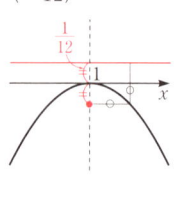

56B

[1] 右図において，AP=PH を満たす点 P の軌跡は，A を焦点とし l を準線とする放物線 C である．右図より 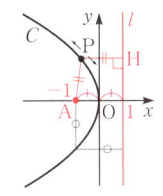
$C : y^2 = 4(-1)x$.

[2] 求める軌跡は，A を焦点，y 軸を準線とする放物線 C である．C の頂点は線分 OA の中点 $(1, 0)$ だから 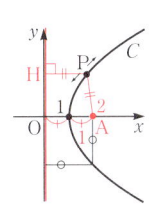
$C : y^2 = 4 \cdot 1(x-1)$.

[別解] (むしろ本解？)
P(x, y) が満たすべき条件は，上図において
AP=PH．
$\sqrt{(x-2)^2 + y^2} = |x|$.
$(x-2)^2 + y^2 = x^2$.
∴ $y^2 = 4x - 4$．

[3] P(x, y) が満たすべき条件は，右図において 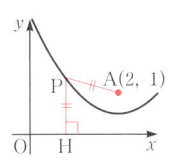
AP=PH．
$\sqrt{(x-2)^2 + (y-1)^2} = |y|$.
$(x-2)^2 + (y-1)^2 = y^2$.
$(x-2)^2 = 2y - 1$.
∴ $y = \dfrac{1}{2}(x-2)^2 + \dfrac{1}{2}$．

[補足] もちろん，A を焦点，x 軸を準線とする放物線ですから，それを利用して求めることもできますが…．上記の方が (たぶん) 速いです．

57A

[1]～[3] は，楕円，双曲線の接線公式に当てはめるだけです．

[1] $\dfrac{2}{6}x + \dfrac{1}{3}y = 1$. i.e. $x + y = 3$.

[2] $1 \cdot x + 2\sqrt{2}y = 5$.

[補足] $\dfrac{x^2}{\bigcirc^2} + \dfrac{y^2}{\triangle^2} = 1$ の形にするまでもなく，2乗の片方を接点の座標に変えるだけで OK です．

[3] $2x - 3(-1)y = 1$. i.e. $2x + 3y = 1$.

[4] 陰関数の微分法 (→ITEM 22) を用いる．
$y^2 = 3x$ の両辺を x で微分すると
$2y \cdot \dfrac{dy}{dx} = 3$. ∴ $\dfrac{dy}{dx} = \dfrac{3}{2y}$ $(y \neq 0)$．
よって P$(2, \sqrt{6})$ における接線は
$y - \sqrt{6} = \dfrac{3}{2\sqrt{6}}(x-2)$.
i.e. $y = \dfrac{\sqrt{6}}{4}x + \dfrac{\sqrt{6}}{2}$．

[別解] 放物線にも，一応右図のような接線公式があります．これを用いると放物線
$yy = 2 \cdot \dfrac{3}{4}(x+x)$
の P$(2, \sqrt{6})$ における接線は
$\sqrt{6}y = 2 \cdot \dfrac{3}{4}(x+2)$. i.e. $y = \dfrac{\sqrt{6}}{4}(x+2)$．

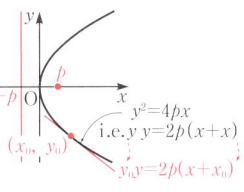

[補足] この接線公式は，上の解答のようにして導けます．

57B

[1] 楕円 $\dfrac{x^2}{5^2}+\dfrac{y^2}{3^2}=1$ 上の点 $(5\alpha, 3\beta)$ (ただし $\alpha^2+\beta^2=1\cdots$①) における接線は

$\dfrac{5\alpha}{5^2}x+\dfrac{3\beta}{3^2}y=1.$ i.e. $\dfrac{\alpha}{5}x+\dfrac{\beta}{3}y=1.$

これが $A\left(-1, \dfrac{21}{5}\right)$ を通るから

$\dfrac{\alpha}{5}(-1)+\dfrac{\beta}{3}\cdot\dfrac{21}{5}=1.$ i.e. $\alpha=7\beta-5.$ …②

これと①より
$(7\beta-5)^2+\beta^2=1.$ $50\beta^2-70\beta+24=0.$
$25\beta^2-35\beta+12=0.$ $(5\beta-3)(5\beta-4)=0.$

∴ $\beta=\dfrac{3}{5}, \dfrac{4}{5}.$

これと②より
$(\alpha, \beta)=\left(\dfrac{-4}{5}, \dfrac{3}{5}\right), \left(\dfrac{3}{5}, \dfrac{4}{5}\right).$

よって求める接点の座標は
$(5\alpha, 3\beta)=\left(-4, \dfrac{9}{5}\right), \left(3, \dfrac{12}{5}\right).$

[2]
(今度は接点を $(\sqrt{20}\alpha, \sqrt{5}\beta)$ $(\alpha^2+\beta^2=1)$ とおくと「$\sqrt{\ }$」が出てくるのでかえって不利です.)

この楕円上の点 (x_1, y_1) ただし $\dfrac{x_1^2}{20}+\dfrac{y_1^2}{5}=1\cdots$① における接線は
$\dfrac{x_1}{20}x+\dfrac{y_1}{5}y=1.$

これが $A(-2, 3)$ を通るから
$-\dfrac{x_1}{10}+\dfrac{3}{5}y_1=1.$ i.e. $x_1=6y_1-10.$ …②

これと①より
$\dfrac{(6y_1-10)^2}{20}+\dfrac{y_1^2}{5}=1.$ $(3y_1-5)^2+y_1^2=5.$
$10y_1^2-30y_1+20=0.$ $(y_1-1)(y_1-2)=0.$

∴ $y_1=1, 2.$

これと②より, 求める接点は
$(x_1, y_1)=(-4, 1), (2, 2).$

[3] 双曲線 $\dfrac{x^2}{a^2}-\dfrac{y^2}{b^2}=1$ 上の点 $(a\alpha, b\beta)$ (ただし $\alpha^2-\beta^2=1\cdots$①) における接線は

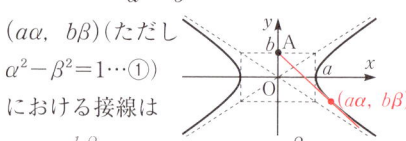

$\dfrac{a\alpha}{a^2}x-\dfrac{b\beta}{b^2}y=1.$ i.e. $\dfrac{\alpha}{a}x-\dfrac{\beta}{b}y=1.$

これが $A(0, b)$ を通るから
$-\dfrac{\beta}{b}\cdot b=1.$ i.e. $\beta=-1.$

これと①より
$(\alpha, \beta)=(\sqrt{2}, -1), (-\sqrt{2}, -1).$

よって求める接点は
$(a\alpha, b\beta)=(\sqrt{2}\boldsymbol{a}, -\boldsymbol{b}), (-\sqrt{2}\boldsymbol{a}, -\boldsymbol{b}).$

58A

[1] 直交座標は
$(1, \sqrt{3}).$

[2] 直交座標は
$(1, -1).$

補足
[1]は, もちろん「$\left(2\cos\dfrac{\pi}{3}, 2\sin\dfrac{\pi}{3}\right)$」と求めても正解ですが, 図を見ただけで言えるようにしましょう.

[3]

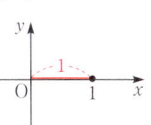

直交座標は
$(1, 0)$.

[4]

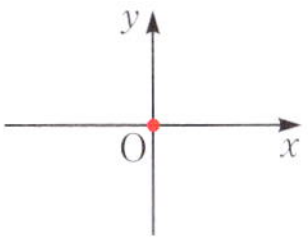

直交座標は
$(0, 0)$.

注意
原点（極）の偏角はどんな角にしてもよいことに決まっています．

58B

[1]

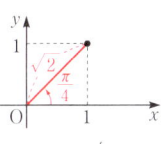

極座標は $\left(\sqrt{2}, \dfrac{\pi}{4}\right)$.

[2]

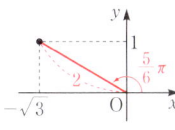

極座標は $\left(2, \dfrac{5}{6}\pi\right)$.

[3]

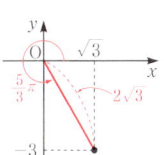

極座標は $\left(2\sqrt{3}, \dfrac{5}{3}\pi\right)$.

[4]

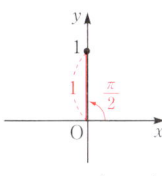

極座標は $\left(1, \dfrac{\pi}{2}\right)$.

58C

[1]～[4]では，xy 平面の原点 O を極とするので，直交座標 (x, y) と極座標 (r, θ) の間には，次の関係が成り立つ．
$\begin{cases} x = r\cos\theta, \\ y = r\sin\theta. \end{cases}$ $r = \sqrt{x^2 + y^2}$.

[1] $x = 1$ より，$r\cos\theta = 1$. …①

$\therefore\ r = \dfrac{1}{\cos\theta}$. …②

補足
- ②は，分母：$\cos\theta$ が 0 にならないときのみ考えるという意味で書かれています．
- ①のままで答えとしても正解です．

[2] $x^2 + y^2 = 2$ より，$r = \sqrt{2}$.

補足
図形的に考えてもわかりますね．

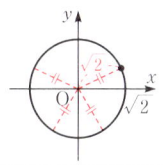

[3] $x^2 + (y - \sqrt{3})^2 = 3$

i.e. $x^2 + y^2 - 2\sqrt{3}y = 0$ より

$r^2 - 2\sqrt{3}r\sin\theta = 0$. $\therefore\ r = 2\sqrt{3}\sin\theta$.

補足
両辺を r で割るところは神経質にならないで．

[4] $(x^2 + y^2)^2 = 2(x^2 - y^2)$ より

$(r^2)^2 = 2\{(r\cos\theta)^2 - (r\sin\theta)^2\}$
$\qquad = 2r^2\cos 2\theta$.

$\therefore\ r = \sqrt{2\cos 2\theta}$.

補足
$\sqrt{\ }$ 内の $\cos 2\theta$ が 0 以上のときのみ考えるという意味です．

[5] $y^2 = 4 \cdot 1 \cdot x$ …① 上の点を $P(x, y)$ とし，$F(1, 0)$ とすると 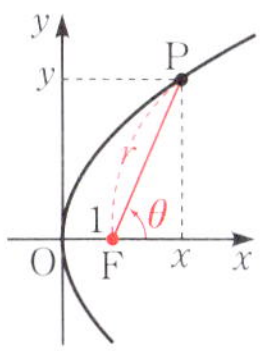
$\overrightarrow{OP} = \overrightarrow{OF} + \overrightarrow{FP}$ より
$\begin{pmatrix} x \\ y \end{pmatrix} = \begin{pmatrix} 1 \\ 0 \end{pmatrix} + r\begin{pmatrix} \cos\theta \\ \sin\theta \end{pmatrix}$.

i.e. $\begin{cases} x = 1 + r\cos\theta, \\ y = r\sin\theta. \end{cases}$

これを①へ代入して
$(r\sin\theta)^2 = 4(1 + r\cos\theta)$.

$(1+\cos\theta)(1-\cos\theta)r^2 - 4(\cos\theta)r - 4 = 0$.
$\{(1+\cos\theta)r+2\}\{(1-\cos\theta)r-2\} = 0$. (＊)
$r \geq 0$ より $(1+\cos\theta)r+2 > 0$ だから
$(1-\cos\theta)r - 2 = 0$. $\therefore\ r = \dfrac{2}{1-\cos\theta}$

たときの極方程式だったわけです.
- 厳密には，(＊)で両辺を2乗する際，
 $3-x \geq 0$　i.e.　$x \leq 3$
 が付帯条件として必要です. 楕円を描いてみると，「$x \leq 3$」は必ず成り立つので，結果としては不要だったとわかるのですが.

補足
- (＊)の変形に気づかなければ，r の2次方程式を解の公式で解くまでです.
- F は放物線①の焦点です.

58D

[1] $r\sin\theta = 1$ より，$y = 1$.

[2] $r = \cos\left(\theta - \dfrac{\pi}{4}\right)$
$= \cos\theta \cdot \dfrac{1}{\sqrt{2}} + \sin\theta \cdot \dfrac{1}{\sqrt{2}}$.
$r^2 = \dfrac{1}{\sqrt{2}}(r\cos\theta + r\sin\theta)$.
$\therefore\ x^2 + y^2 = \dfrac{1}{\sqrt{2}}(x+y)$.

[3] $\sqrt{3}\,r + r\cos\theta = 3$ より
$\sqrt{3}\sqrt{x^2+y^2} = 3 - x$.
$3(x^2+y^2) = (3-x)^2$. (＊)
$2x^2 + 3y^2 + 6x = 9$.　…①

補足
①は楕円ですね. 平方完成してみると
$2\left(x+\dfrac{3}{2}\right)^2 + 3y^2 = \dfrac{27}{2}$.
$\dfrac{\left(x+\dfrac{3}{2}\right)^2}{\left(\dfrac{3\sqrt{3}}{2}\right)^2} + \dfrac{y^2}{\left(\dfrac{3\sqrt{2}}{2}\right)^2} = 1$.
よって右図のようになり，焦点の座標は
$\left(-\dfrac{3}{2} \pm \sqrt{\dfrac{27}{4} - \dfrac{9}{2}},\ 0\right)$.
i.e.　$(0,\ 0),\ (-3,\ 0)$.
つまり与式は，楕円の1つの焦点を極にとっ